コネクトーム

CONNECTOME

脳の配線はどのように「わたし」をつくり出すのか

How the Brain's Wiring Makes Us Who We Are

セバスチャン・スン

Sebastian Seung

青木 薫 訳

草思社

Connectome:
How the Brain's Wiring Makes Us Who We Are

by Sebastian Seung

Japanese translation published by arrangement
with H. Sebastian Seung c/o Levine Greenberg Literary Agency, Inc.
through The English Agency(Japan) Ltd.

目次

コネクトーム　目次

第2部 コネクショニズム

第10章　脳を切り分ける

第5部　人間の限界は超越できるか

プロローグ

コネクトームとは何か、何の役に立つか

広い道路であれ、細い踏み分け道であれ、この森を通り抜ける道はない。森の樹々は鬱蒼と生い茂り、長く繊細な枝をいたるところに伸ばして、息苦しいまでに空間を埋め尽くしている。絡まり合う枝の隙間を縫って進む経路はくねくねと折れ曲がり、一条の光も通さない。この暗い森に茂る樹々はすべて、同じときに蒔かれた一〇〇〇億個の種子から芽生えたものだ。そしてすべての木は、ある日一斉に死ぬ運命にある。

この森は堂々としているが、それと同時に喜劇的でもあり、さらには悲劇的でさえある。そのすべてが、この森にはある。わたしはときどき、この森こそがすべてなのではないかと思うことがある。すべての小説も、あらゆる交響曲も、残虐な殺人も、慈悲の行いも、恋愛も口論も、戯れも悲哀も——すべてはこの森に発しているのだ。

その森が、直径二〇センチかそこらの容器にすっぽり収まっていると聞けば、あなたは驚くかもしれない。しかもこの地球上には、そんな森が七〇億も存在しているのだ。あなたは図らずも、そのひとつ——

あなたの頭蓋骨の中で生きている森——を養っている。わたしのいう森の樹々とは、ニューロンと呼ばれる特殊な細胞のことである。神経科学の使命は、その樹々の不思議な枝を調べること——そして頭の中のジャングルを管理できるようになることだ（図1）。

神経科学者たちは、ニューロンという木の立てる音、すなわち脳の内部を伝わる電気信号に聞き耳を立ててきた。また、入念なスケッチや写真を使って、ニューロンが不思議な形をしていることを明らかにした。しかし、あちこちの木を少しばかり調べたくらいで、全体としての森を理解できるものだろうか？

十七世紀のこと、フランスの哲学者で数学者でもあったブレーズ・パスカルは、宇宙の広さについて次のように書いた。

人間は、ありのままの自然を、その豊かで壮大な威容のままに熟視するがよい。身の回りの卑俗なものから、はるか彼方に目を向けるがよい。この世界を照すべく置かれた永遠なる灯火のような、あの輝かしい光に目を向けるがよい。そして太陽が描く壮大な円に比べれば、地球などは点のごときものだと知るがよい。その壮大な円でさえも、天をめぐる星々が描くものに比べれば、小さな点にすぎないということに、人は驚異の目を見張るがよい。[1]

こうして思索を重ねたパスカルは、その結論に驚愕し、わが身の小ささを思い知って、「これら無限の空間の、永遠の沈黙」[2]に恐怖すると述べた。パスカルは宇宙について思索をめぐらせたが、われわれが彼の恐怖を味わうためには、自分の内側に目を向けさえすればよい。われわれひとりひとりの頭蓋骨の中に

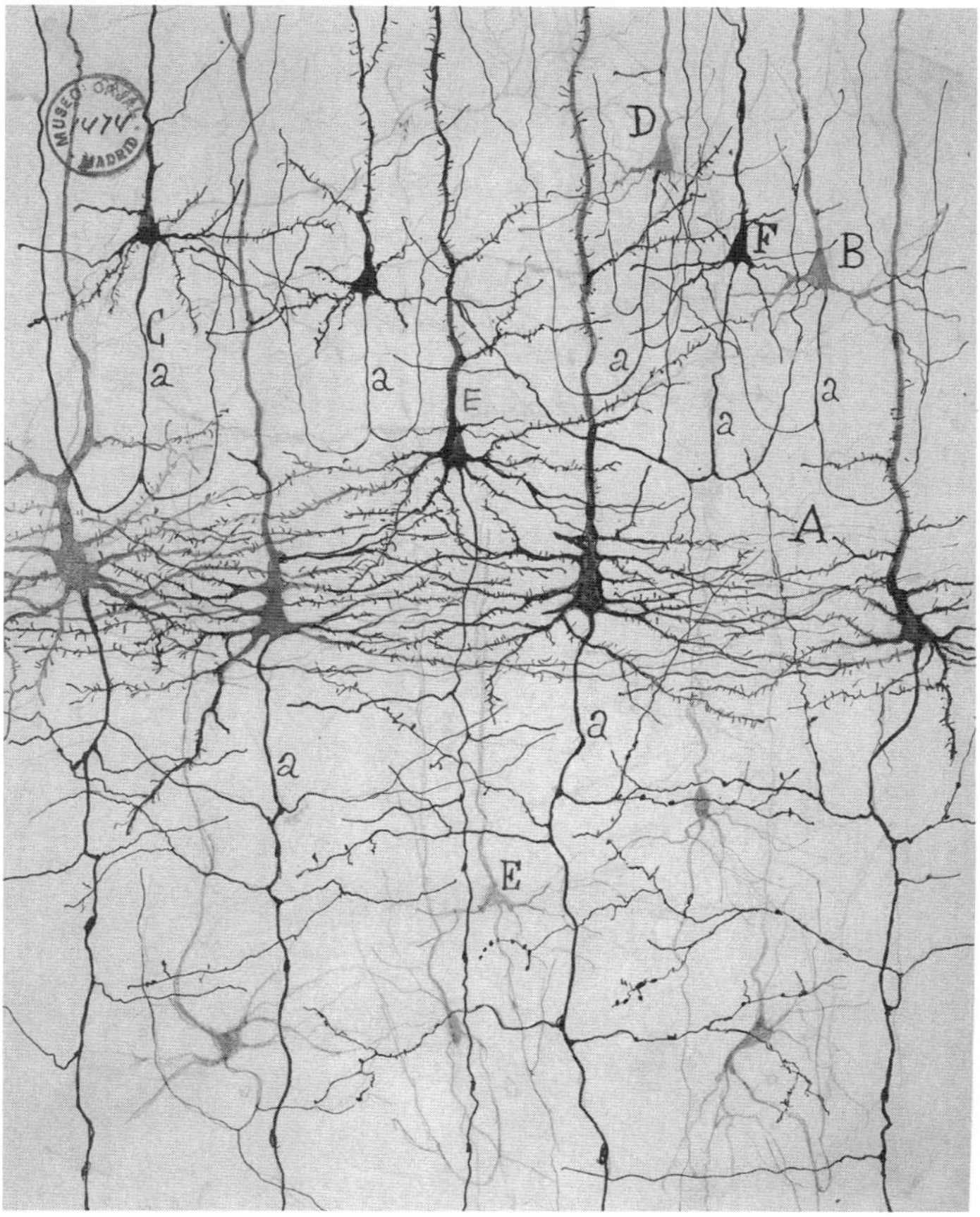

図1　頭の中のジャングル。大脳皮質のニューロンたち。カミッロ・ゴルジ（1843-1926）の方法で染色されている。サンティアゴ・ラモン・イ・カハール（1852-1934）によるスケッチ。

は、あまりにも複雑であるがゆえに、無限といってよい器官が収まっているのだから。

神経科学者のひとりとして、わたしもまたパスカルの恐怖を身をもって知ることになった。それと同時に、恥ずかしい思いもした。わたしは神経科学の現状について、一般向けの講演をすることがある。あるとき、そんな講演のひとつを終えたところで、つぎつぎと質問が飛んできた。鬱病や統合失調症はどうして起こるのですか？　アインシュタインやベートーヴェンの脳は、普通の人の脳とどこが違うのですか？　子どもに読み方を教えるには、どうするのが一番いいのでしょう？　わたしがこうした質問に答えられないでいると、聴衆ががっかりするのが手に取るようにわかった。結局、わたしはこう言って謝るしかなかった。「みなさんは、わたしがそうした質問への答えを知っているから、大学教授をやっているのだろうと思っていたことでしょう。しかしじっさいには、わたしは自分がその答えを知らないということを知っているから、大学教授をやっているのです」

脳のような複雑なものを研究したところで、埒があかないだろうと思われるかもしれない。脳の中にある何十億ものニューロンは、異なる種類の樹木にも似て、じつに多様で不思議な形を取って現れる。この森の内部をちらりとでも見ることができるのは、不退転の決意で探検に挑む者だけだし、そういう人たちでさえ、わずかばかりのものをぼんやりと見るのがせいぜいなのだ。してみれば、脳が今も謎に包まれているのは当然だろう。わたしの講演を聴きに来てくれた人たちは、機能に問題のある脳や、優れた人物の脳のことを知りたかったのかもしれないが、ごく普通の人の脳でさえ、まだ説明できていないのだ。われわれ人間は、当たり前のように過去を思い出し、現在を把握し、未来を思い描く。そんなすごいことを、脳はいったいどうやって成し遂げているのだろう？　その答えを本当に知る者は、ひとりもいないはずだ。

脳のあまりの複雑さに圧倒されて、多くの神経科学者は、ニューロンの数が人間よりも格段に少ない動物を調べてきた。図2[3]に示す線虫は、脳と言えるような器官を持たない。この線虫のニューロンは、ひとつの器官にまとまって存在するのではなく、体中に散らばっている。[4]その神経系を構成するニューロンは、全部合わせてたった三〇〇ほどしかない。それぐらいの数ならどうにか手に負えそうだ。抑鬱的な傾向のあったパスカルだって、*C.elegans*（C・エレガンス）の森を見て恐怖することはなかっただろう（C・エレガンスというのが、長さ一ミリメートルほどの、この線虫に与えられた名前である）。

　この線虫のニューロンは個々に名前を与えられ、それぞれが特徴的な形と場所を持っている。線虫は、工場で大量生産される精密機械に似ている——どの一匹も、同じひとそろいの部品からなる神経系を持ち、部品の組み立て方もみな同じなのだ。

　つまり、この線虫の神経系は、標準化されているのである。しかもその標準化された神経系については、すでに完全な地図ができあがっている。その地図——図3[5]——は、航空会社の機内誌（飛行機の座席のポケットに入っているもの）の後ろのほうについている路線図に似ている。線虫のニューロンに与えられた三文字または四文字の名前

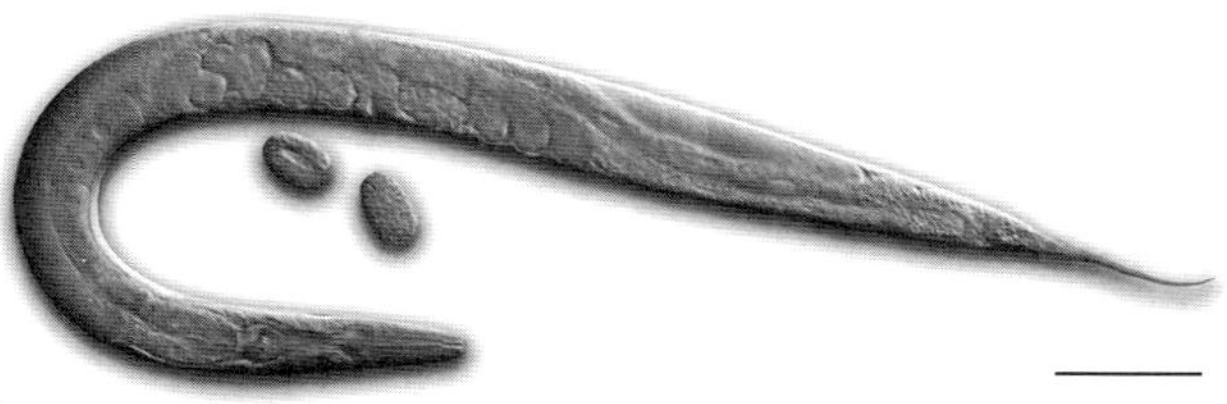

図2　線虫、C・エレガンス。

は（左右を区別するRやLなどがついて少し長くなっているが）、空港に与えられた三文字のコードに相当する。この図に引かれた線は、航空会社の路線図で都市と都市を結ぶ空路のように、ニューロンとニューロンのつながりを示している。ニューロンとニューロンが出会う場所にシナプスという小さな接続部があれば、それら二つのニューロンは「接続（コネクト）」していると言う。それらのシナプスを介して、ニューロンからニューロンへとメッセージが送られる。

　エンジニアなら知っているように、ラジオは抵抗、コンデンサ、トランジスタなどの部品を導線でつなぐことによって組み立てられている。神経系もそれと同じように、ニューロンの集合を、それぞれのニューロンが伸ばす細い枝でつなぐことによって組み立てられている。そのため図3のような図は、かつては「配線図」と呼ばれていた。比較的最近になって、「コネクトーム」という新

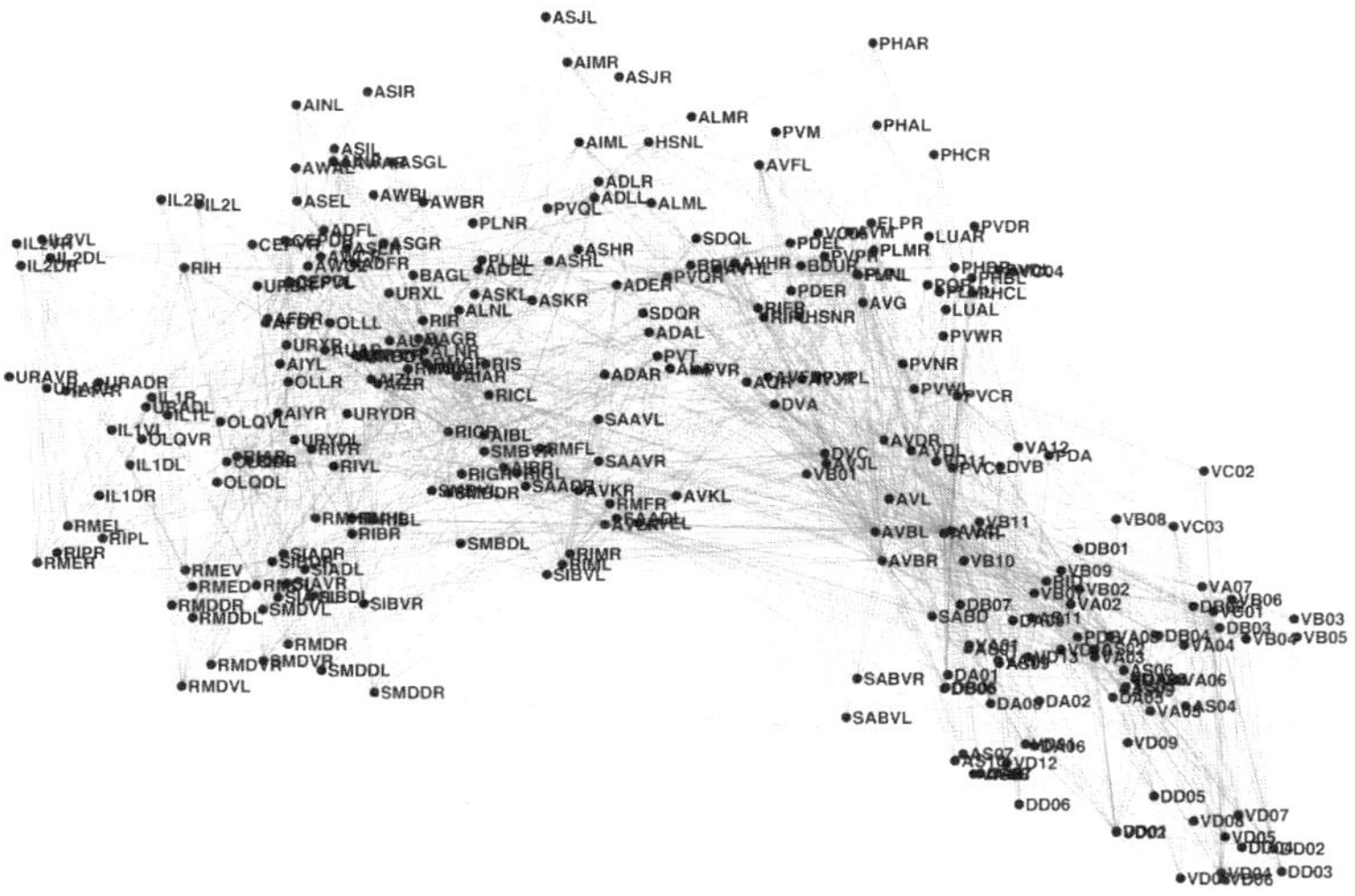

図3　C・エレガンスの神経系の「コネクトーム」。

しい言葉が導入された。この言葉は、電子工学ではなく、むしろゲノミクスを連想させる。みなさんはきっと、DNAは鎖のようにつながった長い分子だという話を聞いたことがあるだろう。その鎖のひとつひとつの環《かん》にあたるのが、ヌクレオチドという小さな分子だ。ヌクレオチドには四つのタイプがあり、それぞれA、C、G、Tという文字で表されている。あなたの「ゲノム」とは、あなたのDNAの全配列のことである。あるいは、四文字からなるアルファベットで表された長い文字列のことだと言ってもよい。図4には、ヒトゲノムを構成する三〇億文字の、ほんの一部を示した。もしもヒトゲノムの全体を一冊の本として印刷したとすれば、その本は一〇〇万ページにもなるだろう。[6]

同様に、コネクトームは、神経系を構成するニューロン接続の全体を指す言葉である。ゲノム(gen-ome)同様、コネクトーム(connect-ome)に

```
>gi|224514737|ref|NT_009237.18| Homo sapiens chromosome
11 genomic contig, GRCh37.p5 Primary Assembly
GAATTCTACATTAGAAAAATAAACCATAGCCTCATCACAGGCACTTAAATACACTGAAGCTGCCAAAACA
ATCTATCGTTTTGCCTACGTACTTATCAACTTCCTCATAGCAAACTGGGAGAAAAAAGCAATGGAATGAA
TAAAATGATAGCCACAAAAATCAAGGTGGGAGAAATACTTATTATATGTCCATAAAAAATTTTAATTAAT
GCAAAGTATTAACACCAATGATTGCAGTAATACAGATCTTACAAATGATAGTTTTAGTCTGAACAGGACT
ATCCAAAAGTTAATTTTCTATAGTAACAGTTTTTAAATAAAATATCAATTCCTGAAACACATAAAATGGT
CCATGAGTATACAACGAGTGAAAAAAAACAAATTCAGAGCAAAGATAAATTAAGAAGTATCTAATATTCA
AACATAGTCAAAGAGAGGGAGATTTCTGGATAATCACTTAAGCCCATGGTTAAACATAAATGCAAATATG
TTAATGTTTACTGAATAACTTATCTGTGCCAAGTGGTGTATTAATGATTCATTTTTATTTTTCACTAAAT
CTTTTCTCTAAAGTTGGTGTAGCCTGCAACTAAATGCAAGAAATCTGACCTAGGACCTGCACTTCTTACC
ATTTTGCTCATATTTATTCCCTGTGCATTTTTGTAACATGTATATGTTATATATATAGAAAGAGAGAGAG
GCAGAGATGGAAAGTAATTTATGGAGTTTGATGTTATGTCAGGGTAATTACATGATTATATAATTAACAG
GTTTCTTTTTAAATCAGCTATATCAATAGAAAAATAAATGTAGGAATCAAGAGACTCATTCTGTCCATCT
GTGATAGTTCCATCATGATACTGCATTGTCAAGTCATTGCTCCAAAAATATGGTTTAGCTCAACACTGAG
TGACTATAGGAAACCAGAAACCAGGCTGGGCGCTAAAGATGCAAAGATGAATGAGACATCATCTCTGCCG
TCCAAAAGCTTACTGTCTAGTGGGAGAGTTACACACGTAAGGACAGTAATCTAATAAGAGCTAATAAGTG
AAAACTAAGATAAATTAATAATACAAGATTACAGGGAAGGTTTCCAAAGTCAATGAGGCCTCAAATGAAT
CTTGAAAGTGTGCAAGGATTAACCAAATGAAGAAATGTGTAAGTTTTTCAAACAAAAAGGAACAGCATGA
GCAAATGCAAGGAGGCCTAAAATAAAGAGATGTGTAAAGAGGTGTAAGCAGCTTTGTGCTACTGCCTGAT
AATTAGAAGAATATCGGGAGTAACAAGAGCTATAGAAGAGAGTCACAATTATGGAAAAATATTTATTAAA
TTATAAGAAATTTATAGCATAAGGAATAGTAGGACCATTAAATGTTTTAATAAAGATGATGCTTCTTTTT
TAATATTTATTTTTATTATACTTTAAGTTCTAGGGTACATGTGCACAACGTGCAGGTTACATATGTATAC
ATGTGCCGTGTTGGTGTGCTGCACCCATTAACTCATCATTTACATTAGGTATGTCTCCTAATGCTATCCC
TCCCCCCTCCCCCAACCCCACAACAGGCCGCGGTGTGTGATATTCCCCTTCCTGTGTCCAAGTGTTCTCA
TTGTTCAAGTCCCACCTATGAGTGAAAACATGCGGTGTTTGGTTTTTTGTTCTTGAGATAGATGATGCTT
TAAATTGACCACTCTAGCTGCATTGTGGGAGGAAAAAAAGATTTTAAAACAAGACTAGAAACAGAATAAT
TAGAAAAATGCAACTACAATGCAGATGAGTGATTATCAAGGTCTGAACTGAATAGTGGAAATAGAGATAA
```

図4　ヒトゲノムのほんの一部。

は、「完全性を備えた」という意味がある。それは、ひとつの接続でも、たくさんの接続でもなく、接続のすべてであることを意味する言葉なのだ。あなたの脳は、線虫の神経系よりもはるかに複雑だが、原理的には、線虫の場合と同じように図示することができるだろう。では、あなたのコネクトームは、あなたについて何か興味深いことを教えてくれるのだろうか？

コネクトームがはじめに教えてくれるのは、あなたと同じ人間はひとりとしていないということだ。もちろん、そんなことはあなたも先刻ご承知だろうが、その根拠を示すことは、ちょっと意外なほど難しかったのだ。あなたのコネクトームとわたしのコネクトームは大きく異なっている。われわれのコネクトームは、線虫たちのコネクトームのように標準化されていないのだ。この事実が、人間はひとりとして同じではなく、線虫はみな同じだということを意味している[7]（わたしは線虫を侮辱するつもりはないのだが）。

差異は人の心を魅了する。脳はどのように機能しているのかと尋ねるとき、人がまず知りたいと思っているのは、脳の働きはひとりひとり、なぜそれほど違うのかということだ。なぜ自分は、社交的な友人のように、人の輪の中に入って行けないのだろう？　なぜうちの息子は、ほかの子どもたちのように本をすらすら読めないのだろうか？　なぜティーンエイジャーの従兄弟は、頭の中で人の声の幻聴を聞くようになったのか？　なぜ自分の母親は記憶を失いはじめたのだろう？　なぜうちの妻は（夫は）、もっと思いやりの心を持ってくれないのだろう？

本書はこれらの問いへの答えとして、「頭の働きがひとりひとり異なるのは、コネクトームが異なるからだ」というシンプルな説を提案する。この説は、「自閉症者の脳は配線が違う」といった新聞の見出しの背景に、暗黙のうちに仮定されている考え方だ。個性やＩＱの違いも、コネクトームで説明できるかもしれない。あなたを独自の存在にしているもっとも重要な要素である記憶でさえ、あなたのコネクトームの中にコードされているのかもしれないのだ。

この説が提唱されてからだいぶ時間が経ったが、神経科学者たちは今も、はたしてそれが正しいのかどうかを知らない。しかしこの説の投げかける意味は途方もなく大きい。というのも、もしもこの説が正しければ、精神障害［mental disorder：この言葉は依存症まで含む非常に幅広い問題を表す。精神病 psychosis は、統合失調症のように幻覚や妄想をともなうもの。精神疾患 mental diseases は精神障害よりも重いものに対して用いられることが多い］の治療は、究極的にはコネクトームを修理することになるからだ。それどころか、あらゆる生活改善——何かを学習して身につけること、お酒を控えること、結婚生活を破綻から救うことなど——は、コネクトームを変化させることに関係していることになる。

しかしそれとは別の説を考えてみよう。人によって頭の働きが異なるのは、ゲノムが異なるためだ、という説がそれだ。このゲノム説によれば、われわれが何者であるかは、ほぼゲノムで決まっている。パーソナル・ゲノムの時代が幕を開けようとしている。そう遠くない将来には、自分のＤＮＡ配列が、安い料金ですばやく調べられるようになるだろう。遺伝子が精神障害にひと役演じていることも、個性やＩＱの正常な範囲でのばらつきに関係していることもわかっている。ゲノミクスだけでこれほど多くのことがわかるのなら、コネクトームなど研究しなくてもよいのでは？

この問いに対する答えは簡単だ。遺伝子だけでは、あなたの脳がいかにして今のようなものになったのかを説明できないからである。母親の子宮の中で身体を丸めていたとき、あなたはすでに自分のゲノムを持っていたが、ファースト・キスの記憶はまだ持っていなかった。あなたの記憶は、あなたがこれまで生きてきた中で獲得されたのであって、人生がはじまる前から持っていたわけではないのだ。みなさんの中にはピアノを弾ける人もいるだろうし、自転車に乗れる人もいるだろう。そうした技能は、遺伝子によってプログラムされた本能ではなく、学習によって身につけた能力なのである。

受胎した時点で決まるゲノムとは異なり、[8] あなたのコネクトームは一生を通じて変化する。神経学者たちはすでに、基本的なタイプの変化を明らかにしている。ニューロンは、お互いのつながりを強めたり弱めたりすることで、接続の重みを調節している。このタイプの変化を、「重みづけを変える」という意味で、「再荷重（Reweighting）」という。またニューロンは、シナプスを新しく作ったり、すでに存在するシナプスを除去したりすることで、「接続を変える」こともある。この変化を「再接続（Reconnection）」という。そのほかにもニューロンは、枝を伸ばしたり引っ込めたりすることで、「配線を変える」。この変化を「再配線（Rewiring）」という。そして最後に、すでに存在するニューロンが除去されたり新たにニューロンが作られたりするという、ニューロンの「作り換え」がある。これが「再生（Regeneration）」だ〔本書で論じられるニューロンの「再生」には、生成だけでなく除去の意味あいも含まれることに注意しよう〕。

人生の中の出来事（両親の離婚や、海外で過ごしたすばらしい年月など）が、あなたのコネクトームをどのように変化させるかが、完全に解明されているわけではない。しかしこれら「四つの変化」——再荷重、再接続、再配線、再生——のすべてが、あなたの経験から影響を受ける。それと同時に、「四つの変化」は、遺伝子の導きも受ける。頭の働きが遺伝子の影響を受けているのは間違いなく、とりわけ脳が自らを「配線」する乳幼児期にはそうだ。

つまりあなたのコネクトームは、遺伝子と経験の両方によって形作られているのである。あなたの脳がなぜ今のような脳になったのかを知りたければ、遺伝子と経験という、二つの歴史的影響を考えなければならない。頭の働きがなぜひとりひとり違うのかを説明するコネクトーム説は、遺伝子説と両立するが、遺伝子説よりもはるかに豊かであり、より複雑である。なぜならコネクトーム説には、われわれがこの世界の中で現に生きていることの影響も取り入れられているからだ。またコネクトーム説は、遺伝子説ほど決定論的ではない。われわれは、自分の行動により、さらには自分で考えることにより、自らのコネクトームを作り上げていると考えるだけの理由がある。あなたをあなたに、わたしをわたしにしているのは、脳の配線なのかもしれない。しかし脳の配線を仕上げるにあたっては、われわれ自身が重要な役割を演じてもいるのである。

そんなコネクトーム説を標語的に言い表せば、次のようになるだろう。

遺伝子があなたのすべてではない。あなたはあなたのコネクトームなのだ。

もしもこの説が正しければ、神経科学の最大の目標は、「四つの変化」の力を制御することとなる。われわれの行動を望ましいものに変化させるには、コネクトームをどのように変化させればよいかを知る必要があるし、その変化を引き起こすための手段も開発しなければならない。もしもそれができれば、神経科学は精神障害を治したり、脳の損傷を癒やしたり、自分を向上させたりするうえで大きな役割を果たすようになるだろう。

しかしコネクトームは複雑なので、これは遠大な課題だ。C・エレガンスの神経系の地図を作るためには、接続はわずか七〇〇〇しかないにもかかわらず、一二年以上の歳月を要した。あなたのコネクトームはこの線虫よりも一〇〇〇億倍以上も大きく、あなたのゲノムの文字配列の数と比べてさえ一〇〇万倍も多くの接続がある。[9]コネクトームと比べれば、ゲノムの解説などは朝飯前だ。

今日、われわれのテクノロジーはついに、その課題に取り組めるくらい強力になってきた。今日のコンピュータは、最先端の顕微鏡を使って得た、脳の画像の莫大なデータベースを保存できるようになっている。またコンピュータは、奔流のように流れ込むデータを解析するためにも役立つ。機械の知能の助けを借りることで、長らくわれわれの手をすり抜けてきたコネクトームをついに見ることになるだろう。

二十一世紀の末までには、ヒト・コネクトームが解明されるだろうとわたしは確信している。そのためには、第一段階として、線虫からハエへと歩を進める。それに続いて、マウス、さらにサルに取り組むことになるだろう。そして最終的に、究極の大問題に立ち向かう——人の脳全体のコネクトームを明らかにするのだ。われわれの子孫たちはこの偉業を、まさしく科学革命として振り返ることだろう。

しかし、コネクトームが人間の脳について何か教えてくれるまでに、これからまだ何十年も待たなければならないのだろうか？　ありがたいことに、この問いに対する答えは「ノー」だ。われわれのテクノロジーはすでに、脳の小部分についてはニューロンの接続を見られる程度に強力になっており、その断片的な知識だけでも有益だ。それに加えて、進化上はわれわれの従姉妹ともいえるマウスやラットなどの齧歯《げっし》類に関する知識からも多くのことがわかる。齧歯類の脳はわれわれの脳にとてもよく似ていて、いくつかの動作原理は共通している。齧歯類のコネクトームを調べれば、齧歯類だけでなく、われわれ人間の脳にも新たな光が投げかけられるだろう。

脳のスナップショットとしてのコネクトーム

西暦七九年、ヴェスヴィオス火山が噴火して、ローマの都市ポンペイは大量の火山灰や溶岩で埋め尽くされた。ポンペイは、たまたま工事の労働者たちに再発見されるまで、ほぼ一七〇〇年の眠りにつくことになった。十八世紀になって考古学者たちが発掘をはじめてみると、驚いたことに、そこにはローマ時代の都市に住む人びとの暮らしが、詳細なスナップショットとして残されていた――富裕な人たちの豪華な別荘、道にしつらえられた泉、公衆浴場、酒屋や居酒屋、パン屋、市場、運動場、劇場、日々の生活を描き出した壁画、男根崇拝のいたずら書きが、いたるところに見つかったのだ。[10]死んだ都市が、ローマ時代の人びとの暮らしの細部を、われわれの眼前に暴露してくれたのである。

今のところ、コネクトームを得るためには、死んだ脳の画像を分析するしかない。それを脳の考古学と考えてもよいが、「神経解剖学」という適切な名前がついている。何世代にもわたって神経解剖学者たちは、ニューロンの冷たい死体を顕微鏡の下に置いて詳細に観察し、そこから過去の姿を思い描こうとしてきた。死んだ脳は、その分子を防腐保存液で固定されて、かつて脳の内部で生きて活動していた思考や感覚のモニュメントとなっている。これまで神経解剖学にできたことは、コインや墓や陶器の破片といった断片的な証拠から、古代文明を再構成するのと似ていた。しかしコネクトームは、ポンペイがその歴史の途中で時間を止めたのと同じように、脳全体の詳細なスナップショットになってくれるだろう。そんなスナップショットが得られれば、生きている脳の機能を再構成しようという、神経解剖学者の試みに革命が起こるはずだ。

生きている脳を調べるための高度なテクノロジーがすでにあるというのに、なぜ死んだ脳など研究しなければならないのか、と不思議に思う人もいるかもしれない。時間をさかのぼって、生きて活動しているポンペイを見るほうが、はるかに多くの情報を得ることができるのではないだろうか？　しかしじっさいには、必ずしもそうではない。というのも、生きている街を観察するというアプローチには、いくつか限界があるからだ。たとえば、ポンペイに住むある人物を追跡して観察すれば、それ以外の人を観察することはできなくなる。また、人工衛星で得られた赤外線画像を使えば、それぞれの地区の平均温度を調べることはできるが、それ以上の詳しい情報は得られない。こうした制約がある以上、たとえ生きている街を調べることができたとしても、期待したほどの成果は上がらないかもしれない。

生きている脳を調べる方法にも、それと同様の制約がある。頭蓋骨を開ければ、個々のニューロンの形を観察し、その電気信号を測定することはできるが、その方法で調べられるのは、脳の中にある何十億というニューロンのほんの一部にすぎない。頭蓋骨を透視して脳の内部を見る非侵襲性の［針や管などを体内に挿入しない］方法を使ったのでは、個々のニューロンまでは見ることができない――脳のあちこちの小部分について、その形と活動をおおざっぱに知るだけで満足しなければならないのだ。未来の進んだテクノロジーがこうした制約を取り払い、生きている脳の内部にある個々のニューロンを測定できるようになる可能性もないことはないだろう。しかし、今のところは、それはまだ空想の領域にとどまっている。生きている脳を測定することと、死んだ脳を測定することとは、相補的なアプローチなのであり、両者を組み合わせるのが最強のアプローチだ、というのがわたしの考えである。

ところが神経科学者の多くは、死んだ脳は情報の宝庫であって大いに役立つとは思っていない。そういう人たちは、次の理由により、生きている脳を調べることこそ、神経科学の正しいアプローチだと考えるのだ。

あなたは、あなたのニューロンの活動である。

ここで言う「活動」とは、ニューロンの電気信号のことである。それを測定することで、あなたの脳の中で各瞬間に起こっている神経活動が、その時刻におけるあなたの思考、感覚、知覚をコードしているということを示す多くの証拠が得られてきた。

では、「あなたは、あなたのニューロンの活動である」という説と、「あなたは、あなたのコネクトームである」という説とは、両立するのだろうか？　これら二つの説は、矛盾しているように思えるかもしれないが、じつは両立する。なぜなら、それぞれの説の背景には、自己に関する二つの異なる考え方があるからだ[11]。一方の自己は、その時々ですばやく変化する。怒っていたかと思えば、すぐに機嫌が良くなり、人生の意味について思索していたかと思えば、家事雑用のことを考え、窓の外で枯れ葉が落ちるのを眺めていたかと思えば、テレビのサッカー中継に目を移している。この自己は、意識と密接に絡み合っている。この自己がたえず移り変わるのは、脳の中の神経活動のパターンがすばやく変化するためだ。

もうひとつの自己は、もっとずっと安定しており、子ども時代からこれまでの人生に起こった出来事の記憶をすべて保持している。その自己の性質——普通はこれが個性と見なされている——は、家族や友人にとってはありがたいことに、おおむね一定している。この自己の性質は、あなたに意識があるときに表に出ているが、睡眠中のように意識のない状態でも、やはり存在している。この自己は、コネクトームがそうであるように、時間が経ってもゆっくりとしか変化しない。これが、「あなたは、あなたのコネクトームである」と言うときに、「あなた」という言葉が意味するところの自己である。

歴史的にもっぱら注目されてきたのは、意識と結びついた自己のほうだった。十九世紀にはアメリカの心理学者ウイリアム・ジェームズが、意識の流れ、すなわち頭の中でたえず流れていく思考について雄弁な文章を書いた。しかし、ジェームズやその他の思想家たちが見逃したこともある――どんな流れにも、河床はあるということだ。地面に刻まれた溝がなければ、水はどちらの向きに流れればよいのかわからないだろう。コネクトームは、神経活動が流れる経路を決めているのだから、それを意識の流れを決める河床と見なすことができよう。

このたとえには説得力がある。水の流れがゆっくりと河床を形づくるように、神経活動は長い時間をかけてコネクトームを変えていく。二つの自己――すばやく活動してたえず変わりゆく流れと、より安定していてゆっくりとしか変わらない河床――は、こうして分かちがたく結びついているのだ。本書は、河床としての自己、つまりはコネクトームとしての自己――あまりにも長いあいだ無視されてきた自己――についての本である。

本書で語るコネクトミクスのヴィジョン

これから本書の中で、ひとつの新しい科学分野――「コネクトミクス」――に対する、わたしなりのヴィジョンを示していこう。本書の第一の目標は、未来の神経科学を想像してみること、そしてこれからなされるはずの胸躍る発見について、みなさんと情報を共有することだ。コネクトームはどうすれば見られるのか、その意味を理解するにはどうすればよいのか、コネクトームを変化させる新しい方法をどのように開発するのか。しかしそれに向かう最善の道を探るためには、まずは自分が今どこにいるのかを知る必要がある。そこで、まずは歴史を知ることからはじめよう。これまでにどんな知識が得られたのだろうか？　そして今、われわれはどこでつまずいているのだろうか？

脳に含まれているニューロンの数は一〇〇〇億にのぼる。[12]この事実は、大胆不敵な知の探検家たちをもひるませてきた。この困難を乗り越えるひとつの方法は、本書の第1部で説明するように、ニューロンのことはいったん忘れて、脳をいくつかの領域に分けてみることだ。神経学者たちは、脳の損傷により引き起こされる症状を解釈することで、傷ついた領域が果たしていた機能について多くの知識を得てきた。その方法を開発するためのヒントになったのが、骨相学という十九世紀の学問分野である。

骨相学者たちは、人の頭の働きがひとりひとり違うのは、脳、およびその各領域の大きさが違うからだと考えた。今日の研究者たちは、多数の被験者の脳を画像化することにより、骨相学のアイディアを使って、自閉症や統合失調症のような精神障害を説明するだけでなく、知能の違いも説明し、その説の正しさを確かめてきた。そうする過程で、頭の働きが違うのは脳が違うからだという説を支持する、もっとも有力な証拠のいくつかが得られた。しかしその証拠は、統計的なものである――つまり、それにより明らかになるのは、大勢の人たちを平均した結果としてわかる傾向だけだということだ。脳とその各領域の大きさは、個人の頭の働きを予測するためには、今もほとんど役に立たないのである。

この制約は些末なことではない。それは骨相学という分野が抱えている、根本的な制約だ。骨相学は、脳の領域ごとに機能を割り当てはするが、それぞれの領域がいかにしてその機能を果たしているのかを説明しようとはしない。それを説明しない限り、なぜその領域が人によってうまく機能するのか、あるいは機能しないのかを説明することはできない。大きさが異なるからといった皮相な答えではなく、もっと深い答えを見つけることは可能だし、見つけなければならないのだ。

第2部では、骨相学とは別の説として、やはり十九世紀に生まれた接続説、「コネクショニズム」を紹介しよう。このアプローチは骨相学よりも野心的である。というのは、脳のさまざまな領域がいかにしてじっさいに機能しているかを説明しようとするからだ。コネクショニズムの考え方によれば、脳のそれぞれの領域は、それ以上分解できないひとまとまりのものではなく、多数のニューロンからなる複雑なネットワークになっている。そのネットワークを作り上げている接続は、われわれの知覚や思考の基礎となる複雑な活動パターンを、集団として生み出せるように組織化されている。接続の組織化は、経験により変化させることができる。だからこそわれわれは、学習したり記憶したりすることができるのだ。また、第3部で説明するように、接続の組織化には遺伝的な影響もあるため、頭の働きに対する遺伝の影響も説明することができる。このように言えば有力そうに聞こえるかもしれないが、ひとつ落とし穴がある。今述べたことはまだ決定的な実験的検証を受けていないということだ。コネクショニズムは、わたしにはとても魅力的に思えるけれども、神経科学者がまだニューロン同士の接続を地図にする技術を手に入れていないせいで、れっきとした科学にはなっていないのである。

以上の話をひとことでまとめれば、神経科学はジレンマにはまり込んでいるということだ。骨相学の観点に立つさまざまなアイディアは、実験で検証することはできるが、話を単純化しすぎている。コネクショニズムははるかに洗練されているが、この観点に立つアイディアは実験で検証することができない。このジレンマをどう乗り越えればよいだろうか？　その答えは、コネクトームを得ることによって、そしてその使い方を知ることによって、である。

第4部では、そのための方法を探っていこう。われわれはすでに、コネクトームを得るために必要なテクノロジーの開発に取り組んでいる。そこではじめに、世界各地の研究所でまもなく稼働しはじめるはずの、最先端の装置について説明しよう。しかし、コネクトームが得られたとして、それで何ができるのだろうか？　第一に、その情報にもとづいて脳を領域に分けることにより、新骨相学のアプローチを取る人たちの研究を支援することができるだろう。第二に、膨大な数のニューロンを、ちょうど植物学者が樹木を種に分類するように、さまざまなタイプに分類することもできるだろう。それができれば、ゲノミクスによる神経科学へのアプローチにも役に立つはずだ。なぜなら、脳への遺伝的影響は、さまざまなタイプのニューロンの配線を制御することによって及ぼされることが多いからである。

コネクトームは、まだ解読されていない言語の、細かすぎて見ることもできない文字を使って書かれた、壮大な書物のようなものだと考えることができよう。その書物を読めるようにするためのテクノロジーが開発されれば、次の課題は、書かれた内容を理解することだ。そこに書かれていることを解読するには、コネクトームから人の記憶を読み取れるようになる必要がある。最終的にはこのアプローチで、コネクショニズムの立場に立つもろもろの説が決定的に検証されるだろう。

しかし、コネクトームをひとつ得るだけでは足りない。たくさんコネクトームを得て、それらを比較し、その相違を明らかにし、頭の中身が時間とともに変わるのはなぜかを理解したいところだ。そして「コネクトパシー」——自閉症や統合失調症のような精神障害の基礎にあるかもしれない、ニューロン接続の異常なパターン——を探すことになるだろう。また、学習がコネクトームに及ぼす影響も調べることになるだろう。

そうして得られた知識で武装して、コネクトームを変化させる方法を開発することになるだろう。今のところ、コネクトームを変化させるもっとも効果的な方法は、昔ながらのやり方だ。つまり、訓練により、行動や考え方を身につけるのである。そうした学習法は、コネクトームを変化させる四つの「変化」をうまく働かせるような分子レベルの介入が行われれば、より効果が上がるだろう。

コネクトミクスという新しい科学が、一夜にして確立されるとは思えない。今日われわれは、ようやくその道の出発点に立ったにすぎず、行く手にはいくつもの壁が立ちはだかっている。それでも、これから数十年のうちにはテクノロジーが進展し、知識も増大するに違いない。

コネクトームは、人間であるとはいかなることかを考えるときに、われわれの思考の枠組みを決める概念となるだろう。そこで本書の第5部では、コネクトームの科学を論理的に突き詰めてみることで、本書のまとめとしたい。トランスヒューマニズムという名前で知られる運動は、人間に課された条件を超越しようとする複雑な思想の枠組みを作り上げてきたが、この運動にはどれほどの勝算があるのだろうか？死体を冷凍して、いつの日かその人物を復活させるという人体冷凍保存術の野望は、多少とも成功する見込みがあるのだろうか？　そして、肉体や脳に縛られることなく、コンピュータ・シミュレーションとして永遠に楽しく暮らすという、「アップローディング」という究極のサイバーファンタジーは現実のものとなるのだろうか？　これら期待のプロジェクトから、具体的な科学的主張を取り出し、コネクトミクスを使ってそれらを経験的に検証する方法を提案してみたい。

しかし、死後の世界に関する先走ったアイディアについてあれこれ考えるのは後にしよう。まずは、この人生について考えることからはじめようではないか。とくに、誰しも一度は抱いたことがある、次の疑問を取り上げよう。

なぜ人間は、ひとりひとり違うのだろうか？

第1部

脳は大きい方がいい？

第1章

天才と狂気の原因を探す

小さな脳のノーベル賞受賞者

アナトール・フランスは一九二四年に、ロアール川のほとりの都市トゥール近郊の町で死去した。フランスが国を挙げて著名な作家の死を悼んでいるあいだに、地元の医学校の解剖学者たちが彼の脳を調べ、その重さは平均よりも二五パーセントも軽い、一キログラムしかなかったことを明らかにした。アナトール・フランスを礼賛する人たちは意気消沈したが、しかしわたしが思うに、それはさほど驚くべきことではなかったろう。図5の写真に見るように、ロシアの作家イヴァン・ツルゲーネフ[1]と並ぶと、アナトール・フランスの頭はまるで「ピンの頭」〔英語では脳みそが小さい「脳タリン」という意味がある〕のようだ。サー・アーサー・キース[2]は、イギリスが生んだ優れた人類学者のひとりだが、そのときの戸惑いを次のように語った。

われわれはアナトール・フランスの脳の細かい構造については何も知らないが、しかし彼よりも二五パーセント、それどころか五〇パーセントも大きい脳を持つ数百万の同邦が、平凡な日雇い労働者の能力を示しているときに、彼はその脳を使って天才的な仕事を成し遂げたことは知っている。

アナトール・フランスは「中肉中背」だったとキースは書いているから、彼の脳が小さいのは、単に体が小さかったからだとして言い抜けることはできない。キースはそれに続けて、その複雑な心情を明かした。

このように、脳の大きさと頭の良し悪しとが対応していないことは……わたしにとっては生涯を通じての謎である。……大きな頭を持ち、賢そうに見える人でも、世間が与えた試練にことごとく失敗する場合もあれば、アナトール・フランスのように小さな頭の持ち主が、あらゆることに輝かしい成功を収めることもあるのだ。

イヴァン・ツルゲーネフ　1818-1883
2021グラム

アナトール・フランス　1844-1924
1017グラム

図5　死後に脳が調べられ、その重さが量られた2人の著名な作家。

わからないことをわからないとして率直に語るキースの誠実さにわたしは心を打たれたが、それと同時に、脳みそのダビデたるアナトール・フランスが、巨人ゴリアテの世界で勝ち誇っているのを想像して、クスリと笑ってしまった。ある研究セミナーの席で、わたしはキースのこの言葉を読み上げたことがある。するとあるフランス人理論物理学者が、うんざりしたように頭を振りながらこう言った。「どのみちアナトール・フランスなんて、たいした作家じゃないじゃないか」[3]。聴衆は笑った。そこでわたしが、それでは一九二一年のノーベル文学賞は、へっぽこ作家の凡作に対して与えられたというわけですね、と言うと、聴衆はまた笑った。

脳の大きさと知能の統計学

アナトール・フランスの事例は、一個人に関しては、脳のサイズと知性とのあいだには関係がないということを示している。言い換えれば、誰に関しても、脳のサイズと知性のどちらか一方から、他方について信頼度の高い予測は得られないということだ。しかし、これら二つの量のあいだに統計的な関係はある——つまり、大勢の人について平均してみると、両者のあいだに関係があることがわかるのだ。一八八八年のこと、イギリスの博識家フランシス・ゴールトンは、『ケンブリッジ大学生の頭の成長について』と題する論文を発表した。ゴールトンは成績に応じて学生たちを三つのカテゴリーに分け、成績が一番いいカテゴリーの学生たちの頭のサイズは、成績が一番悪いカテゴリーの学生たちのそれよりも、わずかに大きいことを示したのである。[4]

長年のあいだには、ゴールトンと同じ路線で多くの研究が行われ、その手法もしだいに洗練されていった。ゴールトンは大学の成績を使ったが、その代わりに標準化された知能検査、いわゆるIQテストが使われるようになった。ゴールトンは脳の容積を、頭の長さ、幅、高さという三つの測定値をかけ合わせて求めたが、頭のまわりにぐるりと紐を巻き付けて脳の大きさを見積もった人たちもいれば、死体から脳を取り出して重さを測定するという、より大胆な方法を使う人たちもいた。しかし今となっては、いずれも稚拙な方法に思える。なにしろ今日では、磁気共鳴画像法（MRI）のおかげで、頭蓋骨を透かして生きた脳を見ることができるのだから。MRIという驚くべきテクノロジーを使えば、図6に示すような脳の断層画像が得られる。

MRIでは、いわば頭を薄くスライスして、そ

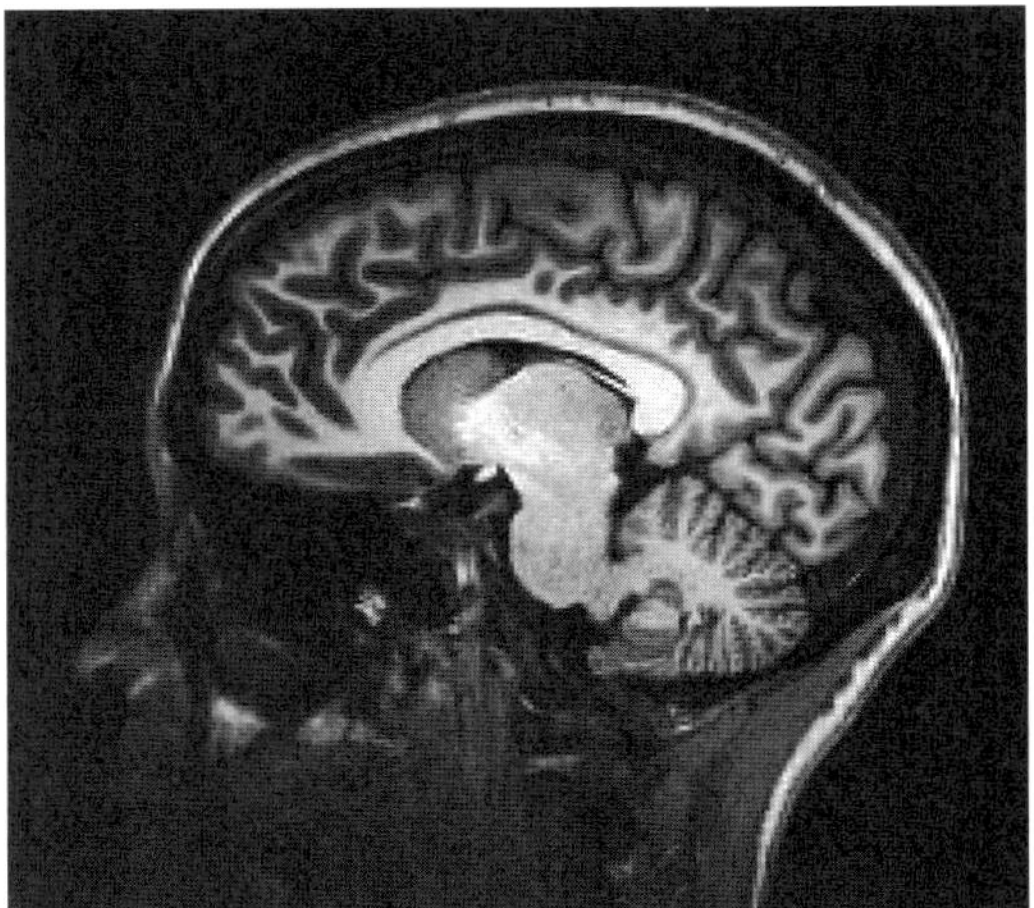

図6　脳のMRI断層像。

れぞれの断面について二次元画像を作る。そうして得られた二次元画像を「積み重ね」て、三次元の脳の形を再構成すれば、脳の容積を非常に正確に求めることができる。MRIのおかげで、IQと脳の容積との関係を調べることがとても容易になった。過去二〇年間にはそうした研究が多数行われて、すでに明確なコンセンサスが得られている。平均としては、脳の大きい人ほどIQが高いのだ。[5] 改良された現代的手法により、ゴールトンの結果が裏づけられたのである。

しかしそのことと、アナトール・フランスの事例で得られた教訓とが矛盾するわけではない。今日でもやはり、脳のサイズがわかったところで、個人のIQを予測するためにはほとんど役に立たないのだ。わたしは今、「ほとんど役に立たない」と言ったが、それがどういう意味かを説明しておくべきだろう。二つの変数に統計的な関係があるとき、その両者には「相関がある」という。統計学者たちは、一般に相関の強さを表す量として、ピアソン係数というものを用いる。ピアソン係数（普通は r という文字で表される）は、−1から+1までの値を取り、r の値がこの区間の両端に近ければ［すなわち−1または+1に近ければ］、二つの変数のあいだには強い相関がある――つまり、一方の変数の値がわかれば、他方の変数の値をかなり正確に予測することができる。[6] しかし r の値がゼロに近ければ、相関は弱い――一方の変数を使って他方を予測しようとしても、きわめて不正確な結果になる。IQと脳の容積について言えば、r=0.33ほどであり、相関はかなり弱い。[7]

ここから次の教訓が得られる。平均された量に関する統計的な命題を、一個人にあてはまるものと解釈してはならないということだ。その誤りはとても起こりやすく、また尾鰭もつきやすい。嘘には「嘘、真っ赤な嘘、統計」の三種類がある、などと言われるのはそのためだ。

この路線の研究論文は、脚注や参考文献がどっさりついているうえに、学術用語のおかげで威厳もあるが、頭のサイズを測るという行為には、どこか滑稽なところがある。じっさい、ゴールトンはある意味で滑稽な人物だった——要するに変人だったのだ。「数えられるときはつねに数えよ」というゴールトンのモットーには、あらゆることを測定せずにはいられない、数量化に対する彼の度外れた偏愛ぶりが表れている。ゴールトンは回想録の中で、イギリスの「美人地図」[8]を作ろうとしたことがあると述べた。彼は通りを歩きながら、ポケットに忍ばせていた紙にプスリと穴を開けていった。その穴は、すれ違う女性の美しさを「魅力的」「どうでもよい」「不快」の三段階で記録するためのものだった。その結果は？「ロンドンはもっとも美人が多く、アバディーンは最低」だった。

この路線の研究には不愉快な面もある。著名な統計学者のカール・ピアソンは、ゴールトンの弟子で、先ほどの相関係数を発明した人物だが、人間を九つに分類して序列をつけた——天才、きわめて有能、有能、まずまず知的、鈍いが知的、鈍い、愚鈍、非常に愚鈍、低脳、である。[9]ひとりの人間をたったひとつの数やカテゴリーに押し込めてしまうのは——そのとき着目するのが知性であれ、美しさであれ、それ以外のどんな個性であれ——あまりにも一面的だし、非人間的だ。研究者の中には、不愉快というレベルを通り越して、倫理にもとる域に達してしまい、優生学や人種差別といった過激な政策を擁護するために自らの研究を利用した人たちもいた。

しかし、ゴールトンの発見を、滑稽に見えるとか、間違った使われ方をする恐れがあるとか、相関が弱いといった理由で、はなから否定してしまうのも間違いだろう。プラスの面を挙げるなら、ゴールトンは、頭の働きの違いは、脳の違いから生じるという、妥当そうに思える仮説に根拠を与えたのである。彼は、学校の成績と頭のサイズの関係に注目するという、当時としては最善の方法を使った。今日の研究者たちは、ＩＱと脳のサイズを使う。こちらのほうがだいぶましではあるが、やはり乱暴な方法と言わなければならない。では、もしも知性と脳の構造に関する測定方法の改良を続ければ、見出される相関もどんどん強くなるのだろうか？

「骨相学」から「脳機能局在説」へ

脳の構造を、容積や重さのようなひとつの数に押し込めてしまうことには、あまり意味がなさそうだ。ざっと調べただけでも、脳はいくつかの部位に分かれていることがわかるし、それぞれの部位は肉眼で見てさえかなり違っている。アナトール・フランスやイヴァン・ツルゲーネフの検屍で行われたように、脳を頭蓋骨から取り出してみれば、大脳、小脳、脳幹（図7）の区別が見て取れ

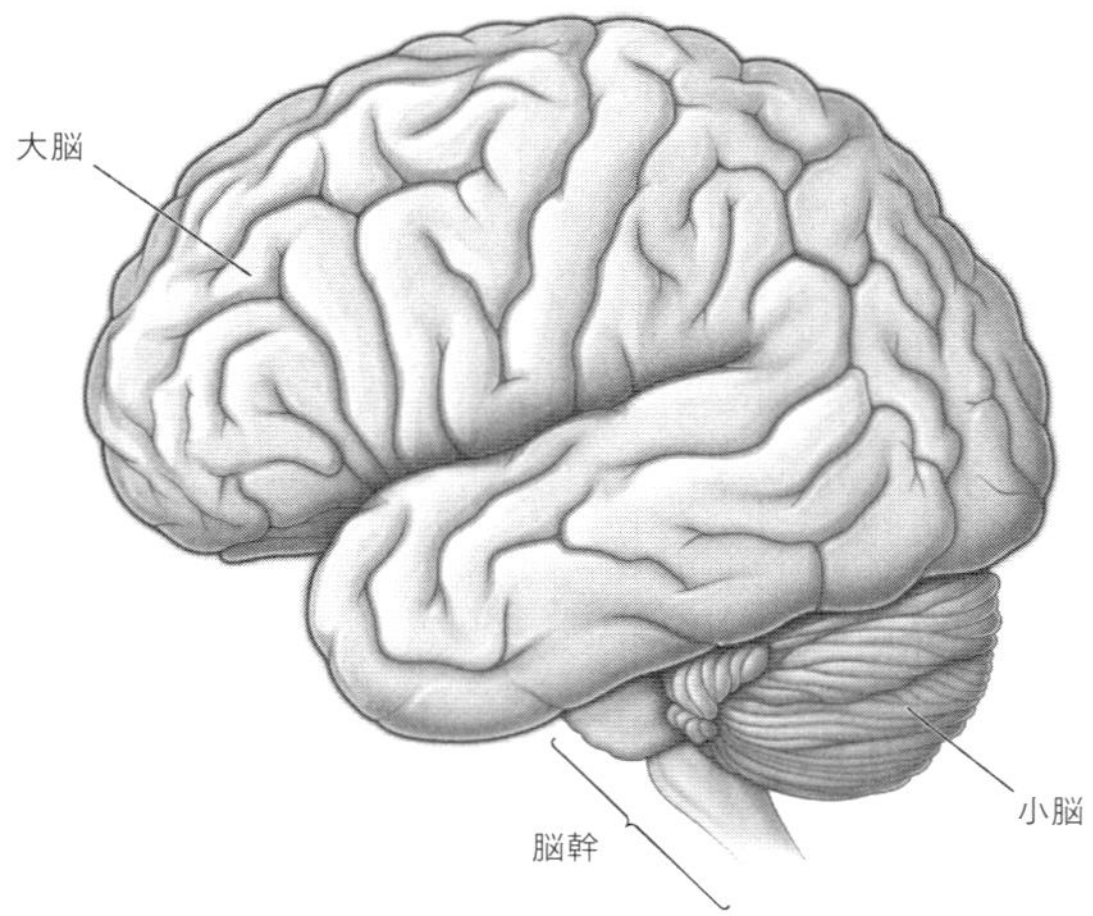

図7　脳は大きく3つの部位に分けられる。

る。[10]

大脳は果物で、脳幹はそれを支える茎、小脳は両者の分かれ目を葉っぱのように飾っている、とイメージしてみよう。小脳は、体をスムーズに動かすためには重要だが、これを取り除いても知能にはほとんど影響がない。[11] 脳幹に損傷を受ければ人は死ぬこともある。なぜなら脳幹は、呼吸をはじめとして、生命に直接かかわるいくつもの機能を制御しているからだ。それに対して大脳は、大きく損傷しても生存に支障はないが、意識はなくなる。おおざっぱに言って、これら三つの部分の中で、人間の知能にとってもっとも重要とみられるのは大脳である。大脳は、われわれの知的能力のほとんどすべてを決定していると言ってよい。また、大脳はこれら三つの部分の中でサイズ的にも最大であり、脳の容積の八五パーセントほどを占めている。[12]

大脳の表面のほとんどは、厚みがわずか数ミリメートルの薄い層で覆われている。その層が、「大脳皮質」、略して「皮質」である。皮質を広げれば、新聞紙見開き一面ほどの面積になるが、それだけのものが頭蓋骨の中にすっぽりと収まっているのは、折り畳まれているからだ。皮質にシワが寄ったように見えるのはそのためである。皮質を区分する構造として、まず目につくのは、上から見える溝だ。その溝は深く、脳の前後に走っている（図8左）。この溝は大脳縦裂と呼ばれ、大脳を左半球と右半球に分けている（通俗心理学でいうところの「左脳」と「右脳」に相当する）。

大脳の両半球をさらに区分するのに使えそうな、それほどはっきりした目印はないが、皮質の溝に沿って分けるのはひとつの方法だろう。大脳縦裂に次いで目立つのが、シルヴィウス裂（図8右）。さらにその次に目立つのは、シルヴィウス裂から脳の頂点部に向かう、中心溝である。これら二つの溝が、それぞれの半球を、前頭葉、頭頂葉、後頭葉、側頭葉という、四つの葉に分けている[13]（四つの葉の名前と位置は、本書の中で今後しばしば出てくるので覚えておこう）。

脳の表面にはさらに小さな溝が多数あり、それらの中には誰の脳でもほぼ同じ場所に刻まれているものもある。そういう溝には名前がついていて、今日でも目印として利用されている。しかし、溝に沿って皮質を分けることに、はたして意味はあるのだろうか？　溝は、何かの境界なのだろうか？　皮質を頭蓋骨の内部に収めるためには折り畳む必要があるせいで生じた、とくに意味のない副産物にすぎないのでは？

皮質をどう分けるかという問題が初めて持ち上がったのは、十九世紀のことだった。それまでは、皮質には脳を覆うという役割しかないと思われていたのだ（「cortex（皮質）」という言葉は、樹皮などの「皮」を意味するラテン語に由来する）。一八一九年のこと、ドイツの医師フランツ・ヨーゼフ・ガルが

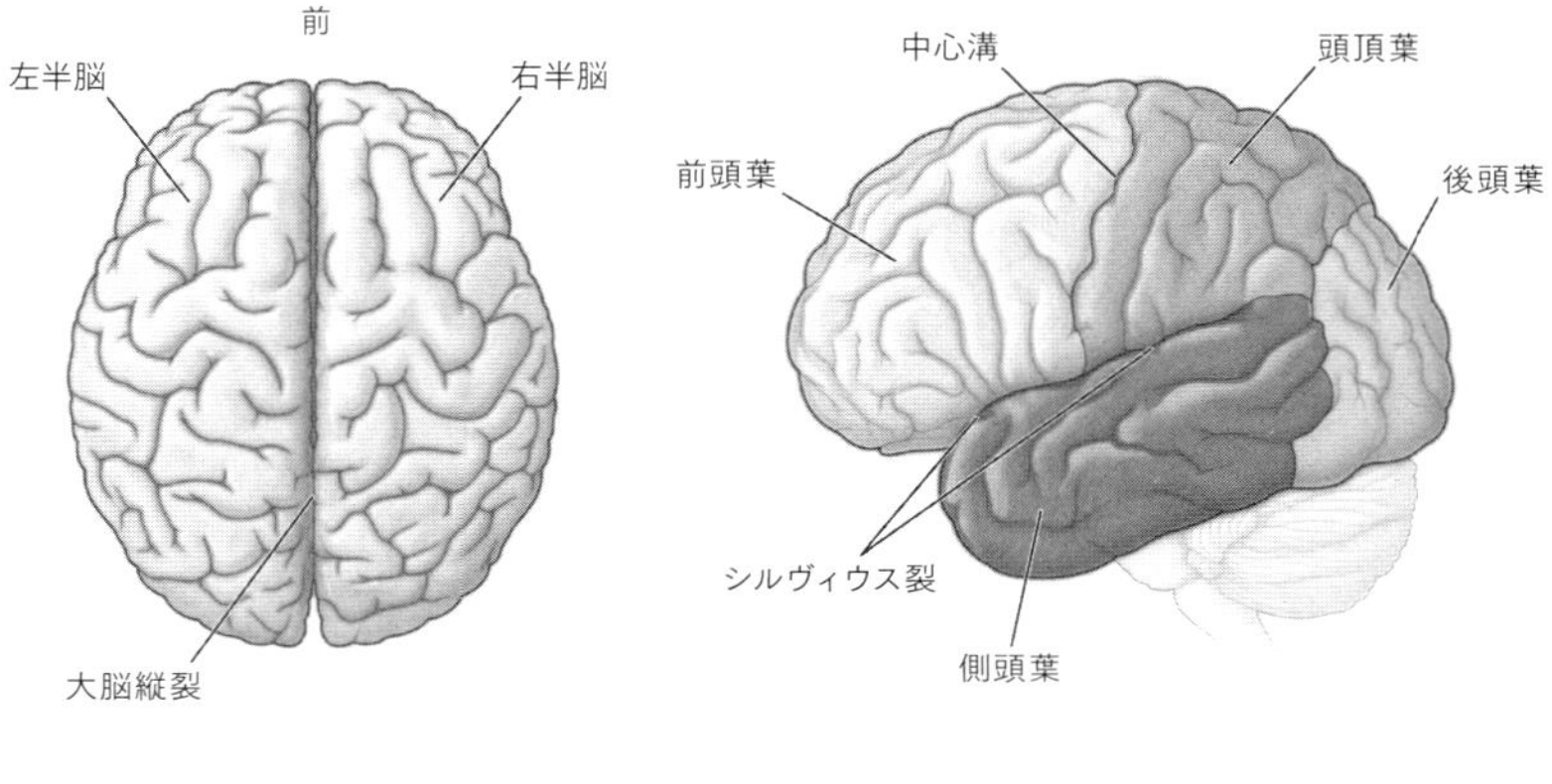

図8　大脳は2つの脳半球に分かれる（左）。それぞれの脳半球は4つの葉に分かれる（右）。

「臓器学」を提唱した。ガルが着目したのは、人体の器官はいずれも、独自の機能を持っているということだった。胃は食べ物を消化するためにあり、肺は呼吸をするためにある。だが、脳はひとつの器官と見なすには複雑すぎるし、頭の働きもひとつの機能というには複雑すぎる。そこでガルは、その両方をいくつかに分けることを提案した。とくに彼は皮質の重要性に気づいており、皮質をいくつかの領域に区分し、まとめて「心の諸器官」と呼んだ。

後年、ガルの弟子であるヨハン・シュプルツハイムは「骨相学」という言葉を導入したが、今ではこちらのほうが、ガルが与えた臓器学という言葉よりも普及している。図9に骨相学の地図を示した。「貪欲さ」「堅実さ」「想像力」といった心の諸機能に対応する領域が示されている。今日では、このような対応関係は、ほとんど根拠もなく想像力を広げた結果と考えられているが、結果的

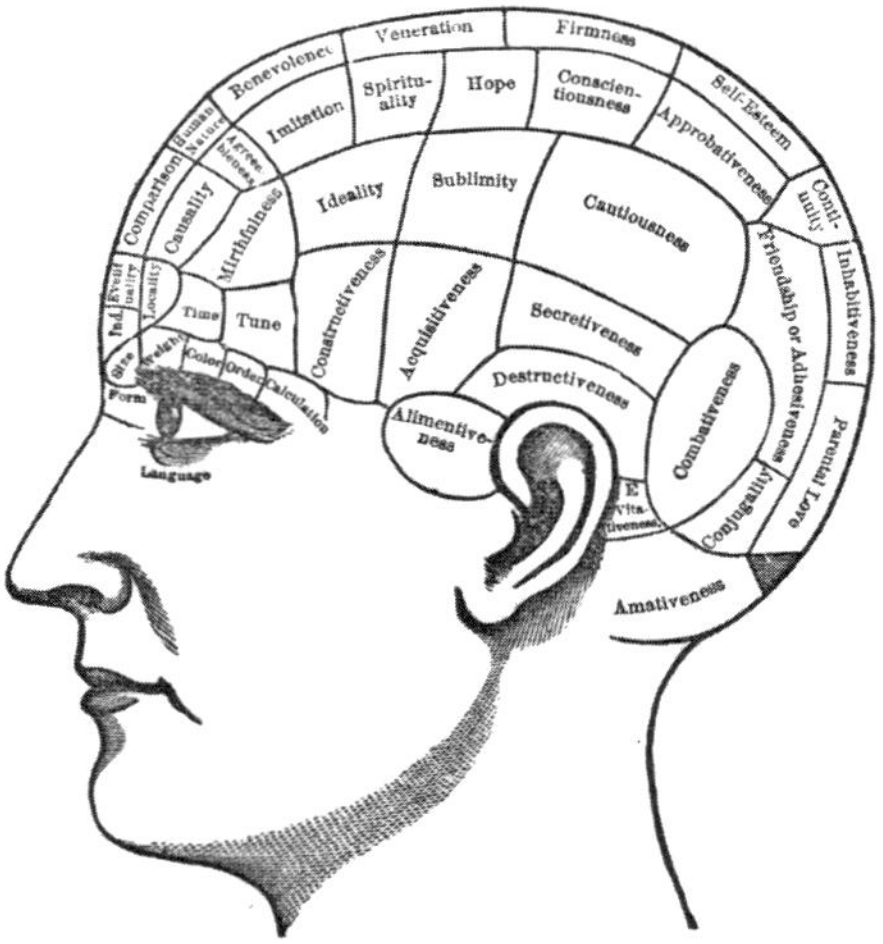

図9　骨相学の地図。それぞれの領域に心の機能が書き込まれている。

には、骨相学者たちは間違っていたというより、むしろ正しかったことが明らかになっている。彼らが力説した皮質の重要性は、今では広く受け入れられているし、心の諸機能が皮質のどこかの領域に局在しているという説も、真面目に受け止められている。現在この考え方は、皮質、または大脳における、「脳機能局在説」と呼ばれている。

局在説を支持する確かな証拠は、十九世紀に、脳に損傷を受けた患者を観察することからもたらされた。そのころフランスの脳神経学者の大半は、パリにある二つの病院で仕事をしていた。そのひとつ、セーヌ川左岸に建つサルペトリエールは女性の患者を収容し、男性の患者は、パリ中心部から少し離れたビセートルに収容されていた。どちらも十七世紀に設立された施設で、監獄と精神病院という二つの機能を果たしていた[14]（監獄なのか精神病院なのかがあいまいになったのは、ビセートルのもっとも有名な居住者であるサド侯爵のせいである）。これら二つの施設はともに、狂気の治療に対する人道的方法——たとえば、患者を鎖につながないことなど——に先駆的に取り組んだ。[15] それでもなお、どちらも陰鬱な場所ではあっただろう。

一八六一年のこと、フランスの医師ポール・ブローカは、ビセートルの外科病棟で感染症にかかった五一歳の患者を診察するよう呼び出された。記録によれば、その患者は三〇歳のときから収容されていたという。収容されたときにはすでに、「タン」という単音節の言葉しか話せなかったため、それが彼のあだ名となった。タンは身振り手振りで意志疎通ができたので、話すことはできなくとも、言葉を理解することはできるらしかった。

診察から数日後に、タンが感染症で死亡すると、ブローカは検屍解剖を行った。頭蓋骨をノコギリで開けて脳を取り出し、保存のためにアルコールに漬けた。タンの脳の損傷の中でとくに目立つのは、左の前頭葉に大きな穴が開いていたことだった[16]（図10）。

　ブローカはその翌日に、この発見を人類学会に報告した。そして彼は、タンの脳で損傷があった領域は、言葉の源泉であり、言葉が出てくることは、言葉を認識することとは別の機能であると主張したのである。今日、言語能力を喪失することを「失語」という。とくに言葉を話せなくなることをブローカ失語といい、タンの大脳皮質で損傷があった場所は、ブローカ野として知られている。この発見により、ブローカは数十年間にわたり激論が戦わされてきた論争に決着をつけた。骨相学者ガルは、十九世紀の初めに、言語機能は脳の前頭葉にあると主張したが、学者のあいだでは懐疑的に受け止められていた。しかしブローカはついに、説得力のある証拠をもってその説を裏づけ、前頭葉の中で言語機能をつかさどる部位を示すことができたのである。

　その後、長い時間が経つうちに、ブローカはタ

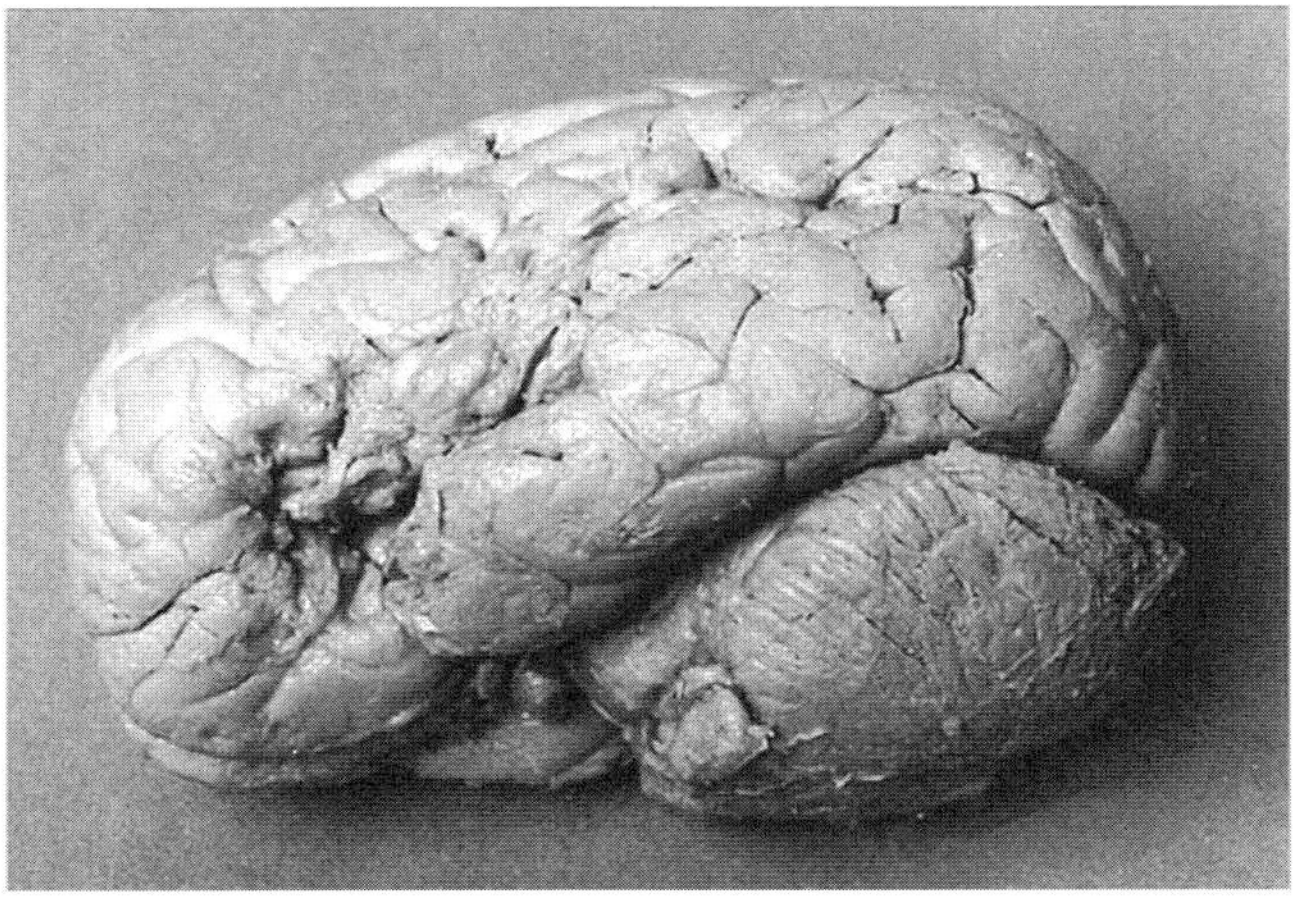

図10　タンの脳。ブローカ野に損傷がある。

ンと同様の症例に何度か出会うことになったが、いずれも損傷は脳の左半球にあった。左右二つの半球は、鏡に映したようにほとんど同じに見えるため、両者の機能がそれほど異なっているとは信じがたかった。[17] しかし違いを裏づける証拠がしだいに蓄積され、ブローカは一八六五年の論文で、左半球は言語に特化している、すなわち、左半球はもっぱら言語のためにあると結論づけた。[18] その後の研究で、ほとんどの人ではそうなっていることが確かめられた。こうしてブローカの研究は、皮質の機能局在説を裏づけたのみならず、「大脳の側性化」（大脳の各種の機能が、左右の半球に分かれて局在していること）をも裏づけたのである。

一八七四年に、ドイツの神経学者カール・ウェルニッケは、また別の失語を記述した。タンとは異なり、ウェルニッケの診た患者は、流暢に話すことができたが、その文章が意味をなさなかった。またその患者は、自分に向けられた質問を理解することができなかった。検屍解剖の結果、左半球の側頭葉に損傷があることがわかった。ウェルニッケは、その患者に言葉の意味が理解できなかったのは、この領域の損傷が主な原因であると結論した。意味のあることを言うためには、自分が何を言っているのかを理解できなければならない。つまり、意味のないことをしゃべってしまうのは、意味が理解できないことの副次的な影響だったのだ。ウェルニッケ野の損傷によって引き起こされる症候群は、今日ではウェルニッケ失語として知られている。

ブローカとウェルニッケ二人の研究から、話すことと理解することとは切り離されているという、いわゆる「二重乖離」が示された。ブローカ野が損傷を受けた場合、言葉を発することはできなくなるが、理解することは問題なくできる。ウェルニッケ野が損傷すると、理解することはできなくなるが、言葉を発することはできる。このことは、心が「モジュール（機能部品）」から組み立てられていることを示す重要な証拠となった。言語能力は、他の動物にはなく、人間だけが持つ能力だから、それ以外の心的能力とはっきりと区別されていても不思議はないと思えるかもしれない。しかし言語能力がさらに、言葉を生み出す能力と、言葉を理解する能力とに分割されるかどうかはそれほど自明ではない、あるいはブローカとウェルニッケ以前は自明ではなかった。二人はそれら二つの能力が、確かに分割されていることを明らかにしたのである。

ブローカとウェルニッケは、患者の症状と、脳の損傷している場所とを結びつけることにより、皮質の地図が作れることを示した。彼らの後継者たちはこの方法を使って、皮質のさまざまな領域の機能を調べていった。彼らが作った地図は、骨相学者たちの地図と見た目はよく似ていたが、確かなデータにもとづいていた。では、皮質の局在性に関する知識から、頭の働きが人によって違う理由はわかったのだろうか？

現代のテクノロジーと「新骨相学」

アルベルト・アインシュタインが一九五五年に死んだとき、その体は火葬されたが、脳は焼かれなかった——検屍解剖の際に、病理学者トマス・ハーヴィーが取り出していたからだ。その数カ月後にプリンストン病院を解雇されたハーヴィーは、アインシュタインの脳を持ち去った。彼はその後数十年間、二四〇の部分に切り分けられたアインシュタインの脳を持って、町から町へと渡り歩くことになる。一九八〇年代から一九九〇年代にかけて、天才の脳のどこが特別なのかを探るという共通の目標を持つ数人の研究者たちに、ハーヴィーは調査の結果を送り続けた。[19]

ハーヴィーはすでに、アインシュタインの脳は平均的な重さであること、それどころか標準より少し軽いことを明らかにしていた。つまり脳の大きさは、アインシュタインが普通とは違う理由を説明してはくれなかったのだ。サンドラ・ウィテルソン[20]と共同研究者たちは、一九九九年に別の説明を提案した。彼女たちは、ハーヴィーが検屍解剖の際に撮影した写真にもとづいて、頭頂葉の一部である下頭頂小葉と呼ばれる部位が肥大していたと主張した。それはつまり、アインシュタインが天才だったのは、彼の脳の一部分が肥大したためかもしれないということだ。アインシュタイン自身は、言葉よりもイメージで考えることが多いと語っており、頭頂葉は視覚的、空間的思考に関与していることが知られている。

アナトール・フランスとアルベルト・アインシュタインの事例は、大衆は天才の脳の話が好きだという長い伝統に連なっている。十九世紀に脳に魅了された人たちは、バイロン卿やウォルト・ホイットマンのような著名な詩人たちの脳を保存した。[21]それらは瓶に入れられ、博物館の収蔵庫の片隅で今もほこりをかぶっている。タンとポール・ブローカ――言葉を失った患者と、その人物を研究した神経学者――の脳が、今では仲良くパリの同じ博物館の収蔵庫に保存されていることに、わたしはなぜか心の温まる思いがする。神経解剖学者たちは、あらゆる時代を通じて最高の数学者のひとりであるカール・ガウスの脳も保存した。ガウスのずば抜けた能力は、頭頂葉の肥大によるものかもしれない、というのが神経解剖学者たちの見立てだったが、これはアインシュタインの脳に対するウィテルソンの説明を思い出させる。

このように、脳全体の大きさではなく、脳各部の大きさを調べるという戦略は、何ら新しいものではない。じつは、この戦略を最初に思いついたのは骨相学者たちだった。骨相学の祖であるフランツ・ヨーゼフ・ガルは一八一九年に、次のようなタイトルの論文を発表した。[22]「神経系全般、とくに脳についての解剖学および生理学。人間および動物の頭の、各部の配置による形から、その知的性質と道徳的性質のいくつかを明らかにする可能性についての所見とともに」。さまざまな心の「性質」は、皮質の中で、それぞれに対応する部位の大きさに関係しているとガルは考えたのだ。さらに彼は、頭蓋骨の形には、その下にある皮質の形が反映されており、それによって個人の気質を知ることができるという、いっそう怪しげな主張もした。骨相学者は世間にあふれ、子どもの運命を予言してやろうとか、結婚相手を値踏みしてやろうとか、頭の凹凸に触って、仕事に応募してきた者の中から優秀な人間を選び出してやろう、などと言って商売をするようになった。

ガルとその弟子のシュプルツハイムは、皮質の各部位の機能を説明するために、極端な性格の持ち主の逸話に頼った。額の広い天才がいれば、知能は脳の前方に位置を占めているに違いないということになり、頭が左右に突き出た犯罪者がいれば、嘘をつくのには側頭葉が重要な役割を果たしているはずだということになった。逸話にもとづくこういうやり方から、荒唐無稽な局在説が生まれた。こうして十九世紀も後半になる頃には、骨相学は嘲笑の対象となっていく。

今日のわれわれは、骨相学者にとっては夢でしかなかったテクノロジーを手にしている。ＭＲＩのおかげで、皮質の各部位の大きさを正確に測定できるようになり、頭の凹凸に手で触るという馬鹿げた方法に頼らずともよくなった。大勢の人の脳をスキャンすることによって、アインシュタインの脳に関するウィテルソンの研究のような、単なる逸話にとどまらないデータが集められるようになったのだ。では、今日の新骨相学者たちは、そこからどんな知見を得たのだろうか？

新骨相学者たちは、ＩＱと、前頭葉および頭頂葉の大きさとのあいだに相関があることを示した。[23] この相関は、ＩＱと脳の全体としてのサイズとの相関よりもわずかながら大きく、知能に関しては、これらの領域がとくに重要だとする説とも合致する（それに対して後頭葉と側頭葉は、主に感覚的な能力、たとえば視覚や聴覚のような能力をつかさどっている）。とはいえその相関は、がっかりするほど弱いのだが……。

しかしこれらの研究は、骨相学の精神を全面的に受け継いだものではない。骨相学は、脳をいくつかの部位に分けただけでなく、頭の働きのほうも異なる能力に分けたからである。誰しも知るように、数学は得意だが、言葉を操るのはあまり得意ではないという人もいれば、言葉を操るのは得意だが、数学はあまり得意ではないという人もいる。今日では多くの研究者が、知能指数（ＩＱ）にせよ、一般知能（gで表される）にせよ、知能を単純化しすぎているとして退けている。研究者たちはむしろ「多重知能」について語ることを好み、それらは脳のさまざまな部位の大きさと相関を持つことがじっさいに示されている。ロンドンのタクシードライバーは、海馬の右後方が肥大しているが、皮質のこの部位はナビゲーションに関係すると考えられている。[24] 音楽家の場合には、小脳が肥大しているほか、皮質のいくつかの部位が分厚くなっている[25]（小脳は高度な運動機能を支えていると考えられているので、これはもっともなことだろう）。バイリンガルな人は、左の頭頂葉の下部の皮質が肥厚している。[26]

こうした話は興味深いが、その関係はあくまでも統計的なものでしかない。注意してほしいのは、これらの脳の部位が肥大しているとは言っても、あくまでも平均値としてだということだ。脳の各部位の大きさは、今日でもやはり、個人の能力を予測するためにはほとんど役に立たないのである。

精神障害の原因は脳の中に見つかるか

知的能力の個人差が苦労の種になることもあるにせよ、普通はそれほど壊滅的な事態にはならない。しかし頭の働きの違いの中には、大きな苦しみを引き起こし、社会に多大な負担を強いるものもある。先進国では、一〇〇人に六人が重い精神障害に苦しんでいるとみられ、人口の半数に近い人が、人生のどれかの時期に軽い障害を経験しているという。[27] 精神障害のほとんどは、行動療法や薬物療法の効果があまり上がらず、治療法が知られていないものも少なくない。われわれは精神障害との戦いに苦戦している。いったい何がこの戦いを厳しいものにしているのだろう？

病気の症状を最初に記述するのは、その病気の発見者であることが多い。一五三〇年のこと、イタリアの医師ジロラモ・フラカストロは、叙事詩というちょっと変わった様式を使って、ある病気の症状を記述した。その作品の題名を、「梅毒（シフィリス）、またはフランス病」という。フラカストロは、その病気に最初にかかったとされる謎の羊飼い、シフィリスにちなむ名前をつけた。シフィリスはアポロン神から、罰としてその病を与えられたのだ。ラテン叙事詩に用いられる六歩《ろくぶ》格《かく》という韻律で書かれた、三巻からなるその書物の中で、フラカストロは梅毒の症状を描写し、それが性感染症だということを見抜き、いくつかの治療法を示した。

梅毒にかかると、皮膚が醜く病変し、顔や体がひどく変形する。その後、恐ろしい症状が現れることがある――狂気である。フランスの作家ギ・ド・モーパッサンは、『オルラ』というホラー作品の中で、はじめは肉体の病として、のちには狂気として語り手を苦しめる、超自然的な存在をイメージした。「ぼくの負けだ！　何者かがぼくの魂を乗っ取って、支配している！　何をするにも、体をどう動かすにも、何を考えるにしても、すべては誰かに命令されてやっている。ぼくはもうぼくじゃない。自分の行為のすべてを恐怖にかられながら見つめている、奴隷化された見物人に成り下がってしまったのだ」。結局語り手は、自殺することでこの苦しみを終わらせる。この物語は、半ば自伝であるらしい。というのもモーパッサンは、二〇代のときに梅毒に感染しているからだ。一八九二年、彼は喉を切って自殺を図った。精神病院に収容されたモーパッサンは、翌年、四二歳で死んだ。

画家のポール・ゴーギャンと詩人のシャルル・ボードレールも梅毒だった可能性がある。しかし確たる証拠があるわけではない。なぜなら、症状からだけでは、的確な診断は下せないからだ。同じ病気を持つ患者が異なる症状を示すこともあれば、別の病気を持つ患者がよく似た症状を示すこともある。診断を下して治療をするためには、症状だけではなく、原因を知りたいところだ。梅毒の原因である細菌は、一九〇五年に発見され、その後まもなく病原菌を殺す薬がいくつか開発された。これらの薬はいずれも、梅毒の初期には効果を示したが、病気が神経系に侵入した後では、病気を治すことはできなかった。一九二七年、オーストリアの医師ユリウス・ワーグナー゠ヤウレックは、神経梅毒を治療する奇妙な方法を発見した功績でノーベル賞を受賞した。さまざまな薬品を投与するのに加えて、彼は患者を故意にマラリアに感染させた。マラリアの高熱で梅毒菌を殺し、その後、マラリアを治療する薬を与えたのである。第二次世界大戦後、ワーグナー゠ヤウレックの治療法に代わり、ペニシリンをはじめとして、微生物に作用する、抗生物質として知られる薬が用いられるようになった。もはや梅毒は、脳の病気を引き起こす大きな要因ではなくなっている。

感染症は、原因がわかっているので、わりあい治療しやすい。しかしそれ以外の病気はどうだろう？　アルツハイマー病は、普通は老年期になってから発症し、はじめは記憶喪失、その後全般的な知的水準の低下が起こる。末期になると、脳が萎縮し、頭蓋内に空洞が生じる。もしも今日、骨相学者がいたとしたら、アルツハイマー病は脳のサイズの減少に関係があると主張するだろうが、その説明はあまり説得力がない。というのも、脳の萎縮が起こるのは、記憶の喪失やその他いくつかの症状が現れたのち、だいぶ時間が経ってからのことだからだ。しかも、脳の萎縮はこの病気の原因ではなく、症状のひとつなのである。萎縮するのは脳の組織が死ぬためだが、その原因は何だろう？

その手がかりを探して、科学者たちはアルツハイマー病の患者の検屍解剖から得られた組織を調べた。すると患者の脳に、「ジャンク」と呼ばれる微細な斑点や神経原繊維のもつれが広く見られることがわかった。一般に、病気にともなって起こる脳の細胞の異常のことを、「神経病理学的特徴《ニューロパソロジー》」という。脳に斑点や神経原繊維のもつれができはじめるのは、細胞が死ぬよりもだいぶ前、アルツハイマー病の症状が出てまもない頃である。こうした神経病理学的特徴は、今日、アルツハイマー病の顕著な特徴と見なされている。なぜなら、記憶が失われたり知的能力が低下したりするだけなら、ほかの病気でも起こりうるからだ。斑点や神経原繊維のもつれが蓄積される理由はまだ解明されていないが、科学者たちはこれらの特徴を軽減させることによって、アルツハイマー病を治療できるのではないかと期待している。

精神障害の中でもとりわけ謎なのは、これといった神経病理学的特徴をともなわないタイプのものだ。そうなるとわれわれは本当に立ち往生してしまう。そういう障害は、今も心理学的な症状だけによって定義されており、治癒への道のりはもっとも遠い。パニックや強迫神経症のように不安を引き起こす障害もあれば、抑鬱や双極性障害のような気分障害もある。とくに患者にとって負担が大きいのが、統合失調症と自閉症である。

自閉症の症状を伝えるものとしてとりわけ鮮烈なのが、次のような臨床の記述だ。[28]

> 自閉症の診断が下されたのは、デーヴィッドが三歳のときのことだった。当時彼はほとんど人と目を合わせることができず、口をきかず、自分ひとりの世界で道に迷っているように見えた。トランポリンが大好きで何時間も跳ね続け、ジグソーパズルが得意だった。一〇歳になったデーヴィッドは、体は十分に発達していたが、感情面ではかなり遅れていた。可愛らしい顔立ちをしていたが……（中略）……自分の好みについてはひどく頑なだった。彼はしばしば切羽詰まったようすで要求を繰り返し、母親が折れるしかないことが多かった。怒り出すと歯止めがきかず、すぐに癇癪を起こした。
>
> デーヴィッドは五歳のときに話しはじめた。今は自閉症の子どもたちのための特殊学校に通っており、そこでは周囲とうまくやっている。彼には毎日決まった日課があり、そこから逸脱することはない。……（中略）……すぐにこなせるようになることもある。たとえば、本はひとりでに読めるようになった。今ではすらすらと本を読むが、しかしその内容を理解しているわけではない。彼はまた、足し算をするのが大好きだ。しかし、そのほかのことを学ぶのには非常に時間がかかる。たとえば食卓について食事をしたり、洋服を身につけたりするのは難しい。……（中略）……
>
> デーヴィッドは現在一二歳である。彼は今でも、ほかの子どもたちと自分から遊ぼうとはしない。彼のことをよく知らない人と意志疎通をするのは非常に困難である。……（中略）……他人の希望や

興味に関しては、決して譲歩せず、他人の考え方を受け入れることができない。このように、今もデーヴィッドは世の中に対して無関心で、自分の世界の中で生きている。

この症例研究には、自閉症を定義する三つの症状がすべて含まれている。すなわち、社会性の欠如、言語上の障害、執拗な反復行動である。これらの症状は三歳になる前に現れ、その後軽減することも多いが、自閉症の大人は、ある種の監督下でなければ日々の生活をこなすことができない。[29] 有効であることがわかっている治療法はなく、完治するということがないのは間違いない。

発達心理学者のユタ・フリースは、自閉症児のことを、「ガラスの殻の中に閉じ込められた美しい子ども」[30]と、少し詩的に表現した。障害を持つ子どもたちは、心が痛むような、一見してわかる体の変形をともなう病気のことも多い。しかし自閉症の子どもたちは別で、とても健康そうに見えるし、美しいほどだ。彼らのそんな外見のせいで、何かが根本的におかしいということを、親たちは容易には信じることができない。そして、「ガラスの殻」、すなわち社会的な孤立をうち破って、正常な子どもを解放してやれるのではないかと、むなしく期待する。しかし自閉症児の見た目の健やかさは、脳が普通ではないことを覆い隠しているのだ。

自閉症児の脳の異常としてもっともよく記述されているのは、サイズに関するものである。もともとこの症候群は、アメリカの心理学者レオ・カナーが一九四三年に発表した画期的な論文で定義したものだが、[31] カナーはその論文の中で、ほんのついでのように、自分が診た一一人の子どものうち五人の頭が大きかったと述べたのだ。[32] 研究者たちは長年のあいだに多くの自閉症児を調べ、その頭部と脳が、平均としては確かに大きいことを見出した[33]——とくに、社会行動や言語行動にかかわる多くの領域を含む前頭葉に肥大が認められた[34]。

では、脳のサイズの平均値から、自閉症を予測することはできるのだろうか？　もしもそうなら、骨相学は自閉症を理解するという目標に近づくための正しいアプローチだったと、自信を持つことができるだろう。しかしここで注意すべきは、少数のグループを扱うときには、統計の誤りを犯しやすいということだ。たとえば、かなり特殊なタイプの人たちとして、プロのアメリカン・フットボール（ＮＦＬ）選手を考えてみよう。彼らは明らかに平均的な人よりも体格がいい。このことから逆に、平均よりも体格がいい人は、プロのフットボール選手である可能性が高いと予測することはできるだろうか？　こういう予測は、「個体群が半々である場合」、つまり、フットボール選手と一般の人とを、それぞれ同数含む集団についてはうまくいく。その集団を体格のよさで分類すれば、フットボール選手かそうでないかを、かなり正確に言い当てることができるだろう。しかし、一般的な集団の中で、体格のいい人を選び出してフットボール選手だと予測しても、ほとんど当たらないだろう。そういう人たちは、何か別の理由で背が高かったり、筋肉質だったり、肥満体だったりしているだけなのだ。それと同様に、脳の大きな子どもは自閉症だと予測してもほとんど当たらない。単に体が大きいというだけではＮＦＬの選手にはなれないように、脳が大きいというだけでは、自閉症だということにはならないのである。

メディアはしばしば、脳の特定の性質から、めずらしい精神障害を予測できるようになったという研究成果を報道する。しかし結局、その予測には期待されたような威力はないと判明することが多い。なぜなら、「個体群が半々であるような」集団に対してはかなり正確に予測できたとしても、一般的な集団には通用しないからだ。しかし、病気の原因がわかれば、一般的な集団に対しても的確な診断を下すのに役立つだろう。感染症では確かにそうであることが多い。血液検査で微生物を検出できるからだ。

統合失調症の脳にも明確な異変は見出せない

統合失調症もまた、自閉症と同様、謎の多い病気である。典型的なところでは二十代で発症し、かなりショッキングな内容の執拗な幻覚（多くは幻聴）や、妄想（多くは被害妄想）を経験するようになり、考えが支離滅裂になる。次に挙げるのは、精神病《サイコシス》と総称される症状についての、一人称の生々しい記述である。[35]

それがどんなふうにはじまったのかは、もう思い出すことができない。しかしあるときトイレで座っていると、急にアドレナリンが噴き出したようになった。心臓が早鐘のように打ち出し、どこからともなく声が聞こえはじめた。自分の頭の波長が、ロック・スターや科学者たちが世界政府を転覆させようとして世界中に放送しているテレビ番組の波長に合ったのだと思った（世界政府の転覆は、コンピュータ、生物学、心理学、そしてブードゥーのようなタイプの儀式によって遂行される）。そんなことが、まさにそのとき、そこで行われていたのだ！

そのときテレビで通信している人たちは、自分たちの目的と動機はすべて、新しい世界秩序を打ち立てることにあると語っていた。わたしは、世界のどこかに隠れていたたくさんのロック・スターや科学者たちとともに、議論が行われている舞台の中央に立っているようだった。

精神病はまわりの人たちを動揺させ、つらい思いをさせるが、患者当人も恐怖に怯えることになる。そうした恐怖は統合失調症のもっとも目立った兆候だが、ほかの精神障害で起こることもある。そのため、確かに統合失調症だという正確な診断を下すためには、たとえば、意欲が失われる、感情が平板になる、口をきかなくなる、といったほかの症状があるかどうかを確かめなければならない。これらは、統合失調症の「陰性症状」と言われるもので、これとは対照的な症状を「陽性症状」と言う（ここで「陽性」とか「陰性」という言葉には、価値判断は含まれていない。陽性は、考えが支離滅裂になること、陰性は、感情が平板になることを意味している）。統合失調症に対しては、そうした症状を取り除くために薬物による治療が行われる。しかし、陰性症状には薬物があまり効果がないため、完全な治癒にはつながらない。[36] 統合失調症の人は、今日でも自立して生活することができない場合が多い。

自閉症と同様、統合失調症患者の脳の異常としてもっとも詳しく記述されているのも、サイズに関するものだ。MRI研究から、わずか数パーセントほどではあるが、脳全体のサイズが小さくなっていることが示されている。[37] 海馬の減少率がわずかに大きいが、非常に大きいというわけではない。研究者たちは、脳室系の画像も得た。脳室系とは、脳の中で液体の満たされた、空洞と孔からなる構造である。統合失調症の患者の場合、側脳室と第三脳室は平均して二〇パーセントほど大きくなっていることが明らかになった。[38] 脳室は脳の中の空洞であるから、それが大きくなっているということは、脳の容積が小さくなっていることと関係しているのかもしれない。何にせよ違いが見つかったのは良いことだが、自閉症の場合と同様、この相関はきわめて弱いものでしかない。脳のサイズ、海馬のサイズ、あるいは脳室系の容積などを使って、一個人に対して統合失調症の診断を下せば、ひどく不正確な結果になるだろう。

自閉症と統合失調症の治療がこの先進展するためには、せめてアルツハイマー病の斑点や神経原繊維のもつれのような、わかりやすくて首尾一貫した病理学的特徴が見つかれば役に立つだろう。しかし今のところ、自閉症や統合失調症の患者の脳には、はっきりとそれとわかるような「ジャンク」の蓄積や、細胞が死ぬ微候や細胞の変性のようなものは見つかっていない。新骨相学は、脳に何か異変があることを示唆してはいるが、われわれはそれが何なのかわからずにいる。神経学者のフレッド・プラムは一九七二年に、「統合失調症は、神経病理学者の墓場である」[39]と、かなり悲観的な発言をした。その後研究者たちはいくつかの手がかりをつかんだが、これまでのところ劇的な進展はない。

ほとんどの人は、人によって頭の働きが違うのは脳が違うからだと信じて疑わない。しかしこれまでのところ、その証拠はないに等しい。骨相学者たちは、脳や、その各部のサイズを調べることでその証拠をつかもうとしたが、テクノロジーが発展して彼らの戦略を実践に移すための手段が得られたのは、ようやく最近になって、MRIが開発されてからのことである。新骨相学者たちは、頭の働きの違いは、脳のサイズの違いと統計的な相関があることを明らかにしたが、それを使って、誰か特定の個人が天才なのか、自閉症なのか、あるいは統合失調症なのかを正しく言い当てることはできない。

わたしは神経科学が、もっと確実な科学であってくれたらと思う。そこには大きなものがかかっている。自閉症や統合失調症になると神経にどんな病変が起こるかがわかれば、治療法の探しようもあるだろう。脳に知能を与えているものは何かがわかれば、より効果的な教育方法や、そのためのツールを考案するのにも役立つだろう。われわれは単に脳を理解したいのではない。脳を変化させたいのだ。

第2章 脳の地図を作る

学習による脳の変化を検知できるか

神よ、変えられないことがらについては、
それを受け入れる平安な心を与えたまえ。
変えられることは変える勇気を与えたまえ。
そしてそれを見きわめる知恵を与えたまえ。

平安の祈り

ここに掲げた「平安の祈り」は、アルコホーリクス・アノニマス［アルコール中毒者の互助組織］をはじめ、依存症からの回復を助けるさまざまな団体で使われてきたものである。この祈りの言葉は、なぜ脳がこれほどまでに人を魅了するのかを明らかにしている——人はいつの時代も、脳を変えることができたらと願っているのだ。近所の書店に行って、自助啓発本コーナーを歩いてみればよい。酒量を減らす方法、薬物をやめる方法、食生活の改善、お金のやりくり、子どものしつけ、結婚生活の立て直しといったハウツー本が所狭しと並べられている。いずれもやってやれないことはなさそうだが、じっさいにやり遂げるのは難しい。

正常で健康な大人であっても、自分の行動を変えたいと思う。だが知能に障害を負ったり、精神障害を抱えたりした人たちにとって、その目標はいっそう切実だ。若くして統合失調症になった者には、いつか治る日が来るのだろうか？　脳卒中を起こした祖父や祖母は、ふたたび話せるようになるのだろうか？　誰しも、学校教育や自分たちの子育てが、子どもたちの心をのびのびと伸ばすようなものであってほしいと願う。では、今のやり方を改善するためにはどうすればいいだろう？

「平安の祈り」は、変えるための勇気と知恵を与えたまえと訴える。その祈りに対し、神経科学からの答えもあったほうが良いのではないだろうか？　なにしろ考え方を変えるということは、究極的には脳を変えることなのだから。しかし、神経科学が自己の改善に役立つためには、はじめに、より基本的な次の疑問に答えなければならない。「われわれが新しい行動様式を身につけるとき、脳はどのように変化するのだろうか？」

赤ん坊の発達の速さに親は目を見張り、わが子が何か新しいことをしたり、新しい言葉を覚えたりするたびに、大喜びしてお祝いをする。幼児の脳は急速に成長し、二歳までにはほぼ大人のサイズになる。[1]このことから、次のような単純な説が出てくる。学習とはすなわち脳が増大することにほかならず、脳の増大にテコ入れしてやれば、子どもたちをもっと賢くしてやれるだろう、というのがそれだ。

この説を最初に提唱したのも、やはり骨相学者たちだった。ヨハン・シュプルツハイムは、身体を鍛えれば筋肉が肥大するように、頭を使えば、皮質、つまりは「心の諸器官」が大きくなるはずだと論じた。その考えにもとづき、シュプルツハイムはさらに、子どもと大人の両方を対象とする教育の思想体系を作り上げた。[2]

彼の説［頭を使えば脳が大きくなる］を科学的に検証できるようになったのは、それから一世紀以上も後のことだった。動物に知的刺激を与えたときに、どんな影響が出るかを調べる方法を、心理学者が考え出したのだ。その方法は次のようなものだった。実験用ラットを二つのグループに分け、それぞれ異なる環境に置く――一方は退屈な環境に、他方は「刺激の多い」環境に置かれた。退屈なケージに一匹だけで入れられたラットは、食べ物と水の容器だけしかない殺風景な環境で暮らした。刺激の多いケージでは、何匹ものラットが集団で生活し、毎日新しいおもちゃをいくつも与えられた。これらのラットを簡単な迷路で走らせると、刺激の多い環境で暮らしているラットのほうが賢いことが示されたのである。[3] おそらく両者の脳は違っていたのだろうが、しかし具体的にはどう違っていたのだろう?

一九六〇年代のこと、マルク・ローゼンツヴァイクと仲間たちは、その違いを突き止めようとした。彼らがそのために使ったのは驚くほど簡単な方法だった――皮質の重さを計量したのである。すると、刺激の多いケージに暮らしたラットでは、平均として、わずかに皮質が肥大していた。これは経験によって脳の構造が変わることをはっきりと示す、初めての証拠だった。[4]

この話を聞いても、あなたはとくに驚かないかもしれない。なにしろ、ロンドンのタクシードライバーや演奏家、バイリンガルな人たちでは、それぞれ脳の特定の部位が肥大していることが、ＭＲＩの研究からわかっているのだから。しかし前にも注意したように、統計的に得られた結果を過大に受け取ってはならない。MRIの研究では、相関があることは示されたが、因果関係が示されたわけではないからだ。

タクシーを運転したり、楽器を演奏したり、母語以外の言葉を話したりすることは、はたしてシュプルツハイムが主張するように、脳を肥大させる原因なのだろうか？　演奏家の脳とそれ以外の人たちの脳が、楽器を習う前には同じで、その後変化したことが示されたのなら、学習と脳の肥大とのあいだには因果関係があると主張できるだろう。しかしMRIの研究では、楽器を習った後のデータが集められただけなので、次のような解釈を排除することはできない。楽器を上手に演奏する才能にかかわる脳の特定の部位が、生まれつき肥大している人たちがいて、そういう幸運な人たちが演奏家になるのかもしれないということだ。もしそうなら、脳の肥大のほうが、楽器を習いはじめる原因なのであって、楽器を練習したから脳が肥大したわけではないということになる。

演奏家たちは、指導者やコンクールを通して、生まれながらの才能で篩にかけられるのかもしれない。しかも、概して人は得意なことをやりたがるものだから、演奏家たちは自ら進んでその道を選んだ可能性もあるだろう。これらは、統計的研究の解釈を難しくする要因となっていて、「選択バイアス」と呼ばれている。ローゼンツヴァイクは、個々のラットを刺激の多い環境に置くか退屈な環境に置くかをランダムに決めることにより、この選択バイアスを取り除いた。こうしてランダム化の手続きを踏むことで、二つのグループのラットを、統計的には対等の状態からスタートさせたのだ。これによりローゼンツヴァイクは、ケージの中で異なる経験をした後で生じた（統計的な）違いはすべて、環境のために生じたと解釈できるようになった。

因果関係の存在をより直接的に示すには、MRIを使って、ある経験をする前後で人間の脳がどのように変化するかを見ればよい。じっさいに調べたところ、お手玉を練習すると、頭頂葉と側頭葉の皮質が厚くなることが明らかになった。[5] また、医学部の学生が試験のために懸命に勉強すると、頭頂葉の皮質と海馬が肥大することも示された。[6]

これらは重要な結果だが、まだわれわれの求める情報の水準には達していない。経験により脳が変化することが明らかになったというだけでは不十分なのだ。われわれは、脳が変化したかどうかだけでなく、その変化がパフォーマンス向上の原因であるかどうかを知りたいのである。脳が変化したからといって、それがパフォーマンス向上の原因だとは言えない理由を理解するために、次のような極端なケースを考えてみよう。演奏家たちは、一日中楽器の練習をしなければならないので運動不足になり、太りやすいとしよう。この場合、太ったことが原因で演奏がうまくなったのだと結論するのは間違いだ。同様に、楽器の練習をした後で脳が肥大していることが示されたからといって、脳の肥大が原因で演奏がうまくなったとは言えないのである。

ローゼンツヴァイクは、刺激の多いケージで暮らしたラットが賢くなること、そしてラットの脳の皮質が厚くなることを示した。しかしそれだけでは、皮質の肥厚が原因でラットが賢くなったと示されたとは言えない。そもそも、皮質の各部の機能について得られている知識に照らせば、皮質の肥厚が原因でラットが賢くなるとは考えにくいのだ。迷路をうまく通り抜ける技能には前頭葉が関係していると考えられるが、この実験では、前頭葉はほとんど、ないしまったく肥大していなかったのである。もっとも肥大していたのは、視覚に関係する後頭葉だった。

結局、何かを学習して身につけることが、皮質の肥厚の原因だとは言えないということだ。われわれに言えるのは、これら二つの現象のあいだには相関があるということだけだ。しかもその相関は弱く、グループを平均してみて初めて目につく程度のものでしかない。皮質の肥厚は、個体が何かを学習したことを示す、信頼に足る指標にはならないのである。

脳の損傷からの回復と脳の変化

迷路をうまく抜けられるかどうか、お手玉が上手かどうかといったことを調べるのは、もしかすると見当違いなのかもしれない。もっと劇的な変化を調べてはどうだろう？　たとえば、脳卒中を起こした直後の患者は、力が入らなかったり、体が麻痺したりすることが多く、しゃべれなくなったり、知能障害が起こったりすることもある。発作から数カ月間は、多くの患者では症状が劇的に改善する。この回復期に、脳では何が起こっているのだろうか？　それを調べることは、効果的な治療法を開発するためにも役立つだろうから、実用面でも大きな意義があるのは明らかだ。

脳卒中は、血管が詰まったり、血液が漏れたりすることにより、脳が傷つくために起こる。患者の症状から、脳のどちらの半球が傷ついたかがわかることも多い。脳卒中では、しばしば右半身または左半身が不随意になり、その場合には、動かない側の半身とは反対側の脳が傷ついている。なぜなら、脳の右半球は左半身の筋肉をコントロールし、左半球は右半身の筋肉をコントロールしているからだ。脳のどの部位が傷ついたかをさらに詳しく特定できることもある。神経学者は、傷ついた皮質の部位を示す区分として、葉《よう》を利用することもある。もっと細かく、どれかの葉の中の、どのヒダが傷ついたかを示す必要があることもある。皮質のヒダ［溝と溝に挟まれた、盛り上がった部分］には、たとえば「上側頭回《じょうそくとうかい》」といった難しそうな名前がついているが、これは「側頭葉の中で、一番上部にあるヒダ」という意味だ。皮質の部位を示すためには、こうした名前のほかに、一九〇九年にドイツの神経解剖学者コルビニアン・ブロードマンが発表した、脳地図の番号を使うこともある[7]（図11）。本書では、ブロードマンの脳地図の各部を指すためには、それぞれの番号に「野」を添えて用い、それ以外の分け方を指すためには「部位」や「領域」などを用いる。

　脳卒中後に体を動かせなくなるのは、4野と6野が傷ついたためだ。4野は前頭葉のもっとも後方、中心溝のすぐ前の帯状領域である。6野は4野のすぐ前に位置している。どちらも体を動かすために重要であることがわかっている。脳卒中の結果として言語に障害が起こることも多い。その場合は、ブローカ中枢（44野と45野）およびウェル

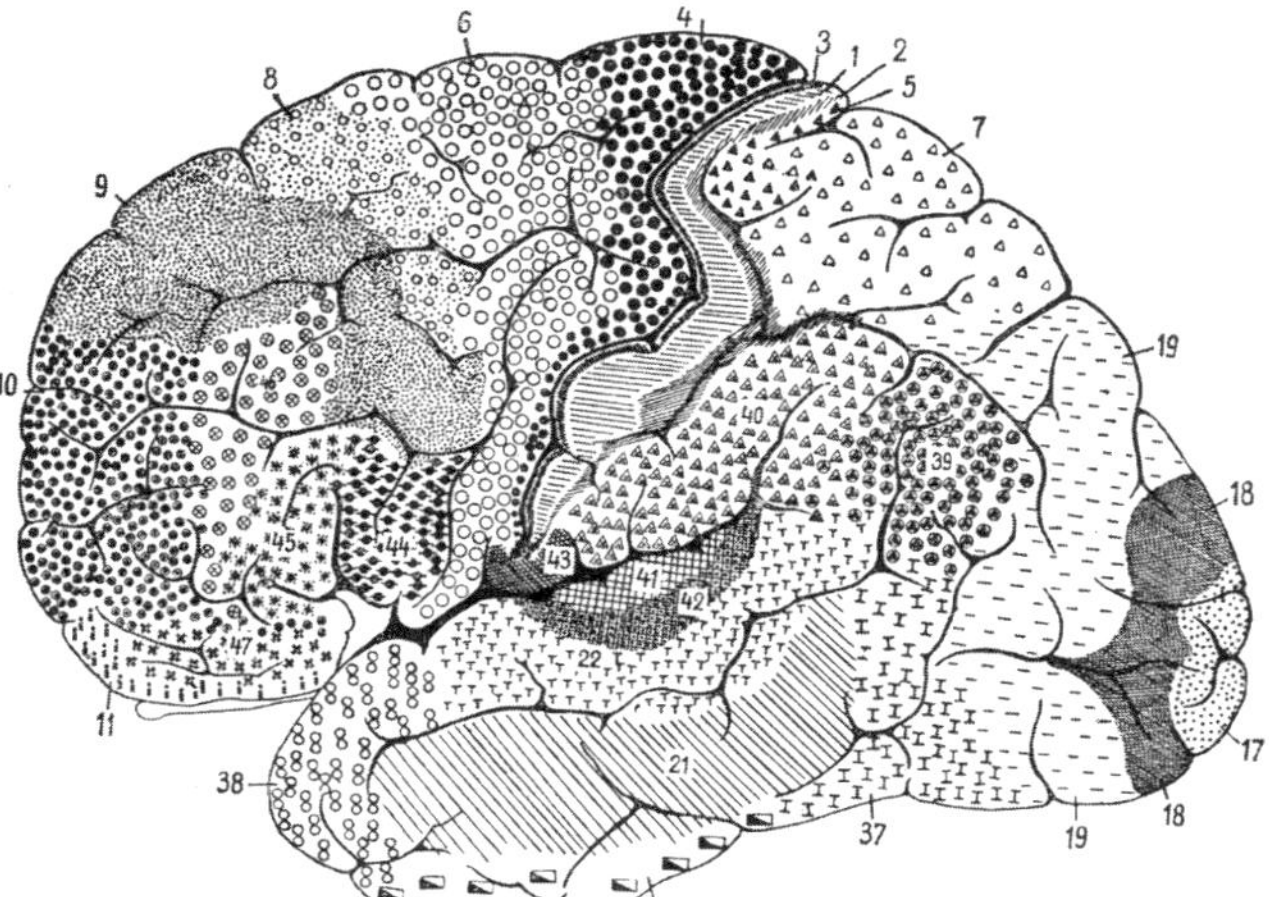

図11　ブロードマンの脳地図。

ニッケ中枢（22野の後方端）に損傷がある。この二つの部位は、ともに左半球に含まれる。

　患者の友人や家族にとっては、患者がどこまで回復するのかを知ることは切実な願いだ。おじいちゃんはまた歩けるようになるの？　また話せるようになるの？　運動機能は、時間の経過とともに改善する傾向があるが、三カ月を過ぎるとあまり改善しなくなる。[8] 言語能力についても、やはり最初の三カ月間は回復が速いが、こちらはその後も何カ月、あるいは何年間も回復が続くことがある。神経学者は、三カ月という期間が重要な区切りになることを知っているが、その理由はよくわかっていない。患者が回復するとき、脳の中で何が変化しているのかという、より基本的なことがわかっていないからだ。

　脳の中で損傷を受けた部位は、機能の一部、または全部を回復することもあるようだ。しかし、機能不全を起こした血管の近くにある細胞が死に、そのために非可逆的な損傷を受けることもある。その場合に問題になるのは、傷つかなかった部位は、傷ついた部位の代わりになれるのかということだ。サッカーチームのメンバーのひとりが怪我をして、痛々しくグラウンドから運び出されたとしよう。ベンチに補欠の選手がいないため、人数が減ったチームは苦戦を強いられる。しかしゲームが進むにつれて、後に残った選手たちがその状況に適応することもあるだろう。怪我をしたチームメートが攻撃を担当していたなら、守備の選手たちが攻撃も担当して、その穴を埋めるかもしれない。

　重要な問いは次のことである。皮質の領野は、脳が傷ついたのち、新たな機能を獲得できるのだろうか？　脳卒中の場合には、それができることを裏づける証拠がいくつか得られている。[9] しかし、より強力な証拠をもたらしたのは、幼い頃に脳が傷ついたケースの研究だった。癲癇《てんかん》は、繰り返し起こる「発作」——ニューロンの活動が過剰になるために起こる発作——を主な特徴とする病気である。激しい痙攣を頻繁に起こす子どもでは、大脳の片方の半球をすっかり除去するという治療が施されることがある。[10] これは神経外科手術の中でも、もっとも過激なもののひとつだが、多くの子どもがこの手術からすみやかに回復するのには驚かされる。手術後の子どもたちは、摘出した半球と反対側の手の動きは不自由になるものの、歩いたり走ったりすることはできる。[11] 知的能力はおおむね損なわれず、首尾よく発作が起こらなくなれば、むしろ知能が向上することさえある。

大脳半球の切除術後の回復は、さほど驚くべきことではないと論じる人もいるかもしれない。それは腎臓の一方を失うのと同じようなものなのだろう、と。残ったほうの腎臓は何か新しいことをしなければならないわけではなく、それまでと同じことをすればよいだけのことだ。しかし思い出してほしいが、心の機能の中には、左右どちらかに局在している(側性化)ものがあるのだった。脳の左半球と右半球は同じでないのである。左半球が言語に特化しているため、それを除去すれば、大人の場合はどうしても失語症になる。ところが子どもではそうはならない。言語機能は右半球に移っており、[12] そのことからじっさいに皮質のいくつかの領野で機能が変わったことがわかるのである。

機能が局在している以上、患者の症状から、脳の傷ついた部位を推測できるとしても驚くには当たらない。驚くべきは、皮質を機能に応じて分割する地図はあるが、その地図の境界は固定されているわけではないということだ。怪我をした脳は、地図の境界線を書き換えるのである。

失った手足が痛む「幻肢」はなぜ起こるか

脳卒中や脳外科手術の後にみられる、皮質の地図の書き換えは、新骨相学者たちが報告した皮質の肥厚よりも劇的だ。では地図の書き換えは、健康な脳にも起こるのだろうか？　これに関する知識もやはり、重大な損傷を受けた事例からもたらされた――しかしその損傷は、脳ではなく、身体が被ったものだった。次に引用するのは、神経科学者ミゲル・ニコレリスの文章である。[13]

医学部に入って四年目のある朝のこと、ブラジルのサンパウロにある大学病院の血管外科医が、整形外科病棟に連れて行ってくれた。「今日われわれが話をする相手は、幽霊だ」とその医師は言った。「気味悪がらないで。平静を保つように。その患者は、自分の身に起こったことを、まだ受け入れることができずにいるのだ。彼はとても動揺している」

目の前に座っていたのは、くすんだ青色の瞳と金髪巻き毛の、一二歳くらいの少年だった。顔には滴るほど汗をかき、その表情は恐怖に歪んでいた。その子は今やわたしの目の前で、出所のわからない痛みに身もだえしている。「本当に痛いんです、先生。焼けるように痛いんです。何かがぼくの足を握り潰しているみたいです」と少年は言った。わたしは胸が詰まり、息が苦しくなった。「どこが痛むの？」とわたしは尋ねた。すると少年は、「左の足、ふくらはぎ、足全体だよ。膝から下全部だよ！」

少年を覆っていたシーツを持ち上げて、わたしは愕然とした。足が半分なかったのだ。少年は車に轢かれ、左足の膝から下を切断されていた。彼の痛みは、すでに存在していない体の部分から生じていたのである。病棟の外に出てから、その外科医はこう言った。「しゃべっていたのは彼ではないんだ。幽霊になった足がしゃべっていたんだよ」

近代的な切断術を発明したのは、十六世紀のアンブロワーズ・パレだった。パレはフランス軍の外科医として、その技術に磨きをかけた。パレが生まれた当時、外科手術はもっぱら床屋の仕事だった。なぜなら外科手術は、荒っぽい屠殺行為のようなもので[14]、医者の仕事としては下賤すぎると見なされていたからだ。パレは戦場で働きながら、切断術を受けた兵士が失血死しないよう、太い動脈を縛るという方法を身につけた[15]。彼は結局は何代かのフランス王に仕え、「近代外科手術の父」として歴史に名を残すことになる。

パレは、足や腕を切除された患者が、あたかも手足がまだ元の場所についているかのように痛みを訴えるという事例を初めて報告した人物となった。それから数世紀を経て、アメリカの医師サイラス・ウィア・ミッチェルが、南北戦争の兵士たちに起こった同じ現象を記述するために、「幻肢《げんし》（phantom limb）」という言葉をひねり出した。彼は数多くの症例研究を行い、幻肢は例外的な現象ではなく、むしろそれが通例であることを明らかにした。しかしなぜこの現象は、それほど長いあいだ記述されないまま見過ごされていたのだろうか[16]？　おそらくパレが外科手術を革新する以前は、切断術を受けて生き延びる者はめったにおらず、生き延びた人たちの訴えは、単なる妄想として真面目に受け止めてもらえなかったのだろう。だが、切断術を受けた患者たちは理性を失って幻想を見ているどころか、その幻肢は現実ではないことを

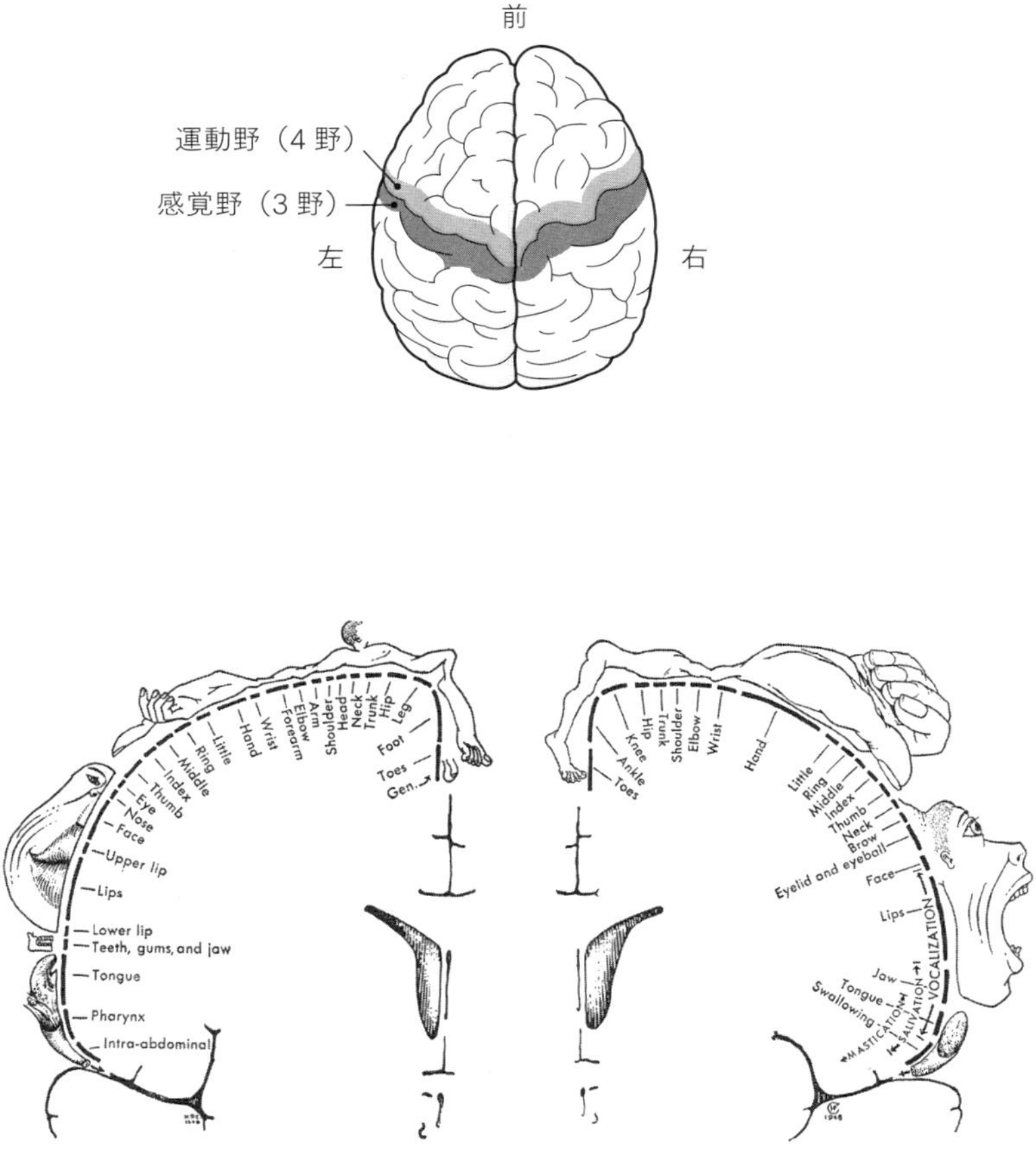

図12　3野および4野の機能図。感覚野（3野）のホムンクルス（下の図の左）と、運動野（4野）のホムンクルス（下の図の右）［感覚野と運動野は、上の脳の全体図に示された位置にあることに注意］。

十分に理解しているし、[17] 普通それは痛いので、患者たちは何とかその痛みを取り除いてくれと医師に懇願するのである。

ミッチェルはその症状に名前をつけるとともに、なぜそんなことが起こるのかを説明する理論を提唱した。彼は、切断された手足の付け根のところにある、傷んだ神経末端が脳に信号を送り続けており、脳がそれを失われた手足の感覚と解釈していると考えたのだ。[18] この理論に触発されて、外科医の中には、手足の付け根を切り取ってみた者もいたが、それでも幻肢はなくならなかった。[19] 今日では多くの神経科学者たちが、それとは別の説を信じている。幻肢は、大脳皮質の地図の書き換えによって起こっているというのだ。

その地図の書き換えは、大脳皮質全域で起こるのではなく、ある領域に限定されていると考えられる。少し前に、中心溝のすぐ前方にあって、運動を制御している4野のことを学んだ（67ページ）。中心溝のすぐ後方にあるのが3野で、この部位は、接触、温度、痛みのような身体感覚に関係している。一九三〇年代に、カナダの神経外科医ワイルダー・ペンフィールドが、電気刺激を用いて患者のこれら二つの野の地図を作った。[20] 癲癇の手術をするために頭蓋骨を開けて脳を露出させたのち、ペンフィールドは4野のさまざまな場所に電極を当ててみた。すると、そのつど患者の体のどこかが動いたのだ。ペンフィールドは4野のさまざまな場所と体の部位の対応関係を図に表し（図12右）、これを「運動野のホムンクルス」と呼んだ（ホムンクルスは、ラテン語で「小さい人」という意味）。同様に3野を電極で刺激すると、患者は体のさまざまな場所に感覚を得たと語った。ペンフィールドは3野について「感覚野のホムンクルス」の図を作ったところ（図12左）、それもまた運動野のホムンクルスとよく似たものになった。どちらも中心溝を挟んで、その両側に平行に走っている（おおざっぱに言うと、これらの地図は、二つの耳を含む二つの垂直面を表しており、感覚野の図の平面は中心溝のすぐ後ろ、運動野の図の平面はそのすぐ前にある。大脳皮質は外側の境界だけであって、それ以外は大脳の内部である）。

これらのホムンクルス図では、身体的には小さな顔と手が大きな部分を占めている。大脳皮質でこれらが大きくなるのは、感覚と運動という観点からすると、顔と手は、その身体の部位としてのサイズに釣り合わないほど重要だからだ。切断すれば、その部位の重要性は突如としてゼロになる。そのとき、切断された身体部位に対応する地図上の領域は、大きさが変わるのではないだろうか？　そう考えた神経学者のV・S・ラマチャンドランとその共同研究者たちは、幻肢が起こるのは、３野の地図が書き換えられるためだという説を提唱した。[21]　もしも肘から先が切断されると、感覚野のホムンクルスの図において、その領域は機能を失う。するとそれに隣接する、顔と上腕に対応する領域が、もともとの境界を越えて、機能を失った領域に侵入していく（図12のペンフィールドの図で、それらの領域が隣り合っていることを確かめよう）。機能を失った領域に入り込んだこれら二つの侵入者は、もともと担当していた身体部分に加えて、肘から先の部分を表すようになる。その結果として、切断術を受けた患者に幻肢の感覚を与えるというのである。[22]

この説によれば、地図の書き換えが起こった顔の領域は、顔だけでなく、肘から先の腕も表すことになるはずだ。そこでラマチャンドランは、顔を刺激すれば、幻肢にもその感覚があるはずだと予測した。彼がじっさいに綿棒で患者の顔をつついてみると、患者は顔だけでなく、幻肢である手にもつつかれた感覚があると語った。[23]　またこの説によれば、地図の書き換えが起こった腕の領域は、上腕だけでなく、肘から下の部分も表すことになると予想される。じっさいラマチャンドランが切断された肘のあたりに触れてみたところ、患者は、そのあたりだけでなく、幻肢である肘から先の部分にも触れられた感覚があると語った。こうした独創的な実験により、切断術を行うと3野の地図が書き換えられるという説が、衝撃的に裏づけられたのである。

脳の変化をイメージング技術で観察する

ラマチャンドランとその共同研究者たちが使ったのは綿棒などの素朴な道具だった。しかし一九九〇年代になると、脳のイメージング（撮像）という胸躍る新しいテクノロジーが導入された。fMRIは、脳のあらゆる領域の「活動」、つまり、脳の各部分がどれくらい使われているかを明らかにした。[24] fMRIの画像はニュースメディアによく登場するので、今ではおなじみになっている。fMRIは普通、MRIの画像に重ねるようにして示される。モノクロのMRIの画像は脳を示し、その上に色のついたfMRIの点が重なっている。点の見えるところが、脳の活動している領域だ。MRIは単なる脳を表すのに対し、fMRI＋MRIは「脳の中のにぎやかな場所」を表すと考えればよいだろう。[25]

研究者たちは、ボランティアの被験者たちに頭を使う作業をしてもらい、そのときの脳の活動を画像に捉えた。もしもある作業が、脳の特定の部位を活性化させて、その部位を「光らせる」ならば、その部位がどんな機能を持つかを知る手がかりになる。神経学はそれまでずっと、たまたま損傷を受けた脳の部位を調べることしかできなかったせいで停滞していたが、fMRIのおかげで、正確で再現可能な実験を繰り返し行い、機能の局在性を調べることができるようになった。研究者たちはブロードマンの地図に従って、各部位の機能をつぎつぎと調べていき、ブロードマンの地図はこの分野の研究になくてはならないものになった。科学論文が大量に発表され、多くの大学がｆＭＲＩ――いわゆる「脳スキャナー」――に多額の金をつぎ込んだ。

研究者たちは、ペンフィールドの「感覚野ホムンクルス」と「運動野ホムンクルス」の図も改訂した。体のどの部分に触れると3野のどのあたりが活性化されるのか、被験者が体のどの部分を動かすと4野のどのあたりが活性化されるのかを、その目で見たのである。ペンフィールドの図を、頭蓋骨を開けるという、彼自身が使った荒っぽい方法によってではなく、ｆＭＲＩを使って改訂していくのは胸躍る作業だった。研究者たちは地図の書き換えについても調べ、切断術を受けた患者では、3野における顔に対応する部分が下方に広がるというラマチャンドランの主張が正しかったことを示した。その説から予想されたように、地図の書き換えは、切断術を受けたが幻肢の痛みを感じない患者には見られず、幻肢の痛みを経験する患者にのみ起こっていた。[26]

切断は、脳そのものを傷つけはしないが、きわめて異常な経験であることは確かだ。では、学習という正常な経験では、脳は地図を書き換えるのだろうか？　ヴァイオリンなどの弦楽器を演奏する人たちは、弦を指で押さえるために左手を使う。研究から、3野内にある、左手を表す部分が肥大していることがわかっており、[27]その肥大は楽器を演奏するための徹底した訓練により起こったとみられる。ｆＭＲＩが、ブロードマンの地図の各野に機能を割り当てるだけでなく、ひとつの野の内部での細かい変化まで明らかにできるのはすごいことだ。この路線の研究は、ゴールトンのように脳全体のサイズを測る研究よりもはるかに洗練されている。大脳皮質の地図の書き換えについて興味深いことを明らかにできるだけでなく、練習のしすぎによると考えられる運動障害の解明にも役立つかもしれない。[28] 局所性ジストニア[29]と呼ばれるそうした障害は、優れた音楽家たちのキャリアを悲劇的に終わらせてきた。

しかし学習を、大脳皮質のさまざまな領野、またはそれよりもさらに細かい部位が肥大することだとして説明するのは、いまだ骨相学の流儀だ。それは大脳皮質が肥厚するかどうかを調べるのとさして変わらず、統計的相関は弱い。このアプローチは有力かもしれないが、いくつか限界もある。たとえば、点字を使う人たちは、手を表している領域が大きくなる。地図の書き換えというアプローチを取る限り、ヴァイオリンを学ぶことと、点字を学ぶことを区別することはできない——両者は非常に異なる技術なのだが。[30] さらに、もしも点字とヴァイオリンを区別するという特定の問題は解決できたとしても、一般的な場合の問題は残るだろう。

研究者たちはもうひとつ、地図の書き換えという概念に依存せずに、脳の変化を調べる方法をもっている。fMRIを用いて、脳の領域の活動レベルに違いを見出す試みが行われているのだ。たとえば、統合失調症の患者が、頭を使うある種の作業をするときには、前頭葉の活動レベルが低いことが報告されている。[31] 現状、その相関は統計的に弱いものでしかないが、この魅力的なアプローチでの研究により、さまざまな脳の障害について多くのことがわかるかもしれず、[32] 診断を下すための優れた方法が得られる可能性もある。

しかしそれと同時に、fMRI研究には根本的な限界があるかもしれない。脳の活動は刻々と変化し、思考や行動の変化と同じくらいすばやく変わる。統合失調症の原因を知るためには、われわれは時間とともに変わることのない脳の異常を突き止めなければならない。あなたの車が時速三〇マイル以上のスピードを出しているときに、ハンドルを右に切ると必ずガタガタしはじめるとしよう。この振る舞いは間接的なものであって、ひとつの症状にすぎない。そんな症状が起こるのは、あなたの車が何かもっと基本的なレベルで調子が悪いからだ。症状に気づくことは決定的に重要である。しかしそれは、基礎となる原因を突き止めるための最初の一歩にすぎないのだ。

骨相学的アプローチの限界

人それぞれ頭の働きが異なる理由を説明するために、なぜわれわれはいまだに骨相学を使おうとするのだろうか？　それは骨相学という戦略が優れているからではない。そうではなく、それよりましな方法を思いつかないからなのだ。みなさんは、街灯のそばの地面を這い回っている酔っ払いに出くわした警察官のジョークをご存知だろうか？　酔っ払いは事情を次のように説明した。「そこの角を曲がったところで、鍵をなくしてしまったんです」。警察官は尋ねた。「だったらなぜ、そこの角を曲がったところを探さないのかね？」酔っ払いはそれに答えてこう言った。「街灯の下のほうが明るいからですよ」。できることをやっているこの酔っ払いと同様、脳のサイズは機能についてほとんど何も教えてくれないと知りつつ、われわれは脳のサイズに目を向ける。なぜなら、今あるテクノロジーを使ってできることは、それくらいしかないからだ。

骨相学ではうまくいかない理由を知るために、機能とサイズのあいだにもう少し関係のある例を考えてみよう。頭の大きい人は賢いかどうかを調べる代わりに、筋肉質のたくましい人は腕力があるかどうかを考えてみるのだ。筋肉のサイズはＭＲＩで測定できるし、筋肉の強さはトレーニングジムのウェイト・トレーニング室にあるような機械で測定できる。[33] 研究者たちがじっさいに調べたところ、サイズと強さとの相関は、〇・七から〇・九の範囲にあった。[34] これは脳のサイズとＩＱとの相関よりもかなり大きな値である。予想された通り、筋肉のサイズがわかれば、腕力の強さもかなり正確に予想できるということだ。

筋肉の場合にはサイズと機能が密接に関係しているのに、なぜ脳はそうではないのだろうか？ その理由は、筋肉の仕組みが、労働者全員がまったく同じ作業をする工場のようになっているからだ。もしも労働者が全員、装置を完成させるための全ステップを独力で行えるのなら、労働者を二倍に増やせば、生産量も二倍になるだろう。同様に、すべての筋肉繊維は同じ作業をする。筋肉繊維はそろって同じ向きに並んでいて、同じ方向に引っ張る働きをするのだ。力に対するそれぞれの繊維の貢献は、相加的であり（ひとつひとつの繊維の働きを足し算すれば全体の力になる）、繊維が多ければ多いほど筋肉の力は強くなる。

次に、もっと複雑な組織をもつ工場を考えよう。それぞれの労働者は、ネジを締めたりジョイント部分を溶接したりと、それぞれ異なる作業に携わっている。たったひとつの装置を作るためにも、すべての労働者が力を合わせなければならない。経済学者は労働をそのように分担したほうが効率がいいと言う。なぜなら分担して専門化を進めれば、それぞれの作業についての技術が向上するからだ。しかしその場合には、労働者の数を倍増させても、生産性は二倍にはならない。新たに雇った労働者を既存の組織に組み込んで生産性を上げるのは、それほど容易ではないからだ。それどころか労働者を増やしたせいで作業の流れに乱れが生じ、生産性が下がることさえある。ブルックスの法則は、フレデリック・ブルックスによって提唱されたソフトウェア開発のプロジェクト・マネジメントに関する法則で、「遅れているソフトウェア・プロジェクトに要員を追加することは、そのプロジェクトをさらに遅れさせるだけだ」と述べている。

脳はどちらかと言えば、複雑な工場のように働く。ニューロンのひとつひとつは小さな作業をし、それらが複雑に協力し合って心の諸機能を果たしているのだ。そのため脳のパフォーマンスは、ニューロンの数にはあまり関係なく、むしろニューロンの組織化のされ方による。

工場のアナロジーは、骨相学の限界を説明する。ではこのアナロジーは、地図の書き換えが起こる仕組みも説明してくれるのだろうか？　アメリカの神経心理学者カール・ラシュレーは、心の諸機能は皮質のいたるところに広がっているのであって、ブロードマンの地図に描き出されたような境界線は、想像力の作り出した虚構だとして批判した。[35] とはいえ、局在化説の大敵とも言うべきラシュレーも、局在化を支持する実験的証拠をすべて否定することはできなかった。一九二九年、彼は大脳皮質の「等能性の原理」[36]を唱えて反撃に出た。ラシュレーは、皮質の領域はすべて特定の機能を持つということは認めたが、どの領域もすべて、それとは異なる機能を担うための「潜在的可能性」を持っていると主張したのだ。

先ほどの空想上の工場に戻ろう――ただし、もう少し複雑な工場を考える。ひとりの労働者が、それまでとは異なる作業を担当することになったと仮定しよう。慣れないうちはもたもたするが、いずれはその作業にも熟達するだろう。労働者たちは専門化しているかもしれないが、どの作業にも対応できる潜在的な能力を持っている。インプットとして新しいものを与えられれば、自分の機能を変えることができるのだ。

ラシュレーの唱える等能性原理には正しい面もあるが、あまりにもおおざっぱすぎる。大脳皮質は、無限の可能性を持っているわけではない。もしもそうなら、脳卒中を起こした患者は全員、すっかり元通りに回復するだろう。どこまで新しい状況に適合できるのかを知り、適応力をさらに強めるための方法を開発するためには、もっと深い理解を手にしなければならない。大脳皮質は地図の書き換えをすることがわかっている。しかし、領野の機能は、具体的にはどのように変化するのだろうか？

この問いに答えるためには、もっと基本的な問題に取り組む必要がある。そもそも、大脳皮質のある領野の機能は、何によって定義されているのだろうか？　ブローカ野とウェルニッケ野は言語を担当しており、ブロードマンの3野および4野は、それぞれ身体感覚と運動を担当している。しかし、なぜその部位はその機能を果たすのだろうか？　そして、いかにしてその機能を遂行しているのだろうか？

脳のさまざまな部位について、サイズと活動レベルだけを調べていたのでは、このような疑問に答えることはできそうにない。脳の組織をもっとずっと小さなスケールで見ていく必要がある。大脳皮質の領野の中には、一億以上のニューロンを含むものもある。[37] それらのニューロンは、どのように組織化されて心の諸機能を果たしているのだろうか？　これからいくつかの章で、これらの問題を探っていこう。また、脳の機能はニューロン同士の接続に大きく依存しているという考えについても調べていこう。

第2部

コネクショニズム

第3章

なぜニューロン同士はつながるか

脳を構成する細胞、ニューロン

ニューロンはわたしが二番目に好きな細胞である。一番好きな細胞である精子に、僅差で二位につけている。顕微鏡をのぞき込んで懸命に泳ぎまわる精子を見たことがないという人は、生物学をやっている友人の白衣の襟をつかんで、見せてくれよと頼み込んでみよう。使命を果たそうとする精子たちの切迫したようすに息を呑み、目前に迫るその死を哀れに思い、余計なものをギリギリまで削ぎ落とした生命の姿に目を見張るがよい。小さなスーツケースひとつを抱えた旅人のように、精子は身の回りのものをほとんど何も持たない。携えるのはミトコンドリアとDNAだけだ。ミトコンドリアはミクロの発電所であり、鞭のように動く精子の尾にエネルギーを与えている。そしてDNAは、生命の青写真を収めた分子だ。精子には、髪の毛も、目も、心臓も、脳もない――なくてもすむものは何も持たない。持っているのは情報だけ、それもA、C、G、Tという四つの文字でDNAの中に書き込まれた情報だ。

その友人がもう少し付き合ってくれそうなら、次はニューロンを見せてくれと頼んでみよう。精子の不断の運動には胸を打たれるが、ニューロンはその美しい形であなたを驚嘆させるだろう。普通の細胞と同じく、ニューロンにも《細胞体》という、とくに面白みのない丸い部分があり、そこには細胞核とDNAが入っている。しかしニューロンの全体像の中では、細胞体はほんの一部にすぎない。細胞体からは細い枝がいくつも伸びて、ちょうど樹木のようにつぎつぎと枝分かれしていく。精子がつるりとしたミニマルアートだとすれば、ニューロンは装飾に満ちたバロックの作品だ（図13）[1]。

一億もの集団になってはいても、精子はひとりきりで泳ぐ。卵を受精させるという使命を果たす精子は、たかだかひとつだ。この競争では、勝者がすべてをかっさらう。どれかひとつの精子が首尾よく卵を受精させると、卵の表面が変化して壁のようになり、ほかの精子の侵入を阻む。幸せな結婚で結ばれたと言うべきか、あさましい行為の果てと言うべきかはともかく、精子と卵は一夫一婦制のカップルを作る。

一方のニューロンは、孤立しているものはひと

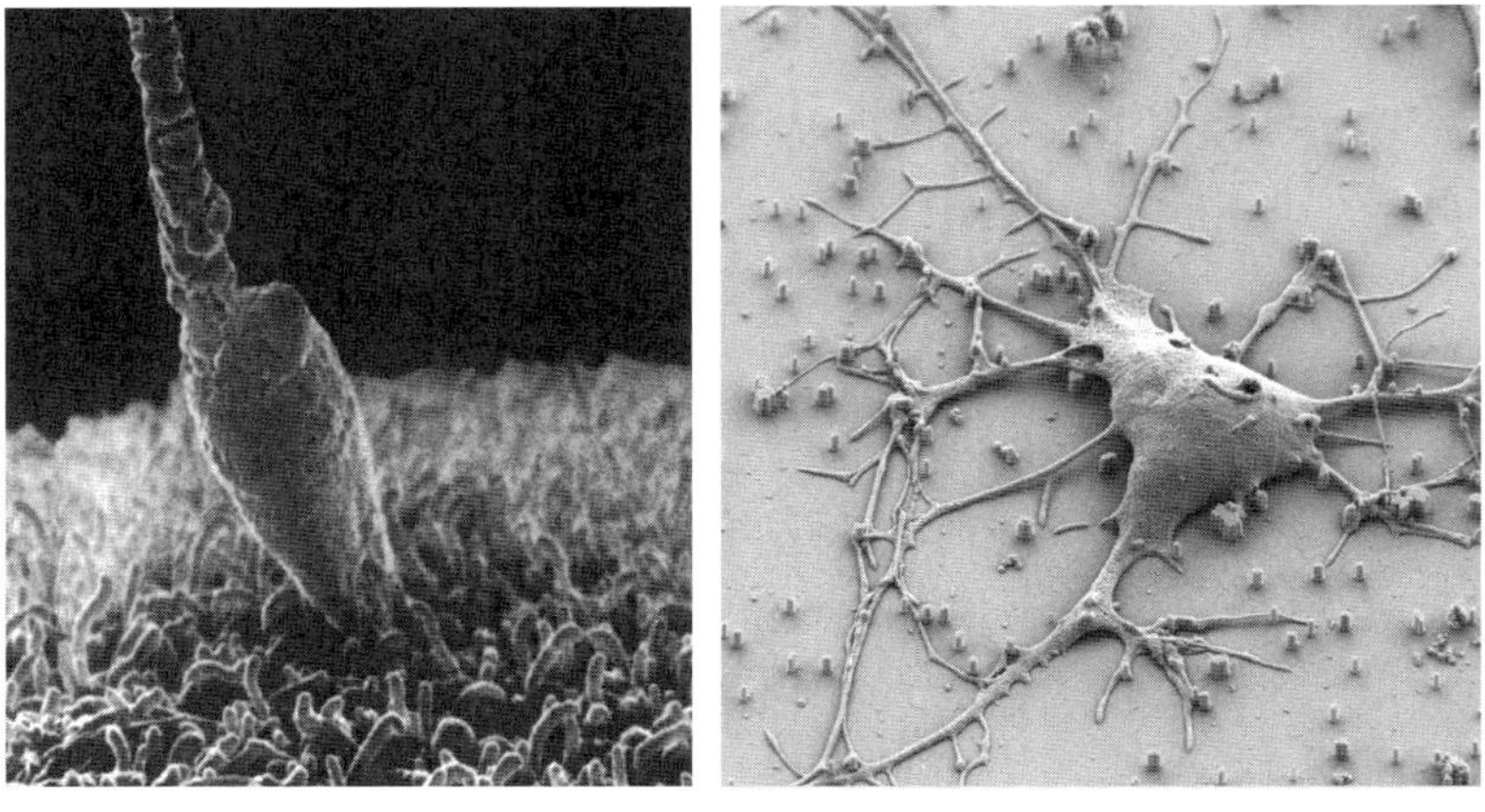

図13　わたしのお気に入りの細胞たち。卵を受精させようとしている精子（左）とニューロン（右）。

つとしてない。ニューロンは大勢と親密な関係《ポリアモリー》を作る。どのニューロンもスパゲッティのように枝を絡ませ合い、何千ものニューロンと抱き合う。そうして相互に接続した緊密なネットワークを作り上げているのだ。

精子とニューロンは、二つの大きな謎——生命と知能——を象徴している。生物学者は、精子の貴重な荷物であるＤＮＡに、ひとりの人間が生まれるために必要な情報の半分がどのようにコードされているのかを知ろうとする。神経科学者は、ニューロンが織りなす壮大なネットワークが、いかにして考え、感じ、記憶し、認知するのかを知ろうとする——脳はいったいどうやって、思考や感情という驚くべき現象を生じさせているのだろう？

身体は驚異に満ちているかもしれないが、しかし脳こそは、謎の深さにおいて最高の地位にある。心臓は血液を送り出し、肺は空気を吸い込む。その仕組みはどこか家の配管に似ている。配管はいかに複雑であろうとも、そこに謎めいたものはない。しかし思考や感情となれば話は別だ。それらを脳の働きとして理解するには、いったいどうすればよいのだろう？

しかし千里の道も一歩からというように、脳を理解したければ、まずは脳を構成する細胞たちから見ていくのがよさそうだ。ニューロンすなわち神経細胞は、確かに細胞の一種ではあるけれども、他のどんな細胞よりもはるかに複雑な構造を持っている。その複雑さを見せつけるのが、ニューロンのおびただしい分岐だ。わたしはもう長いことニューロンの研究に携わっているが、その姿には今も感銘を受ける。わたしはニューロンの姿に、地上最大の木であるセコイアを連想せずにはいられない。サンフランシスコのすぐ近くにあるミュアーウッズの森をはじめ、北アメリカの太平洋側にあるセコイアの森をハイキングすれば、誰だって自分が小さくなったような気がするだろう。そこにあるのは何百年、ときには何千年もの樹齢を持つセコイアたちだ。それだけの時間をかけて、セコイアはめまいがするほどの高さに生長したのである。

そびえ立つセコイアにニューロンをなぞらえるわたしは、大げさだろうか？　単純に両者のサイズを比較するなら、確かに大げさだ。しかしこれら二つの自然の驚異を、一歩踏み込んで比較してみよう。セコイアの小枝には直径一ミリメートルという細さのものもあり、それはサッカー場の長さほどもあるセコイアの樹高の一〇万分の一である。ニューロンが伸ばす枝――それを《神経突起》という――には、脳の端から端まで達するほど長いものもあるが、[2]そんなニューロンも、直径はたった〇・一マイクロメートルという細さになりうる。その比は一〇〇万分の一だ。樹高と枝の直径との比で言えば、一〇〇万倍のニューロンは一〇万倍のセコイアよりも桁違いに背が高いのである。

しかし、ニューロンはなぜ神経突起を持つのだろうか？　なぜニューロンは枝分かれして、樹木のような姿になるのだろう？　セコイアの場合、枝分かれする理由ははっきりしている。エネルギーの源である光を、樹冠（枝葉の茂った部分）で捉えるためである。森に差し込む太陽光は、地面には届かず、ほぼ確実にどれかの葉っぱに当たる。同様に、ニューロンが枝分かれするのは、コンタクトを求めてのことなのだ。神経突起が、他のニューロンたちが張りめぐらした枝のあいだを伸びていけば、高い確率でどれかの枝に接触する。セコイアが「光を求める」ように、ニューロンは他のニューロンとの「接触を求める」のである。

ニューロン同士のつながり方

握手をしたり、赤ん坊を撫でたり、性行為をしたりするたびに、人間の生命は身体的な接触の上に成り立っていることに気づかされる。では、ニューロン同士はなぜ接触するのだろう？　あなたがヘビを見て、一目散に逃げ出したとしよう。その反応が起こるのは、あなたの目が足に対して、「動け！」というメッセージを伝えたからだ。それを伝えるのがニューロンである。しかしニューロンは、どうやってそのメッセージを伝えるのだろう？

神経突起は、森の樹々の枝よりも、いやそれどころか熱帯雨林のうっそうと繁茂した枝々とくらべてさえも、はるかに密集している。そこで、森ではなく、茹でたスパゲッティを考えてみよう。顕微鏡でようやく見えるぐらいの、極細のカペリーニを想像してほしい。神経突起は、ちょうど皿の上で絡まり合ったカペリーニのように、一個のニューロンが他の多くのニューロンと接触することを可能にするのである。二個のニューロンが接触する場所には、《シナプス》と呼ばれる構造ができることがある。それはニューロンたちが情報をやり取りする交差点だ。

しかし接触するだけではシナプスはできない。シナプスでは普通、化学的なメッセージが伝達される。送信側のニューロンが《神経伝達物質》と呼ばれる分子を分泌し、受信側のニューロンがその分子を感知するのだ。神経伝達物質の分泌と感知は、それぞれまた別のタイプの分子によって行われる。そんな分子「装置」が存在すれば、その接触点は神経突起がすれ違うだけの交差点ではなく、たしかにシナプスであることがわかる。

シナプスが生じていることの動かぬ証拠である分子装置は、普通の光学顕微鏡ではぼんやりしてよく見えないが、光の代わりに電子を用いる高分解能の電子顕微鏡なら鮮明に見ることができる。図14は、高倍率（一〇万倍）で見た脳の組織の断面図である。大きな丸い神経突起の断面が二つ見えている（axとsp）[3]。これらはスパゲッティを切ったときの断面に相当する。矢印の先にあるのがシナプスで、二つの神経突起が幅の狭い隙間（シナプス間隙）で隔てられている。この写真からわかるように「接触点」という言い方はあまり正確ではない。神経突起は接近はしても、文字通り接触しているわけではないからだ[4]。

間隙の両側が、メッセージを送受信するための装置になっている。一方の側に小さな丸いものがたくさん見えるが、これは小胞と呼ばれる組織で、内部にはすぐに使える状態の神経伝達物質の分子が蓄えられている。他方の側には、シナプス膜に

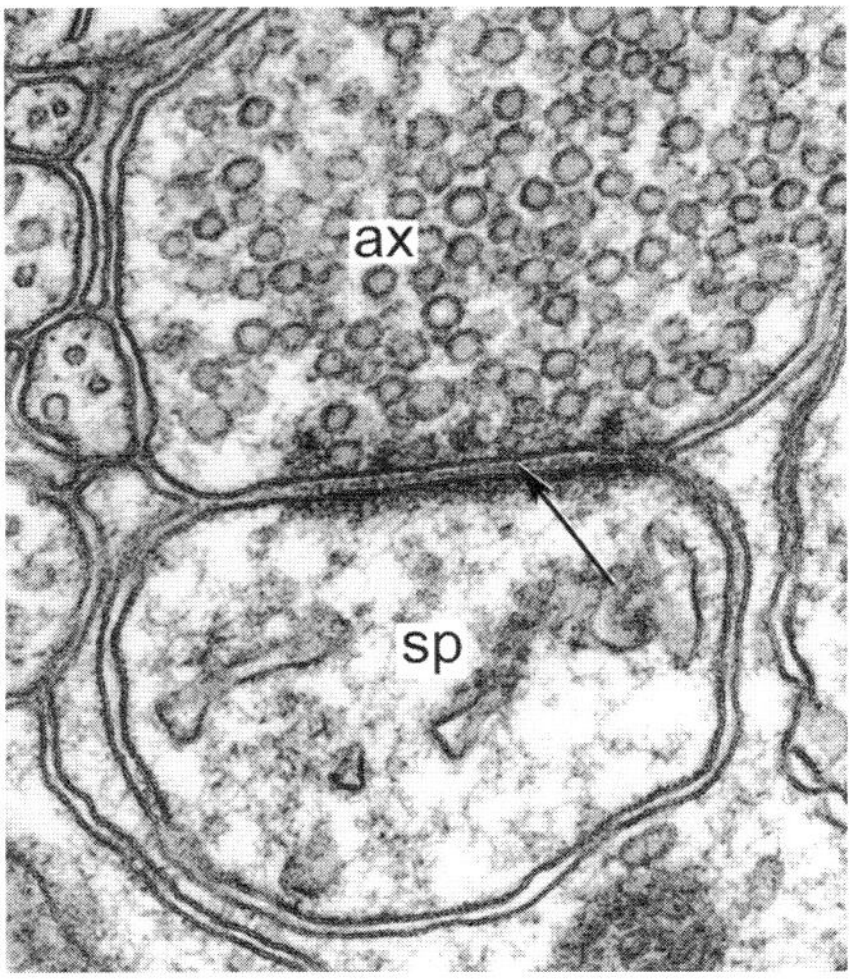

図14　小脳のシナプス。

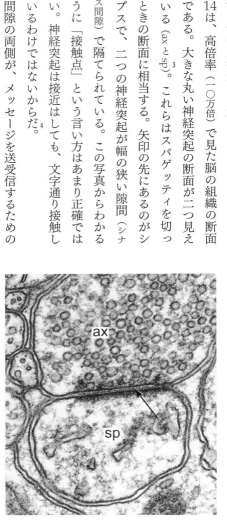

ぴったりと沿うよう《シナプス後肥厚》が黒っぽく見える。そこには《レセプター》と呼ばれる分子が含まれている。

この装置はいかにして化学物質によるメッセージを伝えるのだろうか？　送信側は、小胞の内容物をシナプス間隙に放出する。シナプス間隙にはさまざまなイオンを含む水が満ちていて、神経伝達物質の分子はその中に拡散していく。その分子がシナプス後肥厚に含まれているレセプター分子に出会うと、受信側は神経伝達物質の分子を感知する。

神経伝達物質として用いられる分子には多くの種類がある。どの分子も、原子から組み立てられている。図15にその一例を示す（ここに示す分子模型は球と棒で組み立てられており、球は原子、棒は化学結合を表している）。これらの模型を見ればわかるように、神経伝達物質はタイプごとに、原子が特有の配置を取ることによって決まる特徴的な形をしている。そのことの重要性は、このすぐ後で説明しよう。

左の模型は、もっともありふれた神経伝達物質のグルタミン酸である。この物質は、中華料理をはじめアジア各地の料理でよく用いられる化学調味料、グルタミン酸ナトリウム（MSG）として有名だ。しかしグルタミン酸が脳の機能にとって、きわめて重要な役割を果

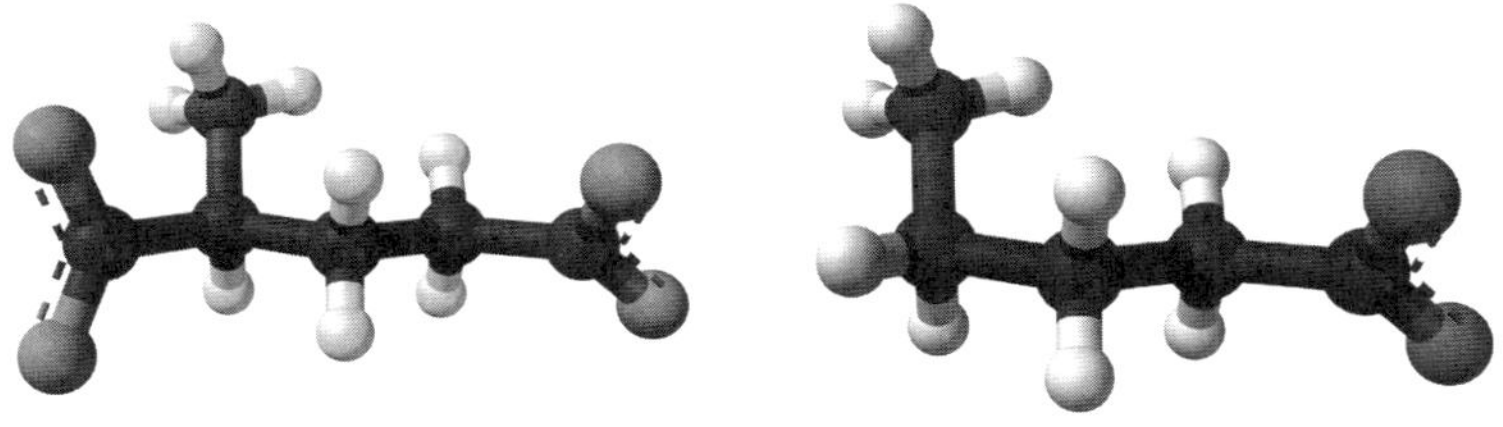

図15　球と棒で組み立てた神経伝達物質の分子模型。グルタミン酸（左）とガンマアミノ酪酸（右）。

たしていることはほとんど知られていない。右のモデルは、二番目にありふれた神経伝達物質、ガンマアミノ酪酸（略してＧＡＢＡ）である。

これまでに一〇〇種類以上の神経伝達物質が発見されている。ずいぶん多いと思われるかもしれない。みなさんは品揃えの多いリカーショップで、棚に並んだビールやワインの種類の多さに圧倒されたことはないだろうか？　ワンパターンの行動を取る人なら、これと決めたひとつか二つの銘柄の酒を購入し、パーティーを開くたびに、それを友だちにふるまうかもしれない。ニューロンはそれと同じようなことをやっている。ごくわずかな例外を除き、どのニューロンもひとつか二つの——たいがいはひとつの——神経伝達物質を、そのニューロンが関係するすべてのシナプスで分泌する[5]（これはそのニューロンが他のニューロンに対してメッセージを送る立場にあるシナプスの場合。そのニューロンがメッセージを受け取る立場にある場合は、この限りではない）。

次にレセプター分子について考えよう。こちらの分子は大きくてより複雑だ。それぞれの分子の一部がニューロンの表面から突き出している——ちょうど浮き輪を使って水に浮かんでいる子どもの頭と腕が、水面から出ているようなものだ。レセプターは、この突出した部分で神経伝達物質を感じ取る。

グルタミン酸のレセプターは、グルタミン酸を感じ取るが、ＧＡＢＡやその他の神経伝達物質は無視する。同様に、ＧＡＢＡのレセプターは、ＧＡＢＡを感じ取るが、それ以外の分子は無視する。この特異性はどこから来るのだろう？　レセプターを錠前、神経伝達物質は鍵のようなものと考えてみよう。先ほど見たように、神経伝達物質はいずれも、その物質分子に特有の形をしているが、それはちょうど正しい鍵に刻まれているギザギザのパターンのようなものだ。どんな種類のレセプターにも、結合部位と呼ばれる部分があり、錠前の中の構造のように独特な形をしている。神経伝達物質の分子の形が、レセプターの結合部位の形とぴったり合えば、その物質はレセプターを活性化させる——ちょうど正しい鍵を錠前に差し込むと、ドアが開くようなものだ。

脳が化学的な信号を使っていることがわかってしまえば、薬物で心の状態を変えられるのも、もはや驚くべきことではなくなる。薬もやはり分子であって、神経伝達物質に似た形にすることができる。もしも十分に本物に似ていれば、薬物はレセプターを活性化させるだろう——鍵を精巧にコピーすれば、錠前を開けられるのと同じことだ。タバコに含まれる中毒性化学物質のニコチンは、アセチルコリンと呼ばれる神経伝達物質のレセプターを活性化させる。一方、薬物の中には、レセプターを不活化させるものもある——不正確な鍵のコピーが、錠前を潰してしまうように。フェンシクリジン（PCP）は、幻覚剤として気晴らしのために用いられたため、その筋ではエンジェルダスト（天使の粉）として知られており、グルタミン酸レセプターを不活化させる。

ここで一息入れて、分泌ということの一般的なイメージについて考えてみたい。われわれが分泌するのは、唾、汗、尿などである。上品な席では、痰《たん》を吐きたいのを我慢し、制汗剤をはたいて汗腺に詰め物をし、席を外してトイレに行き、排泄したものを水で流す。自分が血と肉でできていることを思い出させる分泌を、われわれは恥ずかしく思うのだ。確かに分泌は、思索のような高尚なものとはかけ離れた世界に属している。しかし真実は衝撃的だ——われわれの心を機能させているのは、ミクロな世界で放出されている莫大な分泌物なのである。脳は思考を分泌しているのだ![6]

ニューロンがコミュニケーションするのに化学物質を使うというのは不思議な気がするかもしれないが、

人間も同じことをやっている。なるほど人間のコミュニケーションは言葉や表情に大きく依存している。しかし、ときにわれわれは匂いでお互いに信号を送り合う。アフターシェーブローションや香水の匂いで何を伝えようとしているかは解釈によるだろうが、「ぼくはセクシーだ」とか、「こっちに来て」といった路線のメッセージと考えて差し支えないだろう。人間以外の動物なら、瓶入りの匂いを買う必要もない。発情した雌犬はおのずとフェロモンと呼ばれる化学物質を分泌し、それがあたりに漂って雄犬の鼻に入り、雄犬たちを近くに呼び寄せる。

そんな化学物質のメッセージは、シェークスピアの愛のソネットよりも原始的な性欲の表現なのである。とはいえ「薔薇は紅く、菫は碧く……」ではじまる詩も、性欲を表しているには違いない。媒体とメッセージとは切り離して考えるべきなのだ。では、コミュニケーションの媒体として見たとき、化学物質による信号には、何か根本的に低俗なところでもあるのだろうか？　化学物質による信号には、確かに限界がある。しかし脳は、そうした限界のいずれについても、克服する方法をすでに見出しているのである。

一般に、化学物質の信号は伝わるのに時間がかかる。ひとりの女性が部屋に入るとき、普通は、まずその女性の足音が聞こえるだろう。それから着ているものが見え、だいぶ経ってから香水の匂いを嗅ぐことになる。部屋を抜ける風のおかげで、香水の匂いが少し早く届くこともあるだろうが、それとて音や光と比べれば時間がかかる。ところが神経系はすみやかに反応を起こす。不注意な運転の車からバッと飛びのいたとき、あなたのニューロンはすばやく信号を送り合っている。化学物質を使ってメッセージを送受信しているというのに、ニューロンはどうやってそんなすばやい反応をするのだろう？　この疑問に答えるために、陸上競技場の走路が、わずか数歩程度の短さだったらどうなるかを考えてみればよい。その場合、どれほど足の遅いランナーでも一瞬で走り終えるだろう。化学物質による信号の伝達速度は遅いが、それらが踏破しなければならないシナプス間隙の距離は極端に短いのだ。

また化学物質の信号はターゲットを絞るのが難しく、余計な相手にまで伝わってしまう。[7] ひとりの女性のまわりにいるパーティー客たちは全員、その女性のつけている香水の匂いを嗅ぐことができる。もしもその女性の香水が、彼女の恋人にだけしか感じ取れなければ、ずっとロマンチックだろうに。残念ながら、ターゲットを絞れるような香水を作った発明家はいない。しかし、シナプスで分泌された化学物質のメッセージが香水のように広がって、他のシナプスで感知されることはない。シナプスはいったいどういうしくみで無駄を防いでいるのだろう？　シナプスは、いったん放出した神経伝達物質を回収したり、分解して不活化したりすることにより、分子がフラフラとさまよい出すのを防いでいるのである。シナプスがひどく密集していることを思えば、神経系がエンジニアの言うところの「混線」を最低限に抑え込んでいるのは、ただごとではない。[8] 脳には一立方ミリメートル当たり、なんと一〇億個ものシナプスがあり、その混雑ぶりたるやマンハッタンの人口密度の比ではないのだ――マンハッタン島の住民は、近隣の家から会話が（それ以外にもいろいろな音が）漏れてくるとしょっちゅう文句を言っている。

最後に、化学物質の信号には、タイミングを合わせるのが難しいという問題がある。女性の香水は、彼女がパーティーの開かれた部屋から去ってからも、しばらくはそのあたりに漂っているだろう。しかし神経伝達物質の場合、この問題もまた、混線を抑え込むためのメカニズムであるリサイクルや分解によって回避されている。ニューロン間で交わされる化学物質のメッセージが、的確なタイミングでやり取りされるのはこのためだ。

シナプスを介したコミュニケーションが持つこれらの特徴——速さ、特異性（特定の物質に対して選択的に働きかけること）、そしてタイミングの正確さ——は、わたしたちの体内で起こる、それ以外のタイプの化学物質によるコミュニケーションにはないものだ。道を歩いていてぶつかりそうになった車から飛びのいたとき、あなたの心臓は早鐘を打ち、息が荒くなり、血圧が跳ね上がる。そうなるのは、あなたの体内の副腎からアドレナリンが血中に出て、あなたの心臓、肺、血管の細胞によって感知されるからだ。この「アドレナリンラッシュ」の反応は、瞬時に起こっているように思えるかもしれないが、じっさいにはかなり遅れがある。それらは、あなたが車から飛びのいた後で起こっているのだ。なぜなら、アドレナリンが血流を介して広がる速度は、ニューロンからニューロンへの信号の伝達に比べて時間がかかるからである。

ホルモンを血液中に分泌することは、あらゆるコミュニケーションの中でももっとも無差別的なもので、「ブロードキャスト（放送）」と呼ばれる。テレビ番組が多くの家庭で受信されたり、香水の匂いが部屋の中のすべての人に嗅げたりするように、ホルモンは多くの器官のさまざまな細胞で感知される。それに対してシナプスでのコミュニケーションは、関係する二つのニューロンだけに限られ、むしろ電話によるコミュニケーションに似ている。そのような点から点へのコミュニケーションは、ブロードキャストよりもはるかに限定的だ。

ニューロン間を化学物質で伝わる信号に加えて、脳内には電気的に伝わる信号もある。電気信号は、ニューロンの内部を伝わる。神経突起は金属ではなく、イオンを含む水で満たされているが、形態および機能の両面から見て、むしろ地球という惑星にくまなく張りめぐらされた情報通信網のワイヤ（導線）に似ている。電気信号は、ワイヤを伝わるのと同じく、神経突起を伝わって遠くまで進むことができる（興味深いことに、十九世紀にケルヴィン卿は、海底電信ケーブル中を伝わる電気信号を記述することのできる式を立てたが、今日その式は神経突起の数学的モデルで使われている)。

一九七六年のこと、伝説的エンジニアのシーモア・クレイは、歴史上もっとも有名なスーパーコンピュータ、クレイ-1を発表した(図16)。これを「世界一高価なラブシート〔二人用の小さなソファー〕」[9]と呼ぶ人もいる。確かに外見は、一九七〇年代のプレイボーイのリビングルームに置かれていてもおかしくないくらいにこぎれいだ。しかしその内側は、外見からは想像できないほど混み入っていて、三〇センチから一メートル、全長では一〇〇キロメートル以上もの長さのワイヤが絡み合っている。[10]一見すると乱雑だが、じつはそこには高い秩序がある。どのひとつのワイヤも、クレイとその設計チームが埋め込んだ何千ものシリコンチップを含む「回路基板」の、選ばれた二点間で信号を送受信するようになっているのだ。また、電子装置では普通のことだが、これらのワイヤは混線を避けるために絶縁体で覆われている。[11]

クレイ-1は複雑そうに思えるかもしれないが、あなたの脳と比べれば格段にシンプルだ。あなたの頭蓋骨の内部には、全長何百万

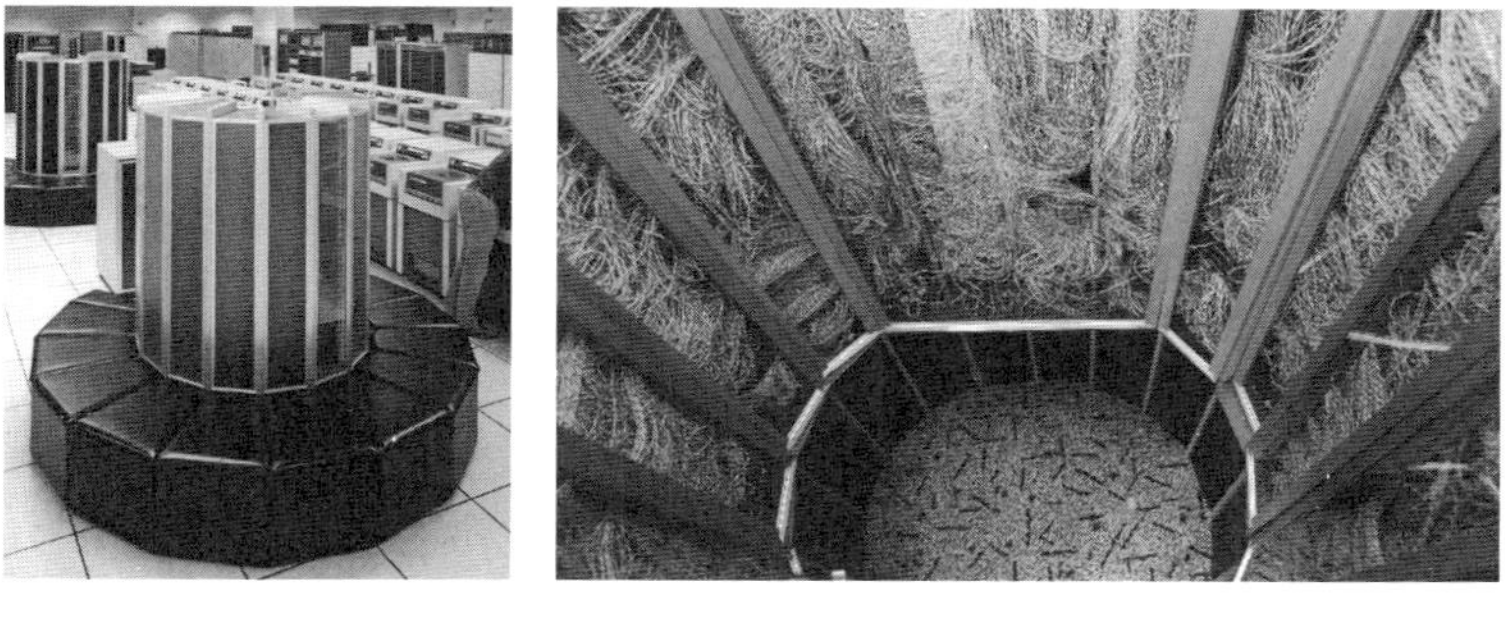

図16　クレイ-1スーパーコンピュータの外観(左)と内部(右)。

キロメートルもの繊細な神経突起が詰め込まれている。[12]しかもそれらはワイヤのようにまっすぐな線ではなく、分岐しているのだ。あなたの脳内の乱雑さは、クレイ－1の比ではない。それにもかかわらず、神経突起同士の電気信号がほとんど干渉しない――ごく近くにある神経突起同士でさえ干渉しない――のは、絶縁体で包まれたワイヤを伝わる信号が混線しないのと同じことである。神経突起間の信号伝達は、シナプスと呼ばれる特殊な交差点だけでしか起こらない。クレイ－1の内部で、ワイヤからワイヤへ信号が伝わるのは、絶縁物質が取り除かれていて、金属が直接的に接触する場所だけなのと同じことだ。

これまでは神経突起、すなわちニューロンから突き出た部分をすべてひっくるめて話をしてきたが、多くのニューロンは二種類の神経突起を持っている――樹状突起と軸索である。樹状突起は、軸索よりも太くて短い。細胞体からはいくつかの樹状突起が出ており、出るとすぐに分岐する。それに対して軸索は、ひとつの細胞体から一本だけ出て細く長く伸びていき、遠く離れた目的地の近くまで行って初めて分岐する。[13]

樹状突起と軸索は見た目が違うだけではなく、化学物質の信号を

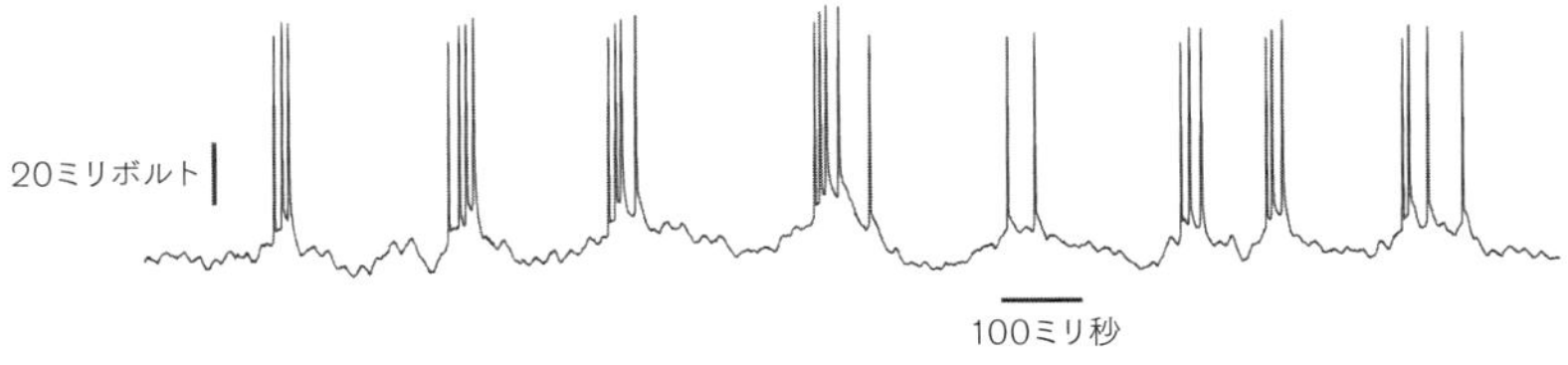

図17　活動電位。これを「スパイク」という。

やり取りするときに果たす役割も違う。樹状突起はシナプスの受信側にあって、表面を覆う膜の内部にはレセプター分子が含まれている。一方の軸索はシナプスの送信側にあって、神経伝達物質を分泌することにより、他のニューロンに信号を送る。言い換えれば、典型的なシナプスは、軸索から樹状突起に向かうのである。[14]

樹状突起と軸索とでは、電気信号の性質も異なる。軸索では電気信号は鋭いパルス状になっている。そのような一過性の電位の変化を《活動電位》という。それぞれのパルスの持続時間は一ミリ秒（一〇〇〇分の一秒）ほどである（図17）。[15] 活動電位はとがった形をしていることから、研究者はこれを「スパイク」と言うので、以下ではそう呼ぶことにしよう。神経科学者たちは、ニューロンが活性化することを、「ニューロンがスパイクした」と言うことがある。経済面のニュースでは、「銀行が大きな利益を出したというニュースが市場を活性化させて、株価が急騰した（スパイクした）」などと言うが、ニューロンが活性化されて電位が一時的に急上昇（スパイク）することを、縮めて「ニューロンがスパイクした」と言うわけだ。

スパイクのパターンは、モールス信号を思い出させる。きっとみなさんも古い映画などでそれを聞いたことがあるだろう。電信オペレーターがレバーを押すと、長いパルスと短いパルスの混じり合った「ツートントン」といったパターンが生じるのだ。初期の遠距離通信システムでは、このようなパルスだけが、ノイズに埋もれずに伝えることのできる唯一の信号だったのである。[16] 伝わる距離が長ければ長いほど、ノイズのせいで信号は劣化する傾向がある。近距離通信では電話が普及した後も、さらに何十年にもわたり、遠距離通信ではモールス信号が用いられていたのはそのためだ。自然が活動電位を「発見」したのも、ほぼそれと同じ理由、すなわち、脳の中で長い距離にわたって信号を伝えるためである。したがって、スパイクが起こるのは、主に神経突起の中でも長いタイプの軸索においてだ。C・エレガンスやハエのような小さな神経系では神経突起が短く、多くのニューロンはスパイクしない。

要するに、ニューロンは化学物質によるものと電気信号によるものという、二つの方法で互いにコミュニケーションを取っているということだ。では、これら二種類のコミュニケーション方法のあいだに、何か関係はあるのだろうか？　その関係をひとことで言えば、つぎのようになる。通過する活動電位のスパイクが引き金となってシナプスが活性化され、神経伝達物質が放出される。[17]シナプスの受信側では、レセプターがその神経伝達物質を感じ取り、それが引き金となって電流が流れる。これを少し抽象的に言うと、「シナプスは電気信号を化学信号に変換し、さらに電気信号に戻す」のである。[18]

信号の種類を変換することは、日常的なテクノロジーではごく普通に行われていることだ。二人の人物が電話で話をしている場面を想像してみよう。二人のあいだを電気信号がワイヤを伝わって進む（今日の電話は、光ファイバーを伝わる光の信号も利用しているが、それは今は考えないことにしよう）。しかし電気信号は、受話器と耳のあいだのわずかな隙間を越えることができない。そこで信号は音響の信号に変換される。電気信号として何千キロも伝わってきた末に、聞き手の鼓膜までの隙間を飛び越えるのは音なのだ。同様に、電気信号は脳の内部で軸索を伝わって長い距離を進むが、そのままのかたちで他のニューロンに届くわけではない。電気信号は化学信号に変換されてシナプス間隙を飛び越え、化学物質として隣のニューロンに届くのである。

神経はどこから来てどこへ向かうか

もしもあるニューロンから第二のニューロンへとシナプスを介して信号を送ることができるなら、その第二のニューロンからさらに第三のニューロンへと、信号をつぎつぎバトンタッチしていくことができる。そのようなニューロンの系列を、《神経路》と言う。ニューロンはこうして、直接的にシナプスでつながっていない相手ともコミュニケーションを取ることができる。

わたしたちがハイキングする山の道とは異なり、神経路には向きがある。なぜならシナプスは一方通行の装置だからだ。二つのニューロンのあいだにシナプスがあるとき、ちょうど電話で話す友人同士のように、両者は「接続《コネクト》」されているという。しかしこの電話のたとえには欠点がある。電話は双方向に情報を伝え合うのに対して、シナプスではつねに、メッセージは一方向にしか伝わらないからだ。一方のニューロンがつねに送信し、他方のニューロンはつねに受信する。それは一方のニューロンが「おしゃべり」で、他方のニューロンが「無口」だからではない。その理由はシナプスの構造にある。一方通行になるのは、一方に神経伝達物質を分泌する装置があり、他方にはそれを感知する装置があるからなのだ。

原理的には、神経突起は双方向の装置であって、電気信号はどちら向きにでも進むことができる。しかしじっさいには、スパイクは普通、軸索を伝わって細胞体から遠ざかり、[19] 電気信号は樹状突起を伝わって細胞体に近づいていく「シナプスから流れ込んだ電流が、樹状突起を通って細胞体に向かい、そこでスパイクが生じて軸索を伝わっていく」。神経突起にこの方向性を与えているのがシナプスだ。あなたの循環系では、静脈血は心臓に向かって流れる。もしも静脈が単なる管だったら、血液はどちら向きにでも流れることができるだろう。

しかし静脈には弁がついており、そのおかげで血液が逆流することはない。シナプスが神経路に向きを与えているのと同様、弁は静脈に向きを与えているのである。

このようなわけで、神経系の中の一本の神経路は、シナプスごとに決まる向きに従って、ニューロンからニューロンへとシナプスをまたぐものとして定義される（図18）。ひとつのニューロンの内部では、電気信号は樹状突起から細胞体へ、さらに軸索へと流れる。電気信号は、化学物質の信号に変換されて、ひとつのニューロンの軸索から別のニューロンの樹状突起へと、シナプス間隙をジャンプする。ジャンプした先のニューロンの内部では、電気信号はふたたび樹状突起から細胞体へ、そして軸索へと流れる。その電気信号がまた化学信号に変換されて別のニューロンに飛び移り、このプロセスがつぎつぎと続いていく。シナプス間隙は極端に狭いので、道のりの大半は、ニューロ

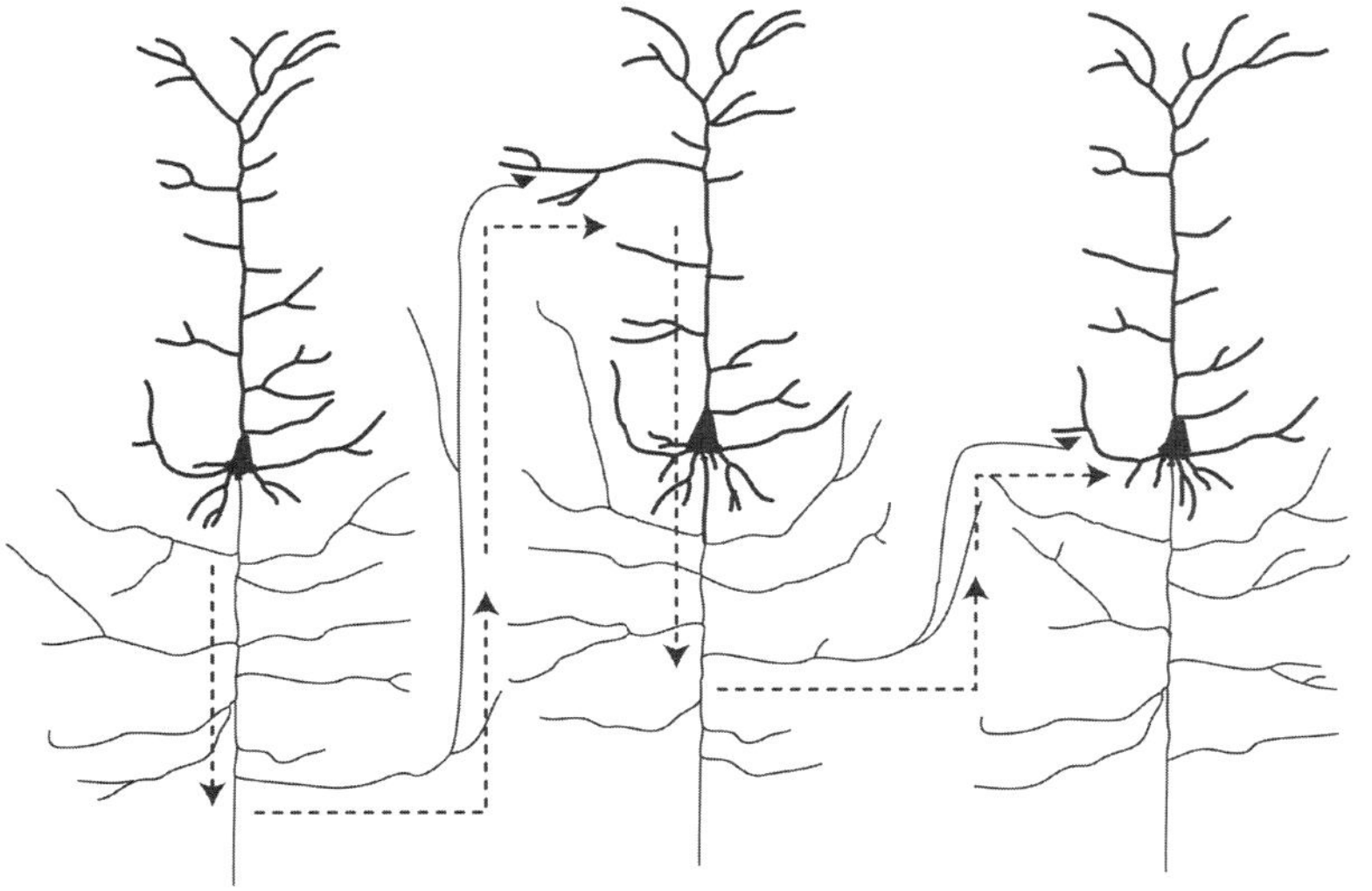

図18　神経系の中の複数のニューロンを伝わる経路。

ンとニューロンのあいだの隙間ではなく、ニューロンの内部である。また、経路の長さのほとんどは、樹状突起よりもはるかに長い軸索で占められている。

もしもあなたが今、鶏肉を食べたところなら、皿の上に軸索の束が見えたかもしれない。それは「神経（nerves）」と呼ばれ、柔らかくて白っぽい紐のように見える。腱はもっと硬いし、血管はもっと色が濃いので、それらを神経と見間違えることはない。生の鶏肉なら神経を鋭い道具でほぐすようにすると、細いものがほつれてくる。ちょうどロープをカットすると、糸がほつれるのと同じようなものだ。神経の場合にロープの「糸」に相当するのが、軸索である。

神経は、脳の表面や脊髄に根を張ったようになっている。脳と脊髄をまとめて《中枢神経系》という。ほとんどの神経は、体表に向かって枝分かれをしながら伸びていくので、《末梢神経系》と呼ばれている。神経を構成する軸索は、中枢神経系の中にある細胞体から出ているか、または末梢神経節と呼ばれるニューロンの小さな支店のような組織から出ている。中枢神経系と末梢神経系を合わせたものが神経系で、ありとあらゆるニューロンと、それを支える細胞を含めたものとして定義することもある。[20]《神経系（nervous system）》という用語において、「神経（nerve）」という言葉に重みが与えられているのは、誤解を招くもとかもしれない。なにしろ神経系のもっとも大きな部分は、脳と脊髄なのだから。

ここで、先ほど掲げた疑問に戻ることにしよう。なぜヘビを見ることが、一目散に逃げ出すという行動につながるのだろうか？　大ざっぱな答えは、あなたの目が脳に信号を送り、脳は脊髄に信号を送り、脊髄は足に信号を送るからである。このプロセスの第一ステップを担うのが、目から脳へとつながる一〇〇万個の軸索の束、視神経である。第二ステップを構成するのが、脳から脊髄へとつながる軸索の束、錐体路だ（中枢神経系の軸索の束は、「神経」ではなく「路」と呼ばれる）。第三ステップを担うのが、坐骨神経をはじめとする、脊髄と足の筋肉をつないでいるいくつかの神経である。

　これら軸索によって媒介された神経路の両端に位置するニューロンを考えよう。眼の奥には網膜という薄い膜状になった神経組織がある。ヘビから発せられた光が、光受容細胞と呼ばれる網膜の中の特殊なニューロンに当たると、そのニューロンが光に反応して化学物質のメッセージを分泌し、ほかのニューロンがそれを感じ取る。より一般には、あなたの感覚器はすべて、何らかのタイプの物理的な刺激で活性化されるニューロンを含んでいる。それら感覚ニューロンが引き金となって、刺激［ヘビを見ること］から応答［逃げ出すこと］に至る、神経路をたどる旅がはじまる。

　これらの神経路は、軸索が筋繊維とのあいだでシナプスを作るところで終わり[21]、筋繊維はシナプスから分泌された神経伝達物質に応答して収縮する。たくさんの筋繊維が一斉に収縮すると筋肉は短くなり、運動が起こる。より一般には、あなたの筋肉はどれもみな、運動ニューロンから出ている軸索によってコントロールされている。イギリスの科学者チャールズ・シェリントンは、一九三二年のノーベル賞受賞者であり、《シナプス》という言葉を作った人物だが、すべての神経路の最終目的地は筋肉だという点を力説した。「人間にできるのは、ものを動かすことだけだ……音を出すことであれ、森を切り開くことであれ、何かを実行するのはただ筋肉だけである」[22]

　感覚ニューロンと運動ニューロンのあいだには多くの経路があり、そのうちのいくつかについては以下の章で詳しく考察する。これら二つのタイプのニューロンをつなぐ神経路が存在するのは明らかだ。もしも存在しなければ、われわれは刺激に応答できないだろう。しかし信号は、正確にはどのように経路を伝わるのだろうか？

一八五〇年にカリフォルニアがアメリカ合衆国に加わったとき、カリフォルニアから東部諸州に通信文を送るには数週間を要した。一八六〇年に、ミズーリ州のセントジョセフとカリフォルニア州サクラメントをつなぐ、ポニー（乗り継ぎ）速達便が創設された。カリフォルニアからミズーリまでの三二〇〇キロメートルの道のりには、一九〇の駅が置かれた。[23] 郵便袋は夜も昼も旅を続け、駅ごとに馬を変え、六駅または七駅ごとに乗り手が代わった。ミズーリに到着してからは、通信文は電信で東部諸州に届けられた。通信文が太平洋と大西洋のあいだを旅するのにかかった時間は、このおかげでそれまでの二三日から一〇日に縮まった。ポニー速達便はわずか一六カ月間運用されただけで、その役割を終えた。初めての大陸横断電信システムに取って代わられたのである。その電信システムもまた、やがて電話やコンピュータ・ネットワークに役目を譲ることになる。しかし、技術は変化しても、その基礎にある原理は変わらない。通信ネットワークには、駅から駅へと経路に沿ってメッセージをリレーする手段が必要なのだ。

神経系も、ニューロンからニューロンへとスパイクをリレーする、一種の通信ネットワークだと考えてみたくなる。その場合、神経路はさしずめ、スパイク、すなわち活動電位のパルスが、あたかもドミノ倒しのように伝わっていく道筋のようなものになるだろう。ドミノのチップがつぎつぎと倒れていくように、信号が伝わっていくわけだ。なるほどそう考えれば、ヘビを見たときに、あなたの目があなたの足に対して動くよう命令する仕組みが説明できるだろう。しかしじっさいの事情はそれほど簡単ではない。確かに軸索は、細胞体からシナプスへとスパイクを伝えるが、シナプスはただ単にスパイクを次のニューロンにリレーするわけではないのである。

ほとんどすべてのシナプスは「弱い」。[24] つまり、分泌される神経伝達物質によって、次のニューロンに引き起こされる電気的効果が小さく、スパイクを生じさせる閾値《いきち》よりもはるかに下なのだ。ドミノのチップがまばらに並んでいるのを想像しよう。その場合、ひとつのチップが倒れても、次のチップには何の影響もない。それと同じく、単一の神経路は、たいがいはスパイクをリレーすることができない。[25] しかしこれから説明するように、リレーできないことは幸いなのである。

ニューロンの「加重投票モデル」

詩人のロバート・フロストは「行かなかった道」という作品に次のように書いた。「黄色い森の中で、道が二つに分かれていた／あいにくわたしには両方の道をたどることはできなかった／ひとりの旅人であるわたしは、長いあいだそこに立ち尽くした」。軸索の分岐点に至ったスパイクが、フロストのジレンマを経験することはない。「ひとりの旅人である」という制約のないスパイクは、分身の術を使い、二つのスパイクとなって両方の道を進む。これを繰り返すことで、細胞体のそばで発生したひとつのスパイクが多くのスパイクとなって、振幅の大きさを保ったまま、軸索のあらゆる枝に伝わっていく。その軸索が他のニューロンたちとのあいだに作るすべてのシナプスが、刺激を受けて神経伝達物質を分泌する。[26]

神経路は、これら他のニューロンに向かって形成されたシナプスを介して、フロストの詩に描かれる道のように分岐していく。ひとつの感覚器官を刺激すると、いくつもの応答が生じるのはこのためだ。ヘビを見たあなたが走りたくなるのは、あなたの目から足に向かう経路があるためであり、おいしそうなステーキを見ればヨダレが出るのは、やはりあなたの目から唾液腺につながる経路があるためである。これら二つのタイプの経路が目から出発して分岐しているので、何かを見て走り出すこともあれば、ヨダレが出ることもあるのは少しも不思議ではない。不思議なのは、どちらかひとつの応答しか起こらないことだ。もしも信号が、取りうる限りの経路を取るのなら、どんな刺激を受けても、ありとあらゆる筋肉や腺を活性化させるはずだが、明らかにそんなことにはなっていない。[27]

じつは応答がひとつしか起こらないのは、信号がそれほど簡単には経路を伝わらないからなのだ。すでに述べたように、分岐のない単純な経路とシナプスでは、スパイクは伝わらない。では、信号はどのようなしくみで伝わっているのだろう？　樹状突起の枝は軸索の枝と似ているが、両者はまったく別の機能を持っている。軸索は信号を［分岐により］発散させるが、樹状突起は信号を収束させるのだ。樹状突起の二本の枝がひとつに合流する点で、細胞体に向かって流れている二筋の電流が、川の流れのように合流してひとつになる。そして、あたかも湖が幾筋もの川の流れを集めるように、細胞体は、樹状突起に向かってくる多くのシナプスからの電流を集めるのである。

収束は重要な役割を演じているが、それは次のような事情による。普通、シナプスがひとつだけでは信号が弱すぎて、ニューロンにスパイクを起こさせることはできないが、いくつものシナプスで生じた電流が樹状突起で収束しながら細胞体に流れ込めば、スパイクを起こさせることが可能になる。そういうシナプスたちが同時に活性化されると、集団として力を合わせ、ひとつのニューロンをスパイクするよう説得できるようになるのだ。スパイクは「起こるか起こらないか」二つにひとつなので、それを「ニューロンの決断」の表れと見なしてもよいだろう。しかしこう言ったからといって、わたしは何も、ニューロンには人間と同様の意識があるとか、思考する能力があるとか言いたいわけではない。単に、ニューロンはあやふやな振る舞いはしないということだ。ニューロンが「半分だけスパイクする」ことはないのである。

人が何かを決定するときには、友人や家族にアドバイスを求めることがある。同様にニューロンは、いくつものシナプスで発生し、樹状突起で収束しながら細胞体に流れ込んでくる電流を介して、他のニューロンたちの「意見を聞く」。細胞体はそうして集まった電流を集計して、「アドバイザー」たちの意見を取りまとめる。もしも集計の結果がある閾値を上回れば、軸索がスパイクする。閾値の値によって、ニューロンが即座に決心するか、渋々決心するかが決まる。それはちょうど政治の場合に、過半数で決定されるか、三分の二の賛成票が必要か、全員一致でなければならないかなど、さまざまな場合があるのと同じことだ。

多くのニューロンにおいて、樹状突起の電気信号は連続的にさまざまな状態を取りうる——そこが、スパイクするかしないかという、二つにひとつの状態しかない軸索との違いだ。連続的にさまざまな状態を取りうることは、選挙の得票数にはいろいろな値がありうるという状況を表すのに適している。樹状突起の中でスパイクが起こるのは、先走った行動と言うべきだろう——それはちょうど、すべての票が投じられる前に、当選者の名前を読み上げるのに似ている。細胞体がすべての票を数え上げてはじめて、軸索はスパイクすることができる。樹状突起でスパイクが起こらない以上、樹状突起は長距離にわたって情報を伝えることができない。樹状突起が軸索よりもはるかに短いのはそのためだ。[28]

民主主義の基本的なスローガンに、「ひとり一票」というものがある。すべての人が、同じ重さの一票を投じるということだ。今述べたニューロン・モデルもそれと似ている。しかし、友人や家族のアドバイスを受けるときは、人はそれほど民主的ではなくなり、意見の軽重を測るようになる。それと同じくニューロンも、じっさいには「アドバイザー」の意見の軽重を図っている。電流はさまざまな大きさになりうる。強いシナプスは樹状突起に大きな電流を生み出し、弱いシナプスは小さな電流を生み出す。「ニューロンの決断」において、シナプスの「強さ」は、そのシナプスが投じる一票の重さだ[29]。そしてまたニューロンは、ひとつのニューロンからいくつものシナプスを受け取ることもできる。これはひとりで何票も投票できるということで、票の重みのみならず、投じる票の数という面でも不平等である。

かくしてわれわれは、ニューロンの「加重投票モデル」[30]に到達した。どんな投票にも、ある種の同時性が必要である。政治の場合には、あらかじめ設定された投票日に投票所に行くことで、その条件が満たされる。シナプスはいつでも投票できるので、脳の中は毎日が投票日だ（このたとえはちょっと誤解を招くかもしれない――シナプスの投票は、一日よりもはるかに短い時間で票数を取りまとめるからだ。その時間間隔はミリ秒から数秒程度である）[31]。二つのシナプスからの投票が同じ選挙のものと見なされるのは、それらの電流が重なり合うほどに時間間隔が十分接近している場合である。

シナプス電流を、誰かが投げつけた侮辱の言葉と考えてみよう。たったひとつの侮辱の言葉だけでは強度が足りず、痙攣《スパイク》を起こすには至らない。したがって、もしも侮辱が散発的にしか投げつけられなければ、投げつけられた人物が痙攣を起こすことはないだろう。しかし、同時にいくつもの侮辱が投げつけられたり、立て続けに侮辱されたりすると、それらは積み重なる。ついには「堪忍袋の緒が切れて」、その人物は怒り出す。

「反対票」を投じるニューロンもある

ニューロンの投票についての説明で、わたしは話を簡単にするために、シナプスのある重要な特徴のことを話さずにきた。その特徴とは、ニューロンが投じる票は、「賛成」票だけではないということだ。シナプスの種類によっては、「反対」票が投じられる。賛成か反対かの区別が生じるのは、シナプスが活性化したときに流れる電流の向きに二通りあるからだ。《興奮性》シナプスは、受信側のニューロンに流れ込む電流を生じさせるため、スパイクを起こさせる傾向がある。[32]《抑制性》シナプスは、ニューロンから流れ出るような電流を生じさせるため、スパイクを抑制する傾向がある。[33]

抑制は、神経系の働きにとって決定的に重要だ。賢い振る舞いというものは、刺激に対してそのつど真面目に応答すればよいといった単純なものではない。むしろ応答しないことが、大きな意味を持つこともある——ダイエット中にドーナッツに手を出さないとか、会社の年末パーティーで、あと一杯ワインを飲みたいところをぐっと我慢することなども、そんな賢明な行動の例である。こうした心理的な抑制と抑制性シナプスとの関係は不明だが、多少の関係はあると見てよさそうだ。

脳が化学信号を伝えるシナプスに大きく依存しているのは、脳が抑制を必要としていることが主な理由なのかもしれない。じつはシナプスには、神経伝達物質を使わずに、電気信号をそのまま伝えるタイプのものがある。[34]そのような電気シナプスでは、信号の伝わる速度が速い。なぜなら、電気信号を化学信号に変換し、それをまた電気信号に戻すという、時間のかかるステップが省かれるからだ。しかし電気シナプスには抑制性のものがなく、あるのは興奮性シナプスだけなのである。電気シナプスは化学シナプスとくらべてずっと稀なのは、このことや、その他いくつかの制約があるからだろう。[35]

投票モデルを、抑制を取り入れて作り直すにはどうすればよいだろうか？[36] 先ほど述べたように、ニューロンがスパイクを起こすのは、「賛成」票がある閾値を超えたときだ。そこで、抑制を考慮した場合、スパイクが起こるのは「賛成」票が「反対」票を、ある量だけ上回った場合になるだろう――その量は、具体的な閾値によって決まる。興奮性シナプスと同様、抑制性シナプスにも強弱があり、投票は完全に民主主義的にではなく、重みをかけて計られる。抑制性シナプスの中には、興奮性シナプスから多くの票が集まっても、それに対して拒否権を行使できるだけの強さを持つものもある。[37]

最後にもうひとつ、ニューロンの投票について知っておくべきことがある。ニューロンは体制順応的に振る舞うこともあれば、反体制的に振る舞うこともあるということだ。そうなるのは、ニューロンもまた［シナプス同様］興奮性か抑制性かのどちらかに分類できるからである。興奮性のニューロンは、他のニューロンに対して興奮性のシナプスだけしか作らず、抑制性のニューロンは抑制性のシナプスだけしか作らない。[38] しかしこのパターンは、ニューロンが受け取るシナプスには当てはまらない。受け取る場合には、興奮性のシナプスと抑制性のシナプスが混在していてもよい。[39]

言い換えると、興奮性ニューロンは、スパイクして「賛成」であることを他のすべてのニューロンに伝えるか、あるいはスパイクせずに沈黙して投票を棄権する。同様に、抑制性ニューロンは、スパイクして「反対」であることを伝えるか、スパイクせずに棄権する。ひとつのニューロンが、あるニューロンに対しては「賛成」を表明し、別のニューロンに対しては「反対」を表明するということはできない。また、ときによって「賛成」したり「反対」したりすることもできない。

興奮性ニューロンが「賛成」に票を投じたという情報をつかむと、大勢に従って「賛成」に票を投じる。抑制性ニューロンは、多くのニューロンが「賛成」票を投じたという情報をつかむと、大勢に逆らって「反対」に票を投じる。[40] 皮質をはじめ多くの部位では、ほとんどのニューロンは興奮性である。社会には大勢に従う人が多いが、中には反対を唱える人もおり、脳もそれに似ている。

ある種の鎮静剤は、抑制性ニューロンを強め、活動を抑え込むことによって鎮静効果をもたらす。一方、抑制を弱める薬物は、興奮性ニューロンを強め、その結果として活動をコントロールできなくなり、癲癇の発作を起こすことがある。興奮性ニューロンを、大衆に行動を起こさせる民衆扇動家と考えてみよう。一方の抑制性ニューロンは、大衆の興奮を鎮めるために呼び集められた警察のような働きをする。

シナプスにはこれ以外にもさまざまな性質があり、神経科学者たちは今もさかんに研究を進めている。しかし、二つのニューロンが「接続している」と述べることは、ニューロンの相互作用を説明するための最初の一歩にすぎないということは、これまでの説明でわかってもらえたのではないだろうか。二つのニューロンは、ひとつのシナプスで接続することもあれば、複数のシナプスで接続することもある。両者をつなぐシナプスは、化学的であることもあれば、電気的であることもあり、その両方のタイプで接続されることもある。化学シナプスには方向性がある。また、興奮性か抑制性のどちらかの性質を持ち、その強度はさまざまだ。シナプスが生み出す電流は、長く続くこともあれば一瞬で収まることもある。こうした要素のすべてが、シナプスがニューロンにスパイクを起こさせるときに重要になる。

ニューロンは「計算」している

前に説明したように、目から始まる神経路は、足にも唾液腺にも伸びている。何かの刺激で活性化される神経路もあれば、そうならない神経路もあるのはなぜかを明らかにするために、わたしは投票モデルでスパイクが起こるために決定的に重要な、電流を収束させるシナプスの働きに焦点を合わせた。もしもあるニューロンがスパイクを起こさなければ、そのニューロンは、そこに収束してくるすべての神経路にとって行き止まりとして機能する。スパイクを起こさないニューロンという行き止まりが無数に存在することは、脳の機能にとってきわめて重要だ。そのおかげで、ヘビを見て唾液腺が活動をはじめたり、ステーキを見て逃げ出したりしないですむからである。

スパイクしないことは、ニューロンの機能にとっては、スパイクすることと同じくらい重要だ。だからこそ、分岐のない単純な経路とシナプスだけでは、スパイクを中継できないようになっているのである。投票モデルでは、ニューロンがいつスパイクするかを選り好みできるためのメカニズムが二つある。すでに説明したように、軸索がスパイクを起こすのは、その細胞体に集まった電流の総量が、ある閾値を超えたときだ。したがって、軸索の閾値を高く設定することは、そのニューロンがスパイクするかどうかについて、選り好みをいっそう激しくさせるためのひとつの方法だ。もしもあるニューロンが抑制性のシナプスから「反対」票を受け取ったとすれば、そのニューロンの選り好みは強まる。[41] なぜならスパイクが起こるためには、反対票の分だけ余計に「賛成」票が必要になるからだ。換言すれば、ニューロンがやたらにスパイクを起こさないようにするためには、大きな閾値を設定することと、抑制性シナプスを作ることという、二つのメカニズムがあるということだ。
スパイクには二つの機能がある。細胞体の近くでスパイクが起こるということは、ひとつの判断が下されたということを意味する。スパイクが軸索を伝わるのは、その決定の結果を他のニューロンに伝えるためだ。コミュニケーションと意志決定には、それぞれ別の目的がある。コミュニケーションを取る目的は、情報を保存し、その情報を伝えることである。しかし判断を下すためには、情報を捨てることが根本的に重要になる。ブティックで上着を試着していて、どれを買うかを決められない友だちがいるとしよう。その友だちの決定には、多くの入力情報がかかわっている。たとえば、色、サイズ、ブランド名、店の雰囲気、等々。友だちがいろいろ試着して、これらの情報について語ることに耳を傾けていたあなたは、ついに痺《しび》れを切らしてこう言うだろう。「この上着を買うの、買わないの?」結局のところ、重要なのは最後の決定なのだ——その決定を下した諸々の理由ではなく。

同様に、他のニューロンに向かうスパイクの存在は、あるニューロンが票を数えたところ、その結果が閾値を上回ったということを示しているが、それぞれの票の「アドバイザー」の詳細情報を伝えているわけではない。つまりニューロンは、何らかの情報を伝えはするにせよ、捨てているものも多いということだ(これを書きながら、わたしは父のことを考えている。父は胸を張ってよくこんなことを言うのだ。「なぜわたしがこんなに頭がいいか知っているかい? その理由は、忘れるべきことを忘れるのが得意だからさ」)。脳が情報通信網よりもはるかに洗練されているのはそのためだ。あるいはこう言うのが適切かもしれない。ニューロンは単に通信するのではなく、計算するのだと。われわれは計算という概念を、デスクトップやラップトップのコンピュータとだけ結びつけて考えるようになっているが、それらは計算装置の一種にすぎない。脳は別種の計算装置なのだ――そして、その違いは大きい。[42]

脳をコンピュータにたとえることには注意が必要だが、少なくともひとつの重要な点において、両者は似ている。二つとも、それぞれを構成する要素よりも「賢い」ということだ。加重投票モデルによれば、ニューロンは簡単な動作をしている。それは知性を必要とするようなものではなく、基本的な機械にでも行うことができる。

ニューロンがそれほど単純だというのに、なぜ脳は恐ろしく高度な働きをするのだろう？　おそらくその理由は、ニューロンはじつはそれほど単純ではないからなのだろう。現実のニューロンは、投票モデルが描き出すニューロンとはだいぶ違っていることがすでに明らかになっている。[43]それでもニューロンをひとつだけ取り出してみれば、それは知的だとか意識があるとか言えるようなものではない。それにもかかわらず、ニューロンのある種のネットワークは、知能と意識を持つのである。

この考え方は、数百年ほど前なら受け入れられなかったかもしれないが、今日では、賢くない要素の集合が賢くなる場合があると考えることに、われわれはすっかり慣れている。コンピュータのどの一部分を取っても、それ自体としてチェスをやることはできない――しかし莫大な数の部分がうまく組み合わさると、集団として世界チャンピオンを破ることもできる。それと同様に、けっして賢いわけではないニューロンが何十億も集まって組織化された働きをすると、人は賢くなる。神経科学のもっとも深い問いは、要するに次の点にある。あなたの脳のニューロンをどのように組織化すれば、外界を認識したり、ものを考えたりといった、みごとなまでに知的な作業ができるようになるのだろうか？　その答えはコネクトームにある。

第4章

ニューロンはどうつながっているか

心はニューロンの活動に還元できるか

スパイクと分泌。そんな脳内の物質的出来事が、あなたの心のすべてなのだろうか？　神経科学者はもちろんそれがすべてだと思っているが、わたしがこれまでに出会った人たちはたいてい、そうは考えたくはないようだった。神経科学に興味があり、はじめは脳についてあれこれ質問をしてくる人でも、しまいには、心は究極的には魂のような非物質的なものに依存しているはずだという信念を表明することになりがちなのだ。

魂の存在を裏づける客観的な科学的証拠を、わたしはひとつも知らない。それなのになぜ、人は魂の存在を信じるのだろうか？　宗教だけがその理由だとは思えない。信仰厚い人もそうでない人も、人は誰しも自らを、周囲の状況を知覚して、判断を下し、行動を起こす、統一的なひとつのものだと感じている。「《わたし》はヘビを見た。そして《わたし》は一目散に走って逃げた」という記述の背後には、そんな統一体の存在が当然のごとく仮定されている。あなたの――そしてわたしの――主観によれば、「わたしはひとつのもの」なのだ。ところが神経科学は、心の統一性などは幻想であり、その背後にはスパイクと分泌という、途方もなく多数のニューロンの活動が隠されていると主張する。そういう神経科学者の考えを標語的に言い表せば、「わたしは多くのものである」となるだろう。

多数のニューロンか、ひとつの魂か。究極的には、はたしてどちらが本当の心の姿なのだろう？　一六九五年、ドイツの哲学者で数学者のゴットフリート・ヴィルヘルム・ライプニッツは、ひとつの魂という立場を支持して次のように論じた。

さらに、魂ないし形相によって、われわれの内にある《わたし》と呼ばれるものに対応する真の統一体が存在する。人工的な機械や単純な物質のかたまりの内には、たとえそれがどれほど組織化されていたとしても、そのような統一体が生まれることはありえない。

晩年になり、ライプニッツはその議論をさらに一歩進め、機械は外界を認知する能力を根本的に欠いていると主張した。

知覚、および知覚に依存することがらは、機械論的諸原理では説明できない、すなわち形と運動によっては説明できないということを認めざるをえない。考え、感じ取り、外界を知覚するように組み立てられた機械が存在するとして、その機械を、形態上の比率を保ちながらどんどん大きくしていき、ちょうど人が風車の中に入るように、その機械の内部に入れるようにすると考えてみよう。このとき、そこにあるのは押し合いへし合いする部品にすぎず、知覚を説明するようなものは何ひとつ見つからないであろう。

ライプニッツには、外界を知覚し、ものを考える機械があるとして、その部品を観察することを、ただ想像するしかなかった。しかもライプニッツは、そんな機械はありえないと主張するだけのために、それを想像してみたにすぎない。しかし、脳はニューロンという部品から組み立てられた機械だと考えれば、彼の空想は今や現実になっている。神経科学者たちは日常的に、生きて機能している脳の中で、ニューロンのスパイクを測定しているのである（分泌を測定するテクノロジーは、スパイクを測定するテクノロジーに比べて技術的に遅れている）。

そうした測定はたいてい動物で行われているが、ときには人間で行われることもある。神経外科医のイツァーク・フリードは、重症の癲癇患者の手術を手がけている。ペンフィールドと同じくフリードもまた、手術に先立って脳の地図を作り、科学的な観察を行うために電極を使う[1]（必ず患者の同意を得た上で）。神経科学者クリストフ・コッホやその他の人たちとの共同研究で、フリードは患者にいくつかの写真を見せて、側頭葉内側部（medial temporal lobe。内側部 medial とは、「左半球と右半球を分ける平面に近い」という意味）で起こる神経活動を記録した。多くのニューロンが調べられたが、そのうちのひとつがとくに有名になった。フリードは、女優のジェニファー・アニストンの写真を被験者に見せたときに、さかんにスパイクするニューロンを見つけたのである。同じ被験者に、ほかのセレブや一般人、有名な風景、動物や物体などの写真を見せても、そのニューロンはほとんど、ないしまったくスパイクしなかった。有名な美人女優のジュリア・ロバーツの写真に対してさえ、何の反応も起こらなかったのだ。[2]

レポーターはその話に飛びつき、科学者はついに、脳の中には役に立たない情報を保存しておくニューロンがあることを突き止めた、とジョークを飛ばし、「アンジェリーナ・ジョリーはブラッド・ピットを獲得したかもしれないが、ジェニファー・アニストンは自分の名を冠したニューロンを獲得した」などと書きたてた［アンジェリーナ・ジョリーはジェニファー・アニストンから略奪婚でブラッド・ピットと結婚した］。さらに、ジェニファー・アニストンと俳優ブラッド・ピットが一緒に写っている写真を見せても、そのニューロンは反応しなかったことが実験から判明すると、[3] レポーターたちは大喜びでそれを報じた（フリードと共同研究者たちの論文が発表された二〇〇五年という年は、ジェニファー・アニストンとブラッド・ピットが離婚した年でもあった）。

ジョークはさておき、このニューロンのことをどう考えればよいだろう？　何にせよ結論を引き出す前に、ほかのニューロンに関する結果を知っておくべきだろう。ジュリア・ロバーツの写真に対してだけスパイクする「ジュリア・ロバーツ・ニューロン」や、「ハル・ベリー・ニューロン」、「コービー・ブライアント・ニューロン」などもあったのだ。この発見にもとづき、大胆に次のような仮説を立てることもできよう。あなたの知るセレブのひとりひとりに対して、あなたの側頭葉内側部には、その特定のセレブに反応する「セレブ・ニューロン」[4] が存在する、と。

さらに大胆に、より広い意味での知覚も、このように機能しているという仮説を立てることもできるだろう。知覚という幅広い能力は、どれかひとつのニューロンが担うにはあまりにも複雑すぎる。そこで、知覚はたくさんの機能に分割されていて、それぞれの機能はひとつのニューロンによって担われているとするのだ。脳を、映画スターのスクープ写真をほしがる雑誌に雇われた、パパラッチ軍団のようなものと考えてみよう。個々のカメラマンは、誰かひとりのセレブを担当する。カメラを抱えてジェニファー・アニストンに張りつく者もいれば、ハル・ベリーに張りつく者もいる。彼らの働きぶりいかんで、毎週、どのセレブが雑誌に登場するかが決まる。それと同様に、側頭葉内側部にあるどのニューロンがスパイクするかによって、その人物がどのセレブを見たかがわかるというわけだ。

　こう考えれば、ライプニッツを論駁したことになるのだろうか？　われわれは彼の言うところの機械（すなわち脳）の内部を覗き込み、知覚がスパイクに還元されるありさまを見たことになりそうだ。しかし、ここでちょっと立ち止まり、もう一度よく考えてみよう。フリードの実験は魅力的だが、重大な制約がある。調査したセレブの人数がそれほど多くないということだ。ひとりの患者は、わずか一〇人か二〇人のセレブの写真を見せられただけだった。したがって、「ジェニファー・アニストン・ニューロン」が、ほかのセレブの写真でも活性化される可能性を排除することはできない。

　そこでわれわれの仮説を少し見直してみよう。われわれは暫定的に、ニューロンとセレブとのあいだには、一対一の対応があるものと仮定した。その仮定を見直して、ひとつのニューロンは、ひとりではなく数名のセレブに反応するものとしよう。[5] そしてそれぞれのセレブは、ひとつではなく複数のニューロンを活性化させる。このニューロンの《群《グループ》》——同じセレブに反応するニューロンたち——がスパイクすることが、そのセレブが認知されたことを示す脳内の出来事である（セレブAに反応するニューロン群とセレブBに反応するニューロン群は、部分的には重なってもよいが、完全に重なってはならない。パパラッチ軍団に属するひとりの写真家が複数のセレブを担当し、それぞれのセレブは写真家の一団につきまとわれるようなものだ）。

　知覚はあまりにも複雑で、ニューロンのスパイクといった単純なものには還元できないという反論が出そうだ。しかし、［統計的］《集団《ポピュレーション》》としてのニューロンたちのスパイクは、スパイクするニューロンもあればしないニューロンもあるという、ひとつの活動パターンを定義するものだという点を肝に銘じよう。そういうパターンの種類はぼう大な数にのぼる[6]——すべてのセレブを表すのに十分な数であるばかりか、考えられるあらゆる知覚を表せるほどなのだ。

結局、ライプニッツは間違っていたということになる。[7] ニューロンからなる機械の部品を観察することから、知覚について多くのことが明らかになっている——神経科学者はこれまで、たいていは一度にひとつのニューロンのスパイクしか測定できなかったにもかかわらず、である。何十個ものニューロンのスパイクを同時に測定している科学者もいるが、それとて脳内にあるニューロンの総数に比べれば取るに足りない数だ。これまでに行われた実験から未来を展望すれば、次のように言えそうだ。もしもすべてのニューロンの活動を観察することができれば、あなたが何を知覚し、何を考えているのかを解読できるだろう、と。こうして「心を読み解く」ことができるためには、「ニューロンの暗号（コード）」を解読する必要がある。[8] その暗号を解読するためのコードブックは、分厚い辞書のようなものとイメージすればよいだろう。その辞書の見出し語は、個々の知覚であり、その項目には、その知覚に対応する神経活動のパターンが記述されている。さまざまな刺激について、それがニューロンたちにどんなパターンの活動を引き起こすかを調べて書き込んでいけば、原理的には、その辞書を充実させることができるはずだ。

ニューロンの階層的ネットワーク

物理学者、数学者、天文学者、錬金術師、神学者、造幣局の局長。アイザック・ニュートンは一度きりの人生の中で、多くのキャリアを追求した。物理科学や工学にとってなくてはならない数学の一分野である微積分を発明し、有名な運動の三法則と万有引力の法則を応用して、太陽のまわりで軌道運動をする惑星たちの動きを説明した。また、光は粒子からできているという光の粒子説を提唱し、光の粒子が水やガラスで屈折して虹を生じさせるのはなぜかを説明する数学的な法則を発見した。ニュートンは存命中から、並外れた天才として広く認められていた。一七二七年に彼が死んだとき、イギリスの詩人アレクサンダー・ポープは次のような墓碑銘を詠んだ。「自然と自然の法則は夜の中に隠れていた／神は言われた『ニュートンあれ』と、するとすべては明るくなった」。二〇〇五年に行われたイギリスの王立協会の意見調査によれば、アイザック・ニュートンはアルベルト・アインシュタインよりも偉大だという投票結果となった。

こんな比較をしてみたり、ノーベル賞のような栄誉を持ち出したりすることによって、われわれは偉業を成し遂げた天才を賞賛する。しかしそれとはまた別の科学観もあり、その場合は個々の科学者にはそれほど重きが置かれない。ニュートン自身は次のように述べて、先人たちに多くを負うていることを認めていた。「もしもわたしが人より遠くを見ることができているとすれば、それは巨人たちの肩の上に立っているおかげなのです[9]」

ニュートンは本当にそれほど特別だったのだろうか？　それとも彼はただ単に、時宜に恵まれて、すでに得られていた知識から正しい結論を引き出しただけなのだろうか？　微積分はほぼ同時期に、ニュートンとは独立してライプニッツによっても発明されていた。同時期に同じ発見が成し遂げられるケースは、科学の歴史上にはいくらでも転がっている。なぜなら新しいアイディアは、古いアイディアを新しい方法で組み合わせることにより生み出されるからだ。歴史上いつの時代も、すでにあるアイディアを正しく組み合わせることができる立場にある科学者は、必ず何人かいるものだ。どんなアイディアも、他と完全に切り離されているということはないから、どの科学者も真に特別ではありえない。ある科学者の業績を真に理解するためには、他の人たちのアイディアをどう利用したかを知らなければならない。

ニューロンはこの点に関して、科学者と似たところがある。もしもどれかのニューロンがジェニファー・アニストンに反応してスパイクを起こし、それ以外のセレブには反応しなかったとすれば、そのニューロンの機能はジェニファーを検出することだと考えてみたくなる。しかしこのニューロンは、多数のニューロンからなるネットワークに組み込まれているのだ。そんなニューロンを、まったく独力でジェニファーを検出した天才と見なすのは間違いだろう。先ほどのニュートンの言葉は、ニュートンに対してよりもむしろニューロンについて語られたほうが、よりいっそう真実の響きを持つ。「もしもあるニューロンがより遠くを見ているとすれば、それは他のニューロンたちの肩の上に立っているからなのです」。結局、ひとつのニューロンがジェニファーを検出する仕組みを理解するためには、そのニューロンが情報を受け取っている多くのニューロンのことも知らなければならないのである。

そのあたりを説明する理論の基礎になるのが、前に説明した加重投票モデルだ。ジェニファーを、彼女を構成する単純なパーツの組み合わせとして記述してみよう。彼女は、青い目と、ブロンドの髪と、ほっそりとした顎を持っている（少なくとも今これを書いている時点ではほっそりしている）。もしもそのリストが十分に長ければ、他のどのセレブでもなく、ジェニファーただひとりを記述するリストになるだろう。脳には、そのリストにある個々の刺激（パーツの特徴）を検出するニューロンが含まれていると仮定しよう。「青い目ニューロン」、「ブロンド・ニューロン」、「ほっそりとした顎ニューロン」といった具合だ。さてここで重要な次の仮定を置こう。「ジェニファー・アニストン・ニューロン」は、これら「パーツ・ニューロン」のすべてから、興奮性シナプスを受け取るものとする。[10] また「ジェニファー・アニストン・ニューロン」の閾値は高く、すべてのパーツ・ニューロンがスパイクしたときにだけスパイクするものとする。それは、ジェニファーに対する反応においてのみ起こる、全員一致の投票結果だ。要するに、パーツの総体としてジェニファーを検出するニューロンがあり、個々のパーツは、それとはまた別のニューロンによって検出されるということだ。

この説明は妥当そうだが、しかしさらなる疑問が浮かぶ。「青い目ニューロン」はいかにして青い目を検出するのだろうか？「ブロンド・ニューロン」はいかにしてブロンドの髪を検出するのだろうか？こういう疑問を考えると、物理学者スティーヴン・ホーキングの著書『時間の略史』（邦訳は『ホーキング、宇宙を語る』）の冒頭にあった笑い話のことが思い出される。

> あるとき有名な科学者が天文学について一般大衆向けの講演をした。その天文学者は、地球が太陽のまわりをめぐり、太陽は銀河系と呼ばれる広大な星の集団の中心のまわりをめぐるという話をした。その講義の終わりに、教室の後ろのほうに座っていた小柄な年配の女性が立ち上がってこう言った。「あなたのお話しになったことは何の役にも立ちません。世界は、巨大な亀の背中に乗った平らな板なのです」。その科学者はにっこりと微笑むと、次のように問い掛けた。「しかしその亀は何の上に立っているのでしょう？」。それを聞いて、その女性は次のように答えた。「あなたは頭がいいわね、お

若い方、とても頭がいいわ。でも亀の下には亀がいて、その下にもまた亀がいて、それがずっと続いていくんですよ」

この年配の女性と同じく、先ほどの問いに対するわたしの答えも、「ニューロンがどこまでも続いていく」というものだ。青い目は、より単純なパーツ——黒い瞳孔、青い虹彩、白目、等々——から構成されている。したがって「青い目ニューロン」を構成するには、青い目を構成しているパーツを検出するニューロンたちをつなげばよい。しかしこの年配の女性とは異なり、わたしは無限の後退という問題を避けることができる。個々の刺激（特徴）をより単純なパーツの組み合わせにつぎつぎ分割していくと、最終的には、それ以上分割できない刺激に突き当たるからだ。その刺激とは、小さな光の点である。眼の中にあるそれぞれの光受容体は、網膜の中の特定の場所で、小さな光の点を検出する。そこに謎めいたことは何もない。光受容体は、あなたが普段使っているデジタルカメラの中にたくさんある、小さな光センサーと同じようなものだ。センサーのひとつひとつが、ひとつのピクセルについて光の検出を担当するのである。

知覚に関するこの説によれば、ニューロンは階層《ヒエラルキー》的に組織化されたネットワークとして構成されている。[11] 最底辺に位置するニューロンは、光の点のような単純な刺激を検出する。階層を上っていくにつれ、ニューロンはどんどん複雑な刺激を検出するようになる。そして一番上の階層にあるニューロンが、ジェニファー・アニストンのような、もっとも複雑な刺激を検出する。このネットワークの組み立ては、次のルールに従う。

全体を検出するニューロンは、部分を検出するニューロンとのあいだに興奮性シナプスを形成し、信号を受け取る（以下ではこれを縮めて、「部分を検出するニューロンから興奮性シナプスを受け取る」ということがある）。

一九八〇年、日本のコンピュータ科学者福島邦彦は、視覚の人工神経ネットワークをシミュレートした。そのネットワークは、ここに述べたルールに従う階層的な組織を持っていた。福島のネオコグニトロン・ネットワークは、アメリカのコンピュータ科学者フランク・ローゼンブラットが一九五〇年代に導入した「パーセプトロン」[12]の子孫のひとつだった。パーセプトロンは、他のニューロンたちの「肩の上に立つ」ニューロンの階層を含んでいる。そのようすを図19に示した。それぞれのニューロンはすぐ下の階層に含まれるニューロンからの接続だけを受け取る。[13]

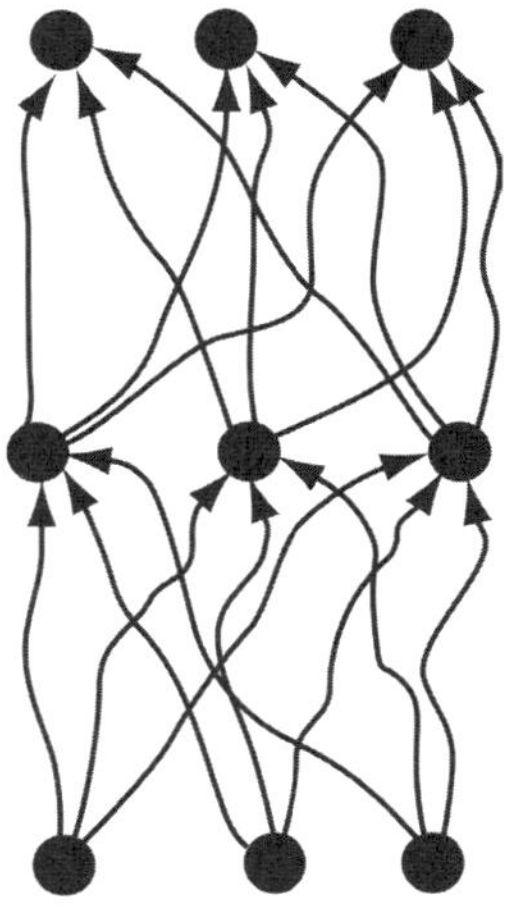

図19　ニューラルネットワークの多層パーセプトロン・モデル

ネオコグニトロン・ネットワークは手書きの文字を認識した。さらにその子孫のネットワークは、写真の中の物体を認識するなど、いっそう高度な視覚能力を示した。これらシミュレーションされた神経網、いわゆる人工的ニューラルネットワークは、まだ人間よりも間違いを犯しやすいとはいえ、年を追うごとに成績は向上している。こうした工学的なアプローチが成功を収めていることも、脳の《階層的パーセプトロン》モデルの信頼性を高めている要因のひとつだ。

接続のしかたがニューロンの機能を決める

先ほど導入した配線のルールでは、ニューロンが、より下の階層のニューロンからシナプスを受け取るプロセスだけに注目した。それを逆の観点から見て、ひとつのニューロンが上の階層のニューロンにシナプスを送るプロセスに注目することもできる。そのルールは次のようになるだろう。

部分を検出するニューロンは、全体を検出するニューロンに興奮性シナプスを送る。

先ほどのルールとこのルールは同等である。なぜなら、ニューロンが階層のどこかで検出する刺激は、より単純なパーツを多数含むひとつの全体だとも、より複雑ないくつもの全体に属するひとつのパーツだとも考えることができるからだ。[14] ふたたび青い目という刺激（特徴）を例に取ると、青い目は、瞳孔や虹彩や白目といったパーツから構成されていると見なすこともできるし、ジェニファー・アニストンやレオナルド・ディカプリオといった、青い目を持つ多くの人たちからなる複雑な全体の一部を構成していると見なすこともできる。

つまり、ひとつのニューロンの機能は、それが受け取るインプットの接続だけでなく、そこから出るアウトプットの接続にも依存するということだ。アウトプットに依存するとはどういうことかを明らかにするために、ニュートンとライプニッツの物語に少し尾鰭をつけてみよう。ニュートンとライプニッツよりも五〇年前に、ある謎の数学者が微積分法を発明していたという事実を証明する古文書が発見された、というニュースがあったとしよう。その数学者は自分の発明をまわりの人たちに納得させることができずに無名のまま亡くなり、微積分法とともに墓場行きとなった。さてわれわれは、歴史の本を書き直し、ニュートンとライプニッツではなく、無名のこの数学者に微積分発見の名誉を与えるべきなのだろうか?

歴史を書き直すほうが正しいように思われるかもしれないが、その見方は科学の社会的な側面を無視している。前に述べたように、発見は天才が単独で成し遂げるものではない。どれほど斬新なアイディアでも、先人たちの古いアイディアの上に作り上げられているからだ。同様に、発見は、新しいアイディアを作り上げるだけでなく、そのアイディアを他の人たちに納得させるという行為まで含むといえよう。発見者としての功績を全面的に認められるためには、他の人たちに影響を与えなければならないのである。

ニュートンの歴史上の位置づけを決めているのは、彼が先行する人たちのアイディアをどのように利用したか、そして彼に続く者たちのアイディアをどのように形づくったかということなのだ。それと同じ観点に立ち、わたしは次のルールを提案したい。

ニューロンの機能は、主に他のニューロンとの接続によって定義される。

これが、今後本書の中で《コネクショニズム》[15]と呼ぶことになる考え方である。このルールには、インプットとアウトプットの接続が両方とも含まれている。ニューロンが何をするのかを知るためには、そのニューロンへのインプットを見なければならない。ニューロンの影響を知るためには、そのニューロンからのアウトプットを見なければならない。先ほど示した知覚の「部分－全体」に関する二つのルールには、それぞれインプットとアウトプットの観点が取り入れられていた。以下ではコネクショニズムに立脚するさまざまな説を探っていく過程で、知覚だけでなく、記憶をはじめとする心の現象について、信頼性の高い説明に出会うことになる。

このように言うと魅力的に聞こえるが、それらの説が本当に脳にあてはまるというたしかな証拠はひとつでもあるのだろうか？　残念ながら、そういう証拠を得るための実験技術がまだ得られていない。知覚について言えば、神経科学者は、ジェニファー・アニストン・ニューロンに接続するニューロンたちを見出し、それらがじっさいにジェニファーのパーツを検出しているかどうかを調べることができる立場にない。より一般に、もしもコネクショニズムを定義する先ほどのルールを認めるなら、ニューロン同士の接続の地図を作らない限り、脳を本当に理解することはできない。換言すれば、脳を理解するためには、コネクトームを見出さなければならないのだ。

連想の閾値と記憶の限界との関係

脳にはすばらしい力がある。テレビや雑誌でジェニファー・アニストンを見ていないときでも、彼女のことを考えられるという力だ。彼女のことを考えるために、彼女を知覚している必要はない。二〇〇三年の映画『ブルース・オールマイティ』での彼女の演技を思い出したり、彼女と会うことを妄想したり、彼女の最近の映画について考えたりすればよい。では、そうやって考えることも、知覚するのと同様に、スパイクや分泌に還元できるのだろうか？

この問いに答える手がかりを探すために、もう一度、イツァーク・フリードとその共同研究者たちの実験を考えてみよう。彼らが発見した「ハル・ベリー・ニューロン」は、女優ハル・ベリーの画像によって活性化されるので、彼女を知覚するうえでひと役演じていることが示唆される。ところがそのニューロンは、「ハル・ベリー」と書いた文字を読んでも活性化されるため、彼女について考えることにも関係しているようだ。つまり、「ハル・ベリー・ニューロン」は、知覚したり考えたりすることで生じる、ハル・ベリーという抽象的な《観念》を表していると考えられるのだ。[16]

どちらの現象も、「連想」という、より一般的な操作の特殊ケースと見ることができる。知覚とは、ある刺激を観念に結びつけることであり、思考とは、ひとつの観念を別の観念に結びつけることである。では、記憶を想起するとき、知覚と思考はどのように協働するのだろう？　ここで次のようなシナリオを考えてみよう。

ある晴れた春の日の朝、あなたは歩いて職場に向かっている。ふと花の香りがした。何歩も歩かないうちに、その香りはどんどん強くなる。道のかたわらに木蓮が咲いていることに、あなたはまだ気づいていない。そのとき突然、意識が遠くに飛ばされた。あなたは、初恋の人が住む赤い煉瓦の家のそばに高くそびえる、木蓮の木陰に立っていた。彼はあなたを腕に抱き、あなたは恥ずかしくてドキドキする。飛行機が上空を飛び、レモネードができたわよ、という、彼のお母さんの呼ぶ声が聞こえる。

この記憶をひと通りたどり終わるまでに、あなたの頭にはいくつもの観念が浮かぶだろう。木蓮、赤い煉瓦の家、初恋の人、飛行機、等々。どの観念にも、あなたの脳の中に、それに対応するニューロンが存在すると仮定しよう。「木蓮ニューロン」、「赤い煉瓦の家ニューロン」、「初恋の人ニューロン」、「飛行機ニューロン」等々。これらのニューロンはすべて、あなたがファースト・キスを思い出すときにスパイクしている。

木蓮の花の香りを嗅いだときに、なぜこれらのニューロンがそろってスパイクするのだろうか？「木蓮ニューロン」がスパイクするのは、あなたの鼻から出発する神経路のためだ。しかし、飛行機が上空を飛んでいるわけでもないのに、なぜ「飛行機ニューロン」が活性化されるのだろうか？　周囲に赤い煉瓦の家など見当たらないというのに、なぜ「赤い煉瓦の家ニューロン」が活性化されるのだろうか？　これらのニューロンがスパイクするのは、知覚したからではなく、考えたからであるに違いない。

こうした活動をすっかり説明するために、これらのニューロンは興奮性であって、シナプスで相互に接続され、《神経細胞集合》と呼ばれる構造になっていると仮定しよう。そんな構造の一例を図20に示した。これは小さな神経細胞集合の例だが、多くのニューロンが相互に接続された、大きな神経細胞集合を考えることもできる。この図では、脳の中のほかのニューロンたちとの接続は省略されている。そういう結びつきが、感覚器官からの信号をこの集合に伝えたり、この集合からの信号を筋肉に伝えたりしている。ここでは思考に関係する連想を表すような、神経細胞集合の内部の接続だけに注目しよう。

これらの接続がどうやってファースト・キスの回想の引き金を引くのだろうか？　これらのニューロンは興奮性だと仮定されているので、「木蓮ニューロン」が活性化すると、この集合の中のほかのニューロンを興奮させて、やはり活性化させる。木から木へと飛び火する山火事や、入り組んだ渓谷に流れ込む鉄砲水をイメージすればよいだろう。そうしてニューロンの活動が拡がることにより、木蓮の花の香りが、あなたのファースト・キスの記憶にまつわるあらゆる観念の引き金を引くのだ。

思い出は美しいが、誰もが知っているように、記憶がうまくできないこともあり、人はその苦労を口にする。じっさい、記憶するのは難しいのに対し、知覚するのに努力はいらないことが多い。もしも脳が、ひとつの神経細胞集合につき、ひとつの記憶を保存しているなら、記憶も容易だったかもしれない。しかしそうすると、たくさんの記憶を貯蔵するためには、たくさんの神経細胞集合が必要になる。もしも神経細胞集合同士は互いに何の関係もなく、島のよう

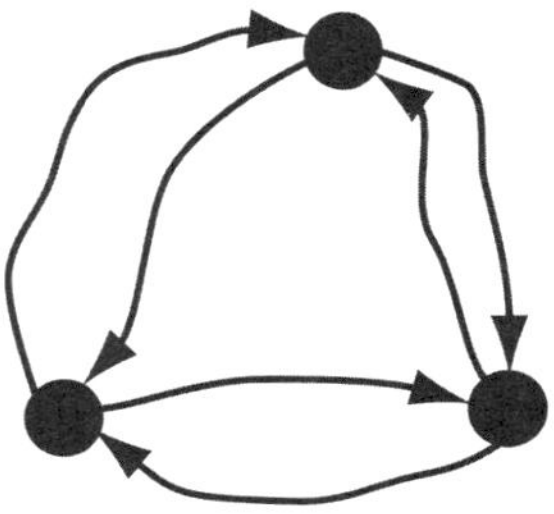

図20　神経細胞集合。

に孤立していたとしたら、数が多くても問題はなかっただろう。ところが、以下で見るように、神経細胞集合は互いに重なり合う必要があるのだ。そこに記憶違いの可能性が忍び込む。

あなたのファースト・キスの記憶には、彼のお母さんが「レモネードができたわよ」と呼ぶ声も含まれている。ところで、あなたにはレモネードに関する記憶がそれ以外にもあるとしよう。暑い夏の日に、家の前に腰を下ろし、氷入りのレモネードを紙コップに入れて道行く人に売った思い出だ。この記憶はファースト・キスの記憶とは異なるが、レモネードという共通の要素があるため、二つの神経細胞集合は、図21に示すように、「レモネード・ニューロン」で重なる（両端に矢印のついた線は、双方向に向かうシナプスを表す）。重なりがあることの危険性は明らかだろう。どちらか一方の神経細胞集合が活性化すれば、他方の神経細胞集合にも飛び火する恐れがあるのだ。木蓮の花の香りは、あいまいに二つの記憶を活性化し、ファースト・キスの記憶とレモネード売りをした記憶が混じり合うかもしれない。このシナリオはより一般に、記憶があいまいな理由を説明してくれる可能性がある。

ニューロンが無差別的に活性化されるのを阻止するために、脳が

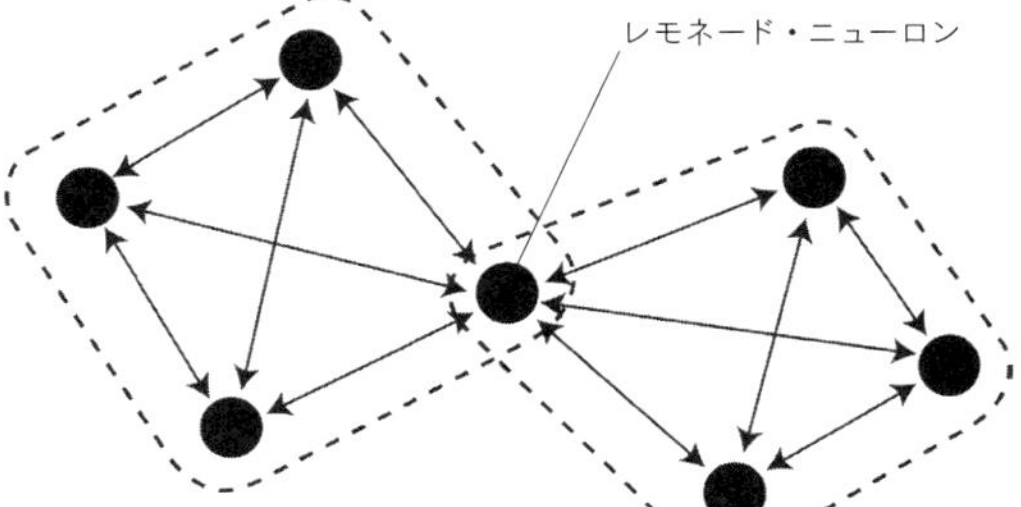

図21　重なり合う神経細胞集合。

とりうる方策として、それぞれのニューロンに高い閾値を設定し、活性化させないようにするという手がありそうだ。ひとつのニューロンが、少なくとも二票の「賛成」をアドバイザーからもらわなければ活性化されないと仮定してみよう。図21に示した二つの神経細胞集合は、ひとつのニューロンだけで重なっているので、活動は拡がらない。

しかし閾値を高くするというメカニズムには落とし穴がある。この防止策は、記憶を想起するための条件を厳しくすることでもあるからだ。ある記憶を引き出すためには、ひとつの神経細胞集合の中で、少なくとも二つのニューロンが活性化されることが必要になる。木蓮の花の香りだけでは、ファースト・キスを思い出すには足りなくなるのだ。ファースト・キスを思い出すためにはそのほかに、頭上を飛ぶ飛行機など、ファースト・キスに関連する刺激が、何かもうひとつ必要になる。

脳が記憶を想起することについて慎重であるべきか否かは、状況の詳細によるだろう。しかしニューロンの活動がすみやかに拡がるべきときにも、抑制されてしまう場合があるのは明らかだ。記憶に関する別の問題、すなわち何も思い出せなくなってしまうという問題はそのために起こるのかもしれない（それは、喉元まで出かかっているのに思い出せないという感覚を説明するものではないが、その感覚を引き起こしている、「思い出せない」という現象を説明することはできるかもしれない）。脳の記憶システムは、ナイフの刃の上で危ういバランスを取っているのかもしれない。ニューロンの活動がどんどん拡がれば記憶は混乱するし、かといって活動が拡がらなければ思い出すことができない。どれほど望んだところで完全な記憶をもつことができないのは、ひとつにはこのためなのかもしれない。[17]

神経細胞集合同士の重なりの大きさは、そのネットワークにどれだけたくさんの記憶を詰め込もうとするかによる。多くの記憶を詰め込みすぎれば、重なりが大きくなるのは当然だ。どこかの時点で、記憶の想起を助けつつ、記憶の混同を阻止できるような閾値はなくなるだろう。こうして起こる情報の破局が、ネットワークの記憶貯蔵能力の限界を定める。[18]

神経細胞集合のすべてのニューロンは他のニューロンに対してシナプスを作っているので、記憶のどの部分も、他の部分を呼び起こすことができる。初恋の人の写真を見ることによって、彼の家の記憶が呼び起こされることもあれば、彼の家を訪れることによって、彼を思い出すこともあるだろう。このような場合、記憶の想起は双方向的に起こるが、ひとつの物語になっている場合には（すなわち、特定の時間の向きに展開していく出来事のつながりになっている場合には）、一方向的にしか起こらないこともある。これをどう説明すればよいだろうか？　すぐに考えつく答えは、活性化が一方向に流れるように、シナプスを配置することだ。図22に示した《シナプス連鎖》では、活動は左から右に拡がっていく。[19]

ここで、記憶を想起するメカニズムに関するこの説をまとめておこう。観念はニューロンによって表され、観念と観念との連想によ る結びつきはニューロンの接続によって表され、記憶は神経細胞集

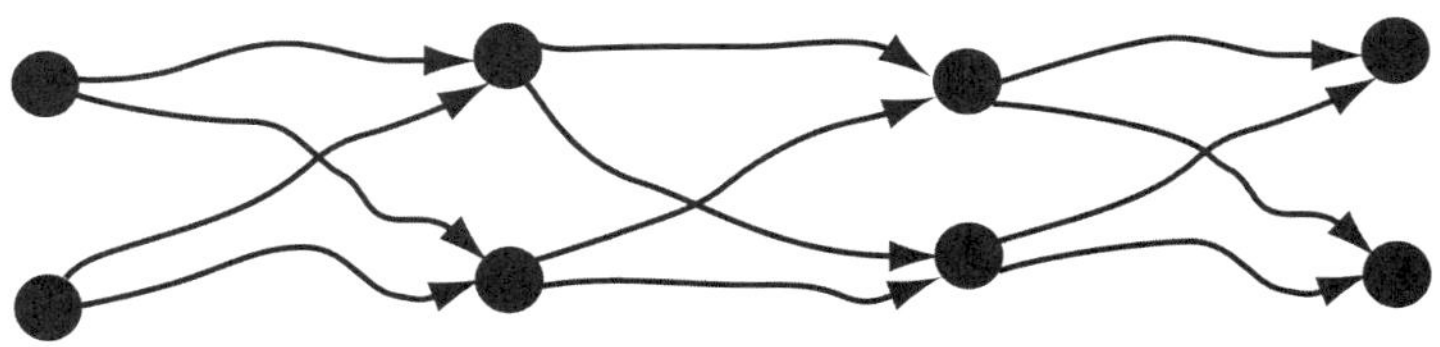

図22　シナプス連鎖。

合またはシナプス連鎖によって表される。記憶は、断片的な刺激でどれかのニューロンが発火し、そこからニューロンの活動が拡がったときに想起される。神経細胞集合の接続やシナプス連鎖は、時間が経っても安定している。子ども時代の記憶が大人になってからも残っているのはそのためだ。

この説の心理的要素は、《観念連合説》として知られている。それはアリストテレスにはじまる学説で、ジョン・ロック、デーヴィッド・ヒュームにより後世によみがえった。十九世紀の末までには、神経科学者たちは脳の中に神経繊維があることを認めており、経路や接続についてさまざまな推測をめぐらすようになった。物質的な接続が、心理学的な連想の基礎であると仮定することは、じつに論理的なことだった。

コネクショニズムの観点に立つこの説は、[20]二十世紀の後半になって、数世代の研究者たちによりさらに発展させられた。この説には数十年にわたり執拗な批判がつきまとっていた。一九五一年という早い時期に、大脳皮質の等能性の原理（大脳には機能分化はほとんど見られないという主張）の提唱者であるカール・ラシュレーが、有名な論文「行動における順序の問題[21]」の中でこの説を徹底的に攻撃した。彼の第一の批判は、むしろ言うまでもないことだった。すなわち、脳はほぼ無限に見えるほど多様な系列を生成できるということだ。シナプス連鎖というメカニズムは、毎回同じ言葉の系列が再生される詩の暗誦には理想的かもしれないが、厳密に同じ文章は二度と再現されない普通の言葉を生み出すには不適切であるように思われるということだ。

ラシュレーのこの第一の懸念に対しては、わりあい容易に答えることができる。道の分岐点のように、二つの連鎖に分岐するシナプス連鎖を考えよう。それらの連鎖は、さらに四つに分岐し、そこからさらにつぎつぎと分岐していくこともあるだろう。もしもひとつのネットワークの中に多数の分岐点が存在するなら、そのネットワークは潜在的に、莫大な種類の活動の連鎖を生み出していく可能性がある。[22] ここでのポイントは、活動はつねに、どれかひとつの枝を「選ぶ」ようにしなければならず、二つの枝をたどってはならないということだ。理論家たちは、枝同士が互いに競争するように配線された、抑制性ニューロンを介して、この選択が可能になることを示した。

ラシュレーの第二の批判はいっそう根本的で、統語法に焦点を合わせたものだった。[23] シナプス連鎖は、ひとつの観念から次の観念が連想されるプロセスを、ニューロンの接続によって表す。ラシュレーは、文法的に正しい文を生成するのは、それほど簡単なことではないという点を指摘した。それが簡単でないのは、「シーケンスの中の個々の言葉は、その同じシーケンスの中の隣の言葉だけでなく、もっと遠い言葉とも関連性を持つから」だ。ひとつのセンテンスの最後の言葉が正しいかどうかは、そのセンテンスの最初にある言葉によって決まるかもしれないのである。ラシュレーのこの考えは、のちに言語学者ノーム・チョムスキーとその多くの追随者たちが、統語法の問題に重きを置くことを先取りしていた。

コネクショニズムの支持者たちも、ラシュレーのこの第二の批判に答えようとしたが、その分野の研究を紹介することは本書の範囲を超えている。[24] いずれにせよコネクショニズムは、初期にこれに対して批判的だった人たちが考えていたほど、幅の狭いものではないことがすでに示されている。純粋に理論的な観点からコネクショニズムを排除するのは不可能だろう。コネクショニズムは経験的な検証を必要としている。そのための手段として、コネクトミクスを使うことができるが、それについてはまた改めて説明することにしよう。

まずはこの説に、もう少し磨きをかけよう。シナプスが連想の物質的基礎であること、そして記憶の想起は神経細胞集合とシナプス連鎖から生じることは、物語の半分にすぎない。いよいよ、今まで棚上げしてきた問題と向き合うことにしよう。記憶はそもそもどのようにして蓄えられるのだろうか？

第5章

記憶はいかに貯蔵されるか

再接続と再荷重が記憶を貯蔵する

ギザの大ピラミッドは、カイロからほど近い砂漠に四五〇〇年ものあいだ立ち続けている。それはサラサラと止まることなく変わりゆく砂の上に、島のように浮かぶ永遠である。その重厚な姿には畏敬の念を抱かされるが、四角い積み石のひとつだけをとっても、すでにして堂々たるものだ。二・五トンもの重さの石材を、[1]いかにして石切り場から切り出して、建設現場に運び込み、地上一四〇メートルの高さにまで積み上げたのか、確かなことは誰も知らない。ギリシャの歴史家ヘロドトスが推測したように、その建設に要した時間を二〇年とすると、二三〇万個のブロックは、[2]毎分一個という驚くべきスピードで積み上げられたことになる。

エジプトのクフ王がこの大ピラミッドを造営したのは、自分の墓とするためだった。歴史という冷たい距離をもって、労役に苦しむ一万人の民衆たちと隔てられていなかったなら、[3]われわれはこの大ピラミッドを、専制君主の過酷な権力行使を見せつけるものとして嫌悪してしまいそうだ。しかしわれわれはむしろクフ王を許し、名もない労働者たちが成し遂げた偉業に素朴に驚嘆したほうがよいのかもしれない。このピラミッドは、ファラオの記念碑ではなく、人間の独創性を証明するものともなりうるのだから。

　クフ王の考えは明快だった。もしも永遠に人びとの記憶にとどまりたければ、過酷な時の流れに耐えうる頑丈な材料で、壮大なものを作ればよいということだ。それと同じ理屈で、脳がものごとを記憶する能力は、脳の物質的構造の耐久性にかかっているのかもしれない。そう考えないかぎり、一生涯にわたり消えない記憶もあるという事実を説明できそうにない。しかし人は忘却もすれば、記憶違いもするし、日々新しい記憶をつけ加えもする。そこでプラトンは記憶を、ピラミッドの石のブロックよりも柔らかい物質になぞらえた。

> 人の心の中には、蠟のかたまりが存在している。[4]……この書字板を、ムーサたちの母ムネモシュネ［記憶の女神］からの贈り物ということにしよう。何かを記憶したいと思うとき……われわれはその蠟の書字板を掲げ、知覚と思考とをそこに受け止める。そしてそれらの印象が、あたかも指輪の刻印のように記憶に刻まれるのである。

　古代世界では、木の板に蠟を塗りつけた書字板が普及していて、ちょうど今日のメモ帳のような役割を果たしていた。尖った鉄筆のような道具で文字や図をその蠟板に刻みつけ、用がすんだら、へら状の道具で蠟を均して文字を消し、次の機会にすぐに使えるようにしておいた。[5]人工の記憶装置であるこの蠟板が、人間の記憶の自然な隠喩とされたのである。

　もちろんプラトンは、あなたの頭蓋骨の中に本物の蠟が詰まっていると言っているのではない。彼は、何か蠟に似たもの——形状を保つことができて、なおかつ形を変えられるもの——をイメージしていたのだ。職人やエンジニアは、「可塑性」のある素材は型に入れ、「可鍛性」のある素材は、ハンマーで叩いたりローラーで延ばしたりして形を作る。[6] 同様にわれわれは、親や教師が子どもたちの「心を陶冶《とうや》する」と言う。それは単なるたとえなのだろうか？ 教育をはじめとするさまざまな経験は、文字通りの意味において、脳の物質構造を変えるのではないだろうか？ 人はよく、脳が柔軟だとか、頭が柔らかいなどと言うが、それはどういう意味なのだろう？

神経科学者たちはだいぶ前から、コネクトームは、プラトンの蠟板のようなものではないかと考えるようになっている。ニューロンの接続は、少し前に電子顕微鏡画像で見たように（90ページ）、物質でできた構造である。蠟と同じくニューロンの接続も、長期にわたり変わらずにいられるだけの安定性と、変化できるだけの可塑性を併せ持っている。

シナプスの重要な特性のひとつに、シナプスの強さ（または「シナプス接続の強度」）がある。ニューロンは、いつスパイクするかを「決断」するために選挙を行うが、シナプスの強さとは、そのシナプスが選挙で投じる票の重みである。シナプスは強められたり弱められたりすることが知られている。それを、シナプスが投じる票の「重みを変えること」と考えることができる。以下ではそのような変化を、「再荷重《リウエイティング》」と呼ぼう。では、シナプスが強くなるとき、じっさいそこでは何が起こっているのだろうか？ この問いに答えようと、今も多くの神経科学者が努力を続けており、これまでに得られた知識を紹介しようとすれば本を一冊書かなければならないだろう。そこでここでは、この問いに対するひとつの答えをかいつまんで紹介することにしよう。それは骨相学者の喜びそうな答えだ。シナプスは、大きくなることによって強くなるのである。思い出してほしいが、シナプス間隙の一方の側には、神経伝達物質の詰まった小胞が、他方の側には、神経伝達物質を感知するレセプターがあるのだった。シナプスは、その両方をたくさん作ることで強くなるのである。分泌のたびに放出する神経伝達物質を増やすためには、小胞を増やさなければならない。また、同じ量の神経伝達物質をより敏感に感じ取るためには、レセプターを増やさなければならない。

それに加えて、シナプスが新たに生成されることもあれば、すでにあるシナプスが除去されることもある。わたしはそれを、「再接続《リコネクション》」と呼ぶことにする。[7] 若い脳では、ニューロン同士がつながり合ってネットワークを作る際に、シナプスがつぎつぎと作られることはだいぶ前から知られていた。シナプスは、二つのニューロンが接触する点で生じる。まだ委細不明な理由により、小胞やレセプターをはじめ、シナプスを機能させるためのさまざまな分子装置がこの点に集まる。若い脳ではシナプスを除去されることもある。その場合には、そうした分子装置が接触点から取り除かれていく。

一九六〇年代にはほとんどの神経科学者が、子どもが成長して大人になってしまえば、もはやシナプスは生成されることも除去されることもないと考えていた。[8] この考えは、経験的事実というよりはむしろ理論的思い込みだった。おそらく当時の神経科学者たちは、脳の発達のプロセスを、電子装置を組み立てるようなものと考えていたのだろう。電子装置を組み立てるためにはたくさんの配線が必要だが、いったん装置が動き出してしまえば配線を変更することはない。あるいは神経科学者たちは、シナプスの強度を変えることは、コンピュータのソフトウェアを変えるのと同じように簡単だが、シナプスそれ自体は、ハードウェアのように変化しないと考えていたのかもしれない。

しかしこの一〇年間に、神経科学者たちはその考えを一八〇度転換した。今日では、大人の脳でもシナプスは生成されたり除去されたりするということが広く受け入れられている。二光子顕微鏡という新しい生体イメージングの手法を使って、ついに説得力のある証拠が直接的に得られたのである。図23[9]には、マウスの大脳皮質の中の樹状突起が、二週間のうちに示した変化を示す（それぞれの画像の左下にある数字は、経過した日数）。

　樹状突起には、「スパイン（棘突起）」と呼ばれる、トゲのように突き出した部分がある。興奮性ニューロン同士をつなぐシナプスの大半は、樹状突起の軸にではなく、このスパインに生じる。この図では、二週間では変化しないスパインもあるが、新たに現れるものや（たとえば三角形の印を添えたもの）、除去されるものもある（星印を添えたもの）。このことは、シナプスは現れたり消えたりするという、立派な証拠になる。[10] 再接続がどれくらいの

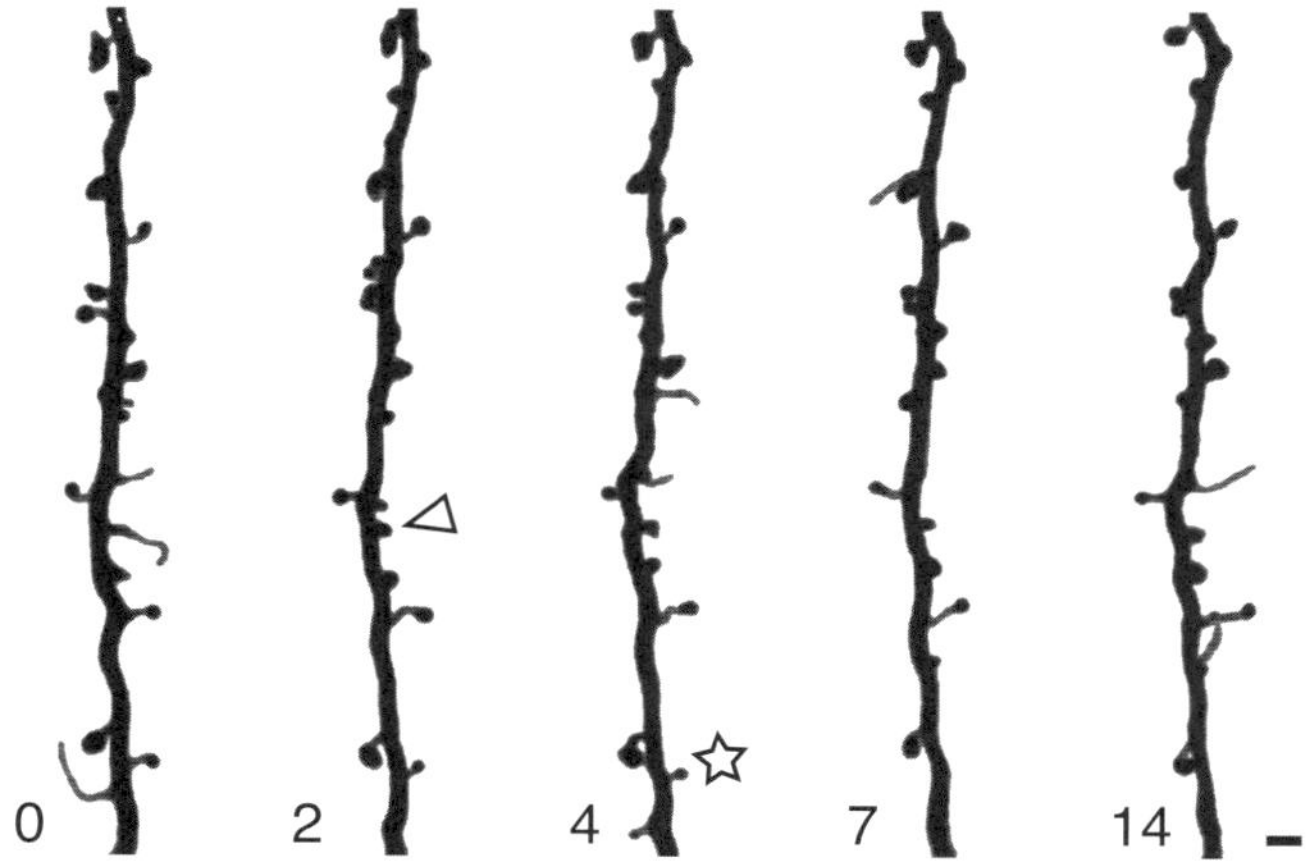

図23　再接続が起こっている証拠。マウスの大脳皮質において、樹状突起の「スパイン（棘突起）」が現れたり消えたりしている。

頻度で起こるかについては、研究者のあいだで今も論争が続いているが、それが起こりうるという点では、みんなの意見が一致している。

以上、再荷重と再接続について長々と説明してきたのは、コネクトームに起こるこれら二種類の変化には特別な重要性があるからだ。これら二つの変化は人の一生を通じて起こり続ける。ということはつまり、ひとりの人間の個性の変化を、一生涯続く現象として理解したければ、これらを調べる必要があるということだ。どれほど年を取っても、ある種の脳の障害が起こらない限り、人はいつまでも新しい記憶を持つことができる。年を取ると、ものを覚えるのが徐々に難しくなると愚痴をこぼすことはあっても、高齢者も新しい技能を身につけることはできる。そうした変化には、再荷重と再接続が関与しているとみられるのである。

しかし、何か証拠はあるのだろうか？　記憶が貯蔵されるときには再荷重が起こっているという証拠は、エリック・カンデルとその共同研究者たちの研究からもたらされた。カンデルらは、カリフォルニアの海岸の潮溜まりにいる軟体動物、ジャンボアメフラシ（*Aplysia californica*）の神経系を調べた。この動物は、つつかれるとエラと水管を引っ込める。また、刺激に対していくらか敏感になる――それはつまり、単純なタイプの記憶を持つということだ。すでに見たように、そういう振る舞いができるかどうかは、感覚器官から筋肉へとつながる神経路の性質による。カンデルは、関係する神経路にひとつの接続があることを突き止め、その接続の強度変化が、アメフラシの簡単な記憶に関係していることを示したのだ。

では、再接続のほうはどうだろう。再接続も記憶の貯蔵に関与しているのだろうか？　前に、学習とは大脳皮質の肥厚にほかならないという、骨相学的な説を紹介した。一九七〇年代から一九八〇年代にかけて、ウイリアム・グリーノーをはじめとする研究者たちが、大脳皮質の肥厚は、シナプスが増えることで引き起こされるという説を裏づける証拠を得た。その発見にもとづいて（刺激の多いケージの中で飼育されたラットでは、大脳皮質が肥厚し、シナプス数が増加していた）[11]、何人かの研究者が、記憶はシナプスを新たに作ることによって貯蔵されるという新骨相学的な説を唱えた。[12]

しかしこれらのアプローチはどちらも、記憶が貯蔵される仕組みを解明することに、本当の意味で成功はしなかった。カンデルのアプローチは、アメフラシよりも人間に近い脳ではうまくいっていない。複雑な脳では、記憶はひとつのシナプスに貯蔵されるのではなく、たくさんの接続のパターンとして貯蔵されると考えたほうがよさそうだ。グリーノーのアプローチにしても、シナプスの個数を数えたところで、それらのシナプスがどのように組織化されているのかがわかるわけではないため、やはり不完全である。それに加えて、シナプスの数の増加は、大脳皮質の肥厚と同様、学習とのあいだに相関はあっても、因果関係があるかどうかは明らかではない。

記憶の問題を真に解決するためには、再荷重と再接続が、記憶と関係しているのかどうか、そしてもし関係しているなら、それはどんな関係なのかを解明しなければならない。先に、記憶にかかわる接続のパターンは、神経細胞集合とシナプス連鎖だとする説を紹介した。ここでわたしはその説を一歩進めて、これら二種類の接続パターンを生じさせるのは、再荷重と再接続だという説を提唱しよう。そしてそこから生じる多くの疑問について探っていくことにしたい。再荷重と再接続というこれら二つのプロセスは、互いに無関係なのだろうか？　それとも互いに協働しているのだろうか？　なぜ脳は、ひとつではなく二つの方法を使うのだろうか？　記憶にはさまざまな限界があるが、そのうちのいくつかは、記憶の貯蔵にかかわるこれらのプロセスがうまく働かないせいで生じるのだろうか？

再荷重と再接続に関する研究は、記憶に対するわれわれの基本的な好奇心を満足させるだけでなく、実用面にも影響がありそうだ。あなたは記憶力を増強する薬を開発したいと考えているとしよう。もしもあなたが新骨相学を信じているなら、シナプスの生成に関与する分子レベルのプロセスを増強するような薬を開発しようとするかもしれない。しかし、もしも新骨相学が間違っているなら――その可能性は非常に大きいのだが――シナプスを増やすことは、あなたの狙いとはまるで違った結果を引き起こすかもしれない。一般論として、記憶力を向上させたいにせよ、記憶違いを防ぎたいにせよ、基本的な記憶のメカニズムを知ることが決定的に重要であるはずだ。

シナプスの強化に関する「ヘッブ則」

すでに見たように、神経細胞集合は、観念と観念との連想を、ニューロン同士の接続として保存しているのかもしれない。しかし、そもそも脳はどうやって神経細胞集合を作っているのだろうか？　この問いは、哲学者たちがずっと昔に取り組んだ問題を、コネクショニズムの言葉で言い表したものである。観念そのものや、観念同士をつなぐ連想は、どこから生じるのだろうか？　それらの中には生まれつき備わっているものもあるかもしれないが、経験によって身につけている部分もあるのは間違いない。

哲学者たちは長年のあいだに、連想の学習がなされるための原理をたくさん考え出した。そのリストの最上段に置かれているのが、「コインシデンス（同時発生）」である。それを時間または空間における「接近」と言うこともある。もしもあなたが、ある女性ポップシンガーが野球選手であるボーイフレンドと一緒に写っている写真を見たとすれば、あなたはこの二人を結びつけて考えるようになるだろう。これがコインシデンスの原理だ。連想が働くようにするためのリストの二番目に置かれているのが、「反復」の原理である。ポップシンガーと野球選手という二人のセレブが一緒にいるのをたった一度見ただけでは、あなたの心の中でこの二人をつなぐ連想が働くようになるとは限らないが、ありとあらゆる雑誌や新聞に、ほとんど毎日のように二人が一緒にいる写真が載っていれば、あなたはいやでも二人を結びつけて考えるようになるだろう。連想の種類によっては、時間順序が重要になることもある。人は子どもの頃に、アルファベットを暗記するまで口ずさむ。アルファベットの文字はつねに同じ順番で並んでいるので、ひとつの文字から次の文字へと連想が働くようになるのだ。それとは対象的に、女性ポップシンガーとそのボーイフレンドを結びつける連想は、二人がつねに同時に出現するため、双方向的なものになるだろう。

そこで哲学者たちは、ある観念が別の観念といつも同時に現れるか、または逐次的に現れる場合に、人はそれら二つの観念を結びつけるようになるとする説を提唱した。コネクショニズムの支持者たちはこの説に触発されて、次のような予想を立てた。

二つのニューロンが繰り返し同時に活性化されるなら、それらのあいだの接続は双方向に強化される。

可塑性に関するこのルールは、ポップシンガーとそのボーイフレンドの場合のように、繰り返し同時に起こる二つの観念を結びつけるときにはうまく当てはまる。逐次的に現れる場合については、コネクショニズムの支持者たちは次のルールを提案した。

二つのニューロンが繰り返し逐次的に活性化されるなら、第一のニューロンから第二のニューロンへの接続が強化される。

ところで、これら二つのルールでは、接続の強化は永続的なものであるか、あるいは少なくとも長期的なものであり、その結果として連想は記憶にとどめられるものと仮定されている。

この強化則の逐次バージョンを仮定したのはドナルド・ヘッブ[13]だが、ヘッブは一九四九年の著作『行動の組織化』（邦訳は『行動の機構』）の中で、神経細胞集合の存在を提唱した人物でもある。ともあれ、同時バージョンと逐次バージョンのどちらもが、シナプスの可塑性に関するヘッブ則として知られるようになっている。これら二つの仮説はどちらも、「活動依存的」であると言われる。なぜなら、シナプスの可塑性の引き金を引くのは、そのシナプスに関係しているニューロンたちの活動だからだ（その他にも、ある種の薬物を使うなどして、活動に関係なくシナプスの可塑性を引き起こす方法もある）。普通、ヘッブ則で考えているのは、興奮性のニューロン間のシナプスだけである。[14]

ヘッブは時代に大きく先駆けていた。当時、神経科学者たちは、シナプスの可塑性を検出する手段を持っていなかった。それどころか、シナプスの強度を測定することさえできなかったのである。活動電位《スパイク》を測定するためには、それまで数十年にわたり、神経系（ニューロンの集合）に金属ワイヤを挿入していた。ワイヤの先は、スパイクしている神経細胞（ニューロン）の外側にあるため、この方法は「細胞外」記録と言われる。ワイヤを伝わってきた信号は、複数のニューロンのスパイクを運ぶことになるため、ちょうど混み合った酒場での会話のように、それらが混ざり合っている。この方法は今も用いられており、イツァーク・フリードと彼の共同研究者たちが、「ジェニファー・アニストン・ニューロン」を発見したときも、この方法が使われていた。ワイヤの先端を注意深く扱えば、ひとつのニューロンのスパイクだけを取り出すこともできる。[15] それはちょうど、混み合った酒場でひとりの友だちの口元に耳を近づけるようなものだ。

細胞外記録は、ニューロンの活動電位《スパイク》を検出するには十分だが、個々のシナプスの微弱な電気的効果（シナプス電位）を測定することはできない。そんな測定が初めて行われたのは一九五〇年代のことで、ひとつのニューロンに、非常に細いチップのついたガラス製の電極を差し込むという方法が取られた。この方法を「細胞内」記録という。細胞内記録はきわめて精度が高く、活動電位《スパイク》よりもはるかに微弱な信号も検出することができる。それはちょうど居酒屋で話をしている人の口の中に、あなたの耳を突っ込むようなものだ。[16] また、細胞内電極を使えば、ニューロンを刺激してスパイクさせることもできる。そのためにはニューロンの中に電極を入れ、電流を流してやればよい。

ニューロンAからニューロンBへと向かうシナプスの強度を測定するためには、まず電極をそれぞれのニューロンに差し込む。[17] その後、ニューロンAを刺激してスパイクさせると、シナプスは神経伝達物質を分泌する。その後、ニューロンBの電位を測定する。ニューロンBの電位変化はパルス状になるが、そのパルスの大きさがシナプスの強度である。[18]

シナプスの強度に加え、強度の「変化」を測定することもできる。ヘッブ則に従う変化を引き起こすには、一対のニューロンを刺激してスパイクさせる。それを繰り返すと、刺激が逐次的なものであれ同時的なものであれ、先ほどの二つのヘッブ則に従って、シナプスが強化されることが示されている。[19]シナプスの強度が変わったとき、その強度が実験の終わりまで維持されることもある――電極を差し込んだニューロンを生かしておくのは容易ではないため、実験は数時間が限度だ。しかし一九七〇年代になって、たくさんのニューロンおよびシナプスの集団を対象とする、もう少し粗い実験が行われるようになり、その結果が示唆するところによれば、シナプス強度の変化は、数週間以上保持されることもあるようだ。もしもヘッブ則に従うシナプス強度の変化が、記憶を貯蔵するメカニズムであるなら、それがどれだけ長持ちするかは決定的に重要だ。なにしろ記憶の中には、一生涯保持されるものもあるのだから。

一九七〇年代に行われるようになったこれらの実験から、シナプス強化に関する最初の証拠がもたらされた。当時すでに、ヘッブのもともとの考え方にもとづく、記憶の貯蔵に関する説が登場していた。その説のもっとも簡単なバージョンでは、ニューロンのネットワークは、はじめはニューロンの組み合わせとして考えられる限りのペアが、双方向の弱いシナプスで接続されているものと仮定されていた。後で述べるようにこの仮定には問題があるのだが、ヘッブの説を紹介するために、当面、この仮定を正しいものとしよう。

さてここで、あなたのファースト・キスの場面に戻ろう。あなたは、記憶に刷り込まれている出来事が、現実に起こった場所と時間にいるものとする。そのときあなたの頭の中では、「木蓮ニューロン」、「赤い煉瓦の家ニューロン」、「初恋の人ニューロン」、「飛行機ニューロン」などが、周囲の刺激によって、生き生きと活性化されていたことだろう。ヘッブ則の「同時バージョン」が成り立つと仮定すると、このとき起こったスパイクのすべてが、関係するニューロン間のシナプスを強化する。

もしも神経細胞集合という概念を、《強い》シナプスで相互に結びつけられた興奮性ニューロンの集団と再定義するなら、こうして強化されたシナプスの全体はひとつの神経細胞集合となる。もともとの神経細胞集合の定義には、「強い」シナプスで接続されているという条件は含まれていなかった。この条件が必要になるのは、最初に考えたニューロンのネットワークには（それは「ありとあらゆるニューロンのペアが、双方向の弱いシナプスで接続されたネットワーク」だ）、神経細胞集合には属さない、弱いシナプスが多数含まれているためだ。弱いシナプスは、あなたのファースト・キスという出来事が起こる前から存在し、その後も弱いままにとどまっている。

弱いシナプスは記憶の想起には関係しない。ニューロンの活動は神経細胞集合の内部を拡がっていくが、その外に伝わることはない。なぜならその神経細胞集合から出て、外部のニューロンに接続するシナプスは弱いので、外部のニューロンを活性化させることができないからだ。こうして神経細胞集合の新しい定義は、前の定義とまったく同じように機能する。

シナプス連鎖にも同様の説が当てはまる。ある逐次的刺激が、ある逐次的観念を想起させるものと仮定しよう。ひとつの観念は、ひとつのニューロン群［同じ刺激に反応するニューロンの集まり］のスパイクとして表される。もしもニューロン群が、逐次的観念に対応する順番で繰り返しスパイクするなら、ヘッブ則の逐次バージョンに従って、ひとつのニューロン群に属するニューロンから、次のニューロン群に属するニューロンへと向かうシナプスのすべてが強化されるだろう。シナプス連鎖という概念を、「強い」シナプスでつながれたパターンとして再定義するなら、これこそがシナプス連鎖だということになる。

もしもその接続が十分に強ければ、逐次的な外部刺激（たとえばアルファベットのAからZまでのカードが順番に示されるなど）がなくとも、活動電位《スパイク》はそのシナプス連鎖を伝わっていくだろう。最初のニューロン群を活性化させる刺激（たとえばAのカードなど）は何であれ、第4章で説明したように［136ページ］逐次的な観念（B、C……）を想起させるきっかけとなるだろう。そしてその逐次的な観念を順番に想起するということが起こるたびに、ヘッブ則により、そのシナプス連鎖の接続はますます強化されるだろう。これはちょうど、水の流れによって河床がゆっくりと掘り下げられていき、それにより水がいっそう流れやすくなるのと似ている。

記憶することは大切だが、忘れることも非常に大切だ。かつてあなたのジェニファー・アニストン・ニューロンとブラッド・ピット・ニューロンは、同じ神経細胞集合の内部で、強いシナプスにより幾重にも結びつけられていた。しかしあるときから、あなたはアンジェリーナと一緒にいるブラッドの写真を見るようになる（もちろんそれは悲しいことだが、あなたのショックがさほど大きくはなかったことを祈る）。ヘッブ則により、あなたのブラッド・ニューロンとアンジェリーナ・ニューロンとが接続を強め、新たな神経細胞集合を作る。では、あなたのブラッド・ニューロンとジェニファー・ニューロンとの接続はどうなってしまったのだろう？[20]

ヘッブ則に似た法則が、忘却という機能に役立っていると想像してみよう。二つのニューロンの接続は、一方が繰り返し活性化しても、他方が活性化しなければ弱まるものとする。[21] もしそうなら、ブラッド・ニューロンとジェニファー・ニューロンとをつなぐシナプスは、ジェニファーと一緒にいないブラッドの写真をあなたが見るたびに弱まるだろう。

あるいは、シナプス間の直接的競争で接続が弱められる可能性もある。[22] ブラッド・ニューロンとアンジェリーナ・ニューロンとを接続するシナプスは、ブラッド・ニューロンとジェニファー・ニューロンとを接続するシナプスと、食べ物のような物質を取り合う関係にあるのかもしれない。もしもあるシナプスが強化されれば、その物質をより多く必要とするようになるだろう。その結果として、他のシナプスは食べ物が少なくなって弱まるだろう。シナプスの食べ物のような物質がじっさいに存在するかどうかはまだ明らかではないが、ニューロンにも「栄養因子」[23]があることは知られている。神経成長因子は、その一例である。リタ・レヴィ＝モンタルチニとスタンレー・コーエンはその因子を発見した功績により、一九八六年にノーベル賞を受賞した。

新しいシナプスはどのように生まれるか

プラトンの蠟板を言い表すために、ローマ人たちは、「タブラ・ラサ（平らに均した書字板）」という言葉を使った。この言葉は伝統的に、「何も書かれていない石板」と訳されている。なぜ石板かというと、十八世紀から十九世紀にかけての時代には、蠟板の代わりに、小さな石板が使われていたからだ。観念連合説を唱えた哲学者ジョン・ロックは、『人間悟性論』の中で、また別のたとえを使った。

心は、文字も観念もない白紙のようなものだと仮定してみよう。その白紙に、いかにして必要な事柄が書き込まれるのだろう？　人間の雑多な想念はほとんど無限に多様だが、その膨大な内容はいかにして書きつけられるのだろう？　論理的思考や知識はどうやって書き込まれるのだろうか？　これに対するわたしの答えは、ひとことで述べることができる。経験によって書き込まれるのである、と。

白紙には何の情報も含まれていないが、無限の可能性がある。ロックは、新生児の心は白紙のようなので、経験によってすぐにも書き込める状態にあると論じた。記憶の貯蔵に関するわれわれの説では、はじめはすべてのニューロンが、他のすべてのニューロンと接続しているものと仮定した。シナプスは弱く、ヘッブ則に従って強化されることにより、すぐにも「書き込める」状態にある。ありうる限りの接続はすべて、すでに存在しているのだから、どんな神経細胞集合でも作ることができる。ニューロンのネットワークは、ロックの白紙と同じく無限の可能性を持つ。

しかしこの説にとっては残念なことに、すべてのニューロンが他のすべてのニューロンと接続しているという仮定は、目も当てられない大間違いなのだ。現実のニューロンはそれとは逆に、《まばら》にしか接続していない。現実に存在するのは、ありうる限りの接続の、ほんの一部にすぎないのである。ひとつのニューロンは、典型的なところで一万個ほどのシナプスを作ると推測されるが、脳の中には一〇〇〇億個ものニューロンが存在するのだから、接続されるのはごくわずかのニューロンだ。しかしそれも当然といえば当然だろう。シナプスそのものも場所を取るし、シナプスを作るための樹状突起も場所を取る。もしもすべてのニューロンが他のすべてのニューロンと接続していたなら、あなたの脳は異様なほど大きく膨れ上がっていただろう。

そんなわけで、脳は少ない接続でやりくりしなければならない。このことは、あなたが新たな連想を獲得しようとするときには問題になりうる。もしもブラッド・ニューロンとアンジェリーナ・ニューロンが、最初はまったく接続していなかったとしたら？　二人がデートをしているという情報があなたの目にとまりはじめても、ヘッブ則によって、ブラッド・ニューロンとアンジェリーナ・ニューロンの接続を強化し、同じ神経細胞集合にまとめることはできなかったはずだ。接続がすでに存在しているのでない限り、二人を結びつける連想が働くようにはならないのである。

もしもあなたがブラッドとアンジェリーナのことを頻繁に考えるなら、二人はそれぞれあなたの脳の中で、ひとつではなく多数のニューロンで表されている可能性が高い（第4章で説明したように、ひとりのセレブにひとつのニューロンが割り当てられているのではなく、ひとりのセレブに複数のニューロンが割り当てられているとする説のほうが、信憑性が高い。121ページ）。多数のニューロンが関係しているのだから、あなたのブラッド・ニューロンのいくつかが、たまたまアンジェリーナ・ニューロンのいくつかと接続している可能性も高くなる。そして、たまたま接続しているニューロンがわずかでもあれば、ブラッドを想起しているときに、ブラッド・ニューロンからアンジェリーナ・ニューロンへと神経活動が拡がるような（または、アンジェリーナを想起しているときに、アンジェリーナ・ニューロンからブラッド・ニューロンへと神経活動が拡がるような）神経細胞集合は十分に形成されうるだろう。言い換えれば、もしも個々の観念のすべてが多数のニューロンによって、冗長性を持って表されていれば、たとえ接続はまばらでも、ヘッブ則によりその接続が強化され、新しい連想を学習することは可能だということだ。[24]

同様に、たとえいくつかの接続が失われたとしても、ヘッブ則に従って残りの接続が強化されることにより、シナプス連鎖を作ることができる。図24の中ほどに破線の矢印で示した接続が失われたと考えてみよう。これにより途切れる経路もあるが、出発点から終着点までつながる経路はほかにもあるため、このシナプス連鎖は相変わらず機能するだろう。この図の中では、逐次的な観念のひとつひとつは、わずか二つのニューロンで表されているが、ニューロンをもっと増やせば、接続が途切れたときの影響はさらに小さくなるだろう。この場合もやはり表現に冗長性がある「ひとつの観念を複数のニューロンが表す」おかげで、接続はまばらでも新たに連想を作ることができる。

古代人たちはすでに、記憶する情報はむしろ多いほうが、少ないよりも覚えやすいという不思議な事実に気づいていた。雄弁家や詩人たちはそれを利用して、「場所法」[25]という記憶術を編み出した。たくさんの項目を記憶するためには、まず家の中を歩きまわることを想像する。そして、いくつもの部屋につぎつぎと入り、それぞれの部屋の中の品物に、記憶したい各項目を対応づけていく。その方法でうまくいったのは、各項目を表すものの冗長性を高めたおかげだろう。

そうだとすれば、情報を記憶するのが難しい理由は、接続がまばらだからなのかもしれない。ヘッブ則で強化されるべき接続が存在しないせいで、情報を貯蔵することができないのだ。接続に冗長性

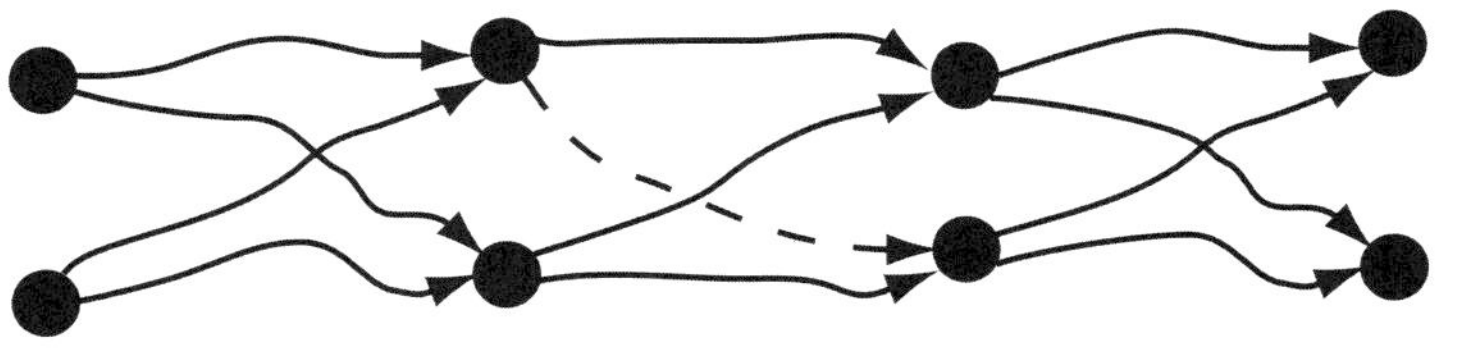

図24　シナプス連鎖の中で、冗長性のある接続がひとつ消える場合。

を持たせれば、この問題はある程度まで解消されるだろう。しかしそれ以外に、記憶の難しさを解決する方法はないのだろうか？

新しい記憶を貯蔵する必要が生じたときはつねに、新しいシナプスを「オンデマンド」で作ってはどうだろう？　次のようなヘッブ則のバリエーションを考えてみよう。「二つのニューロンが繰り返し同時に活性化されると、両者のあいだに新しい接続が生じる」[26]（もともとのヘッブ則は、「新しい接続が生じる」のではなく「すでにある接続が強化される」のだった）。なるほどこのルールが成り立つなら、新しい神経細胞集合が生じるだろう。しかしこのルールは、ニューロンに関する基本的な事実に抵触するのである。その基本的事実とは、異なるニューロンの電気信号が混線することは、まずめったにないということだ。シナプスを作らずに、単に接触しているだけの一対のニューロンを考えよう。これらのニューロンは、お互いのあいだでシナプスを作ることもできるが、その引き金となる出来事が、両者が同時に活性化することだとは考えにくい。なぜなら、両者のあいだにシナプスが存在しないので、互いの話を「聞く」こともできなければ、自分たちが同時にスパイクしていることを「知る」こともできないからだ。これと同様の考え方から、シナプス連鎖を「オンデマンド」に作るという説にも、現実味はない。

そこで次のような別の可能性を考えてみよう。もしかするとシナプス生成というプロセスは、まったくランダムに起こるのではないだろうか？　ひとつのニューロンはいくつものニューロンと接触するかもしれないが、接続するのはそのうちのごく一部に限られるのだった。もしかするとニューロンは、近隣のニューロンの中から新しいパートナーをときどき選んでは、その相手とのあいだにシナプスを作ってみるのではないだろうか。そんな馬鹿な、と思われるかもしれないが、あなたが友だちを作るときのことを考えてみよう。じっさいに話をしてみるまでは、その相手と友だちになれそうかどうかはわからない。出会いはランダムに起こるだろう――カクテルパーティーや、ジムや、通りでの出会いなど。しかしいったん話しはじめてみると、関係を強めて友だちになれる相手かどうか感じがつかめてくる。その強化のプロセスは、相性の良し悪しによるので、ランダムではない。わたしの経験では、友だちの多い人は、偶然の出会いに心を開いているが、そうして出会った人たちの中から、「ピンとくる」相手を見つけるのがうまい。友だち作りのコツは、かなりの程度まで、友人関係というものに備わるランダム性と予測不可能性にあるのだ。

同様に、シナプスがランダムに生成されれば、新たに「話ができる」ようになるニューロンのペアが生じる。そうしてできたペアの中には、「相性がいい」とわかるものもあるだろう――脳が記憶を貯蔵しようとするときに、同時または逐次的に活性化される相手がそれだ。相性のいいニューロン同士のあいだにできたシナプスは、ヘッブ則に従って強化され、神経細胞集合やシナプス連鎖を生じさせる。そうだとすれば、連想を働かせるために必要なシナプスは、たとえはじめは存在していなくても、新たに生じることが可能になる。人間の脳が、新しいことができるようになる可能性をたえず作り出しているのであれば、最初はうまくできないことも、いつかはできるようになるかもしれない。

しかしシナプスを作るだけでは、結局、無駄の多いネットワークになってしまうだろう。脳はそれを避けるために、学習に役立たない新しいシナプスを除去する必要がある。無駄なシナプスは、前に説明したメカニズム（ブラッド－ジェニファー接続を解除するときに起こることを思い出そう）で弱まり、やがて除去されるのではないだろうか。

このことをシナプスの「適者生存」と考えてみよう。記憶にひと役演じるシナプスは「適者」であり、ますます強くなる。記憶に役立たないシナプスは弱まって、ついには消えてしまう。新しいシナプスはつぎつぎと供給され、全体としてのシナプスの数は一定に保たれる。「神経ダーウィニズム」と呼ばれるこの説は、ジェラルド・エーデルマンやジャン＝ピエール・シャンジューをはじめ、多くの研究者によりいくつものバージョンが作られている。[27]

神経ダーウィニズムによれば、学習は進化と似ている。種は、長い時間をかけて、神により知的にデザインされたかに見えるさまざまな変化を遂げる。しかしダーウィンは、その変化は、じっさいにはランダムに起こっているのだと論じた。人は良い変化にしか注目しない。なぜなら悪い変化は、「適者生存」という自然選択により排除されるからだ。それと同様の理由で、もしも神経ダーウィニズムが正しければ、シナプスは「知的に」創造され、細胞集合体やシナプス連鎖を作るために必要になったときに「オンデマンド」[28]で生じたかのように見えるかもしれないが、じっさいにはランダムに作られたのちに、不要なものが除去されていることになる。

換言すれば、シナプスの生成それ自体は、脳に学習の「可能性」しか与えない、ランダムで「知的でない」プロセスだということだ。シナプスが生成されたというだけでは、先に述べた新骨相学の説とは裏腹に、何か新しいことができるようにはならない。シナプス生成を強化するような薬を使っても、脳が不必要なシナプスをすみやかに除去できなければ、学習能力が高まることはないと考えられるのはこのためだ。

神経ダーウィニズムは今もなお、多分に推測を含んだ説の域にとどまっている。シナプスの除去に関するもっとも徹底した研究を行っているのは、ジェフ・リクトマンである。[29] リクトマンが注目するのは、神経から筋肉へのシナプスだ。発達の初期にはシナプスは無差別的に生じて、すべての筋肉繊維はいくつもの軸索からシナプスを受け取る。しかしその後、時間の経過とともにシナプスは除去され、最終的には各繊維がひとつの軸索からシナプスを受け取るようになる。この場合、シナプスが除去されるおかげで接続は効率的になり、特定の反応に対して的確な応答ができるようになる。この現象をもっとはっきりと見てみたいと考えるリクトマンは、より優れたイメージング・テクノロジーの必要性を訴えている——その話題については、この後のいくつかの章でふたたび取り上げることにしよう。

図23［145ページ］に示した樹状突起のスパインで見たように、大脳皮質でもニューロンの再接続《リコネクション》が研究されている。それによれば、新しく発生したスパインの大半は数日以内に消失するが、ローゼンツヴァイクが用いたような、刺激がたっぷり用意されたケージに入れられたマウスの場合には、長く残るスパインが増えることが示されている。どちらの観察結果も、「適者生存」説、すなわち新たに生じたシナプスは、記憶の貯蔵に用いられるときにのみ生き延びるという説と矛盾しない。とはいえ、こうした証拠はまだ決定的と言うにはほど遠い。新たに生じたシナプスが生き延びるか除去されるかが、どんな条件で決まっているかを明らかにすることは、コネクトミクスの重要な課題である。

脳の中の短期記憶と長期記憶の違い

これまで見てきたように、しかるべき接続が存在しなければ、脳は記憶を貯蔵できないようだ。接続が増減せずまばらに存在するだけでは、再荷重《リウエイティング》にできることは限られている。神経ダーウィニズムの提案するところによれば、脳はこの問題を回避すべく、学習能力をたえず更新するための新たなシナプスをランダムに作るとともに、役に立たないシナプスを除去している。再接続と再荷重とは、互いに無関係なプロセスではなく、互いに影響を及ぼし合っている。新しくできたシナプスは、ヘッブ則で強化が起こるための基礎となる。そしてシナプスが徐々に弱まれば、やがてそのシナプスは除去される。再接続は、再荷重しかない場合と比べて、情報を貯蔵する能力を高めるのである。

もうひとつ、再接続には、記憶を安定化させる働きがありそうだ。そこで記憶の安定性とは何かを理解するために、少し話を広げてみよう。これまでわたしはもっぱら、記憶を保持しているのはシナプスだという説について説明してきた。しかしそのほかにも、スパイクによる記憶保持のメカニズムが存在するという証拠が得られていることも述べておくべきだろう。ジェニファー・アニストンは、ひとつのニューロンではなく、神経細胞集合として組織化された、ひとつのニューロン群によって表されているものと仮定しよう。ジェニファーの刺激に反応して、それらのニューロンがスパイクすると、シナプスを介して互いに活性化し合うということが続いていく。神経細胞集合のスパイクは、その集合の内部で持続し、外部刺激［ジェニファーの写真を見ることなど］がなくなってからも長く続く。スペインの神経科学者ラファエル・ロレンテ・デ・ノは、渓谷や大聖堂の中で、いつまでもこだまが響き続ける現象との共通性から、これを「反響活動」と呼んだ。スパイクが長く続くというこの現象は、見たばかりのものを思い出すときの仕組みを説明してくれるかもしれない。

多くの実験から判断して、こうした持続するスパイクは、数秒間ほどは情報を保持するように見える。しかし、長期にわたって記憶を保持するためには、ニューロンが活性化される必要はないということを示す有力な証拠があるのだ。冷たい水に溺れ、数十分間も仮死状態になったのちに蘇生する人たちがいる。彼らの心臓は血液を送り出さなかったにもかかわらず、水が冷たかったおかげで、脳は永続的な損傷を免れたのである。そういう幸運な人たちは、脳が冷たくなっていたときニューロンの活動は完全に停止していたにもかかわらず、ほとんど、ないしまったく記憶を失うことなく回復した。[30] そのような痛ましい事故を経て保持されていた記憶は何であれ、ニューロンの活動によるものではないと考えられる。

驚くべきことに、神経外科医はときに、患者の身体と脳をあえて冷やすことがある。超低体温循環停止（ＰＨＣＡ）[31]と呼ばれる衝撃的な治療法では、心臓を停止させ、全身を一八度以下に冷やし、生命活動を大幅に低下させる。ＰＨＣＡはきわめてリスクが高い処置なので、生命の危険のある状況を回避するための手術が必要な場合に限って用いられている。しかしその成功率は非常に高く、手術中は脳の活動は事実上停止しているにもかかわらず、患者は記憶をまったく失うことなく手術を乗り越えるのが普通だ。

ＰＨＣＡの成功は、記憶の「二重痕跡説」として知られる学説を裏づけている。それは、記憶には、短期記憶と長期記憶という、二つのタイプがあるという学説である。持続するスパイクは、短期記憶を保持するのに対し、長持ちするニューロンの接続は、長期記憶を保持する。情報を長期にわたって貯蔵するために、脳はその情報を、ニューロンの活動から接続へと移行させる。そして記憶された情報を回想するためには、脳はそれをニューロンの接続から活動へとふたたび移行させる。

二重痕跡説は、ニューロンが活性化されなくても、長期記憶が保持される理由を説明してくれる。ニューロンが活性化されることで、ヘッブ則によりシナプスが強化されると、情報は、神経細胞集合またはシナプス連鎖の内部にあるニューロンの接続として保持される。その後、そうして貯蔵された情報を想起しようとすると、それらのニューロンが活性化される。記憶が貯蔵されてから想起されるまでのあいだ、ニューロンの活動パターンは、ニューロンの接続の中に潜んでいる。

情報の貯蔵方法が二つあるなんて、エレガントではないと思われるかもしれない。貯蔵方法はひとつだけのほうが、よりエレガントではないだろうか？　なぜ貯蔵方法が二つあるのかを理解するために、情報を貯蔵するのに利用されているコンピュータを考えてみよう。コンピュータには、ランダムアクセスメモリー（ＲＡＭ）とハードディスクという、二つの情報貯蔵システムがある。[32] ハードディスクには長く保存される文書を入れる。あなたがワープロソフトでその文書を開くと、コンピュータはその情報をハードディスクからＲＡＭへ移行させる。その文書を編集すると、ＲＡＭの情報は書き換えられる。その文書を保存するとき、コンピュータはその情報をＲＡＭからハードディスクに戻す。

コンピュータは人間のエンジニアが設計したものなので、なぜ記憶貯蔵システムが二つあるのかはわかっている。ハードディスクとＲＡＭにはそれぞれ異なる長所があるのだ。ハードディスクは安定性が高く、たとえ電源を切っても情報が失われることはない。それとは対照的に、ＲＡＭの中の情報は揮発性で、すぐに失われてしまう。文書を編集している途中で電源が切れ、コンピュータ内のあらゆる電気信号が消えたとしよう。あなたがふたたびコンピュータの電源を入れ、その文書を開くと、文書は元のままそこにあるだろう――ハードディスクに保存されているからだ。しかし少し詳しく見ていくと、その文書は古いバージョンであることがわかるだろう。ＲＡＭに保存されていた編集中の文書は、消えてしまったのだ。

ハードディスクが安定的に情報を保存してくれるというのに、そもそもなぜＲＡＭを使うのだろうか？　その理由は、ＲＡＭは処理速度が速いからだ。ＲＡＭの中の情報は、ハードディスクの情報よりも高速で変更できる。だからこそ、文書を編集するときはＲＡＭに移し、編集後は安全のためにハードディスクに戻すという手間をかけるのである。一般に、情報が安定的であればあるほど、それを修正するのは難しい。

このトレードオフは、理論神経科学者スティーヴン・グロスバーグによって、「安定性‐可塑性ジレンマ」と名づけられた。プラトンはすでにこの関係に気づき、『テアイテトス』という作品の中で取り上げている［１４２ページ］。プラトンによれば、記憶の間違いが起こるのは、蠟が硬すぎたり柔らかすぎたりするせいだ。記憶の貯蔵がうまくいかない人がいるのは、その人たちの蠟が硬すぎるためであり、記憶の保持が難しい人がいるのは、蠟が柔らかすぎて印象がすぐに消えてしまうからである。硬すぎも柔らかすぎもしないときだけ、蠟は印象を刻み、それを保持することができるのである、と。

安定性と可塑性のトレードオフは、脳が二つの情報貯蔵法を使う理由も説明してくれる。スパイクのパターンは、ＲＡＭの中の情報と同じく瞬時に変化し、知覚と思考によって情報をすばやく操作するのに適している。スパイクのパターンは新しい知覚や思考によって乱れやすく、情報を短期間保持するためにしか使えない。それとは対照的に、ニューロンの接続はハードディスクに似ている。ニューロンの接続は、スパイクのパターンよりも変化が遅く、情報をすばやく操作するのには適さない。[33] しかし情報を貯蔵できる程度には可塑性があるので、長期にわたり情報を安定的に保持することができる。体温を下げると、ちょうどコンピュータのＲＡＭが停電で消えてしまうように神経活動はなくなるが、ニューロンの接続はそのまま残るので、長期記憶が消えることはない。しかし、最近得たばかりの新しい情報は、まだ神経活動からニューロンの接続へと移行されていないため、体温を下げれば消えてしまう。

安定性‐可塑性のトレードオフを考慮すれば、脳が記憶を貯蔵するための手段として、再荷重だけでなく再接続を使う理由も説明できるかもしれない。ヘッブ則により、ニューロンがスパイクすると、それにともないシナプスの強度が変化する。それゆえシナプスの強度はそれほど安定的ではなく、再荷重により貯蔵される記憶もまた安定的ではないだろう。そうだとすれば、昨日の夕食に何を食べたかを忘れがちな理由も説明できるだろう。一方、シナプスの存在そのものは、シナプスの強度よりは安定的だと考えられる。再荷重により貯蔵される記憶は、再接続によりいっそう安定化するだろう。これは、生涯消えることのない記憶、たとえば自分の名前などの場合に当てはまりそうだ。消えることのない記憶もまた、シナプス強度の保持よりは、シナプスの存在の保持に依存しているのだろう。再接続は、より安定的で可塑性が低い記憶の貯蔵法として、再荷重を補う役割を果たしているのかもしれない。

記憶のありかを探る方法はあるか

本章では、経験的事実と理論的推測の両方を取り上げてきたが、ちょっと気掛かりなほど後者に傾いていた。脳の中で再荷重と再接続の両方が起こっているのは間違いない。しかし、これらの現象によって神経細胞集合とシナプス連鎖が生成されているのかどうかは、それほど明らかではない。より一般に、これらの現象がなんにせよ記憶の貯蔵と関係していることを証明するのは、これまでずっと難しかったのである。

それを証明する有望な方法として、シナプスに存在するある種の分子と干渉するような薬物または遺伝子操作を使って、ヘッブ則によるシナプスの変化が起こらないようにした動物の行動を調べ、記憶が損なわれるのか、損なわれるとすればどのように損なわれるのかを明らかにするというものがある。すでにそのような実験が行われ、コネクショニズムを支持する興味深くて魅力的な証拠が得られている。しかし残念ながら、その証拠は間接的で初歩的なレベルのものにとどまっている。しかもその解釈は難しくて、一筋縄ではいかない。なぜなら、ヘッブ則によるシナプスの強度変化を、他の副作用を引き起こさずに、完璧に抑え込む方法は存在しないからだ。

以下で話すことは、記憶の理論を検証しようとしている神経科学者たちが、どんな問題に直面しているのかを感じ取ってもらうための試みである。あなたはほかの惑星からやって来たエイリアンだと仮定しよう。あなたは人類のことを、醜いうえに頭がいかれていると思っているが、それでも人間に興味を持っている。あなたは研究の一環として、あるひとりの男をこっそり観察している。その男はポケットにメモ帳を入れて持ち歩き、ときどきそれを開いては、何か書き込んでいる。メモ帳を開いて一瞥しただけで、またポケットにしまうこともある。

あなたはこの振る舞いを不思議に思う。なぜならあなたは、ものを書くという行為を見たことも聞いたこともないからだ。何千万年も昔には、あなたの祖先たちもものを書いていたが、進化のある段階でそれを完全に忘れてしまった。あなたは考え抜いた末に、その男は記憶装置としてメモ帳を使っているのだという仮説を立てた。

ある晩のこと、あなたはその仮説を検証するために、そのメモ帳を隠してみる。翌朝、その男は長いこと、ベッドの下をのぞいたり、戸だなを開けてみたりして、家の中を探し回る。その日は一日中、その男の振る舞いはいつもと違って見えたが、変化はわずかだ。あなたは少しがっかりして、仮説を検証するために別の実験を考える。メモ帳から何ページかを切り取ってみたら？　水に浸して記号を消してみたらどうだろう？　誰かのメモ帳とすり替えてみるとか？

もっとも直接的な検証方法は、そのメモ帳の中身を読むことだろう。インクで紙に書きつけられたものを解読すれば、翌日、その男の身に起こる出来事を予測できるかもしれない。もしもその予測が正しかったなら、メモ帳には情報が貯蔵されていることを支持する有力な証拠になるだろう。あいにく、あなたは齢二万歳を超え、視力が落ちている。調査装置のおかげでメモ帳を見ることができても、書いてあることがはっきりとは見えないのだ（ちょっと考えにくいが、あなたの星の文明は、老眼鏡や遠近両用眼鏡を発明していないと仮定しよう）。

老眼のエイリアンであるあなた同様、神経科学者は記憶に関する仮説を検証したいと思う。彼らは、情報はニューロン間の接続を変化させることによって貯蔵されると考えている。その仮説を検証するためには、とりあえず二つの方法がある。ひとつは、ちょうどあなた（エイリアン）がメモ帳の該当部分を隠したように、該当する記憶を保存していると考えられる脳の接続を破壊することだ。そしてもうひとつは、その脳の領域が、記憶が想起されたときに活性化されるかどうかを測定することである——ちょうどエイリアンであるあなたが、男が何かを記憶する必要があるときに、ポケットからメモ帳を取り出すかどうかを調べるように。

それとは別に、もっと直接的で決定的な戦略を考えることもできる。コネクトームから記憶を読み出し、神経細胞集合とシナプス連鎖がじっさいに存在するかどうかを調べるのである。あいにく、あなたの老眼の目では男のメモ帳がはっきりとは見えないのと同様（解読どころではない）、神経科学者たちはコネクトームを見ることができない。したがって記憶の謎を解明するためには、より良いテクノロジーが必要だ。

出現しつつあるテクノロジーとその応用可能性について話をする前に、コネクトームを形成する、もうひとつの重要な因子について話しておかなければならない。経験はニューロンに再荷重と再接続を引き起こすかもしれないが、遺伝子もまた、コネクトームを形作るということだ。じっさい、コネクトミクスのもっとも心躍る展望のひとつは、経験と遺伝の相互作用をついに明らかにできそうなことなのだ。コネクトームは、氏《うじ》(遺伝)と育ち(環境)の出会う場所なのである。

第3部

脳を決定づけるのは遺伝か環境か

第6章

脳はどのように育つか

脳の性質は遺伝するか

古代ギリシャの人びとは、人間の一生を細い糸になぞらえた——運命をつかさどる三人の女神たちによって、紡がれ、測られ、切られる糸に。今日生物学者たちは、それとは別の糸の中に人間の運命の秘密を探っている。ＤＮＡと呼ばれる分子は、二つの糸がより合わさって二重の螺旋になっている。それぞれの糸は、ヌクレオチドと呼ばれる比較的小さな分子がつながったもので、ヌクレオチドにはＡ、Ｃ、Ｇ、Ｔのいずれかで表される四つのタイプがある。あなたのＤＮＡはこれらの文字を数十億個も並べた文字列になっており、その文字列の全体が、あなたのゲノムである。ゲノムには、遺伝子と呼ばれる比較的短い文字列が、数万個ほど含まれている。

人類の歴史を通じて、子どもが親に似ることは誰の目にも明らかだった。赤ん坊が生まれれば、「目がきみに似ている！」「くせ毛があなたと同じ！」といった言葉がすぐに飛び出してくる。なぜそうなのかを説明するのがＤＮＡだ。子どもは遺伝子の半分を一方の親から、残る半分を他方の親から受け継ぐことで、両親に似る。体については誰もがこの考えを受け入れているけれど、心となるとそう簡単にはいかず、今も何かと議論がある。

もしかすると人間の心はとても柔軟で、遺伝子よりはむしろ経験によって形作られ、人の心を白紙にたとえたロックが考えたように、すぐにも何かを書き込める状態なのかもしれない。とはいえ、子どもが親に似るのは外見ばかりではないということもまた、疑う余地がない。「リンゴは木から遠いところには落ちない（子どもは親の跡を継ぐもの）」とか、「あなたは元の木塊から取った一片だ（あなたは父親そっくりだ）」などと言われて反発はしても、いつの日か、かつての父親とまったく同じことをしている自分に気づくこともあるだろう。もちろんこれは逸話的な例にすぎず、示唆的ではあっても、それで何かが証明されるわけではない。こうした親子の似方は、遺伝子よりはむしろ生い立ちの結果かもしれないのだ。

子が親に似るのはなぜかを説明する二つの要因――遺伝子と生い立ち――のことを、フランシス・ゴールトンは「素質（nature）」と「育ち（nurture）」と呼んだ。この「素質－育ち論争」（「遺伝－環境論争」とも言われる）が、哲学的意見や特定の個人に関する逸話にとどまらないものになったのは、ようやく二十世紀になってからのことである。一卵性双生児の研究から、説得力のある証拠がもたらされたのだ。一卵性双生児はひとつの受精卵から生まれるため、ゲノムはまったく同じである。研究者たちは、幼い頃に引き離され、別々の家庭で育てられた双子を探し出して調べた。[1] 双子たちのＩＱは、身長や体重といった身体的な傾向と同程度に近い値だった。ランダムに選ばれた二人の人間のＩＱよりも、はるかに近かったのだ。[2] これらの双子たちは養子に行った先の家庭で別々に育てられたので、ＩＱの値が近いのは、同じ環境で育ったせいだという説明はあてはまらない。むしろゲノムが同じであることが、その理由だと考えるのが妥当だろう。この双子研究のデータによれば、遺伝子は、身体的特徴と同じくらい、ＩＱにも影響を及ぼすように見える。

こうした比較研究は、IQだけでなく、さまざまな心的傾向についても行われている。性格検査には、「自分は他人のアラ探しをする性格だと思う」といった質問項目が多数あり、それに対して被験者は、1（そう思わない）から、5（かなりそうだと思う）まで、五段階の解答の中からひとつを選ぶ。性格検査における双子の得点は、IQテストほど近くはないが、双子が別々に育てられたケースでも、ランダムに選ばれた二人の人間よりは近い値になることから、性格はIQよりは環境の影響を受けやすいものの、遺伝的な要因はやはり重要だということがわかる。

双子研究は長らく、環境要因のほうが大きいと信じる人たちから猛烈な批判を受けていた。しかし双子研究は何度も繰り返されて結果が再現され、今日ではほとんど議論の余地はなくなっている。[3] 心理学者のエリック・タークハイマーは、行動遺伝学の第一法則[4]とされるものを提唱した。「人間のあらゆる行動特性は、遺伝の影響を受けている」

この法則は、正常な人の頭の働きが個々別々である理由を説明してくれるだけでなく、精神障害にもあてはまる。かつて精神分析の伝統の中で訓練を受けた人たちは、子どもが自閉症になるのは、「冷たい母親」のせいだと考えていた。一九六〇年に『タイム』誌は、初めて自閉症を定義した心理学者レオ・カナーに関する記事の中で、次のように書いた。「(自閉症の) 子どもの親は、身の回りがきちんと片づいていて、専門性の高い仕事を持つ、冷たく合理的な人間であるケースがあまりにも多い――それはまさしくカナー博士が、『子どもをどうにか作れるぐらいに、たまたまそのとき解凍されたような冷たい親』と述べたタイプの人間である」。だがカナー自身は、自閉症の原因について、じつはそれほど断定的ではなかった。

カナーは、初めて自閉症を定義した一九四三年の論文の結論で、自分の診た患者は、冷淡な親の子どもであることが多かったと述べてはいるものの、それに続けて、そういう子どもたちの症状は生まれつきのものだと述べているのだ。

このことから、自閉症の原因として、遺伝子に異常があるという、もうひとつの可能性が浮かび上がる。研究者たちはこれについても双生児を使った研究を行った。もしも自閉症になるかどうかが遺伝的要因で完全に決まっているなら、一卵性双生児は、二人とも自閉症であるか、または二人とも正常であるかのどちらかだろう。ところが調べてみると、必ずしもそうはなっていない。双子の一方が自閉症であるとき、他方も自閉症である確率は、六〇パーセントから九〇パーセントなのだ。[5] この数字が一〇〇パーセントになっていないことから、自閉症は完全に遺伝子で決まっているわけではないことがわかる。とはいえこのパーセンテージはやはり高く、自閉症児において遺伝的な要因が重要であることが示唆される。

もちろんこうした数字は、それだけで決定的なものとはならない。双子は、一般には同じ家庭で育てられるので、似たような経験をすることになりがちだ。もしもカナーのいう「冷たい母親」が自閉症の原因なら、そのこともまた双子の両方が発症する割合を高めるだろう。ＩＱ研究では、養子縁組により別々の家庭で育てられた一卵性双生児を調べることにより、遺伝の影響と環境の影響とが識別されたことを思い出そう。別々に育てられた一卵性双生児を探し出すのは難しいが、その条件を満たした上で、さらに自閉症を持つ双子を探し出すのはさらに難しい。そこで遺伝学者たちは別のアプローチを取った。一緒に育てられた双子について、一卵性双生児と二卵性双生児とを比較することにより、遺伝子の果たす役割の重要性を評価したのである。その結果、二卵性双生児では、一方が自閉症であるときに他方も自閉症である確率は、わずか一〇パーセントから四〇パーセントにとどまった。[6] もしも自閉症に遺伝的な要因があるのなら、二卵性双生児は一卵性双生児よりも共通する遺伝子は少ないことから、このパーセンテージの低さは容易に説明できる（二卵性双生児は遺伝子の五〇パーセントを共通に持っているが、一卵性双生児では一〇〇パーセント共通している）。

統合失調症はどうだろうか？[7] この場合もやはり、双子の一方が統合失調症であるときに他方もそうである割合は、二卵性双生児のほうが一卵性双生児よりも低い（一卵性では四〇パーセントから六五パーセントであるのに対し、二卵性では〇パーセントから三〇パーセントにとどまる）。こうした数字から、統合失調症でもやはり遺伝的要因は重要であることが示唆される。

双子研究からは遺伝の重要性が示されるが、しかしこうした研究からは、なぜそうなのかが説明されるわけではない。なぜ遺伝が重要なのかという疑問に答えようとする前に（答えはひとつではない）、遺伝子について少し説明をさせてもらおう。

遺伝が脳に影響を及ぼす方法

細胞は、さまざまなタイプの分子装置を部品とする、複雑な機械と見なすことができる。主要な部品のひとつに、タンパク質と呼ばれる分子群がある。タンパク質分子の中には、木造住宅の枠組みとなる柱や梁のように、細胞を支える構造的な役割を果たすものもある。また、部品を扱う工場労働者のように、ほかの分子に何らかの作用を及ぼすという意味で、機能的な役割を果たすタンパク質もある。構造的役割と機能的役割の両方を果たすタンパク質も多い。多くのタンパク質はあちこち動きまわるので、細胞は、人間が作ったたいていの機械よりもダイナミックに変動する。

DNAは、細胞がタンパク質を作る[8]ための情報を含むため、しばしば生命の青写真と言われる。DNAがヌクレオチドをつなげた構造を持つのと同様に、タンパク質分子は、アミノ酸という比較的小さな分子をつなげた構造を持つ。DNAを綴る文字は四種類なのに対し、タンパク質を綴る文字であるアミノ酸は二〇種類ある。あるタイプのタンパク質を作るために必要なアミノ酸の並び方は、あなたのゲノムの中で、(多くの場合) ひと続きのヌクレオチドの文字列で表されている——その文字列が遺伝子だ。細胞は、あるタンパク質分子を作るために必要な遺伝子について、対応するヌクレオチドの文字列を読み取り、その情報をアミノ酸の文字列に「翻訳」することにより、必要なタンパク質を合成する (ヌクレオチドの文字列からアミノ酸の文字列に翻訳するための辞書のことを、遺伝コードという)。また、細胞が遺伝子を読み取ってタンパク質を組み立てるとき、細胞がその遺伝子を「発現」させるという。

あなたの人生は一個の細胞からはじまった——精子によって受精させられた卵《らん》、受精卵である。その細胞が二つに分かれ、それぞれがまた二つに分かれるということが繰り返されて、あなたの体を作り上げている膨大な数の細胞が生じたのだ。細胞は分裂するたびにDNAを複製し、まったく同じ情報を分裂後の細胞たちに伝えていく。そのため、あなたの体にある細胞はどれもみな、まったく同じひとそろいのゲノムを持っている[9]。それではなぜ、肝臓の細胞と心臓の細胞とでは、見た目も違えば果たす機能も異なるのだろうか？　その理由は、異なるタイプの細胞では、発現する遺伝子が違っているからだ。あなたのゲノムには数万の遺伝子が含まれ、それぞれ異なるタンパク質に対応している。細胞はタイプに応じて必要な遺伝子を発現させ、それ以外の遺伝子は発現させない。ニューロンは、人体の中にあるあらゆる細胞の中で、おそらくはもっとも複雑な細胞だろう。そうだとすれば、遺伝子の中には、ニューロンの機能を支えるためだけに存在するタンパク質や、ニューロンの機能を支えることを仕事の一部とするタンパク質をコードしているものがたくさんあるとしても驚くにはあたらないだろう。これが、脳にとってなぜ遺伝子が重要なのかという問いに対する、とりあえずの答えである。

あなたのゲノムとわたしのゲノムはほぼ同じで、ヒトゲノム・プロジェクトで得られた配列とほとんど変わらない。しかし、わずかながら違いもあり、ゲノミクスという研究分野では、その違いを調べるために、より処理速度の速い、より安価なテクノロジーがつぎつぎと開発されている。人によるゲノムの違いの中には、文字がひとつ違うだけのこともあれば、少し長い文字列がすっぽり抜けていたり、ダブっていたりすることもある。もしもゲノムの違いが、どれかの遺伝子を変えてしまうような性質のものなら、その遺伝子がコードしているタンパク質の機能がわかれば、遺伝子が変わったことでどんな結果が引き起こされるかを予測することができる。

みなさんはすでに、頭の働きは、スパイクと分泌のプロセスで起こるという考えに慣れたことだろう。これら二つのプロセス両方に、たくさんの種類のタンパク質が関係している。重要なタンパク質の一種であるレセプター分子——神経伝達物質を感知する分子——は、本書の中でもすでに登場している。レセプター分子はニューロンの表面を覆う膜に埋め込まれているが、その一部はニューロンの外部にはみ出している（浮き輪を使って海に浮かんでいる子どものたとえを思い出そう）。前に述べたように、神経伝達物質の分子がレセプターに結びつく現象は、鍵を錠前に差し込むのに似ている。しかしレセプターの中には錠前とドアを合わせたような特徴を持つものがあり、その場合には、鍵と錠前のたとえを、もう少し先まで進めることができる。そういうレセプター分子では、分子の内部に小さなトンネルが通じていて、ニューロンの内部と外部をつないでいるが、普段トンネルは扉のようなもので閉ざされている。神経伝達物質がそのレセプターに結びつくと、トンネルの扉が一瞬だけ開き、ニューロンの内部と外部をつないで電流が流れる。言い換えると、神経伝達物質は扉を開ける鍵のような働きをし、ニューロンの内と外をつないで電流を流させるのである。[10]

一般に、膜の内外に電流を通すようなトンネル構造を持つタンパク質のことを、《イオンチャネル》という（イオンとは溶液内で電気を伝える荷電粒子）。レセプターではないイオンチャネルも多い。ニューロンをスパイクさせるものもあれば、ニューロンを伝わる電気信号に対し、より繊細な影響を及ぼすものもある。あなたのゲノムの中で、レセプターやイオンチャネルを作るためのＤＮＡ配列に異常があると、脳の機能によからぬ影響が及ぶことがある。イオンチャネルのＤＮＡ配列に異常があるために起こる病気を、「チャネロパシー」という。[11] イオンチャネルの機能不全のために、「癲癇発作」と呼ばれる制御不能なスパイクが起こることもある。

イオンチャネル以外にも、神経伝達物質を小胞に封入する働きをするタンパク質や、ニューロンがスパイクしたときに、シナプス間隙に小胞の中身を放出するのを助けるタンパク質もある。また、シナプス間隙に放出された神経伝達物質を分解したり、再利用したりするのに、ひと役演じるものもある。それにより、神経伝達物質がシナプス間隙に長くとどまりすぎたり、他のシナプスに流れていったりしないようにするのだ。しかしこうしたタンパク質は氷山の一角にすぎない。これ以外にも膨大な種類のタンパク質が、スパイクや分泌にかかわっている。そんなタンパク質のどれかひとつにでも異常が起これば、脳の障害を引き起こしかねない。

しかし脳がうまく働かなくなる可能性はそれだけではない。遺伝子の異常は、今現在の脳に影響を及ぼすだけでなく、過去において、若い脳の発達を阻害するというかたちで影響を残しているかもしれない。

脳の発達段階で生じうる異常

脳の発達には、大きく分けて四つの段階がある。神経前駆細胞が分裂してニューロンができる段階、ニューロンが脳の中のしかるべき場所に移動する段階、枝を伸ばす段階、そしてニューロン同士がつながり合う段階だ。これら四つの段階のどれがうまくいかなくても、脳に異常が起こりうる。

ニューロンがこの四つの段階を順当に進めないと、どうなるだろうか？　パキスタンのグジャラートの町には、十七世紀の聖人シュア・ドゥラーの名を冠した寺院がある。何世紀ものあいだ、異常に小さい頭を持って生まれた赤ん坊が、この寺院に置き去りにされる習慣があった。パキスタンではそういう子どもたちのことを「チュア」という。これは「ねずみ人」といった意味の言葉で、おそらくはその顔がねずみのように突き出ているためだろう。チュアたちは、いわゆる「チュア使い」に搾取されることもあった。チュア使いはチュアたちに物乞いをやらせて、その上がりをピンハネするのだ。チュアがなぜ存在するのかについては、さまざまな伝説がある。もっとも陰鬱な話によると、邪悪な人たちが、赤ん坊の頭に粘土や金属でできたカップをはめ込んで、脳の発達を遅らせたのだという。[12]

現実には、チュアは小頭症という先天的な病気を持って生まれた人たちである。もっとも単純なタイプの真性小頭症では、生まれつき脳のサイズが小さいことだけが唯一の異常であるように見える。[13] 大脳皮質は小さいが、ヒダのパターンやその他の構造的特徴は、おおむね正常だ。[14] しかし驚くには当たらないが、大脳皮質が小さいために、真性小頭症には知恵遅れがともなう。

研究者たちは、真性小頭症の原因となりうる遺伝子の異常を多数見出している（そのような遺伝子には、小さな頭という意味のマイクロセファリン遺伝子や、ＡＳＰＭ遺伝子といった名前がついている）。これらの遺伝子は、皮質のニューロンの生成をコントロールするタンパク質をコードしている。それらに異常があると、ニューロンの数が減って小頭症になるのだ。われわれはどの遺伝子も二つずつ持っているから、一方に異常があっても症状は現れないこともある。一方の遺伝子が正常なら、脳が普通に成長するには十分なのだ。しかし両親が二人とも異常のある遺伝子をひとつずつ持っていて、それを子どもに渡していたとすれば、その子には小頭症が現れる。小頭症は稀な病気だが、パキスタンではいとこ同士の結婚率が高いため、この病気の発生率が高い[15]（いとこ同士は遺伝的な関係があるため、夫婦がともに保因者である可能性は、ランダムに選ばれた二人の人間の場合よりも高い）。

脳の発達の第二段階では、ニューロンがしかるべき位置に移動するが、これがうまくいかないこともある。滑脳症と呼ばれる病気では、普通は脳にあるべきシワがないように見え、顕微鏡で見れば、そのほかにも構造上の異常がさまざま認められる。この病気では普通、重度の知恵遅れと癲癇をともなう。[16] 滑脳症が起こるのは、妊娠期間中にニューロンの移動をコントロールする遺伝子に突然変異が起こるためだ。[17]

脳の発達にかかわるこれら二つの段階のうち、ニューロンの生成と移動は胎児期に起こり、赤ん坊が生まれるまでにはほぼ完了している。人はその一生に持つことになるニューロンをすべて持って生まれるという話を、みなさんもどこかで聞いたことがあるだろう（誕生後もニューロンが生成されるのは、脳の部位の中ではごく一部に限られる）。しかしだからといって、脳の発達がすでに終わっているというわけではない。ニューロンは、赤ん坊が生まれてからも枝を伸ばし続けるのだ。軸索と樹状突起がワイヤに似ていることから、そのプロセスを「配線」と呼ぶ。軸索は樹状突起よりもずっと長いので、よりすみやかに伸びていく必要がある。軸索が伸びるときの先端部分は、ほぼ円錐形をしているので「成長円錐」と呼ばれる。その先端が伸びていくようすをイメージしてみよう。もしも成長円錐が人間くらいのサイズになったとすると、成長円錐が進まなければならない距離は、ちょっとした街の端から端までほどになるだろう。成長円錐はいったいどうやって、そんな長距離を無事に進んでいくのだろうか？　多くの神経科学者がこれについて調べ、成長円錐は、あたかも犬が匂いを嗅ぎながら家に帰るのと同様の振る舞いをしていることを明らかにした。[18]ニューロンの表面は特殊な誘導分子でコーティングされており、それはちょうど犬にとってのマイホームの匂いのような役割を担う。そしてニューロン間の隙間には、この誘導分子が拡散して漂っている。成長円錐には分子センサーが備わっていて、誘導分子の濃度勾配を感じ取って道しるべとし、正しく目的地に着くのだ。これらの物質を生産したり、分子センサーを作ったりするメカニズムは遺伝子にコントロールされている。遺伝子はこうして、脳の配線プロセスを導いているのである。

もしも軸索が正しく伸びないと、「配線ミス」が起こる。[19]二億本もの軸索が太い束になって、大脳の右半球と左半球とをつないでいる脳梁を考えてみよう。稀に、脳梁が部分的に、あるいは全面的に失われている人がいる。幸いこの障害は、小頭症と比べるとはるかに症状が軽微だ。[20]このような配線ミスを引き起こす遺伝子の異常にはいろいろなものがあるが、軸索の成長を導く働きをする遺伝子の異常もそのひとつだ。

軸索は脳を旅する道のりの大半を、ちょうど木の幹のようにまっすぐに伸びていく。成長円錐が最終的な目的地にたどり着くと、軸索は分岐しはじめる。科学者たちはある理由から、この分岐は遺伝子による細かいコントロールは受けていないと考えている。そうだとすると、ニューロンの大まかな形は遺伝的に決まっているとしても、詳細な分岐のパターンはおおむねランダムに決まるだろう。それと同様に、松林を構成するひとつひとつの松の木は、同じ遺伝子的な青写真から作られているためおおよそ同じように見えるが、まったく同じく分岐している松の木は二つとない。なぜなら木の生長には、ランダムな要因があり、また環境要因の影響も受けるからだ。

脳の配線の段階が完了すると、ニューロンはシナプスを作って互いに接続する。前にわたしは、シナプスの生成は、ニューロンが互いに接触したときに、ある確率で起こるランダムなプロセスだという仮説を立てた。そのプロセスには遺伝子の支配が及ぶ余地もある。なぜなら、さまざまなタイプのニューロンが、分子レベルの特徴を手がかりとして互いを認識し、接続するかどうかを「決心する」だろうからだ（ニューロンのタイプについてはのちほど取り上げる）。

となると、発達のごく初期に作られる最初のコネクトームは、ほぼ遺伝子とランダムさの産物であるように見える。コネクトームの生成に、これら二つの要因のどちらがどの程度寄与しているかは、今も研究の途上にある。一説によれば、遺伝子は主に脳の配線をコントロールすることで、コネクトームの生成に影響を及ぼす。遺伝子はニューロンの形、つまりはニューロンが枝を伸ばす領域をおおざっぱに決める。

もしも二つのニューロンが枝を広げる領域に重なりがあると、シナプスで接続する可能性がある。しかしじっさいに接続するかどうかを決めているのは、遺伝子ではない。はじめのうち、ニューロンが接続するかどうかは、遺伝的に決定された領域の内部で、ニューロンがランダムに成長する中で、たまたま出会うかどうか、そして出会った場所でシナプスがランダムに生成されるかどうかによって決まる。しかしその後、発達のプロセスが進むと、遺伝子とランダムさに加え、経験もまたコネクトームの生成に関与しはじめる。では経験は、具体的にはどのようにコネクトームの生成に関与するのだろうか？

学習によりシナプスは増えるか

乳幼児の脳の中では驚くべき速度で新たなシナプスが作られている。ブロードマン脳地図の17野

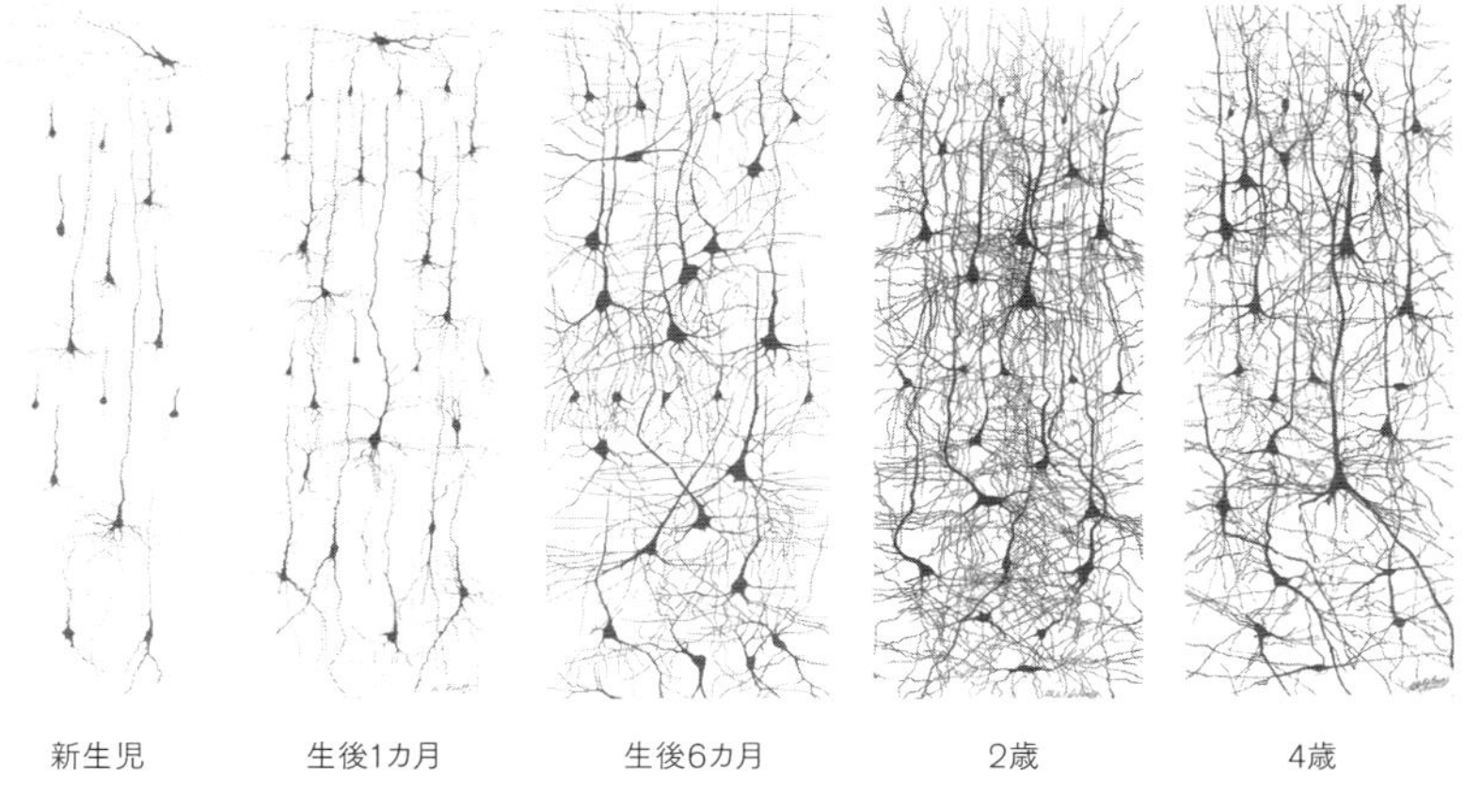

図25　誕生から2歳までは樹状突起が伸長していく。その後、枝の剪定が起こる。

だけでも、誕生の二カ月から四カ月までのあいだに毎秒五〇万個以上というペースでシナプスが作られる。[21]シナプスが作られるのにともない、神経突起もまた、数も長さも増加する。図25には、誕生から二歳までの樹状突起の劇的な成長ぶりを示した。

第5章で注意したように、大人の学習を、シナプスの生成だけによるものと考えてはならない。同じことが若い脳についても言える。なぜなら成長は、シナプスの接続を除去することでもあるからだ。二歳だったとき、あなたのシナプスは今よりずっと多かった。成長して大人になる頃には、シナプス数は幼少時のピーク値の六〇パーセントにまで減少する。[22]同様の増加と減少は、ニューロンの分岐にも見られる。樹状突起と軸索は、最初は猛烈な勢いで増えていくが、結局、そうして生い茂った枝の少なからぬものが剪定されるのだ（図25の最後の二つの図を比べてみよう）。

なぜ脳は、いずれ多くを除去するというのに、それほどたくさんのシナプスを作るのだろうか？　じつは、いわゆる創造的行為の多くにおいて、その名前とは裏腹に、創造と破壊の両方が行われている。わたしが文章を書くときには、はじめは頭に浮かんだことを何でも書いてみる。恥ずかしいほど下手な文章でも、まずは書くことに専念するのだ。この段階では、言葉の数はどんどん増えていく。下書きができてから書き直しや編集をすると、たいていは文章が短くなる。最終的に完成したものは、下書きよりも言葉の数は減っている。格言にあるように、付け加えるものがなくなったときではなく、取り去るものがなくなったときが、完成なのだ。

初期のコネクトームは、粗い下書きのようなものなのかもしれない。先ほど述べたように、はじめの配線と接続は、遺伝子だけでなくランダムさにも導かれている。また前の章では、大人の脳におけるシナプスの除去は、シナプスが弱まることに駆動されるという説を紹介した。そしてシナプスが弱まるプロセスは、経験に駆動される。同様の論法で、成長しつつある脳の中でも、シナプスの除去は、主に経験に駆動されている可能性が高そうだ。そうしてどれかの枝から多くのシナプスが除去されると、その枝がまるごと剪定されるのではないだろうか。このような除去のプロセスは、原稿を書くときの推敲に対応し、そのプロセスを経て大人のコネクトームができあがる。

しかしこのシナリオは、少し誤解を招くかもしれない。というのは、生成と除去はそれぞれ別の段階で起こっているかのような印象を与えるからだ。じっさいには、文章を書くというたとえからも想像がつくように、この二つのプロセスがまったく別の段階であるはずがない。下書きを書いているとき、わたしは書くことと消すことを同時にやっている。消す分量よりも書く分量のほうが多いので、正味の文字数は増える。推敲の段階ではその関係が逆転して、文字数は減る。同様に、二歳までは、シナプスが生成されるばかりで、二歳以降はシナプスは除去されるばかりだと考えてはならない。発達の初期には、差し引きした結果としてシナプスが増え、その後は、やはり差し引きした結果として減るにせよ、両方とも一生を通じて起こるプロセスなのだ。大人になってからでさえ、生成と除去はどちらも起こっており、結果としてシナプスの総数はかなりの程度まで一定に保たれる。

シナプスの除去は主に経験に駆動され、シナプスの生成はランダムに起こるというなら、刺激の多いケージに入れられたラットでは、シナプスは減少するのではないだろうか？　ウイリアム・グリーノーらの発見を思い出すと(第5章)、ラットのシナプスは増えるのだった。われわれには推測することしかできないが、ひとつ信憑性の高いシナリオに次のようなものがある。刺激の多いケージに入れられたラットは学習量が多いため、確かにシナプスは除去されやすい。しかし脳は、除去されたシナプスを補おうと、シナプス生成のペースを上げると仮定しよう。もしも除去されるより速いペースでシナプスが生成されれば、結果としてシナプスは増えるだろう。もしそうなら、シナプス数が増えるのは学習の原因ではなく、むしろ結果だということになる。

《創造的破壊》という矛盾した言葉は、オーストリアの経済学者ヨーゼフ・シュンペーターによる経済成長と進歩に関する学説の中心概念である。この言葉の前半にあたる「創造的」は、起業家による新しい企業の設立を意味し、後半の「破壊」は、効率の悪い企業が破産して潰れることを意味している。脳の発達も、文章を書くことも、経済成長も、創造と破壊のプロセスが複雑に絡み合っている。複雑な組織化のパターンが生じるためには、両方のプロセスが必要なのだ。そうだとすれば、脳内のシナプスの総数や、文章の長短や、会社の数によって進歩を測定することには、ほとんど意味がないだろう。重要なのはどう組織化されるかということであって、シナプスの数ではないのだ。

自閉症や統合失調症は神経発達障害か

以上の話から、脳の発達の複雑さをある程度感じ取ってもらえたことと思う。そんな複雑なプロセスは、さまざまなきっかけでうまくいかなくなる。ニューロンの生成や移動という、発達のごく初期のプロセスに問題があれば、小頭症や滑脳症のような、一見してそれとわかる異常が起こるだろう。しかし後の段階になって問題があると、ニューロンの接続の異常、すなわち《コネクトパシー》になることもある。ニューロンとシナプスの総数は正常でも、理想的とはいえない接続をしてしまっているのだ。[23]

クレイ－1スーパーコンピュータの話を覚えているだろうか？　このコンピュータには何万ものワイヤが含まれ、全長では110キロメートルという途方もない長さになる。驚くべきことに、最初に電源をオンにしたとき、このスーパーコンピュータはちゃんと作動した。これを作った人たちは、すべてのワイヤを正しくつなぐことに成功したのだ。あなたの脳はそれよりもはるかに複雑で、数百万キロメートルの「ワイヤ」を含んでいる。正しく発達する脳がひとつでもあるのは、それだけでも驚異的だ。

前に触れたように、稀に脳梁が発達しない人がいる。脳梁は大きいので、このコネクトパシーはMRIで見ることができる。しかし、今のところ脳の配線を鮮明に見ることはできないことを考えると、コネクトパシーの大半はまだ発見されていない可能性が高い。コネクトームを見出すためのテクノロジーが発展すれば、ニューロン・レベルの接続異常も明らかになるだろう。

前に、自閉症と統合失調症のもっとも不思議な側面に焦点を合わせた――これらの病気では、明白で一貫した神経病理学的特徴が得られていないということだ。双子研究から、自閉症と統合失調症には、多少とも遺伝子の異常という基礎がありそうだとわかったのは、もう何年も前のことである。しかし、数万ほどもある遺伝子のうち、どれに問題があるのだろうか？　今日ほとんどの研究者たちは、悪さをしていることが疑われる遺伝子の多くは、何らかのかたちで脳の発達に関与しているのではないかと考えている。自閉症と統合失調症は、脳が正常に発達できなかったという意味において、《神経発達障害》であると言われる。このタイプの病気は、正常だった脳が調子を崩していく、アルツハイマー病のような神経変性疾患とは根本的に異なる。

では、自閉症と統合失調症を神経発達障害と考える根拠は何だろう？　自閉症では、子どもが小さいうちから症状が現れるため、統合失調症よりもわかりやすい。それがいかなるニューロンの異常によるものであるにせよ、脳が著しく成長する妊娠期間中と乳幼児期にはじまっているに違いない。前に、自閉症の子どもたちでは、平均して脳のサイズが大きいと述べた。しかし脳の成長を時間を追ってみていくと、事情はもっと複雑であることがわかる。自閉症者の脳は、生まれたときには平均よりも少しだけ小さく[24]、二歳から五歳のあいだでは平均よりも大きくなり、大人ではふたたび平均と同じになる。言い換えれば、自閉症児では、脳が成長する速度に異常が見られるのだ。このことから、発達異常が示唆されるが、それをはっきりと証明するためには、子宮内にいた時期、もしくは乳幼児期にはじまるような、すべての患者に共通する明確なニューロンの異常（ニューロパシー）を突き止めなければならない。

二十世紀前半の研究者たちは、統合失調症が神経発達障害だとは考えていなかった。統合失調症患者の脳は、子ども時代は正常だが、思春期後半または成人になってまもなく変性がはじまり、精神病の発作の引き金が引かれるものと考えていたのだ。しかし変性にともなうニューロンの異常が見つからなかったため、その仮定は捨てられた。

今日多くの研究者は、自閉症と同じく統合失調症もまた、神経発達障害ではないかと考えている[25]。統合失調症患者の多くは、しゃべりはじめる時期や、運動能力、社交性にわずかな遅れが見られ、子ども時代から脳にわずかに異常があったことが示唆される。子宮の中にいるときから、発達の正常な道筋をはずれはじめた可能性もある。統計的な研究から、妊娠中に飢餓やウイルス感染にさらされた母親は、後に統合失調症を発症する子どもを産む可能性が高いことが示唆されている。

そんなわけで、今日研究者たちは次のように考えている。自閉症と統合失調症は、何らかの神経病理学的特徴によって引き起こされ、その神経病理学的特徴は脳の発達異常によって引き起こされる。そして脳の発達異常は、遺伝的、環境的影響の組み合わせによって引き起こされる、と。神経科学者たちはこれにかかわる遺伝子を見つけはじめたところで、その知見が、問題となる脳の発達のプロセスに迫る手がかりになるかもしれない。このように言えば期待がもてそうだが、残念ながら、もっとも重要な問いに対する答えはまだ得られていない。そもそも、自閉症と統合失調症を引き起こす根本的な神経病理学的特徴とは何だろう？　データがないという状況の中で、理論だけはたくさんある。そうした理論を網羅的に説明するわけにはいかないので、以下では、わたしにとってもっとも納得のいく説に的を絞って説明していこう。自閉症と統合失調症は、コネクトパシーである、つまりニューロンの接続に問題があるという説がそれだ。

　思い出してほしいが、自閉症者の脳は、小さい頃は成長のペースが普通よりも速いのだった。とくに前頭葉で成長のペースが速いことから、前頭葉でニューロン同士の接続が過剰に作られていることがうかがえる。また研究者たちは、前頭葉とその他の脳の領域とをつなぐ接続の生成が足りないのではないかとも考えている。[26]

　自閉症の原因に関するこの説が、骨相学的な証拠にもとづき、骨相学的な言葉で語られているのが、ちょっと気掛かりだ。前にも述べたように、自閉症者の脳が大きいのは、平均としてそうなっているという統計的な話でしかない。個々の子どもについて、脳の大きさや表面積にもとづいて自閉症の診断を下すことは、不正確きわまりない。ニューロンの接続について「過剰だ」とか「不足だ」などと言うことも、脳のサイズが「大きすぎる」とか「小さすぎる」と言うのと同じく粗雑な骨相学の観点なのである。もしも自閉症がコネクトパシーのために引き起こされるなら、ニューロンの接続の違いは、接続の数ではなく、接続の組織化のされ方のほうにあるはずだ。そうだとすれば、コネクトパシーは現在のテクノロジーでは観察できないということになる。それゆえ、自閉症に関与する神経病理学的特徴も解明できないだろう。

統合失調症も、ニューロンの接続の問題によって引き起こされているのだろうか？[27] この説を支持するもっとも興味深い証拠が、シナプスの除去に関する研究からもたらされた。先にわたしは、大人は赤ん坊よりもシナプスの数が少ないと述べたが、シナプスがいつ減少するのかについて詳しい説明はしなかった。研究者たちは、乳幼児期のピークの後シナプスは急速に減少し、子ども時代はほぼ一定に保たれたのち、思春期になってふたたび急速に減少することを見出した。[28] 統合失調症の脳では、この二番目の減少期に、何か不都合が起こるのだろう。それはおそらく、シナプスが多すぎるとか少なすぎるといった、単純な数の問題ではないはずだ。もしもそんな単純な異常なら、今ごろはもう突き止められているだろう。もしかすると、除去されるべきではないシナプスが除去されてしまい、それが引き金となって、脳は精神病《サイコシス》の一線を越えるのかもしれない。[29]

自閉症と統合失調症の研究のもっとも重要な目標は、どの患者にも一貫して認められる明確な神経病理学的特徴を見出すことであるべきだ。もしもこれらの病気が接続の異常に由来するコネクトパシーならば、骨相学的なやり方を克服しなければならない。そのためには、コネクトミクスのテクノロジーが必要になるだろう。じっさいわたしは、コネクトミクスなしに自閉症と統合失調症を研究することは、顕微鏡なしに感染症の研究をするようなものだと考えている。病気の原因である微生物を見たからといって、病気が治るわけではないが、治療に向けて研究を加速することにはなる。同様に、精神障害の原因として、明確な神経病理学的特徴を特定できたからといって、それ自体が治療法となるわけではないが、正しい方向に一歩踏み出すことにはなるのだ。

しかし、ここでは議論を深めるために、あえてそれとは逆の立場に立ってみよう。神経病理学的特徴を見つけようとすることは、時間の無駄だ、という立場がそれだ。ゲノミクスを熱烈に支持する人たちは、欠陥のある遺伝子を発見することに焦点を合わせるべきであって、コネクトームなどに時間を費やすべきではないと言うかもしれない。

じっさい、ゲノミクスの急速な進展には目を見張るものがある。ゲノミクスのテクノロジーが遅々として進展せず、研究に金がかかった時代には、家系から多くの患者を出している、少数のめずらしい家族に的を絞った研究が行われていた。今日では、大きな母集団のゲノムをすばやくスクリーニングして異常を発見できるようになっている。研究者たちはすでに、自閉症と統合失調症についても、それに関与する多くの遺伝子異常を発見している。これは胸躍る進展ではあるが、しかし限界もある。

自閉症や統合失調症には、多数の遺伝子異常が複雑に絡み合っている。ゲノミクスは、ある子どもが関連する遺伝子異常を多数もっている場合は、将来的に自閉症や統合失調症を発症するかどうかを、高い信頼性を持って予測することができる。しかしほとんどの個人はひとつか二つの遺伝子異常しかもたず、その場合は予測をすることは難しい。なぜなら、すでに知られている遺伝子異常のどのひとつをとってみても、それだけではたかだか全症例の一パーセントから二パーセント、もしくはさらに低いパーセンテージしか説明できないからだ。この意味においてゲノミクスは、特定の個人について自閉症や統合失調症の発症を予測するという点では、今のところは無力である。それはちょうど、骨相学によっては、特定の個人についてＩＱを予測できないのと同じことだ。[30]

ハンチントン病については、ゲノムを調べて発症を予測することがある程度できる。これはニューロンが変性する病気で、中年になって発症するのが普通だ。ハンチントン病は、ぎくしゃくした不随意運動にはじまり、最終的には認知能力の低下と痴呆の段階に進んでいく。ハンチントン病の原因となる遺伝子はたったひとつなので、発症するかどうかを予測するのは自閉症の場合よりも簡単だ。この病気の原因となる遺伝子の異常は、ＤＮＡ検査によりきわめて高い精度で検出できる。その結果が陽性なら、その人はハンチントン病を発症するし、陰性ならば発症しない。[31]

自閉症と統合失調症にはたくさんの遺伝子が関与しているため、その遺伝的基礎を理解することはハンチントン病よりはるかに難しい。[32] 前進するためのひとつの路線は、自閉症はたくさんの自閉症の集まりで、それぞれ異なる遺伝子異常によって引き起こされると仮定することだ。そして、それぞれの自閉症を研究して別々の治療法を開発する。今日多くの研究者がこの戦略を取っており、短期的にはもっとも成功するのはこの路線だろうとわたしは見ている。しかし長期的には、それとは相補的な戦略もやはり役に立つだろう。多様な遺伝子異常がすべて、同じひとつの神経病理学的特徴を引き起こしているのかもしれない。そのような特徴を突き止めて治療することに焦点を合わせるべきだ、というのがわたしの考えである。

ゲノミクスを熱烈に支持する人たちは、ニューロンの異常を治療するというアプローチは間違っていると論じるかもしれない。なぜなら、問題のあるニューロンを治療したところで、原因を取り除くことにはならないからだ。もしも遺伝子の異常が原因で精神障害が起こっているなら、遺伝子治療を行って、悪い遺伝子をよい遺伝子に置き換えるべきだというのだ。研究者たちは、脳の病気を引き起こすような遺伝子異常を持つ動物に対して遺伝子治療を行うという戦略で、研究を進めている。いくつかのケースでは、成長した動物に対する遺伝子治療が目覚ましい成功を収めている。[33] この路線がいつかは人間にも使える治療法につながることもあるだろう。しかしこの戦略でいつもうまくいくとは限らず、うまくいったとしても不十分なものになる可能性がある。もしも遺伝子異常が、今現在の脳の機能を阻害している主な原因なら、それを治療することができれば問題は解決するだろう。しかし、もしもその遺伝子異常が、脳の発達の道筋を変えることで、もっぱら過去において脳に不都合を与えたのなら、今それを修正したところであまり役には立たないかもしれないのだ。

論点を明らかにするために、ひとつたとえ話をしよう。結婚がうまくいっていないせいで、あなたは鬱病に苦しんでいるとしよう。あなたは昔ながらの精神分析医にかかる。そして、成長期に母親との関係がまずかったのが原因だと告げられる。それはそうかもしれないが、だからといって問題の解決につながるだろうか？　今やあなたはすっかり大人なのだから、母親を別の養母と取り替えたところで、ほとんど役には立たないだろう。

精神障害は遺伝子異常によって引き起こされると述べることは、患者の親を責める現代風のやり方だ。そんなことを言ったところで、治療方法がわかるわけではない。正常に発達しなかった脳を持つ大人に遺伝子治療を行うことは、いまさらその人物の母親を取り替えるのと同じくらい、何の役にも立たないかもしれないのだ。

では、精神障害はコネクトパシーによって引き起こされると仮定してみよう。真の治療をするためには、ニューロンの接続の異常を治さなければならない。すると当然、次のような疑問が生じる。コネクトームを変化させるにはどうすればいいのだろうか？　そのための最善の方法は何だろう？

第7章

脳はどこまで変われるか

「大人の脳は変えられない」は本当か

人生というゲームでは、遺伝子というカードが配られる。自分のゲノムを取り替えることはできない。ゲノムは、あなたがそれで勝負しなければならない手札なのだ。ゲノムが描き出すのは、あらゆる面で制約を受けた悲観的な世界観である。それとは対照的に、あなたのコネクトームは一生のあいだ変わり続け、あなたはその変化を多少ともコントロールすることができる。コネクトームが発するのは、やればできるという楽観的なメッセージだ。しかし、本当にそうなのだろうか？　現実問題として、人はどれだけ変われるのだろう？

第2章のはじめに引用した「平安の祈り」には、それよりさらに古い次の詩《うた》がこだましている。

この世のあらゆる病には、
薬があるか、薬がない。
薬があるなら探しなさい。

薬がないなら気にするな。

この手のどうとでも取れるメッセージは、町の本屋の自助啓発本コーナーにも開陳されている。並んだ本を数分ほども見て歩けば、変える方法を教えるのではなく、諦めなさいと説く多くの本に出会うだろう。そういう本を読んで、夫を（妻を）取り替えるのは無理だと諦めがつけば、あなたは嘆くのをやめて、結婚生活に折り合いをつけようとするかもしれない。また、太りやすい体質は遺伝的なものだという説明に納得すれば、ダイエットをやめて、ふたたび食べることを楽しむようになるかもしれない。こうした悲観論の対極にあるのが、『こうすれば痩せられる』とか、『代謝を自在に操る方法』といったタイトルを掲げ、減量するのは簡単だというメッセージを発する楽観的ダイエット本だ。心理学者のマーティン・セリグマンは、『あなたに変えられること、変えられないこと』と題した自助啓発本へのガイドブックの中で、減量は難しいという通説を裏づける経験的証拠を示した。食事制限によって長期的な減量に成功する人は、わずか五パーセントから一〇パーセントにとどまるというのだ。[1] これはがっかりするほど低い数値である。

では、本当のところ、人は変われるのだろうか？　双子研究から示されたのは、遺伝子は人間の行動に影響を及ぼしはするが、すべてがそれで決まるわけではないということだった。しかし、それとはまた別の決定論がすでに登場している。その決定論は、脳に基礎を置き、それが発するメッセージは遺伝子決定論と同じくらい悲観的だ。「ジョニーは努力しなくてもできちゃうのよ――彼は配線が違うの」といった言葉を誰もがさりげなく口にする。そこに盛られているのは《コネクトーム決定論》だ。その決定論は、子ども時代を過ぎてしまえば、人の特徴が大きく変わることはないと主張する。コネクトームは、はじめは柔らかいかもしれないが、大人になる頃までには固まってしまうというのだ。その思想には、古いイエズス会の次の格言と響き合うものがある。「子どもの最初の七年間をわたしに託しなさい。そうすれば立派な大人〔信仰厚いカトリック教徒〕をあなたに与えよう」

　コネクトーム決定論が発するメッセージの中でもとりわけ鮮明なのは、「人間を変えさせたければ、人生最初の数年間に手を打つのが一番簡単だ」というものだ。脳を作り上げるのは、時間のかかる複雑なプロセスである。介入するなら早いほうが効果的なのは間違いないだろう。家を建てるときに、建築士の引いた図面に手を加えるなら、早ければ早いほど簡単だ。一方、リフォームを考えたことのある者なら誰でも知っているように、家が完成してから大規模な改修をしようとすれば大事《おおごと》になる。大人になってから外国語を学んだことのある人は、だいぶ苦労したのではないだろうか。たとえ話せるようにはなっても、ネイティヴスピーカーのような発音にはならなかっただろう。子どもたちは楽々と第二言語を身につけるように見えるので、子どもの脳は大人のそれよりも柔らかいように思われる。しかし、言語を身につけること以外の心的能力についても、その考えは成り立つのだろうか？

　一九九七年のこと、当時アメリカ大統領夫人だったヒラリー・クリントンは、「最新の脳研究は、幼い子どもたちについて何を教えているのか」と題する会合をホワイトハウスで開催した。その会合には、「〇歳から三歳まで運動」[2]という早期教育運動の熱烈な支持者たちが集まり、「最新の神経科学によれば、教育への介入は三歳までが鍵であることが明らかになった」といった話に耳を傾けた。その会合には、やはり一九九七年に、「わたしはあなたの子ども財団」を設立した、俳優で監督もこなすロブ・ライナーも出席していた。ライナーはちょうどそのころ、子育ての基本的な考え方を親たちに教えるビデオシリーズの制作に着手していたのだが、そのシリーズ第一巻のタイトルは、「最初の数年間の影響がいつまでも残る（The First Years Last Forever）」という、なにやら不安になるほど決定論的なものだった。

しかしじっさいには、神経科学はそのような主張を証明することも、反証することもできていない。なぜなら、学習——すなわち、新たな知識や技能を身につけること——が、いかなる脳の変化により引き起こされているのかを突き止めるのは、今も難しいからだ。「〇歳から三歳まで運動」は、その決定論的な主張の基礎を、学習はシナプスの生成によって引き起こされるという新骨相学的な説に置いているが、はたしてその論法は正しいのだろうか？（じつは新骨相学的な説に対しては、すでに有力な反証が挙がっているのだが、ここでは話の都合上、そのことは無視する。）もしも、大人では新しいシナプスはけっして生成されないのなら、この問いに対する答えは「イエス」であり、新骨相学的論法は正しい。しかし、ウイリアム・グリーノーらの研究から示されたように、大人のラットを刺激の多いケージに入れた場合も、接続はやはり増える。増え方のペースは若いラットより落ちるが、それでもかなりのペースだ。ジャグリングの練習をする人たちの大脳皮質をＭＲＩで調べた研究では、年配の人でも、思春期後期の人たちと同じく皮質が肥厚することがわかった。[3] また、これもすでに紹介した例だが、顕微鏡でシナプスを観察すると、大人のラットでも新たな接続が生じることがわかる。結局、大人が外国語を身につけるのは難しいという現象に見合うほど、大人の脳では再接続が起こりにくくなるという証拠を、神経科学者はまだつかんでいないのだ。したがって、第一のタイプのコネクトーム決定論、すなわち［大人になってしまえば］「再接続は起こらない」という主張は擁護できそうにない。

しかし、第二のタイプのコネクトーム決定論がすでに登場している——［大人の脳では］「再配線《リコネクション》は起こらない」というのがそれだ。脳の「配線」が行われるのは、人生がはじまってまもなく、ニューロンが軸索と樹状突起を伸ばしていく時期である。伸びた枝の「剪定」が行われるのも、やはり脳が発達していく時期だ。研究者たちは顕微鏡を使って、これらの驚くべきプロセスをビデオ撮影できるようになった。[4] 軸索の先端は、樹状突起とのあいだでシナプスを作ることが多いが、そのとき軸索は、まるで樹状突起を手で握るような動きをする。そうしてシナプスができると、軸索はそれに刺激されてさらに伸びていくが、シナプスが除去されると、軸索は足場を失って収縮するように見える。一般に、軸索の枝は、シナプスを作らない限りは、安定した状態ではいられないようだ。若い脳では、軸索の成長と収縮がダイナミックに起こるが、再配線否定論者の信じるところによれば、大人の脳ではそんなプロセスは起こらない。ワイヤ同士は、シナプスによって新たに接続することもできるし（「再接続」）、それらのシナプスは強められもするが（「再荷重」）、ワイヤそのものは「大人になれば」変化しない、というのが再配線否定論者の考えなのだ。[5]

再配線をめぐっては熱い論争が起こっている。なぜなら、脳に傷を負ったり、腕や足を切断したりしたのちに観察される「地図の書き換え」という劇的な変化には、再配線がひと役演じていると考えられるからだ。再配線というプロセスがどれほど重要かを理解するために、次の基本的な問題をもう一度考えてみよう。脳の部位の機能は、何によって決まるのだろうか？

脳の領野の機能は変化しうる

脳の部位ごとに、よく定義された機能があるという説［脳機能局在説］は、暗黙のうちに、ひとつの経験的事実をその基礎に据えている。ニューロンのスパイクを測定してみると、脳内で接近しているニューロン同士〔細胞体が接近している〕は、よく似た機能を持つ傾向が見られるのだ。もしもニューロンが、機能とは関係なく無秩序に散らばっているなら、脳を部位に分けることには何の意味もないだろう。[6]

しかし、なぜ同じ領域内のニューロンは、よく似た機能を持つのだろうか？　その理由のひとつは、脳内の接続の大半は、近くのニューロン同士をつなぐものだからだ。[7] ニューロンは主として同じ領域内の相手の「話」に「耳を傾け」ている。閉鎖的な社会では、意見の多様性は小さいと予想されるように、それらのニューロンたちもまた、似たような機能を持つと予想されるのだ。しかしそれが話のすべてではない。

脳の接続の中には、遠く離れた〔細胞体が離れている〕ニューロン同士をつなぐものもある。つまりニューロンは、同じ領域内のニューロンだけでなく、他の領域のニューロンにも「耳を傾け」ているのだ。しかし、遠方からの情報が入ってくるのなら、機能が多様化するのではないだろうか？　もしもあるニューロンに入ってくる情報源が脳内にまんべんなく分布しているなら、確かにニューロンの機能は多様化するかもしれない。しかしじっさいには、遠方からの情報はごく少数なのだ。もう一度社会のアナロジーを使えば、脳の領域は、誰もが同じ新聞を読んだり、同じテレビショーを見たりする程度には、外からの情報も入ってくる社会集団に似ている。外からの影響が厳しく制限されているせいで、多様化が起こるには至らないのである。

遠方との接続は、なぜそれほど厳しく制限されているのだろうか？　この問いに対する答えは、脳の配線の組織化のされ方と関係がある。脳のほとんどの領域間には軸索が通っておらず、軸索がなければニューロン同士が接続するすべはない。言い換えれば、どの領域も、ごく少数のソース領域（情報源となる領域）

と、ターゲット領域（情報の送り先となる領域）とだけしか接続していないということだ。ソース領域とターゲット領域の組み合わせは、ちょうどわれわれの指紋のように、各領域の特徴をユニークに表しているように見えるため、「接続指紋」と呼ばれている。ある領域の接続指紋は、その領域が果たす機能について多くの情報を与えてくれる。たとえば、ブロードマン地図の3野[8]は、前に簡単に触れた身体感覚を媒介しているが、それはこの領野が、接触、温度、痛みという身体感覚にかかわる信号を脊髄から運んでくる一群の経路に、軸索でつながっているからだ。同様に、ブロードマン地図の4野は、身体運動をコントロールしているが、それはこの領野が、脊髄に多くの軸索を送り出し、その脊髄はさらに体の筋肉に軸索を送り出しているからである。

これらの例から、ある領域の機能は、他の領域との配線に大きく依存していることが示唆される。もしそうだとすれば、配線を変えれば機能も変わるだろう。驚くべきことに、この原則が成り立つことは、すでに示されているのである。普通は聴覚の機能を持つ領域を「再配線」させて、視覚の機能を持たせることができるのだ。一九七三年に、それを示すための最初の一歩を踏み出したのは、ジェラルド・シュナイダー[9]だった。彼は、生まれたばかりのハムスターの脳で、軸索が伸びていく道筋を変えさせる独創的な方法を発見した。脳のある領域を傷つけることにより、網膜から出た軸索の目的地を、正常な場合の目的地である視覚経路から、聴覚経路へと変えさせたのだ。結果として、普通は聴覚に関係する皮質領野に、視覚の信号が送られることになった。

一九九〇年になって、この再配線が脳の機能にどんな影響を及ぼすかを調べたのが、ムリガンカ・スールとその共同研究者たちだった。スールらは、まずフェレットでシュナイダーと同じ手続きを踏んだのち、皮質の聴覚ニューロンが、視覚への刺激に反応するようになったことを示した。さらにそれらのフェレットたちは、視覚領域の機能を奪われてからも、おそらくは聴覚領域を使って、ものを見ることができた。[10]これら二つの結果はともに、聴覚領域の機能が、視覚領域としての機能を果たすようになったことを意味していた。人間でもそれと同様の、「クロスモーダル」な変化が起こることが観察されている〔モダリティーとは、聴覚と視覚、触覚と視覚のように、相互に関係のない別々の感覚のこと。クロスモーダルとは、そのような感覚が移り変わること〕。たとえば、早くから視力を失った人たちでは、指先で点字を読むと、脳の視覚領域が活性化される。[11]

こうした知見は、ラシュレーの等能性の原理〔大脳はほとんど機能が分化しておらず、量だけが重要だという考え。80ページ〕と矛盾しないが、この原理には重大な留保条件がつくことをほのめかす。すなわち、「皮質の領野は、どんな機能でも持てるだけの潜在的可能性を持っているが、現実にどれかの機能を持つためには、他の領域とのあいだにしかるべき配線が存在しなければならない」というのがそれだ。脳のすべての領域が、他のすべての領域と（そして皮質以外のすべての領域と）接続しているなら、等能性の原理は無条件に成り立つかもしれない。脳の配線が、「すべてのニューロンが、他のすべてのニューロンと接続している」ようなものだったとしたら、脳ははるかに万能性が高く、傷ついてもすみやかに回復できるだろう。しかしその場合、脳は途方もないサイズに膨れ上がるはずだ。配線はそれ自体として場所を取り、エネルギーも消費する。どうやら脳は経済的な進化を遂げたらしく、領域同士がやたらに接続しないのはそのためだ。[12]

シュナイダーとスールの実験は、若い動物の脳で配線を変更させるものだったが、成長した動物の場合はどうだろう？　成長後は領域間の配線が変わらないのなら、変化の可能性にも限度があるだろう。[13]逆に、もしも成長後も脳の配線が変わりうるなら、怪我や病気からもすみやかに回復できるはずだ。そのため研究者たちは、成長後も脳の配線は変化できるかどうかを知り、変化を促す治療法を見出そうと懸命の努力を続けている。

大人の脳の変化はどこまで可能なのか

一九七〇年のこと、一三歳のひとりの少女が、ロサンゼルスのソーシャルワーカーの情報網にかかった。その少女、ジェニー（仮名）は口がきけず、情緒障害があり、重い発育不全を抱えていた。ジェニーはひどい虐待を受けていた。彼女はそれまでの人生の大半を、父親によって縛られ、一室に閉じ込められて、社会とは切り離されて過ごしてきたのだ。この事件は世間の注目を浴び、同情を誘った。医師や研究者は、彼女が悲惨な子ども時代の経験から立ち直ってくれることを願い、言葉やその他社会的な行動を身につけられるように力を貸したいと思った。

たまたま同じ一九七〇年に、映画監督フランソワ・トリュフォーの『野性の少年』という作品が公開された。それはフランス中部の森林地帯アヴェロンで発見された野生の少年、ヴィクトルの物語である。ヴィクトルは一八〇〇年頃に、フランスの森の中で、ひとりで裸でいるところを発見された。この少年を「教化」しようという努力が払われたが、少年は数語以上の言葉を話すようにはついにならなかった。歴史にはこれ以外にも、人間の愛情や愛着を知ることなく成長した、いわゆる「野生児」の記録が残されている。しかし野生児たちが言葉を話すようになった例は、ただのひとつもなかった。

ヴィクトルのような例は、言葉や社会的行動の学習には、何らかの《臨界期》が存在することを示唆していた。その臨界期に学習の機会を奪われた野生児たちは、そうした行動を身につけることができなかったというわけだ。[14] たとえて言えば、臨界期とは、何かを身につけるための可能性の扉が開かれている期間である。その期間を過ぎれば扉は閉ざされ、鍵がかかってしまう。この解釈は妥当そうだが、野生児については未解明の部分が多すぎるため、科学的に厳密なものにはなっていない。

ジェニーが見出されたとき、彼女の事例が臨界期説を否定するのではないかと期待された。研究者たちはジェニーの状態を調べ、彼女を社会生活になじませようと力を尽くした。言葉の学習に関して言えば、ジェニーはある程度は進歩を示して期待させたが、結局、研究資金が底をついてしまう。その後ジェニーの人生は悲劇的な展開を迎え、彼女は里子に出された家を転々とし、学習の成果も後退しているように見えた。[15]

研究が終わった頃に発表された論文によれば、ジェニーはその当時もまだ語彙を増やしてはいたが、正しい文法を身につけるのは難しかったようだ。その後流布した噂によれば、研究者たちは落胆し、彼女は結局、きちんとした文法を身につけることはないだろうと予測したという。[16] ジェニーがその先も進歩を続けたのかどうかは、もう知ることができない。ジェニーのケースからは、言語習得の臨界期説を裏づける証拠がいくつか得られたが、どれほど心の痛む、胸を打つケースであっても、この事例から、何であれきちんとした科学的結論を引き出すのは難しい。

視力検査を職業とする人たちは、これほど痛ましいものではないにせよ、やはり発達の機会を奪われたケースにしばしば出会う。片眼の視力が正常だと、もう一方の目の視力が弱いことに気づかないことが多い。問題が目の機能だけのことなら、眼鏡をかけたり、白内障手術を受けたりすれば、容易に矯正することができる。しかし患者の脳に異常があると、目を矯正しても、視力が改善しなかったり、遠近感が得られなかったりする（みなさんは映画館で3D眼鏡をかけたことがあるのではないだろうか。これは左右の目に見える像をわずかにずらすことによって、奥行きの感覚を与えている。このように両眼の視差による立体視ができない人もおり、それを立体盲という）。弱視では、目だけでなく、脳にも障害がある［日本では、一定限度以下の視力を持つ者はすべて弱視とされることがあるが、ここでは、視覚発達期に視覚刺激が遮断されたことなどにより起こる弱視が扱われている］。

弱視は、ものを見る能力は、単に生まれつきではないことをほのめかす——人は経験を通して見ることを学ばなければならず、その学習のプロセスには臨界期があるのだ。その限られた期間内に、どちらか一方の目から正常な視覚刺激が入ってこなければ、脳は正常に発達しない。その影響は、大人になってからでは取り返しがつかない。しかし子どものうちなら、弱視であることに周囲が気づいて早期に治療すれば、正常な視覚を取り戻すことができる。子どもたちの脳は、まだ融通がきくのだ。逆に、大人になってから一方の目の視力が落ちても、脳に永続的な影響が及ぶことはない。その場合には、視力が落ちたほうの目を矯正すれば十分な回復が得られる。

弱視のケースは、ロブ・ライナーのビデオのタイトルになった『最初の数年間の影響がいつまでも残る』という主張の正しさを示しているように見える。「〇歳から三歳まで運動」の人たちが力説するように、この場合には早期介入が決定的に重要だ。弱視の治療からは、臨界期を過ぎてしまえば、脳は変えられなくなることが示唆される。では、神経科学は、そうなる理由を示すことができるのだろうか？　視力が弱かったり、視力を矯正したりしたときに、臨界期の脳は具体的にどう変化するのだろう？　臨界期を過ぎると、なぜその変化が起こらなくなるのだろう?

一九六〇年代から一九七〇年代にかけて、デーヴィッド・ヒューベルとトルステン・ウィーゼルの二人は、その答えを探るために、仔猫を使った実験を行った。二人は弱視の状態をつくるために、仔猫の片眼に目隠しをした——それを二人は「単眼遮蔽」と呼んだ。数カ月後に目隠しを取り、視力を調べたところ、人間の弱視患者と同じく、目隠しされていたほうの目の視力が落ちていた。このとき脳がどう変化したかを調べるために、ヒューベルとウィーゼルは、ブロードマン地図の17野についてニューロンのスパイクを調べた。この皮質領野は、視覚に重要な役割を果たしているため、一次視覚野(V1)と呼ばれることがある。二人は、左目だけ、または右目だけに視覚刺激を与えて、ひとつひとつのニューロンの反応性を測定した。すると、それまで目隠しされていたほうの目に刺激を与えた場合、反応するニューロンはほとんどないことが示されたのである。

V1のニューロンは、単眼遮蔽により機能が変化したのだ。しかしその変化は、コネクトームが変化したために引き起こされたのだろうか? 「ニューロンの機能は、主に他のニューロンとの接続のしかたで決まる」というコネクショニズムの原則を信じるなら、そう考えるのが妥当だろう。一九九〇年代には、アントネッラ・アントニーニとマイケル・ストライカー[17]が、眼からの視覚情報をV1に伝える軸索は、再配線されることを示唆する証拠を得た。V1に入る軸索はすべて「単眼的」である——つまり、一方の眼からの視覚情報だけを運んでいる。二人が一方の眼を目隠ししたところ、そちらの眼から入る視覚情報を伝える軸索は著しく収縮し、他方の眼から入る視覚情報を伝える軸索はさらに伸びた。それは事実上、目隠しされていたほうの眼からV1につながる経路は除去され、目隠しされなかったほうの眼からV1につながる新しい経路が生成されるという、再配線が起こったことを示していた。ヒューベルとウィーゼルの実験では、目隠しされていたほうの眼からの刺激に反応したV1のニューロンはほとんどなかったが、それはおそらくこの再配線のためだろう。

V1の再配線は、学習の原因となりうるコネクトームの変化が見つかったという意味で重要だ。再配線には、シナプスと神経路が単に生成されるだけでなく、除去されるプロセスも関係するため、学習とはシナプスの生成だとする新骨相学的な説への、新たな反例となるのである。

アントニーニとストライカーは、次の問いに答えることもできた。なぜ臨界期を過ぎると、脳は変化しにくくなるのだろうか？　ヒューベルとウィーゼルは、片眼を目隠しすると、仔猫ではV1が変化したが、成猫では変化しないことと、V1が変化しても、仔猫のうちなら元に戻るが、成猫では元に戻らないことを示したのだった。アントニーニとストライカーはその現象を説明するために、成猫になってから片眼を目隠ししても、V1の再配線は起こらないことを示した。さらに、臨界期に再配線が起こった場合、早期に単眼遮蔽を取れば元に戻るが、取る時間が遅れると戻らなかった。[18]

アントニーニとストライカーによる研究は、「〇歳から三歳まで運動」の人たちが推奨する早期介入の有効性を裏づけたように見えるかもしれない。だがウイリアム・グリーノーは、その推論には大きな落とし穴があると指摘した（グリーノーは、刺激の多い環境に置かれたラットでは、ニューロンの接続が増加することを発見した科学者である）。弱視は、世間から切り離されて成長したジェニーの場合のように、子どもから正常な経験を《剝奪》する。弱視の研究は、経験の剝奪が脳に及ぼす影響には、臨界期があることをほのめかす。しかしこのことから子どもに豊かな経験をさせることが脳に及ぼす影響にも、やはり臨界期があると言えるのだろうか？

グリーノーと彼の共同研究者たち[19]は、この問いに対して「ノー」と答える。視覚刺激や言語経験などは、人間の歴史を通じて、すべての子どもに与えられてきたのだから、脳の発達はそうした経験を「予測」し、その経験に大きく依存するように進化してきたと考えられる。それに対して、たとえば文字を読むという経験は、古代の祖先たちは経験しようもなかったことだ。脳の発達が、そんな経験に依存するように進化することはありえない。子ども時代に読み方を習う機会がなかったとしても、大人になってからでも文字を読めるようになるのはそのためだ。

「〇歳から三歳まで運動」の人たちの主張を裏づけるためには、単なる経験の剥奪ではなく、経験を変えることによる知識や技能の習得にも、やはり臨界期があることを示す実例が必要なのだ。一八九七年に、ほかに先駆けてまさしくそんな実験を行ったのが、アメリカの心理学者ジョージ・ストラットン[20]だった。ストラットンは自作の望遠鏡を顔にくくりつけ、アイピースのまわりを不透明な材料で覆って、望遠鏡を通過した光以外は眼に入らないようにした。この望遠鏡は、像を拡大するのではなく、反転させるように設計されていた。周囲の光景は、上下逆転するだけでなく、ちょうど鏡のように左右も反転する。ストラットンは、その望遠鏡を一日一二時間身につけ、外しているあいだは目隠しをして過ごすという涙ぐましい努力をした。

想像に難くないが、当初ストラットンは方向感覚がなくなり、吐き気がするほどだった。目に見えることと、体の動きとが矛盾した。そばにあるものに手を伸ばそうとして、反対側の手を動かしてしまうのだ。視覚情報を頭で補正して体を動かそうとすると、コップに牛乳を注ぐといった簡単な作業ですら、神経がすり減るほど苦労した。眼からの情報は、耳からの情報とも矛盾した。「庭に座っていたときのこと、一緒にいた友人が、わたしのじっさいの見え方で、ある方角に小石を投げはじめた。すると地面に小石が当たる音が、小石が飛んでいく方角――わたしが頭で考えて、音が聞こえてくるはずだと予想した方角――とは逆の方向から聞こえてきたのである」。しかし八日後にその実験を終える頃には、ストラットンは体を動かすのもずっと容易になり、視覚と聴覚も矛盾しなくなっていた。「たとえば暖炉の火は、わたしの目に見える通りの場所でパチパチと音を立てていた。椅子の肘掛けを鉛筆でトントンと叩くと、目に見える通りの鉛筆から音が出ていることは疑う余地はなかった」

ストラットンはこの実験で、脳は、視覚、聴覚、運動が相互に矛盾しないように、これらを再調整できることを発見したのだ。眼科医はそれまでにも、斜視の患者で同様の再調整に出会っていた。斜視は、目の筋肉を手術して眼球を回転させることにより、矯正する場合がある。こうして眼球を回転させることは患者の視覚を変化させ、結果として、患者のまわりの世界を回転させる。世界が回転していることは、簡単な実験をしてみればわかる。患者に、本人の指が視野に入らないようにしておいて、見えているものを指差すように言う。すると患者は、指差すべき対象から右または左に、つねに同じ角度だけずれた向きを指差すのだ[21]。運動が視覚と矛盾しているのである。しかし、手術から数日後に同じテストを行うと、指差す方角のズレは小さくなることから、脳が再調整を行っていることがわかる。

患者の脳が斜視の手術に適応するとき、脳の中ではじっさいに何が起こっているのだろうか？　これに関しては、一九八〇年代以来の研究がある。エリック・ヌードセンとその共同研究者たちは、メンフクロウを使ってこの問題に取り組んだ。彼らは、光を曲げることにより、世界を二三度右に回転させる特殊な眼鏡を使った。この眼鏡を使えば、斜視の手術により生じた視覚世界の回転と同じ状態を作ることができる（同様の眼鏡は、重度の斜視の治療のために用いられることがある）。この眼鏡をかけて育てられたフクロウたちの振る舞いは、観測者の目には、顔を向ける方向がずれているように見える。フクロウが音を聞くと、音源よりも右に顔を向けるのだ。ずれた方角に顔を向けるこの行動のおかげで、眼鏡のせいで生じた回転が補正され、フクロウは音源を見ることができるのである。[22]

この行動変化の基礎をニューロン・レベルで調べるために、ヌードセンのチームは、下丘《かきゅう》と呼ばれる脳の部位を調べた。脳のこの部位には、左右の耳から入る信号を比較することにより、音源の方角を求めるという重要な機能がある。ブロードマン脳地図の3野と4野（感覚野ホムンクルスと運動野ホムンクルス）に体の地図があるのと同じく、下丘には外の世界の地図がある。ヌードセンのチームは、この部位に含まれるニューロンのスパイクを記録することにより、下丘の地図は、斜視の行動と矛盾しないように書き換えられていることを示した。また彼らは、下丘に情報を運んでくる軸索が、その地図上でずれた場所に存在することも示した。このことから、脳の地図の書き換えは、再配線によって行われることが示唆される。

ヌードセンのチームはさらに、さまざまな年齢のフクロウにその眼鏡をかけさせてから外すことにより、学習には臨界期が存在することを示した。正常に育てられた成鳥のフクロウにその眼鏡をかけさせても、行動は変化しない［つまり、音のするほうに顔を向ける］。幼鳥のフクロウに眼鏡をかけて育てた場合、音を聞いたうえで、音源の見える方向に顔を向けるようになる。これは観察者からは、ずれた方向に顔を向けているように見える。早いうちに眼鏡を外せばその影響をなくすことができる。しかし成鳥になってから外した場合には影響が残った。

下丘とV1の実験から、成長した脳でも再配線は起こるという説は否定してよさそうだ。大人になると変化に適応しにくくなるのは、このためかもしれない。第2章で触れたように、大脳の半球を除去しても、子どもではほとんど障害が残らないのに対し、大人ではそうはいかない。より一般に、ケナード原理[23]と呼ばれるものがあり、それによれば脳の損傷は、それを受けた時期が早ければ早いほど、機能はよく回復する。この原理には例外があることが知られており[24]、問題を単純化しすぎているとして批判されてきた。しかし、おそらくこの原理には真理のかけらが含まれているだろう。再配線は、地図の書き換えの重要なメカニズムなので、もしも［大人になってからの］再配線が否定されるなら、必然的にケナード原理が導かれる。

しかしその一方で、再配線否定論は今も攻撃を受けている。顕微鏡を使って、生きている脳の中の軸索を長期間モニターしている研究者たちは、大人でも新しい枝が生じることがあることを示した[25]。こうした手法の問題を指摘する人もいるが、長い枝を伸ばすことはできなくとも、短い枝なら伸ばせるという点では、コンセンサスが得られつつある。決定的な証拠はほとんどないとはいえ、幻肢にともなう大脳皮質の地図の書き換えにおいては、そのようなタイプの再配線が起こっているのではないかと考える人たちもいる。

さらに言えば、臨界期という考え方そのものに異議を唱える研究者もいる。子どもの頃に経験を剝奪されたことの影響は、かつて考えられていたよりも取り返しがつくのではないかというのだ。従来は、立体盲の人は、大人になってからでは立体視ができるようにはならないとされていた。しかし神経科学者スーザン・バリーは『視力の矯正』（邦訳は『視覚はよみがえる——三次元のクオリア』）という著書の中で、子ども時代の斜視のせいで長らく立体盲だった彼女自身が、四〇代になってから、一種の立体視ができるようになった経験を語っている。[26] 彼女にそれができたのは、視力を鍛えるための特別な訓練メニューをこなしたからだった。

バリーが立体視を回復できたことから、臨界期における経験による影響からの回復は、不可能なのではなく、単に難しいだけなのではないかという可能性が出てくる。アントニーニとストライカーは、成猫ではV1の再配線が起こらないことを示し、大人になると脳は変化させられないことを明らかにしたものと思われた。一見すると、二人は臨界期の存在を証明したように見えるが、近年、成猫のV1でも変化が起こるようにする方法はいくつか発見されたため、その解釈は疑問視されている。研究者たちは、あらかじめ一〇日間にわたって暗闇の中で過ごさせるか、またはローゼンツヴァイク流の刺激の多い環境の中で暮らさせるかしたのち、抗鬱剤のフルオキセチン(商品名プロザック)を四週間与えるという方法を使った。[27] この治療法は、成猫になるまで臨界期を引き延ばすか、あるいは臨界期をすっかりなくしてしまうようだ。

ヌードセンのチームは、目で見る世界が回転したとき、成鳥のフクロウは適応できないという点を強調した。しかしその後行われた実験は、もう少し明るいメッセージを発している。[28] その新しい実験ではフクロウたちに、回転角を少しずつ大きくした眼鏡を順番にかけさせていく。そうしてたっぷり時間をかけると、成鳥のフクロウたちは最終的に、幼鳥のフクロウが一挙に大きな角度で適応できた二三度という回転角に適応することができたのだ。この発見は、よく構成されたトレーニングをこなせば、大人も若者と同じだけのことができるという説を支持する。

大人の脳でも変わりうるという楽観論は、昨今、大流行になっている。一九九〇年代には、「〇歳から三歳まで運動」の人たちは、乳幼児の脳は柔軟だが、大人の脳は固まってしまっていると主張していた。

ところが今日では、振り子は反対の極に振れている。ノーマン・ドイジは著書『自分自身を変える脳――脳科学の最先端からの、個人的勝利の物語』（邦訳は『脳は奇跡を起こす』）の中で、神経の障害から驚くべき回復を遂げた大人たちの興味深いエピソードについて語っている。ドイジは、脳は神経科学者や医者がかつて考えたこともないほど、変化する能力が高いと主張する。

もちろん、真実はその両端のどこか中間にあるのだろう。大人になれば再配線は絶対に起こらないと、はなから否定するのは間違いだろうが、いくつか条件をつければ、起こらないという説のほうが真実に近いのかもしれない。たとえば、大人の脳で変化できるのは、ある種のニューロンから別種のニューロンに向かって成長する枝や、ある領域から別の領域に向かって成長する枝など、特殊なタイプの枝だけに限られる可能性もある。また、再配線という現象は、たった一種類だけだと考えるのも素朴すぎるだろう。現実の再配線には、神経突起の成長と収縮に影響を及ぼす膨大なプロセスが関与している。大人の脳では再配線は起こらないという説を、再配線という言葉で表される多くのプロセスのうち特定のものに焦点を合わせるように少し洗練させれば、これまで通り通用するかもしれない。

再配線は絶対に起こらないのではなく、条件つきであれば起こるのだから、ヌードセンが示したように、適切なトレーニング・プログラムで克服できることもあるだろう。また、脳が傷つくと、普通はある種の分子で抑え込まれている軸索の成長メカニズムが解放されて、再配線が起こりやすくなることもわかってきた。[29] 未来の薬物療法は、そのような再配線抑制分子を標的として、脳の再配線を可能にするかもしれない。

われわれの実験テクニックはまだあまりにも粗雑なので、大規模な再配線しか検出することができない。

そのため神経科学者たちは、単眼遮蔽や、ストラットンが使った望遠鏡を応用した反転眼鏡のような、極端な方法を使うしかなかった。今はまだ観察できないデリケートな再配線が、もっと穏やかで、ありふれたタイプの学習に重要な役割を果たしているとしても不思議はないだろう。[30] コネクトミクスは、再配線という現象をより鮮明に見られるようにするというだけでも、この分野の研究に役立ってくれるに違いない。

大人の脳でニューロンは新たに生まれるか

一九九九年、二人の神経科学者のあいだで辛辣な争いが起こった。一方のコーナーには、防衛戦に臨むチャンピオンたるイエール大学のパスコ・ラキーチ。一九七〇年代からラキーチが発表してきた一連の論文は、ひとつのドグマを確立する名高い研究だった。そのドグマとはすなわち、哺乳類の脳には、誕生以降、あるいは少なくとも思春期以降、新しいニューロンは生じないというものだ。[31] そこに登場したのが、挑戦者、プリンストン大学のエリザベス・グールド[32]だった。彼女は、成長したサルの新皮質に、新しくニューロンが生じることを発見し、この分野の研究者たちを驚かせた（大脳皮質の大部分は新皮質であり、ブロードマン地図は、その新皮質に関するものである）。グールドの発見は、その一〇年間で「もっとも驚くべき発見[33]」として『ニューヨークタイムズ』に取り上げられて喝采を浴びた。

この二人の教授の対決が、新聞の第一面を飾ることになったのも驚くには当たらないだろう。われわれの体の自然治癒力には目を見張るものがある。皮膚にかなり大きな傷を負っても、わずかばかりの跡を残して治ってしまう。内臓の中で、自力で治癒する能力のチャンピオンはなんといっても肝臓で、全体の三分の二を取り去っても元通りの大きさに戻る。[34] もしも大人の新皮質にニューロンが新たに生じるなら、脳は、それまで誰も想像もしなかったような治癒力を持つ可能性がある。

結局この二人はどちらも、相手に対して完全な勝利を収めることはできなかった。新皮質では、「新しくニューロンが生じることはない」というドグマが保持されることになった。[35] しかし、大人の脳であっても、海馬および嗅球という二つの領域では新たにニューロンがたえずつけ加わっている[36]ということは、ラキーチその人さえ認めざるをえなかった（嗅球が鼻に果たす役割は、網膜が目に果たす役割にあたる。海馬は、大脳皮質の中でも、新皮質を別にすればかなり大きな部位である）。

海馬および嗅球という二つの部位には、たとえ傷がなくとも新しいニューロンがたえず現れることから、それらのニューロンは、傷を治すために生じているわけではないだろう。おそらくこれらの部位にニューロンが生じるのは、新たな連想ができるようシナプスが生じて記憶力を増大させるのと同様、学習能力を高めるためなのかもしれない。海馬はジェニファー・アニストン・ニューロンが見つかった側頭葉内側部に属している。海馬は記憶の「玄関口《ゲートウエー》」だと考える研究者もいて、[37] そういう人たちは、まず海馬が情報を貯蔵したのち、それを新皮質などに移動させるのだろうと主張する。もしもそれが正しければ、海馬は変化しやすくなければならず、ニューロンが新たに生じることにより、他の部位にはない可塑性を獲得しているのだろう。同様に、嗅球は新たに生じたニューロンにより、匂いの記憶を貯蔵しているのかもしれない。[38]

神経ダーウィニズムによれば、シナプスの除去は、シナプスの生成と協働して記憶を貯蔵している。同様に、ニューロンの生成は、ニューロンの除去という、それと並行して働くプロセスをともなうと予想される。このパターンは、発達（発生）の過程で体のいたるところで死んでいく多くのタイプの細胞で見られる。その死は自殺のように見えるので、「プログラムされた細胞死」と言われる。細胞には自殺するメカニズムが備わっており、適切な刺激により引き金を引かれると、そのメカニズムを発動させることができるのだ。

手から指が生えるのは、細胞が増えるためだと思うかもしれない。しかしそうではない。じつは、細胞が死んで、胎児だったあなたの手を削り、指のあいだに隙間を作ったのだ。このプロセスがうまく働かないと、指のくっついた赤ん坊が生まれる。[39]これは生まれつきの小さな欠陥で、手術によって修正することができる。このように、細胞死は素材をつけ加えるのではなく、彫刻家のような働きをして、素材を削るのである。

このメカニズムは手足や胴体だけでなく、脳でも起こる。あなたが子宮の中で羊水に浮かんでいるあいだに、あなたのニューロンのうち、その後も生き延びるものとほぼ同数のニューロンが死ぬ。[40]ニューロンをたくさん作っておいて、その後死なせるのは無駄のように思われるかもしれない。[41]しかし、「適者生存」がシナプスの流儀なら、ニューロンにおいてもそれが効果的だとしても不思議はない。「正しい」接続をしたニューロンを生き延びさせて、正しくない接続をしたニューロンを除去することにより、発達中の神経系はより良いものになるのだろう。このダーウィン流の解釈は、「子ども時代の神経系の」発達についてだけでなく、大人になってからのニューロンの生成と除去についても提唱されている。以下では、それ——大人になってからのニューロンの生成および除去——を《再生《リジェネレーション》》と呼ぶことにしよう。[42]

学習にとって再生が重要なら、なぜ新皮質では再生が起こらないのだろう？　ひょっとすると新皮質は、すでに学習したことを保持するための安定性をより必要とし、可塑性は抑えることで妥協しなければならないのかもしれない。しかし、新皮質に新しいニューロンが見つかったという報告はグールドのものだけではない。同様の研究結果が、一九六〇年代から散発的に出ている。[43] そうした論文には、今日の神経科学者たちが考えていることとは矛盾するような、真理のかけらが含まれているのかもしれない。[44]

新皮質の可塑性は、その動物が置かれた環境しだいで変化すると考えれば、この論争に決着がつくだろう。ケージに閉じ込められている動物では、可塑性は急速に低下するかもしれない。狭いケージの中の生活は、自然の中での生活に比べて退屈だし、新しいことを学ぶ必要もないだろうからだ。脳はそんな環境に適応するために、ニューロンの生成を最小限に抑え、生成されたニューロンのほとんどはやがて除去されるのではないだろうか。このシナリオでは、新しいニューロンは存在するかもしれないが、その数は観察にかからないほど少なく、研究者の意見が分かれるのもそのためだとして説明できるだろう。より自然な生活環境のほうが、学習と脳の可塑性を増大させ、[45] 新しいニューロンを増やすというのは十分に考えられることである。

みなさんはこんな推測では納得がいかないかもしれないが、ここにはラキーチ－グールド論争から得られる一般的な教訓が示されている。すなわち、コネクトームの変化については、それが再生であれ、再配線であれ、十把ひとからげに否定することには慎重でなければならないということだ。コネクトームは変化しないという主張には必ず条件がつけられるべきであり、さもなければその主張を真面目に受け取ることはできない。しかも条件を変えれば、その主張は成り立たなくなるかもしれないのだ。

神経科学者たちが再生について新たな知識を得るにつれ、新しいニューロンの数を数えるという単純な方法は粗雑すぎるようになった。われわれが知りたいのは、ニューロンの中に生き残るものと除去されるものがあるのはなぜかということだ。神経ダーウィニズムによれば、生き残るニューロンは、正しく接続することにより、ニューロンのネットワークの中にうまく組み込まれたものだということになる。しかし、そこで言う「正しい」という言葉の意味はほとんどわかっておらず、どのように接続されているのかをじっさいに見てみなければ、何が「正しい」のかがわかる見込みはない。これもまた、コネクトミクスが将来的に重要になるであろう理由である。ニューロンの再生は学習に役立つのか、役立つとすればどのように役立つのかを知るためには、ニューロンの接続を具体的に調べる必要があるのだ。

心の変化はコネクトームの変化だと言えるか

これまでわたしは、コネクトームの四種類の変化――再荷重［Reweighting］、再接続［Reconnection］、再配線［Rewiring］、再生［Regeneration］――について話をしてきた。これら「四つのR」は、「正常」な脳をより良いものにしたり、病気や怪我をした脳が治癒したりするために大きな役割を果たしている。「四つのR」の可能性を全面的に理解することは、神経科学のもっとも重要な目標と言えるだろう。かつてコネクトーム決定論は、これら四つの変化のうち、ひとつ、または二つ以上を否定することを、その主張の基礎としていた。しかし今日では、そういう主張は、話を単純化しすぎており、到底正しいとは言えないことが明らかになっている。コネクトームの変化を否定するそうした主張は、ある条件のもとでしか成り立たないのだ。

さらに、コネクトームの「四つのR」は柔軟な可能性をはらんでいる。少し前に、脳が傷つくと、軸索の成長が促されるという話をした。また、新皮質に損傷があると、新しく生まれたニューロンが、その部位に引き寄せられることがわかっている。[46] それもまた、新皮質には「新しいニューロンは存在しない」というルールの例外となっている。こうした損傷の影響を媒介する分子についても、研究が進められている。原理的には、そういう分子を操作することで、「四つのR」を人工的に後押しすることができるだろう。遺伝子はまさに分子操作という方法でコネクトームに影響を及ぼしており、未来の薬も遺伝子と同じ方法を使うことになるだろう。しかし「四つのR」は、遺伝子だけでなく、経験によっても影響を受ける。そのため、変化を細やかにコントロールするためには、分子操作と各種のトレーニング・メニューとを組み合わせて利用することになるだろう。

神経の変化を調べようとする科学者たちが掲げるこうした課題はいかにも面白そうだが、しかしこれらの課題に取り組むことが、本当にわれわれを正しい路線に乗せてくれるのだろうか？　この問いに対する答えは、いくつか重要な仮定が成り立つかどうかにかかっている——それらの仮定はいずれも妥当そうに見えるが、今のところはまだほとんど証拠は得られていない。決定的に重要なのは、「心を変化させることとは、究極的にはコネクトームを変化させることだ」という仮定の成否である。知覚や思考といった心の現象を、ニューロンの接続パターンにより生じるスパイクのパターンに還元するタイプの説はすべて、当然、この仮定の上に成り立っている。この仮定の成否を検証すれば、コネクトミクスに本当に意味があるのかどうかが明らかになるだろう。コネクトームの四種類の変化——四つのR——が脳の中で起こっているのは事実だが、それらの変化と学習とのあいだの関係は、今のところはまだ推測の域にとどまっている。

神経ダーウィニズムの観点からすれば、シナプスが作られ、分岐が起こり、ニューロンが生成されるのは、脳に新たな学習の可能性を与えるためである。そうした可能性の一部がヘッブの強化則に従って現実となり、それに関与するシナプス、分岐、ニューロンが生き残る。それ以外のものは、使われることのなかった可能性を一掃するために除去される。これらの説を注意深く検証することなしには、コネクトームの四種類の変化の威力を利用できるようになるとは思えない。

コネクショニズムに関するさまざまなアイディアの批判的検証は、実験に基礎を置く研究にゆだねなければならない。神経科学者たちは本当の意味でそのような研究に取り組むことなく、一世紀あまりもこのテーマのまわりで右往左往してきた。そんなことになったのも、コネクショニズムの中核となるもの――すなわちコネクトーム――が、まだ観察されていないからだ。従来ニューロン同士の接続を研究するのが難しかった、もしくは不可能だったのは、神経解剖学で用いる方法が、脳の部位間の接続を地図にするという粗い作業に頼っていたからである。

われわれはようやく、ニューロン・コネクトームを見出すという目標に近づこうとしている。だが、その近づき方を大幅にスピードアップする必要がある。C・エレガンスという線虫のコネクトームを見出すためにさえ、およそ一二年の歳月を要した。われわれの脳に近い、もう少し複雑な脳のコネクトームを見出すのは、当然ながら、線虫の場合よりもはるかに難しい。本書の第4部では、コネクトームを見出すために、今まさに開発されつつある最先端のテクノロジーを見ていくことにしよう。そしてそれらのテクノロジーが、コネクトミクスという新しい科学の中でどのように使われるかを考えてみよう。

第4部

コネクトミクス

第8章

脳細胞を撮影する方法

まったく新しい成果を生むまったく新しい手法

匂いを嗅げば食欲をそそられるし、人の話を聞くことは人間関係の要《かなめ》だが、見ることは信じることだ。真実を知りたいとき、われわれは他のどの感覚にも増して視覚に信を置く。しかしそれは単なる生物学的な偶然の結果なのだろうか？　たまたま人間の場合、感覚器官と脳がそのように進化したにすぎないのだろうか？　犬が、ワンと鳴いたり尻尾を振ったりする以上の方法で、自分の考えをわれわれに伝えることができたとしたら、「嗅ぐことは信じることだ」と言うだろうか？　暗闇の中で、超音波エコーを使って捕らえた昆虫を食べるとき、コウモリはふと食べるのをやめて、「聞くことは信じることだ」と考えるだろうか？

もしかすると、われわれ人間が他のどの感覚よりも視覚を重んじるのは、生物学よりいっそう基本的な物理学の法則に立脚する理由があるのかもしれない。物体から出る光線がレンズに侵入すると、その物体の各部分の空間的関係を保持したまま整然と屈折する。そうして生じる像には大量の情報が含まれているため、画像を操作して偽物を作るのは、コンピュータが発達するまでは非常に難しかった。

理由はどうであれ、「この目で見た」という経験は、われわれの信念形成にとって中核的な役割を果たしてきた。キリスト教の聖人たちの中には、神の姿を目にするという経験を契機に――そのヴィジョンが終末論的なものであれ、平和的なものであれ――異教を捨て、キリスト教へと転向した者が少なくない。科学は宗教とは異なり、まず仮説を立て、その仮説を経験的に検証するという方法を取っている、と言われている。しかしその科学もまた、ふとした拍子に驚くべきことを目にするという、いわば視覚的な啓示によって前進することがある。ときには、「科学することは見ること」なのだ。

本章では、目に見えない世界を明らかにするために、神経科学者たちが作り出した装置を見ていこう。そんな装置を使うことは、目の前にある本物の物体――脳――から目を逸らすことになるのではないかと心配になるかもしれない。しかし、けっしてそうではないということを、ぜひみなさんにわかっていただきたいと思う。軍事史の研究家たちは、ご贔屓の将軍の巧みな戦略や、兵士や政治家の駆け引きを追いかけることに夢中になる。しかし大きな枠組みで見れば、そうした個々の物語よりも、その背景にある技術革新のほうが重要かもしれない。兵器製造者たちは、銃、戦闘機、原子爆弾といった兵器を発明することで、どんな将軍よりも、戦争の相貌を繰り返し大きく変えてきたのだ。

科学史の研究家たちは、ものの見方を変えるような仕事をした偉大な科学者を褒め称える。しかしそれほどの賞賛は浴びないものの、むしろ科学装置を作る人たちのほうが深甚な影響を及ぼしているのかもしれない。最大級の発見は、新しい装置が発明された直後に成し遂げられることが多い。一七世紀にはガリレオ・ガリレイが望遠鏡の倍率を三倍から三〇倍へと上げ、その装置を木星に向けた。そうして木星のまわりをめぐる衛星たちが発見されたことで、あらゆる天体は宇宙の中心たる地球のまわりをめぐっているとする、それまでの知識が覆されたのだった。

一九一二年に物理学者のローレンス・ブラッグが、エックス線を使って結晶中の原子配列を調べる方法を示し、それからわずか三年後に、弱冠二五歳にしてノーベル賞を受賞した。このエックス線結晶学のおかげで、のちにロザリンド・フランクリン、ジェームズ・ワトソン、フランシス・クリック[1]は、DNAの二重螺旋構造を発見することになった。

みなさんは、二人の経済学者の対話という笑い話をご存知だろうか。一方の経済学者がこう言った。「歩道に二〇ドル紙幣が落ちてるぞ！」すると他方がこう答えた。「まさか。仮に落ちていたとしても、もう誰かが拾っているよ」。この話が嘲笑しているのは、経済学の効率的市場仮説だ。それは、公正で確実な方法で投資したのでは、平均的な収益率を上回ることはできないという、何かと異論のある主張である（もう少し我慢してほしい。われわれの話との関係はすぐに明らかになる）。

もちろん、市場平均を上回る不確実な方法ならある。ある企業についての新聞記事を読んで株を買い、それが値上がりしたら、あなたは鼻高々だろう。しかしこのような成功は、ラスヴェガスでラッキーな一夜を過ごすのと同じくらい不確実だ。一方、平均的な収益率を上回る不公正な方法もある。あなたが製薬会社で働いていて、ある薬が臨床試験で良い結果を示したことをいち早く知ったとしよう。しかしそういう非公開情報にもとづいて自社株を買えば、インサイダー取引で起訴されるかもしれない。

これら二つの方法はどちらも、「公正」で「確実」だという効率的市場仮説の条件を満たしていない。両方の条件を満たしつつ平均的収益率を上回る方法は存在しないという強い主張が、この仮説の中身なのである。プロの投資家たちはこの仮説を嫌い、自分が成功しているのは頭がいいからだと思っている。効率的市場仮説によれば、成功している投資家は、運がよいか、または悪いことをしているのだ。

効率的市場仮説に関する経験的証拠とされるものは、それを支持するものにせよ反証するものにせよ、込み入っていて一筋縄ではいかないが、理論的な根拠はシンプルだ。もしもどこかの会社の株が割安だということを示唆する情報があれば、それを最初につかんだ投資家たちがその株を買うことで株価を引き上げるだろう。したがって、歩道に二〇ドル紙幣が落ちていることはない（じっさいにはほとんど落ちていない）のと同様、良い投資のチャンスというものはない、というのがこの仮説の主張なのである。

さて、この話が神経科学とどう関係するのだろうか？　笑い話をもうひとつ紹介しよう。「すごい実験を考えついたよ！」と、ある科学者が言った。するともうひとりの科学者がこう答えた。「馬鹿なことを言うな。そんな実験があるなら、もう誰かがやっているよ」。このやり取りには真理のかけらが含まれている。科学の世界は、頭のいい働き者であふれている。すごい実験は、歩道に落ちている二〇ドル紙幣のようなものだ——これほどたくさんの科学者がいるのだから、すごい実験がそうそう残っているわけがないというわけだ。この主張を定式化するために、わたしは《効率的科学仮説》とでも言うべきものを提唱したい。公正で確実な研究方法では、平均的な成果を上回ることはできない、というのがそれだ。

では科学者はどうすれば、真に偉大な発見をすることができるのだろうか？　アレクサンダー・フレミングは、細菌を培養していたシャーレに抗生物質を作る菌が混入していたことにたまたま気づいてペニシリンを発見し、この薬の命名者となった。このような大躍進は、いわゆるセレンディピティーであって、まずめったにない幸運によってもたらされる。もう少し確実な方法を使いたければ、「不公正」なやり方を探したほうがよさそうだ。そのために役立ちそうなのが、観察と測定のテクノロジーである。

オランダで望遠鏡が発明されたらしいという噂を聞きつけたガリレオは、さっそく自分でも作ってみた。レンズをいろいろ交換して実験したり、ガラスを磨く技術を身につけたりしたガリレオは、ついに世界一の望遠鏡を作る。こうして彼は、天文学上の発見をすることにかけては、他の誰にも手の届かない位置についた。なにしろ、それまで誰も持っていなかった道具で、天を観察できるようになったのだから。もしもあなたが実験道具を購入するタイプの科学者なら、資金集めに手腕を発揮して、ライバルたちよりも優れた装置を手に入れればよい。だが、金では買えない装置を作れば、決定的に有利な立場に立つことができるだろう。

あなたがすごい実験を考えついたとしよう。もう誰かがやってしまっているだろうか？　こういうときは、まず文献を調べよう。その結果、まだ誰もやっていないようなら、その理由をよく考えてみたほうがいい。結局、それほどいいアイディアではないのかもしれない。しかし、その実験をするために必要な技術が、まだ存在していないせいかもしれない。もしもあなたがたまたまその実験に必要な道具を使える立場にあるなら、ほかに先駆けて実験できる可能性がある。

わたしの効率的科学仮説は、なぜ金で買える技術に頼らず、膨大な時間を費やして、自ら新技術を開発しようとする人たちがいるのかを説明してくれる。そういう科学者たちは、彼らなりの「不公正で有利な立場」に立とうとしているのだ。フランシス・ベーコンは一六二〇年の著作『ノヴム・オルガヌム』の中で、次のように述べた。

かつて誰も成し遂げたことのないことを成し遂げようというなら、まだ試されたことのない方法を使わなければならない。誰かが使った方法で成功できると考えるのは、不健全な妄想であり、自己矛盾である。

わたしはこの格言を強めて次のように述べたい。

かつて誰も成し遂げたことのない、しかも成し遂げる価値のあることをしようというなら、これまで存在しなかった手段を使わなければならない。

科学革命が起きるのは、新しい手段が生まれたとき——新しいテクノロジーが発明されたとき——なのだ。

コネクトームを見出すには、ニューロンとシナプスを、広い範囲で鮮明な画像にできる機械を作る必要がある。そんな機械ができれば、神経科学の歴史に重要な章を新たに書き加えることになるだろう。そこに書かれるのは、新しいアイディアというよりもむしろ、偉大な発明の数々となるだろう。どの発明も、脳を観察するうえで、これまで乗り越えられなかった障壁を乗り越えるものとなるだろう。脳がニューロンでできているということは、今でこそ常識として広く受け入れられているが、ここにたどり着くまでは苦難の道のりだった。その理由はごく簡単なことだ。ニューロンは長いあいだ、見ることができなかったからである。

顕微鏡と染色法が起こした科学革命

一六七七年に、精子を初めてその目で見たのは、織物商人から科学者に転じたオランダ人、アントニー・ファン・レーウェンフックだった。レーウェンフックは自作の顕微鏡でそれを成し遂げたが、彼自身はその発見の重要性を十分に理解していたわけではなかった。[2] 彼は、生殖を引き起こしているのは精子だ――それを取り巻く精液ではなく――と証明したわけではない。また、卵と精子が結びつく受精というプロセスの存在にも気づいていなかった。しかし、レーウェンフックの仕事は、それに続く数々の発展のために道を切り開く、まさしく画期的なものだった。

それより三年前のこと、レーウェンフックは湖から採取した水を顕微鏡で調べていた。水の中で小さな物体が動き回っているのを見たレーウェンフックは、それらは生き物なのだろうと考えた。彼はそれを「微小動物（animalculs）」と呼び、[3] ロンドン王立協会に手紙を書いた。今日のわれわれは「顕微鏡でしか見えない生物（microscopic organism）」、すなわち「微生物」というものにすっかり慣れきっているため、当時の人びとの驚きを想像するのは難しい。しかしその当時、レーウェンフックの主張は荒唐無稽なものと見なされ、でっち上げの疑惑を招いた。その疑惑を鎮めるために、レーウェンフックは、聖職者、法律家、医師を含む八名の目撃者たちによる証言の手紙をロンドン王立協会に送った。[4] それから数年後、彼の主張の正しさがついに証明され、ロンドン王立協会は彼に会員としての名誉を授けた。

レーウェンフックは、微生物学の父と呼ばれることがある。十九世紀に入って、ルイ・パストゥールやロベルト・コッホといった科学者たちが、細菌の感染により病気になる場合があることを示すと、微生物学という学問分野には実用面でもきわめて大きな意義があることが明らかになった。「細胞説」の発展にとっても、微生物学は決定的に重要だった。十九世紀に提唱され、近代生物学の転換点となった細胞説は、あらゆる生物は細胞から成り立っているという主張である。微生物は、たったひとつの細胞だけからなる生物だ。

ロンドン王立協会の会員の大半は、学問の探究に専念できる富裕な人びとだった。レーウェンフックは金持ちの生まれではなかったが、四〇歳までには科学をやれるぐらいの収入を確保した。彼は大学で勉強したわけではなかったので、ラテン語もギリシャ語もできなかった。このつましい出身の独学の人が、なぜそれほどの仕事をすることができたのだろう？

レーウェンフックは、顕微鏡を発明したわけではなかった。その手柄は十六世紀末に眼鏡作りをしていた職人たちに帰される。今もそうだが発明された当初の顕微鏡は、いくつかのレンズを組み合わせるタイプのもので、倍率はわずか二〇倍から五〇倍ほどだった。ところがレーウェンフックの顕微鏡は、強力なレンズひとつを使ってそれより一〇倍も高い倍率を達成したのである。彼はその方法を秘密にしたので、そのすごいレンズの作り方について確かなことは誰も知らない。それはレーウェンフックの「不公正」な強みだった——彼はライバルたちよりもいい顕微鏡を作ったのである。

レーウェンフックが死ぬと、彼の方法も知りようがなくなった。十八世紀になって技術が改良されると、レーウェンフックのものより倍率の高い「複合レンズ」の顕微鏡が作れるようになった。科学者たちは植物や動物の組織の構造をより鮮明に見られるようになり、そのおかげで十九世紀には細胞説が受容されるに至った。しかし脳だけは、細胞説が通用しなかった。顕微鏡を使えば、ニューロンの細胞体や、そこから伸びている枝を見ることはできた。ところが枝を少し追跡したところで、そこから先は見えなくなったのだ。見えたのはただ、ぎっしり絡まり合った塊のようなもので、何がどうなっているのか誰にもわからなかった。

その問題を解決したのが、十九世紀後半の大躍進である。カミッロ・ゴルジというイタリアの医師が、脳の組織に色をつける特殊な方法を発明したのだ。ゴルジの方法を使うと、少数のニューロンだけを染色することができた。大半のニューロンには色がつかず、それゆえ見えないままだった。図26は、まだ少し混み入って見えるかもしれないが、個々のニューロンの形が見て取れる。[6] ゴルジの科学上のライバルだったスペインの神経解剖学者、サンティアゴ・ラモン・イ・カハールは図1［13ページ］を描いたとき、顕微鏡の中に何かこれと似たようなものを見たのだろう。

ゴルジの新しい方法は途方もない前進となった。

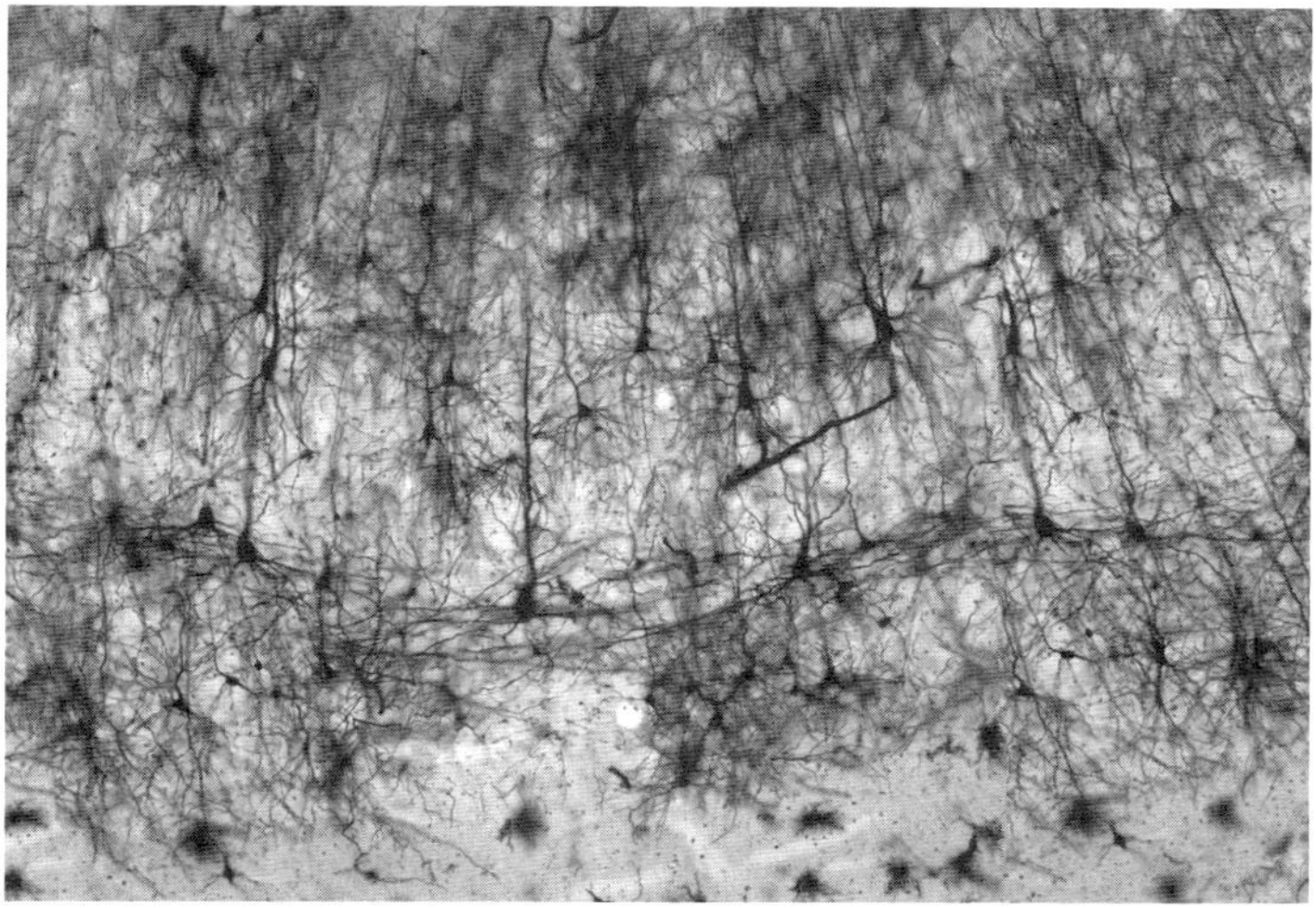

図26　ゴルジの染色法で染めたサルの大脳皮質のニューロン。

それがどういうことかを理解するために、ニューロンの枝を、黄色いスパゲッティが絡み合ったようなものと考えてみよう（スパゲッティのたとえは前にも使ったが、ゴルジはイタリア人なのでこのたとえがいっそうしっくりくる）。極端に目の悪い料理人には、スパゲッティの一本一本は識別できず、皿の上に載った黄色い塊にしか見えないだろう。そこに黒いスパゲッティが一本紛れ込めば（図27の右側）[7]、かすんだ目でも黒いスパゲッティの形を識別することができる（同、左側）。

発明品としてみた場合、染色技術よりも顕微鏡のほうが魅力的に思えるかもしれない。金属とガラスの部品でできた顕微鏡は立派に見えるし、設計には光学法則が使える。染色技術には見るべきものがあまりない。しかも悪臭がある。染色技術は設計よりもむしろ偶然によって発見されることが多い。ゴルジの染色法にしても、なぜニューロンのごく一部しか染色されないのか、いまだよくわかっていない。[8]わかっているのは、それでうまく行くということだけなのだ。いずれにせよ、ゴルジの染色法やその他の方法は、神経科学の歴史上、大きな役割を果たしてきた。神経解剖学者はよく、「脳の研究における進展は、主として染色法にある」と言う。ゴルジの方法は単にもっとも有名であるにすぎない。

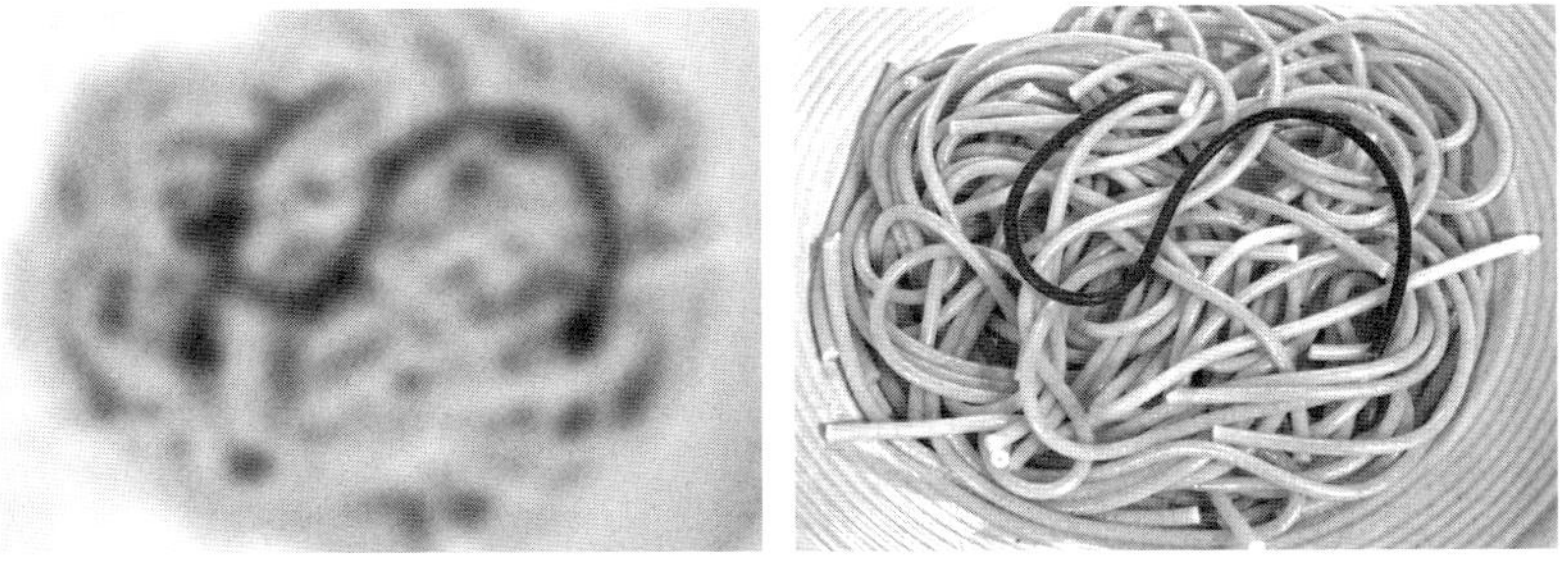

図27　ゴルジの染色法でニューロンが見やすくなる理由。鮮明なパスタの写真（右）と、ぼやけた写真（左）。

適切なテクノロジーが存在しないと、科学は長く停滞することがある。必要なデータがなければ、どれだけ大勢の優秀な人たちが問題に取り組んでも進展は望めない。十九世紀の人びとはニューロンを見るために苦労を重ねたが、その努力はゴルジがその染色法を発明するまで続いた。ゴルジの方法が発明されるとすぐに、それをきわめて効果的、かつ精力的に使いはじめたのがカハールだった。一九〇六年、ゴルジとカハールは「神経系の構造に関する仕事」に対してノーベル賞を授けられ、船でストックホルムに向かった。慣例に従って二人の科学者は、それぞれの研究について受賞講演を行った。しかし二人は共同受賞を祝うどころか、その機会をとらえてお互いを攻撃したのだ。

二人の熾烈な論争は長きにわたった。ゴルジの染色法はついにニューロンの存在を世界に向かって明らかにしたが、顕微鏡の分解能が低かったせいであいまいな点が残った。カハールが顕微鏡をのぞき込んだところ、染色された二つのニューロンが、接触してはいるが、融合してはいない部分が見えた。ところがゴルジが顕微鏡をのぞくと、ニューロンたちはそこで融合しているように見えたのだ。[9] ニューロンたちは全体として網目のようになり、いわばひとつの超細胞のようなものを形成しているようだった。

一九〇六年までには、ニューロン間には隙間があるというカハールの主張に、多くの同時代人が納得するようになった。しかし融合していないというなら、ニューロンはどうやって情報をやり取りしているのだろうか？　それから三〇年後、オットー・レーウィとサー・ヘンリー・デールが、「神経インパルスの化学的伝達に関連する発見」に対してノーベル賞を授けられた。レーウィとデールは、ニューロンは神経伝達物質と呼ばれる化学物質を分泌することによってメッセージを送り、それらを感知することによってメッセージを受信していることを示す決定的な証拠をつかんだのだ。このような「化学シナプス」を考えることにより、隙間があっても、ニューロン同士が情報を伝達できる理由を説明できるようになった。

とはいえ、シナプスなるものを見たことのある者は、ただのひとりもいなかった。一九三三年、ドイツの医者エルンスト・ルスカは初めて電子顕微鏡を作った。電子顕微鏡では、光の代わりに電子を使うため、従来の光学顕微鏡よりも、はるかに高い分解能で画像を得ることができる。ルスカはジーメンスに移籍して市販用の製品を開発し、第二次世界大戦が終わると電子顕微鏡の人気は高まった。生物学者たちは試料をごく薄くスライスし、それを撮影する方法を身につけた。こうしてついに、高い分解能でシナプスの画像を得ることができるようになった。

一九五〇年代になって初めて得られたシナプスの画像から、ニューロンはシナプスで融合してはいないことが示された。二つのニューロンを隔てる境界が鮮明に認められ、狭い隙間が見えることもあった。こうした特徴は、光学顕微鏡でははっきりと見ることができない。ゴルジとカハールが論争に決着をつけることができなかったのはそのためだったのだ。

こうしてもたらされた新たな情報により、勝利はカハールのものとなった——と思われた。しかし結局、ゴルジもまた正しかったのだ。少し前に述べたように、化学シナプスに加えて、脳には電気シナプスもある。このタイプのシナプスには、特殊なタイプのイオンチャネルが存在し、二つの細胞をつないで、一方のニューロンの内部から他方のニューロンの内部へとイオン（帯電した原子）が移動するためのトンネルの働きをしている。電気シナプスは、化学信号の介在を必要とせずに、ニューロンからニューロンへと直接的に電気信号を伝える。これにより、ゴルジが思い描いたように、二つのニューロンは事実上融合して、ひとつの超細胞になっているのである。[10]

これまでの話では、わたしはシナプスの画像を得ることを可能にした発明として、電子顕微鏡の重要性を強調した。しかし、新しい染色技術[11]が開発されたこともまた決定的に重要だった。電子顕微鏡では、すべてのニューロンを着色する「高密度」の染色法を使うことに意味が出てくる。電子顕微鏡と高密度染色を組み合わせると、神経科学者たちがすでに想像はしていたが、はっきりとは見ることができなかったもの――すなわち、多数のニューロンが枝を絡ませているのが明らかになったのだ。ゴルジ法はニューロンの形を教えてくれたが、しかしこの染色法のせいで、ニューロンは空っぽの空間のあちこちに浮かぶ島のようなものだという誤ったイメージが生まれた。現実には、脳の組織はニューロンの枝でぎゅうぎゅう詰めになっている。それを示したのが、図28の右の写真である。[12]この画像は、絡み合ったスパゲッティを包丁でスッパリ切ったときの断面に似ている。そ

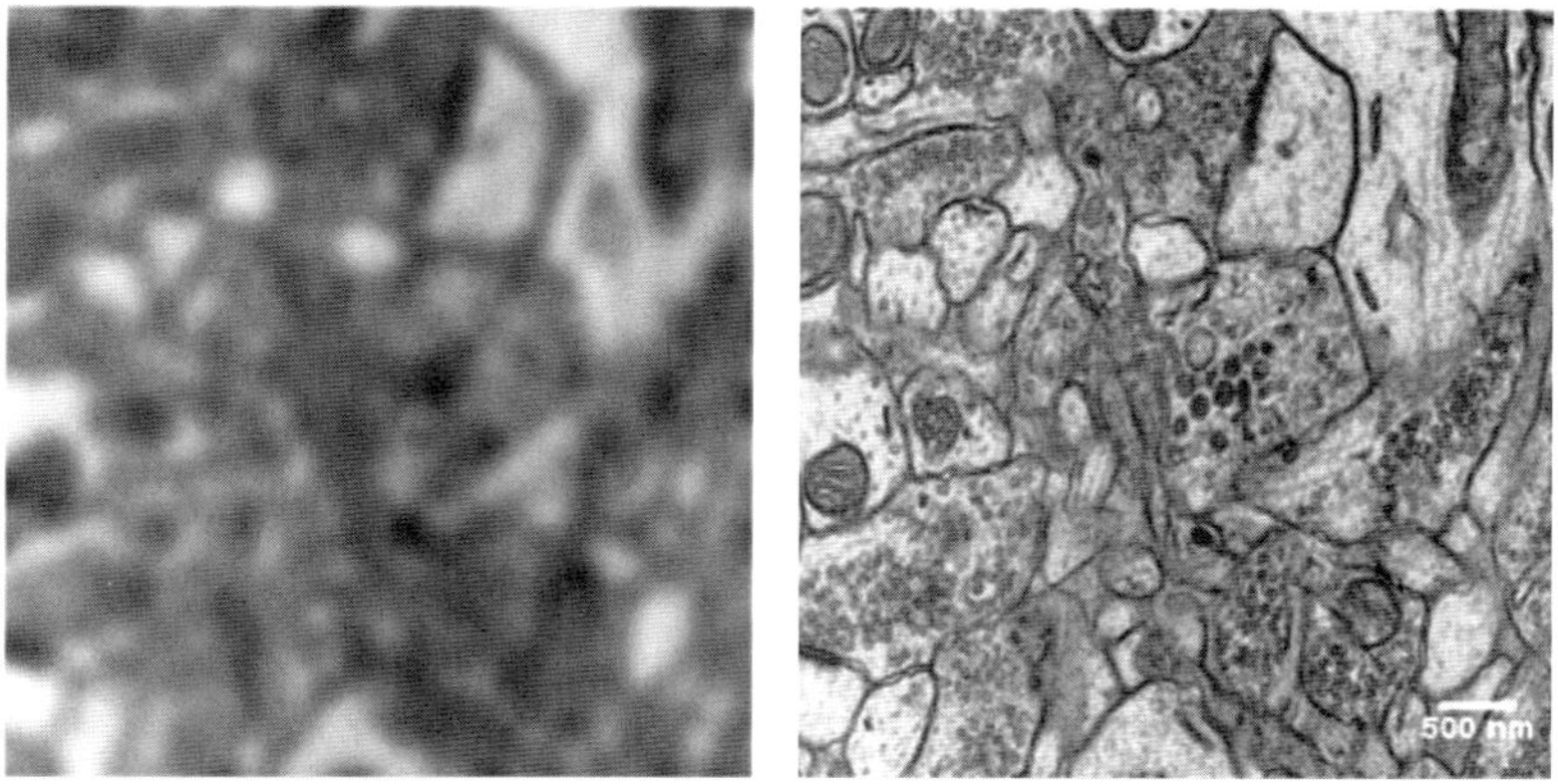

図28　軸索と樹状突起の断面を電子顕微鏡で見たもの。焦点が合った状態（右）と、わざとぼかした状態（左）。

れぞれのスパゲッティの断面は、この写真に見られるニューロンの枝の断面のように、円形または楕円形になるだろう。

物理法則は光学顕微鏡の分解能に、光の波長程度という限界を課しており、マイクロメートルの数分の一程度の大きさのものしか見ることができない。このサイズよりも小さい部分はぼやけてしまうのだ。この壁を回折限界という。[13] 図28の左側の画像は、やはり電子顕微鏡によるものだが、光学顕微鏡での見え方をシミュレートするためにわざとぼかして撮影してある。[14] ニューロンの細い枝の断面は、もはや鮮明には見えない。光学顕微鏡を使うときには、ゴルジ法のように、少数のニューロンをまばらに染色する方法が必要だったのはこのためである。電子顕微鏡では分解能がはるかに高いので、高密度染色法を使って、すべてのニューロンを同時に見ることができる。

しかし電子顕微鏡の像は、ニューロンの二次元の断面図しか見せてくれない。ニューロンの全体を見るためには、三次元の像が必要だ。三次元像を得るためには、デリカテッセンにあるハムのスライサーのハイテクバージョンのようなものを使って脳の組織をスライスしていき、それぞれの切片を撮影すればよい。「スライスする」というと簡単そうに聞こえるかもしれないが、あなたが普段食べる生ハムよりも、何万倍も薄くスライスしなければならない。そのためには想像を絶するほど特殊なナイフが必要になる。

顕微鏡による研究を進展させた「ミクロトーム」

わたしは昔からナイフに目がなかった。初めてポケットナイフを手に入れたのは、カブスカウト時代のことだ。安っぽい刃が二枚ついていて、すぐに錆びてしまった。年上の少年が見せてくれた赤いスイスアーミーナイフには、ピカピカした道具類がぎっしり詰まっていて、羨ましくて仕方がなかった。このところ気に入っているのは、カーボンステンレススチール製のドイツのシェフナイフだ（わたしは錆びのくる切れ味のよいナイフを好むほどのナイフマニアではないということだ）。このナイフを砥石で研ぐときの音や、トマトをスーッと切るときの感触が気に入っている。

一方、わたしはダイヤモンドのどこがよいのかわからなかった。なるほどダイヤはキラキラしているが、キュービックジルコニアやカットグラスもキラキラしている。ダイヤよりはむしろアクアマリンの水色や、ルビーの血のような赤のほうがずっときれいではないか！　こうした美しい色のほうが、無色透明なダイヤモンドより間違いなく情熱的だろう。

そんなわたしが、ダイヤモンドナイフに出会ってしまったのだ。

この道具がどれほど特別かをわかってもらうために、ひとつ謎かけをしてみよう。ナイフとノコギリの違いは何だろうか？　ノコギリはギザギザで、ナイフはスラリとしている、と答える人もいるだろう。[15]ナイフの刃は鋭く、ノコギリの刃はなまくらだと答える人もいるだろう。しかし顕微鏡で見れば、そんな区別は消えてなくなる。肉眼ではどれほど鋭利に見えても、金属ナイフである以上、拡大すればどの刃もなまくらでギザギザなのだ。寿司職人の研ぎあげた包丁でさえ、棍棒のように見える。

しかし、顕微鏡で見ても品質の高さを失わないナイフがある。研ぎ澄まされたそのナイフの刃は、電子顕微鏡で見ても完璧に鋭利でなめらかだ。その幅はわずか二ナノメートル、炭素原子一二個分ほどだ。[16]原子スケールの小さな欠落があるかもしれないが、特に高品質の刃ではそれすらもめったにない。図29を見れば、金属ナイフに対するダイヤモンドナイフの優位性は明らかだろう。

　ダイヤモンドナイフは、数世紀にわたる顕微鏡の歴史上で使われてきたさまざまな刃の中で、もっとも進歩した刃である。植物と動物の組織の細胞構造は、薄くスライスすればするほど見やすい。光学顕微鏡では、観察用の試料は人の毛髪ほどの薄さにスライスする必要がある。顕微鏡が発明されてまもない頃は、試料はかみそりの刃を使って、人間の手で作られていた。十九世紀になって、ミクロトームと呼ばれる機械が開発された。ミクロトームは、均一な厚みの切片を作るために、試料となる組織を、一定の距離の刻みで刃に近づけていく（あるいは刃を組織に近づける）仕組みになっている。

　ミクロトームを使えば、数マイクロメートルの厚みに組織をスライスすることができる。これは光学顕微鏡には十分すぎるほど薄いが、電子顕微鏡が発明されると、もっと薄い切片を作る必要が生じた。一九五三年にはキース・ポーターとジョーゼフ・ブルムが、最初のウルトラミクロトームを製作した。[17] ウルトラミクロトームを使えば、なんと五〇ナノメートルという驚異的に薄い切片を作ることができる。これは人間の毛髪の太さの数千分の一という薄さだ。当

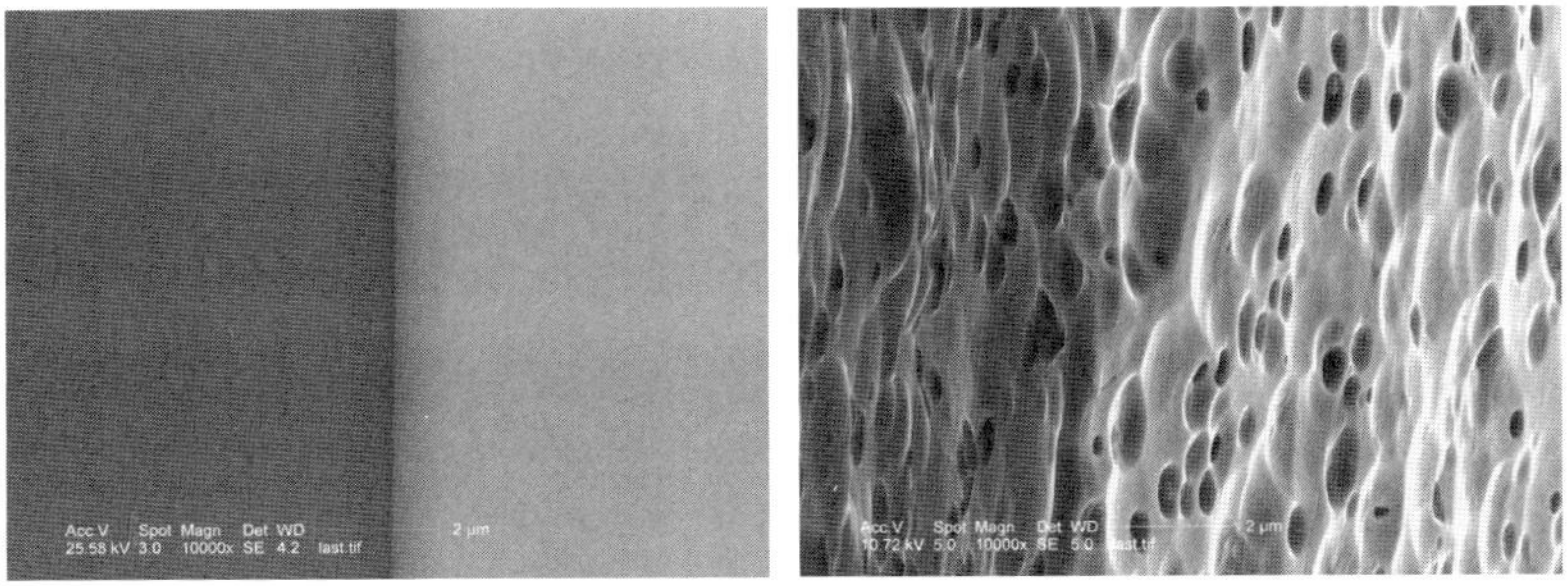

図29　ダイヤモンドナイフ（左）と金属ナイフ（右）。

初ウルトラミクロトームにはガラス製のナイフが用いられたが、ダイヤモンドナイフのほうが優れていることが示された。ダイヤモンドナイフは完璧に鋭いため、試料の切り口がきれいになり、何回スライスしても切れ味が鈍りにくいのだ。すでに読者はお気づきのように、脳をウルトラミクロトームでスライスするためには、非常に注意深く組織を準備しなければならない。脳は豆腐のように柔らかく、生のままスライスすると崩れてしまうため、あらかじめエポキシ樹脂に埋め込んで、プラスチックの硬いブロックにする。

ウルトラミクロトームは初めのうち、この章に示した図のような、二次元の画像を得るために使われていた。一九六〇年代になると、研究者たちは、たくさんの連続した切片をつぎつぎと撮影するという、当然踏むべき次のステップに進んだ。それは《連続電顕法》として知られる方法で、多数の切片について得られた二次元画像を積み重ねることにより、組織の三次元像を再構築する。原理的には、脳の組織の一部分に含まれるニューロンとシナプスをすべて含むような三次元像を作ることは可能だし、脳全体の画像を作ることもできるだろう。それこそはコネクトームを見出すためにやらなければならないことだ。しかし現実的なことを言えば、そのやり方は途方もなく手間がかかる。脳の切片は非常に崩れやすく、電子顕微鏡にセットするのは容易ではない。切片は傷つきやすく、簡単に行方不明になる。ほんの小さな脳の組織断片から、きわめて薄い切片が膨大に作られるため、間違いの入り込む機会はいくらでもある。

数十年ものあいだこの問題を解決する方法はなかった。しかしやがてひとりのドイツ人物理学者が、シンプルかつ華麗なアイディアを得た。

コネクトームを見るための技術開発

ハイデルベルクはドイツの美しい街で、フランクフルトから車でおよそ一時間の距離にある。一見すると、未来のテクノロジーを育むような土地柄とは思えない。大勢の観光客を引き寄せているのは、崩れかけた古城だ。石畳の敷き詰められた旧市街のそここには、ループレヒト・カール大学のにぎやかな学生たちに食事を提供するバーやレストランがある。もしもあなたが思索に耽りたい気分なら、哲学者の道に向かってみよう。ネッカー川を見下ろすみごとな景観のその道に行けば、ヘーゲルやハンナ・アーレントら、ハイデルベルク知識人の精神と対話することができる。

ネッカー川にかかる橋のひとつからほど近く、ヤーン通り二九番地に立つ煉瓦造りの建物が、マックス・プランク医学研究所だ。見た目は地味な建物だが、その歴史の中で五人のノーベル賞受賞者を輩出している。この研究所は、ドイツ科学の宝というべきマックス・プランク協会が運営する、八〇のエリート施設のひとつである。各研究所では数名の理事が運営にあたり、予算は潤沢で、研究助手や腕のよい技術スタッフが脇を固めている。マックス・プランク協会の運営にかかわる決定は、協会の会員である数百人の理事たちの投票によって下される。それはきわめて閉鎖的な会員制クラブだ。

ヤーン通り二九番地で、かつて理事を務めていたベルト・ザックマンは、今日では神経生理学者の標準的な道具のひとつであるパッチクランプ法の発明によりノーベル賞を共同受賞した人物である。その彼が、この研究所の新しい理事のひとりに迎えたのが、物理学者のヴィンフリート・デンクだ。

デンクはがっしりとした体格で、まるでドイツの封建領主のような存在感がある（それも不思議はないのかもしれない。今日の世界におけるマックス・プランク協会理事は、封建領主と同じくらい近づきがたい存在なのだから)。デンクは気のきいたおしゃべりでも人を脱帽させる。科学の研究所というのは、コメディアンとしての才能に恵まれた人たちを引き寄せるような場所ではないが、引き寄せられた芸達者な人もいないわけではない。わたしは、ある優秀な応用数学者のセミナーのことをけっして忘れないだろう。それはセックス、ドラッグ、ロックンロールをふんだんに盛り込んだ講演で、わたしは笑いすぎて胃が痛くなり、頬を涙が伝い、目がうるんでよく見えなくなったほどだ。デンクが繰り出す冗談を聞けば、彼の頭の回転の速さがよくわかる。しかし彼のおしゃべりを堪能するためには、あなたは夜更かしをしなければならない。なぜならデンクは、日が高くなってから起き出して、朝方まで仕事をするという、「ドラキュラのような夜型」の人だからである。それでも彼の冗談には、夜更かししても聞くだけの価値がある。真夜中を回ったくらいから、ジョークや警句が止めどなく流れ出すのだ。

ヤーン通り二九番地の地下には、特殊な囲いで温度変化から守られた、三台の電子顕微鏡がある。ポンプを使って顕微鏡の金属チャンバーから空気を抜き、電子が気体分子とぶつかることなく自由に飛べるようにする。ここにある三台の顕微鏡は少々気難しく、いつもどれか一台は故障しているほどだ。しかしそれ以外は、数週間から数カ月ものあいだ、かたときの休みもなく脳の組織の画像データを撮り続けている。

デンクが初めてハイデルベルクにやって来たとき、彼はすでに二光子顕微鏡の発明者のひとりとして世界的な有名人だった(145ページで述べたように、この装置のおかげで、生きた動物の脳内におけるシナプスの生成および除去が観察できるようになった)。こうして光学顕微鏡による研究を革新したデンクは、次に電子顕微鏡による連続撮影を自動化してやろうと考えた。彼の戦略はごく簡単なことだった。切片を作ってそれを撮影するのではなく、試料の表面をつぎつぎとスライスしていき、そのつど新しく現れた表面を撮影しようというのである。

二〇〇四年、デンクはその新しい発明を世に問うた。彼の発明は本質的に、電子顕微鏡の真空チャンバーの内部に、自動化されたウルトラミクロトームを据え付けたものだ。[18] 彼はその方法を、「連続切削面走査電子顕微鏡法（ＳＢＦＳＥＭ）」と呼んだ[19]（走査電子顕微鏡（ＳＥＭ）シリアルブロックフェース（ＳＢＦ）法、またはＳＥＭ連続断面観察法などと呼ばれることもある）。脳組織のブロックに電子を当てて反跳させることにより、そのブロック面の二次元画像が得られる。次に、ウルトラミクロトームの刃でブロックの表面を薄く削り取り、そうして現れた新しい面をふたたび撮像する。このプロセスを繰り返すと、従来の連続電顕法で作ったものと同様の二次元画像がどんどん蓄積されていく。

薄い切片ではなく、ブロック面を撮像するのには理由がある。切片は脆いのに対し、ブロックは頑丈だからだ。たとえ切片を紛失するようなミスは犯さなかったとしても、ひとつひとつの切片にはどうしても歪みが生じる。そういう切片の画像を積み重ねていけば、全体としての画像にも歪みが生じるのは避けられない。それに対して堅牢なブロックはほとんど歪まないので、ほとんど、ないしまったく歪みのない画像が得られるのだ。

連続断面観察法のおかげで、ウルトラミクロトームを電子顕微鏡の内部に置き、切断と撮像をまとめて自動化できるようになった。ウルトラミクロトームで作った薄い切片を顕微鏡に移動させて観察するという、何かにつけてミスが起こりやすいプロセスを省くことにより、結果として得られる画像への信頼性も高まった。ブロック面をスライスする厚みは二五ナノメートルという薄さで、[20] 従来のミクロトームでスライスしたり集めたりした場合の五〇ナノメートルの、わずか半分である。

登山家と同様、科学者たちは一番乗りになろうと躍起になる。栄光は最初の発見者に与えられ、二番手以降には与えられない。しかし、科学はベンチャー企業に投資するのと似たところもある――どんなにすごいアイディアでも、時期尚早ならばビジネスとして実を結ばない。デンクは二〇〇四年の論文に、彼よりも早い一九八一年に、同様のアイディアを得たスティーヴン・レイトンという発明家の名前を挙げている。レイトンの発明は時期尚早だったせいで実用にはならなかった。その方法で得られるデータは、当時は扱いきれないほど大量だったのだ。デンクがレイトンの仕事を知らずに同じアイディアを得る頃までには、大量のデータを溜め込めるだけのコンピュータが開発されていた。

あるアイディアの時代が到来したかどうかは、どうすればわかるのだろう？ 投資の場合、後になってはじめて、あのときがチャンスだったとわかる。でもそのときには手遅れなのだ。それと同じく、科学上のアイディアが実用化できるタイミングも、過ぎてしまってからそれとわかることが多い。時代が到来したことを示す兆候のひとつに、二人の人物が同時に同じ発明をするということがある。しかし、それよりいっそうはっきりした兆候は、同じ問題に対して異なる二つの解決策が登場することだ。小さな対象を見るプロセスについていえば、デンクの仕事に匹敵する、もうひとつの自動化への試みがあった。

連続電顕法の黄金時代は近い

ハーバード大学の北西棟と呼ばれる建物には、蔦が絡まない。つるりとしたガラスの壁には、歴史を感じさせるようなものは何もなく、ハーバード大学の中でも最先端の科学研究が行われている建物にふさわしい外観だ。広々としたロビーに歩み入り、さまようように地下に降りていき、その一室に入る。するとあなたの目の前に、ループ・ゴールドバーグ［簡単なことを荒唐無稽な連鎖反応で実行する装置を描いた漫画家］風の珍妙な機械が現れる（図30）。どこを見るべきかわからずに視線をさまよわせると、小さなプラスチックのブロックがゆっくりと動いているのが目にとまる。薄いオレンジ色を帯びた透明なブロックに、黒い組織が埋め込まれている。その黒いものが、着色されたマウスの脳の一部だ。

この機械には、ゆったりと回転している部品もある。一九七〇年代のテープレコーダーのように、ひとつのリールからもうひとつのリールに、プラスチックのテープが巻き取られているのだ。ふと見ると、機械のそばにはテーブルがあり、その上

図30　ハーバード大学のウルトラミクロトーム。

にもうひとつのリールが載っている。そのテープを少しほどいて光に透かしてみると、一定の間隔で脳の切片［脳を含むプラスチック・ブロックのスライス］が見える。こうしてついにあなたは、その機械が何をするものかを知る。ひとかたまりの脳［を含むブロック］をスライスしては、その切片をテープの上に載せていき、映画フィルムのようなものを作る装置なのだ。

切片を作ることは、それだけでも十分に難しい。しかし切片を回収するのは、さらに難しい。アマチュアの料理人なら知っているように、薄くスライスされた素材は、まな板の上に整然と並んではくれず、包丁に張りついてしまう。普通、ウルトラミクロトームでは、この問題を解決するために水槽が使われる。ナイフを水槽の一端に取り付け、スライスされた切片が水面にうまく広がるようにする。その後、技師がその切片をひとつひとつ水から引き上げ、電子顕微鏡にセットして撮像する。

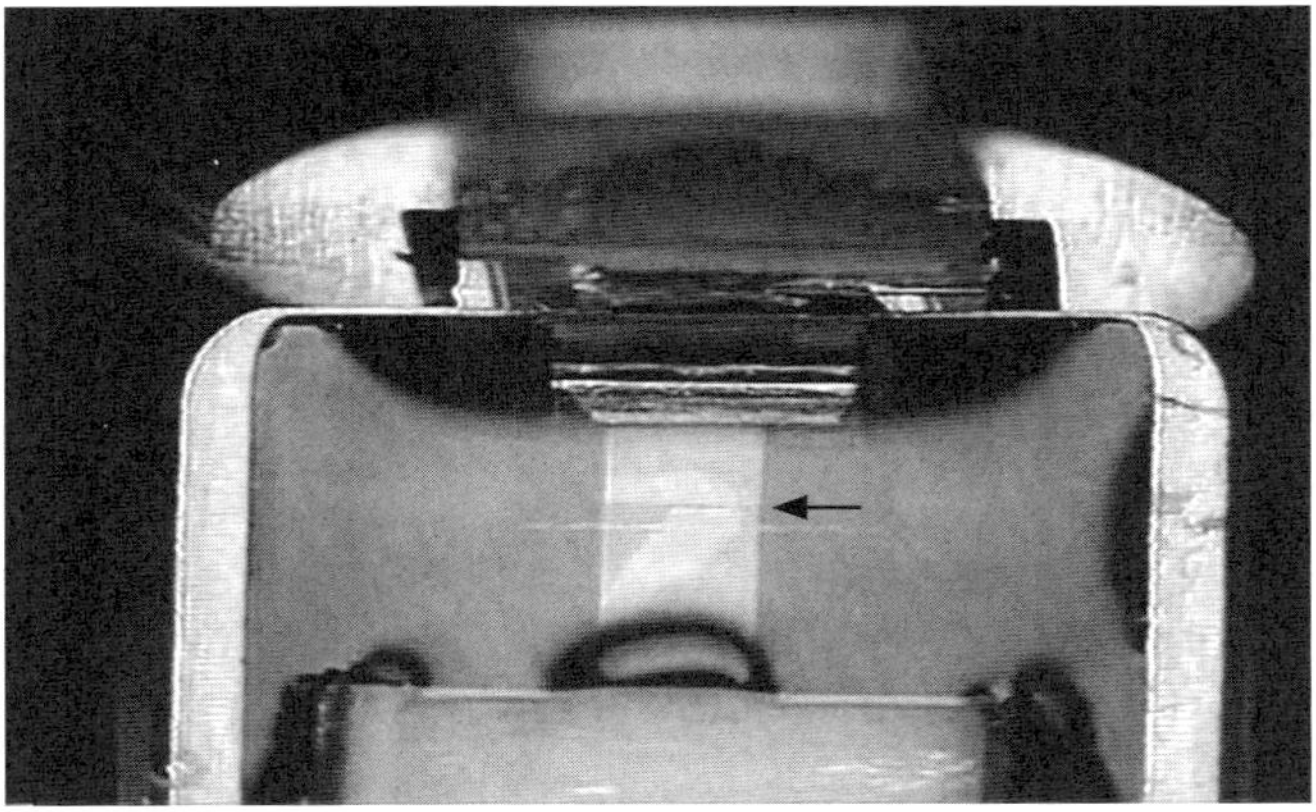

図31　スライスされたばかりの脳の切片がプラスチックテープにくっつき、水から引き上げられている。矢印の位置に2つの切片のあいだの隙間が見える。

このプロセスで切片の取り扱いに不手際があると、試料に見苦しいシワがよったり、切片そのものが紛失してしまったりする。

ハーバード大学のウルトラミクロトームも、普通のものと同様、脳の薄い切片をナイフから引き離すために水槽を利用している。ハーバードの装置の新しいところは、プラスチックテープが使われていることだ。そのテープがベルトコンベヤのように、切片を載せて水面から上がってくる（図31の下のほうに、そのプラスチックテープが見える。注意してみると、垂直になったリボン上で、マウスの脳の二枚の切片が隣り合わせになっているのが見えるだろう）。動いていくテープに切片がひとつずつ張りついて、水中から空気中に引き上げられると、すみやかに乾燥する。こうして、厚みのある強靭なテープに脆い切片がつぎつぎとくっつき、リールに巻き取られていく。ポイントは、技師が切片を手で水から引き上げる必要がないため、人間のミスが入り込む余地がないことだ。また、このプラスチックテープは丈夫で、まず壊れる心配はない。

このATUM（the automated tape-collecting ultramicrotome：テープ上に連続切片を自動で回収するウルトラミクロトーム）のプロトタイプが最初に製作された場所は、もっとつつましい施設だった——ハーバード大学から何千キロメートルも離れた、ロサンゼルス近郊のアルハンブラ市のガレージである。発明者のケン・ヘイワースはほっそりとした長身で、眼鏡をかけ、しっかりとした足取りで歩き、意志の強そうな話し方をする。NASAのジェット推進研究所のエンジニアだったヘイワースは、もともと宇宙船の慣性誘導装置の作成に携わっていた。その後進路を変更して、南カリフォルニア大学の神経科学の博士課程に入学する。ヘイワースは気力と体力にあふれている。そんな彼だからこそ、博士課程の研究のかたわら、自宅のガレージで脳をスライスする新しい機械を作ることができたのだろう。

そのATUMのプロトタイプでは、電子顕微鏡には厚すぎる一〇ミクロンの薄片しか作ることができなかったが、基本的な考え方の正しさは明らかだった。そんなある日、ヘイワースは思いもよらぬ電話を受け取った。電話の相手はジェフ・リクトマン。シナプスの除去を専門とするハーバード大学の研究者で、共同研究をしないかと言うのだった。ヘイワースはハーバード大学に作業場を設営し、普通のウルトラミクロトームで作れる五〇ナノメートルの薄片を作成できるATUMを完成させた。しかしリクトマンは、さらに薄いものを作れるはずだとヘイワースを励まし、最終的にその機械で三〇ナノメートルの薄片を作れるようになった。[21] その薄片の像を撮影するために、ヘイワースはナラヤナン・〝ボビー〟・カストリと、まるで漫才のようなコンビを組んだ。研究室のメンバーたちは、髪がもじゃもじゃで奇想天外な話をするカストリのほうが見た目はおかしいが、本当にクレイジーなのはむしろヘイワースのほうだ、などとジョークを言った（このジョークについては、少し後で改めて取り上げる）。この二人とリチャード・シャレクが撮像のために使ったのは、デンクが改良したのと同じ走査電子顕微鏡だった。

デンクの発明のおかげで薄片を扱う手間がなくなった。ヘイワースは回収の手続きの信頼性を上げた。ほかの発明家たちも、それぞれのアプローチで薄片作りと撮像技術の改良に取り組んだ。たとえばグレアム・ノットは、イオンビームを使って、試料のブロックの表面を数ナノメートルの薄さぶんずつ削り取れることを示した。ノットのテクニックはデンクのものと似ているが、ダイヤモンドナイフを使う必要がない。[22] こうした発明はほんのはじまりにすぎず、この道のりを進んだ先には、連続電顕法の黄金時代が待っているだろう。

その黄金時代には神経科学にとって新しい難題もある——それは情報過多の時代なのだ。脳の組織一立方ミリメートルからペタバイト（2^{50}＝約一〇〇〇兆バイト）の画像データが生まれる。これは一〇億個の画像を含むデジタル写真アルバムに相当する情報量だ。マウスの脳一個はそれより一〇〇〇倍大きく、人間の脳一個はさらに一〇〇〇倍大きい。つまり、切片づくり、切片の回収、撮像の改良を進めるだけでは、コネクトームを見出すには不十分なのだ。すべてのニューロンとシナプスを画像化しようとすれば、情報が怒濤のように流れ込み、その莫大な情報量にはどんな人間の理解力もおし流されてしまうだろう。コネクトームを見出すには、単に画像を作るための装置だけでなく、そうして作られた画像を見るための装置も必要なのだ。

第9章

脳の配線をたどる

コネクトームを「見る」とはどういうことか

古代ギリシャの伝説によれば、ミノス王は、神々への犠牲《いけにえ》とするためにではなく、自分自身のために、美しい白い牛を飼っていた。神々はそんなミノス王の欲深さに怒り、彼の妻の心を狂わせて、その牛に欲情するように仕向けた。その妻から生まれたのが、二本の足と二本の角を持つ怪物ミノタウロスである。ミノス王は、妻が産んだそのおぞましい子を、偉大な工匠ダイダロスの手になる迷宮ラビュリントスに閉じ込めた。あれこれあった末に、英雄テセウスがアテナイからやってきて、ミノタウロスを殺害する。その後迷宮から脱出するために、テセウスは、ミノス王の娘であり、自分の恋人となったアリアドネがくれた糸をたどった。

コネクトミクスは、この神話とどこか似ているような気がするのだ。ラビュリントスと同じく脳もまた、強欲や欲情といった破壊的感情によって引き起こされた事態に対処しなければならないが、その一方で創意工夫や愛の行動を触発する。テセウスが迷宮の曲がりくねった細道をたどったように、あなたが自分の脳の軸索や樹状突起の中を進んでいくことを想像してみよう。あなたは一個のタンパク質分子となって、分子の車に乗り、分子の道を走っている。生まれ故郷の細胞体を離れ、遠方の目的地である軸索の末端に送られるのだ。あなたはじっと車の座席に座ったまま、軸索の壁面が流れ去るのを見つめている。[1]

もしもこの旅に興味が持てそうなら、あなたをバーチャルな旅にお誘いしたい。脳そのものではなく、脳の画像の中を旅するのだ。第8章で取り上げた機械によって集められた大量の画像を突っ切って、軸索や樹状突起の道をたどる。その旅は、コネクトームを得るためには不可欠な作業だ。脳の接続地図を作るためには、どのニューロンとニューロンがシナプスでつながっているかを知らなければならず、それを知るためにはまず、各ニューロンがどこをどう通っているのか——つまりは脳の「配線」——を知らなければならない。

しかもコネクトームの全貌を知るためには、脳という迷宮にめぐらされた細道をひとつ残らず踏破する必要がある。たった一立方ミリメートル分の地図を作るにも、何キロメートルもの樹状突起をたどり、ペタバイトもの画像を走り抜けなければならない。そんな労力と注意深い分析が、決定的に重要なのだ——素朴に画像を見るだけでは何もわからないだろう。こういう科学のやり方は、木星の衛星を見たガリレオや、精子を覗き見たレーウェンフックのそれとはかけ離れていると思うかもしれない。

「科学することとは見ることだ」と言うときの「見る」という行為は、現代のテクノロジーによって極限まで推し進められようとしている。自動化された装置類によって今も着々と収集されている画像のすべてを把握できる者はいない。しかし、こうなってしまったのがテクノロジーのせいだとすれば、それを解決できるのも、やはりテクノロジーなのだろう。コンピュータなら、すべての画像の中の、あらゆる軸索や樹状突起の経路をたどることができるかもしれない。もしも機械が作業の大半を肩代わりしてくれるなら、われわれはコネクトームを見ることができるだろう。

扱うデータが膨大になるのは、コネクトームだけの問題ではない。たとえば、科学プロジェクトとしては世界最大規模の大型加速器であるＬＨＣは、地下一〇〇メートルという深さに埋設されたリング状のチューブで、スイスのレマン湖とジュラ山脈との中ほどに掘られた、長さ二七キロメートルのトンネル内に設置されている。ＬＨＣは、陽子を猛烈な速度に加速して相互に衝突させることにより、素粒子間の力を探る装置だ。そのリングのある一カ所に、「コンパクト・ミュー粒子ソレノイド」と呼ばれる巨大な検出器が設置されている。その検出器は一秒間に一〇億回の衝突を検出できるように設計されており、[2] その一〇億件の中から、コンピュータが自動的に一〇〇件の衝突を選び出す。興味を引く一〇〇件の衝突だけが記録されるのだが、それでもなお流れ込むデータは膨大な量にのぼり、ひとつの衝突でメガバイトを上回るデータが発生する。そのデータは世界中のスーパーコンピュータ・ネットワークに送られて解析される。

哺乳類の脳のコネクトームの全貌を知るためには、ＬＨＣよりも速いペースで大量に画像データを生成する顕微鏡が必要になるだろう。それほどのデータ生成速度に追いつける速さでデータを解析することは、はたして可能なのだろうか？　Ｃ・エレガンスのコネクトームを作り上げた科学者たちも、これと同じ問題に直面した。彼らが驚いたことに、たいへんなのは画像を集めることより、むしろそれを解析することのほうだったのだ。

線虫C・エレガンスのコネクトーム研究の苦難

一九六〇年代半ばのこと、南アフリカ出身の生物学者シドニー・ブレナーは、小さな神経系なら、連続電顕法を使って、そこに含まれるすべての接続を地図にできることに気がついた。当時はまだ、《コネクトーム》という言葉は生まれておらず[3]、ブレナーはそれを「神経系の再構築」と呼んだ。ブレナーはケンブリッジ大学に置かれているイギリス政府の医学研究局（Medical Research Council:MRC）分子生物学研究所で仕事をしていた。当時、ブレナーをはじめこの研究所の人たちは、C・エレガンスを遺伝学研究のモデル生物にしようとしていた。後年、この線虫はゲノムの塩基配列がすべて解明された最初の動物となり、今日、C・エレガンスを研究対象としている者は数千人にのぼる。

ブレナーはそのC・エレガンスが、行動の生物学的基礎を理解するためにも役立つのではないかと考えた。この線虫は、摂食、交尾、産卵のような標準的行動をする。また、ある種の刺激に対して、つねに同じ反応をする。たとえば頭部に触られると、きゅっと身を縮めて泳ぎ去る。こうした標準的な行動のどれかをうまくできない個体がいたとしよう。その個体の子孫が同じ問題を受け継いでいるとすると、原因は遺伝的な欠陥にあると考えることができ、それを突き止めることが研究のテーマとなりうる。このようなタイプの研究をすれば、遺伝子と行動の関係を解明することができるだろうし、それだけでも十分にやってみる価値はある。それに加えて、突然変異を持つ虫の神経系を調べれば、研究の価値はさらに上がるに違いない。欠陥のある遺伝子のせいで壊れてしまったニューロンや経路を突き止めることもできるだろう。線虫を調べることで開かれる展望は、遺伝子、ニューロン、行動という、すべてのレベルにおいて胸躍るものだった。ところがその研究計画の成否は、ブレナーがまだ手に入れていない情報にかかっていたのだ。すなわち、正常な線虫の神経系の地図である。それがなければ、突然変異を起こした線虫の神経系のどの部分が、正常な線虫のそれと違うのかを知ることができない。

ブレナーは、二十世紀初頭にドイツ系アメリカ人生物学者のリヒャルト・ゴールドシュミット[4]が、カイチュウ（*Ascaris lumbricoides*）の神経系の地図を作ろうとしたことを知っていた。ゴールドシュミットの光学顕微鏡には、ニューロンの枝の分岐やシナプスが識別できるほどの分解能はなかった。ブレナーはゴールドシュミットと同じことを、電子顕微鏡とウルトラミクロトームという強力な道具を使ってやってみることにした。

C・エレガンスは、体長わずか一ミリメートルしかなく、人間という宿主の小腸内で体長三〇センチメートルにもなるカイチュウよりもはるかに小さい。そのため、ちょうど小さなソーセージをスライスするようにC・エレガンスをスライスして、電子顕微鏡で使えるほど薄い切片を作ったとしても、数千枚程度にしかならない。ブレナーのチームのメンバーであるニコル・トムソンがその仕事に取り組んだ。スライスするプロセスが自動化されていなかった当時の技術では、線虫一匹を完璧にミスなくスライスするのは無理だったが、それでもトムソンは線虫の大部分を切片にすることができた。そこでブレナーは、何匹かの線虫から得られた画像を組み合わせて使うことにした。線虫の神経系はきわめてよく標準化されているので、複数の虫を使うのは戦略として妥当だったのだ。

トムソンはたくさんの線虫をスライスし、線虫の体のあらゆる部分が少なくとも一度は含まれるようにした。それらの切片はひとつひとつ電子顕微鏡にセットされ、画像が作成された（図32）。この手間のかかるプロセスを経て、最終的にC・エレガンスの神経系全体を含む画像が得られた。そこには線虫のすべてのシナプスがあった。

ブレナーのチームはこうしてこの仕事を完了したのだろう、と思われるかもしれない。コネクトームとは、シナプスの総体のことではなかったのだろうか？　じつをいえば、神経系のすべてを含む画像が得られたことで、彼らはようやく出発点に立ったのだ。シナプスを全部見ることができるようにはなったが、それらがどう組織化されているかはわからなかった。それはちょうど、大量のシナプスがごちゃごちゃに詰め込まれた袋に手を突っ込んだようなものだ。コネクトームを見出すためには、どのシナプスがどのニューロンに属するかをひとつひとつ確定していかなければならない。画像をひとつだけ見ても、ニューロンの二次元断面が見えるだけのことだ。しかし、ひとつのニューロンの断面を連続的に見ていくことができ

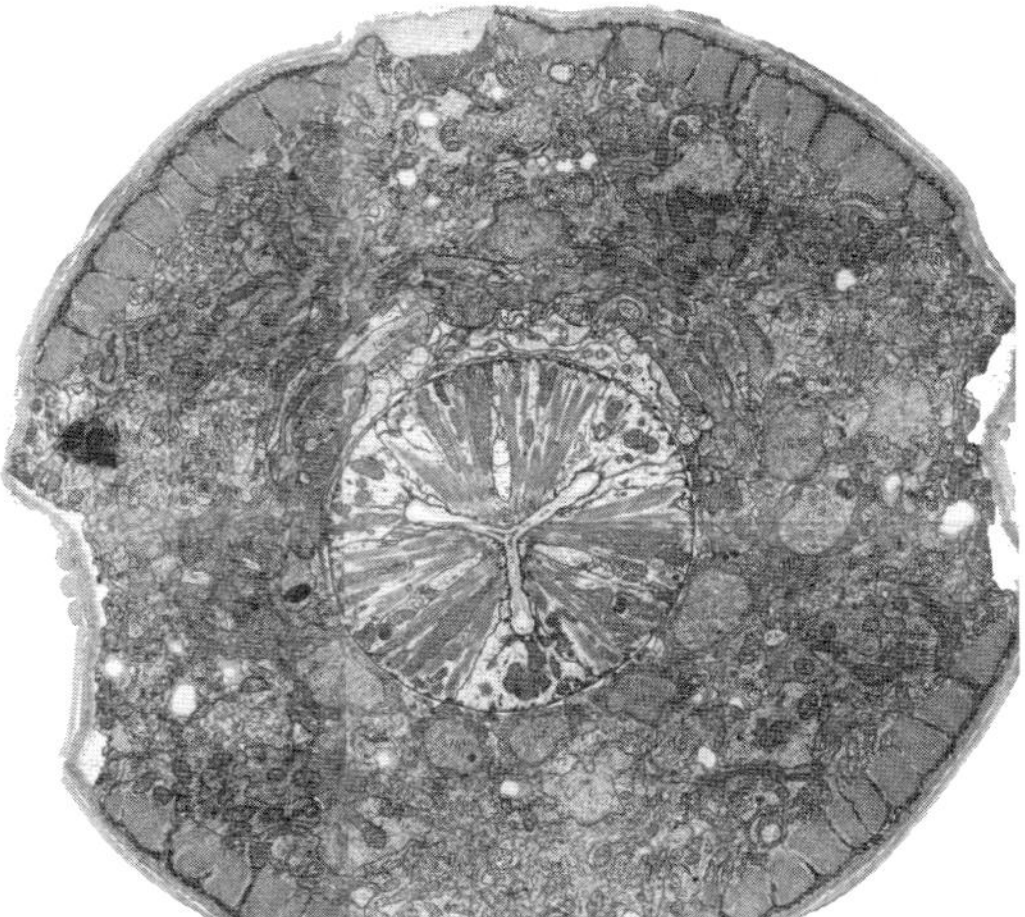

図32　C・エレガンスをスライスした断面のひとつ。

れば、どのシナプスがそのニューロンに属しているかがわかる。すべてのニューロンについてそれをやれば、コネクトームが得られるだろう。換言すれば、それを完遂して初めて、ブレナーのチームはニューロン同士の接続を知ることになるのだ。

ここでもう一度、この線虫を小さなソーセージだと考えてみよう。しかし今回は、そのソーセージにはスパゲッティが詰められているものとする。[5] スパゲッティは線虫のニューロンであり、われわれの仕事はそれをたどっていくことだ。われわれの眼では、エックス線透視のように線虫の内部を見ることはできないので、肉屋さんに行って、このソーセージを薄切りにしてくださいと頼む。薄切りになったものを平らに並べて、それぞれのスパゲッティの断面をつぎつぎと追跡していく。

間違いなく正確に追跡したければ、スライスは非常に薄くなければならない――その厚みは、スパゲッティの直径よりも小さな数値であるべきだ。それと同じく、C・エレガンスをスライスしたものの厚みは、ニューロンの枝よりも薄くなければならない。つまり、ニューロンの枝の直径である一〇〇ナノメートルよりも薄くしなければならない。ニコル・トムソンは、厚さ約五〇ナノメートルの切片を作った。それはほとんどすべてのニューロンの枝を信頼性をもって追跡できるギリギリの厚みである。[6]

もともと電子工学が専攻だったジョン・ホワイトは、画像解析をコンピュータ化しようとしたが、当時の未熟なテクノロジーでは無理だったため、技術者のアイリーン・サウスゲートと二人で手動で画像を解析するしかなかった。図33に示すように、二人は、同じニューロンの断面に、同じ番号または文字を書き込んでいった。ホワイトとサウスゲートは、あたかもアリアドネが与えてくれた糸をほどきながらラビュリントスの出口にたどり着いたテセウスのように、つぎつぎと画像を見ては、ひとつのニューロンの断面に同じ番号を書き込んでいった。[7] その後、個々のシナプスに戻り、それが接続する二つのニューロンの文字または番号を書き込んだ。こうしてC・エレガンスのコネクトームがゆっくりと姿を現した。

一九八六年にブレナーのチームは、それより数世紀前にレーウェンフックが会員に迎えられたのと同じ、ロンドン王立協会の会誌『哲学通信』の一号をすべて使って、C・エレガンスのコネクトームを発表した。その論文のタイトルは「線虫エレガンス（*Caenorhabditis elegans*）の神経系の構造」だったが、むしろその内容を雄弁に語っていたのは、「線虫の頭脳」という欄外見出しだった。本文は、読者の期待をそそる六二ページのオードブルにすぎない。メインディッシュは、二七七ページの付録のほうだ。そこにはこの線虫の三〇二個のニューロンと、それらのシナプス接続が示されていたのである。[8]

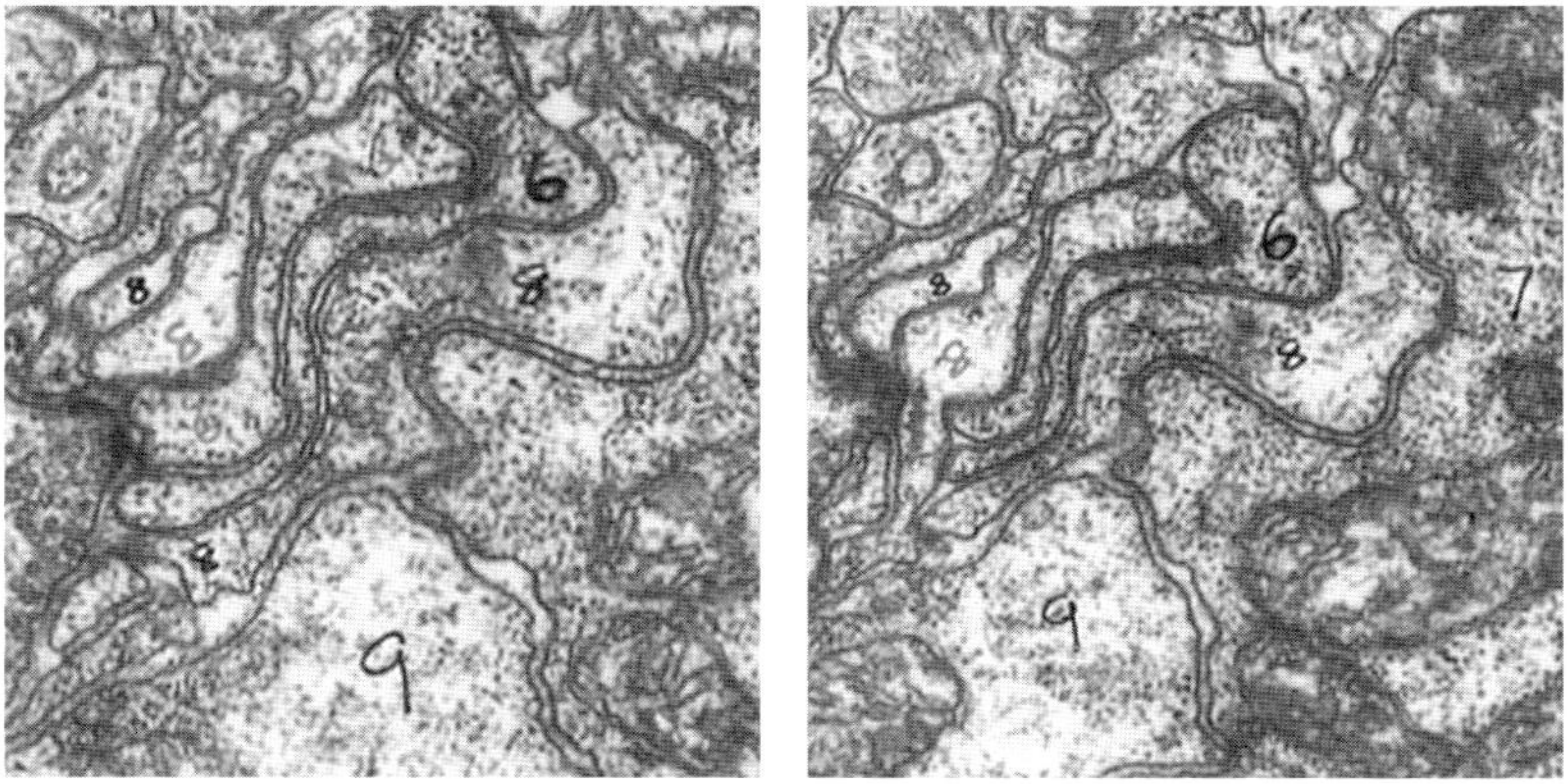

図33　つぎつぎと断面の図柄を合わせていくことにより、ニューロンの枝をたどる。

ブレナーの期待通り、C・エレガンスのコネクトームは、この線虫の行動の神経的な基礎を理解するのに役立った。たとえば、コネクトームが得られたおかげで、頭部に触られたときに泳ぎ去るという行動に重要な役割を果たしている神経路を同定することができた。[9] しかし、ブレナーの当初の野心のうち、これまでに実現したのはほんの一部にすぎない。実現できていないのは、画像が足りなかったせいではない。ニコル・トムソンは多くの線虫から大量の画像を得ていた。それどころか彼は、さまざまな遺伝的欠陥を持つ線虫の画像すら集めていたのだ。だが、それらのコネクトームの中にあるべき異常を突き止めるための画像解析がたいへんすぎた。ブレナーはもともと、線虫の「頭脳」が異なるのは、コネクトームが線虫ごとに異なるためだという仮定を検証したくて、このプロジェクトに乗り出したのだった。だが結局彼のチームは、たったひとつのコネクトーム、つまり正常な線虫のコネクトームを得ただけだった。

とはいえ、ひとつでもコネクトームが得られたことは記念碑的な快挙だった。画像解析のために、一九七〇年代から一九八〇年代にかけて一二年という時間が費やされた――それは、切片を作ってその画像を得るために費やされた時間を大きく上回っていた。やはりC・エレガンスの開拓者であるデーヴィッド・ホールは、この線虫に関する貴重な情報をオンラインで入手できるようにした（その情報のほとんどは今日なお未解析である）。ブレナーのチームが舐めた辛酸はひとつの教訓であり、他の科学者たちに対する警告でもあった。「よい子は、けっして真似をしてはいけません！」

一九九〇年代になると、この状況は改善されはじめた。コンピュータがより安価に、そしてより強力になってきたのだ。ジョン・フィアラとクリステン・ハリス[10]はニューロンの形態を手動で再構成するのを助けるためのソフトウェア・プログラムを作った。コンピュータはスクリーン上に画像を示し、人間がマウスを使ってその画像上に線を引く。コンピュータで絵を描く人にはおなじみのこの機能が拡張されたおかげで、各ニューロンの断面を輪郭で囲み、その断面図を積み重ねていくことでニューロンを追跡できるようになったのだ。オペレーターが作業を進めるにつれ、積み重なった画像の中のひとつひとつに、たくさんの輪郭が書き込まれていく。その後コンピュータが、それぞれのニューロンの断面を囲んだ輪郭を追跡して、輪郭の内部を色付けることにより、オペレーターが苦労して描いた結果を表示する。それぞれのニューロンは異なる色で塗り分けられるので、積み重なった画像は三次元版のぬり絵のようになる。コンピュータは樹状突起の一部を三次元で表示することもできる。[11]その一例を図34に示した。

このプロセスのおかげで、ブレナーたちのC・エレガンス・プロジェクトのときよりも効率ははるかに上がった。今日では、画像はコンピュータ

図34　手動で再構築された樹状突起の一部を三次元的に表示したもの。

の内部に貯蔵されたままで処理され、研究者たちは何千枚という写真を手で取り扱わなくともよくなった。また、マウスを使ったほうが、フェルトペンで書き込んでいくより手間がかからない。とはいえ、画像を解析する作業はやはり人間の知能を必要とするし、今もひどく時間がかかることに変わりはない。クリステン・ハリスとその仲間たちは、海馬と新皮質の小部分をいくつか取り上げ、独自に開発したソフトウェアを使ってそれらを三次元の図形として再構築し、軸索と樹状突起について多くの興味深い事実を明らかにした。しかし再構築された部分はきわめて小さく、ニューロンのほんの一部しか含まれていない。それらを利用してコネクトームを得るすべはない。

こうした研究者たちの経験から、わずか一立方ミリメートルの皮質を手動で三次元に再構築するためにかかる時間は、一〇〇万人年(人数×年数)と推定されている。[12] これは電子顕微鏡の画像を得るためにかかる時間を大きく上回っている。気が遠くなるようなこの数字からも明らかなように、コネクトミクスの未来は画像処理の自動化にかかっている。

コネクトーム研究の画像解析は機械化できるか

理想を言えば、個々のニューロンの輪郭は、人間ではなくコンピュータに描いてもらいたいところだ。ところが意外にも、今日のコンピュータは輪郭を検出するのが苦手なのである。われわれにはすぐにそれと判別のつくものが、コンピュータには認識できない。じつはコンピュータは、視覚的な仕事は何であれ、あまり得意ではない。SFの中に出てくるロボットは当然のように周囲を見渡して、風景の中に目的の物体を見つけ出す。ところが人工知能の研究者たちは、コンピュータにごく初歩的な視覚能力も与えることができずにいるのである。

一九六〇年代の人工知能の研究者たちは、コンピュータにカメラを取り付けて、最初の人工的な視覚システムを作ろうとした。画像を線画にするようコンピュータをプログラムしようともしてみた――絵を見ながら、おおよその形を紙に書くという、絵を描く人なら誰にでも容易にできる作業だ。線画の中の対象を、輪郭の形にもとづいて認識するのは簡単だろうと研究者たちは考えたのだ。ところが、コンピュータは輪郭を認知するのが非常に苦手であることが判明した。画面の中に子どもの積み木だけしかなかったとしても、その積み木の輪郭を検出することさえ、コンピュータにとっては大仕事だったのだ。

なぜこの程度の作業がコンピュータには難しいのだろう？　輪郭を検出することの難しさにはさまざまな要素があるが、「カニッツァの三角形」（図35）と呼ばれる有名な錯視は、そのいくつかを明らかにしてくれる。多くの人はこれを見て、黒い線で輪郭が描かれた三角形の上に、白い三角形が重なっている図形と、三つの黒い円盤が描かれていると考える。しかし、その白い三角形は目の錯覚だ

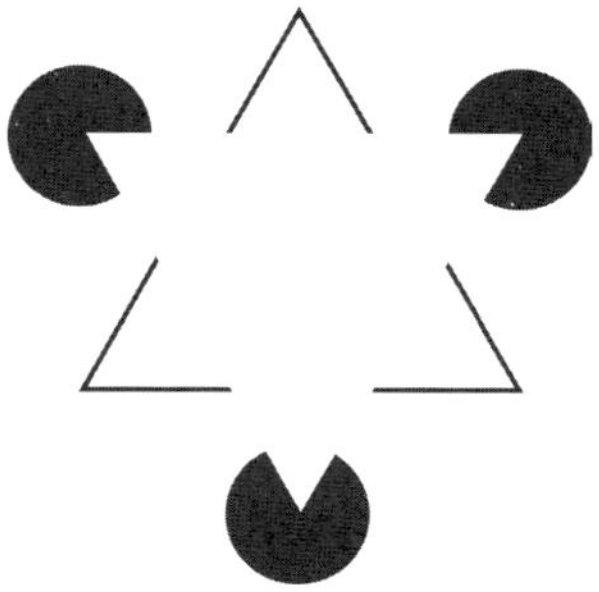

図35　カニッツァの三角形における「錯覚の輪郭」。

と論じることもできるだろう。白い三角形の頂点のひとつに注目して、それ以外の部分を一方の手で覆い隠すと、そこに見えるのは黒い円ではなく、一切れだけ食べたパイだ（昔のビデオゲームをご存知の方なら、パックマンが見えるだろう）。次に、V字型になった線のひとつに注目して、それ以外の部分を両手で覆い隠すと、それまで白い三角形の辺であった部分には、何も見えなくなるだろう。白い三角形の辺は、その大部分が背景と同じ色であって、明るさに何の違いもないからだ。あなたの頭脳は、存在しない辺を補い、二つの三角形が重なった図形をそこに見ているのだが、そのためには他の図形——V字型の線やパックマンのような形——による文脈《コンテクスト》が必要なのである。

　この錯視はあまりにも人工的すぎて、正常な視覚とは関係なさそうに思えるかもしれない。しかし普通に現実の物体を見るときにも、輪郭を正しく認知するためには文脈が重要なのだ。図36の一番左のパネルは、ニューロンの電子顕微鏡写真の一部で、輪郭のようなものはどこにも見えない。右に進むほど周辺の情報が増え、中央部の輪郭がはっきりしてくる。画像を正しく解釈するためには、輪郭を正しく認知しなければならない（最後から二番目のパネル）。輪郭を見つ

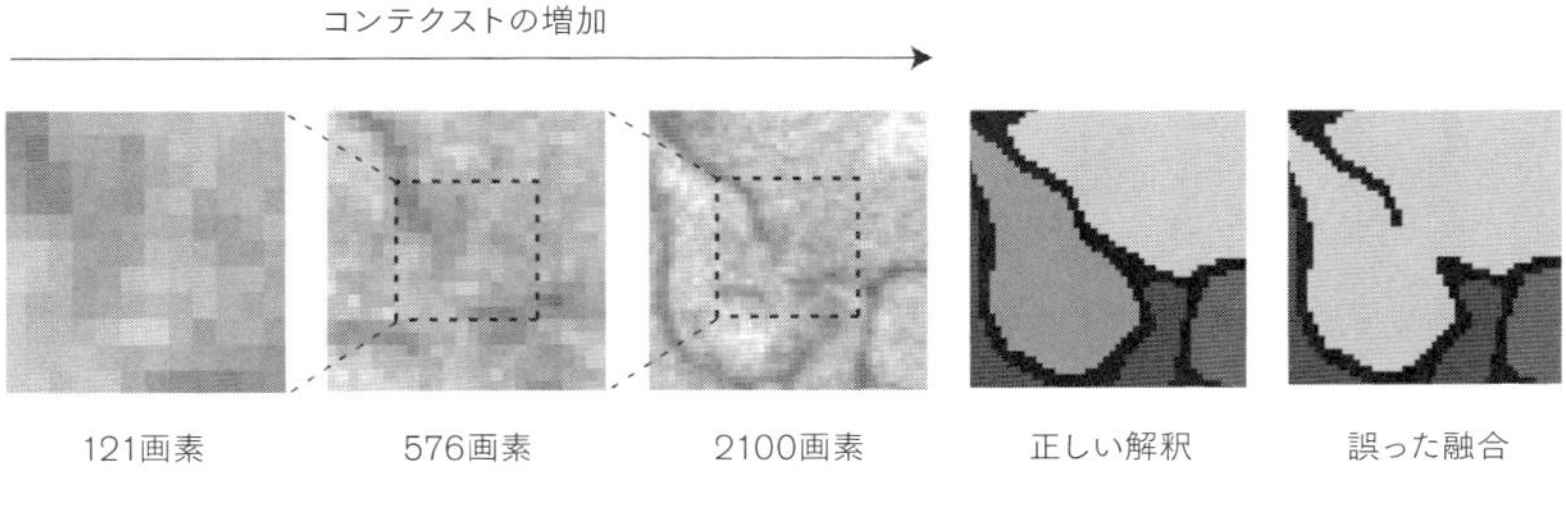

図36　輪郭を検出するには文脈が大切。

けることができないと、二つのニューロンが誤って融合してしまう(最後のパネル)。このような誤りは、融合エラーと言い、子どもが塗り絵をするときに、隣り合う領域を同じ色のクレヨンでぬってしまうのに似ている。一方、分離エラー(この図には示されていないが)は、ひとつの領域を塗るために二色のクレヨンを使うようなものだ。

なるほどこのようなあいまいさは、それほど頻繁に生じるわけではない。右端の図に示したようなミスが起こるのは、十分に染色されなかった場所があったためだろう。しかしこの画像のそれ以外の場所については、輪郭の有無は、もとの画像からも明らかである。コンピュータはそういう判断の容易な場所では正しく輪郭線を検出できるのだが、判断の難しい部分になるとつまずいてしまう。なぜなら、コンピュータは文脈に依存する情報を使うのが人間ほどうまくないからだ。

コネクトームを得るためにコンピュータが上達しなければならない視覚作業は、輪郭の検出だけではない。たとえば認知にかかわる作業もそのひとつだ。今日多くのデジタルカメラは、画像の中に人間の顔を認識して、そこに焦点を合わせられるほど賢くなっている。しかし何か別のものに焦点を合わせてしまうこともあり、人間ほど上手に顔を見分けられるわけではない。コネクトミクスではそれと同様の作業を、ミスなくやってもらわなければならない。つまり、一連の画像に含まれる、すべてのシナプスを見つけ出す作業をやってもらわなければならないのだ。

人間と同程度にものを見ることのできるコンピュータは、なぜいまだに開発されていないのだろうか？私見によればその理由は、人間の視覚による認知能力があまりにも優れているからだ。人工知能の初期に研究していた人たちは、人間でも多大な努力をしなければ身につかない能力、たとえばチェスをするとか、数学の定理を証明するといったことをコンピュータにやらせようとしていた。ところが意外にも、結局のところそういう作業は、コンピュータにとってそれほど難しくはなかったのである——一九九七年にはIBMのスーパーコンピュータ、ディープブルーが、チェスの世界チャンピオンであるガルリ・カスパロフに勝利した。チェスに比べれば、ものを見ることくらいは簡単そうに思われる。なにしろわれわれにとっては、ただ目を開けてまわりを見ればいいだけのことなのだから。初期に人工知能の研究に携わった人たちが、機械にとってものを見ることがこれほど難しいと気づかなかったのは、われわれ人間にとって見ることは容易だったからだろう。

何かが上手な人は、それを人に教えるのは下手な場合がある。自分ではとくに意識せずにできてしまうため、やり方を説明してくれと言われても困るのだ。われわれ人間は、ものを見ることの名人である。初めから上手にできるせいで、それができない相手を理解することができない。われわれはものを見ることを教えるのが下手なのはそのためだ。幸い、人間の学生にものを見ることを教える必要はない——だが、その学生がコンピュータなら話は別だ。

近年、研究者の中には、コンピュータに見ることを教えるのを諦めた人たちがいる。コンピュータ自身に学ばせればよいのでは？　具体的には、人間が行った視覚作業の例を大量に集め、それを真似するようにコンピュータをプログラムする。もしもコンピュータがうまく視覚作業を真似すれば、何も教えなくても、コンピュータが自分で学んだことになる。このアプローチは《機械学習》として知られ、コンピュータ科学の重要な一領域になっている。[13] この研究から、人工知能の成功例が数多くもたらされ、顔に焦点を合わせるデジタルカメラもその成果のひとつである。

機械学習の方法は、わたしの所属する研究所やその他世界各地の研究所で、コンピュータにニューロンの見つけ方を学習させるために利用されている。最初われわれは、ジョン・フィアラとクリステン・ハリスが開発したものと同様のソフトウェアを使った。まず、人間が手動でニューロンの形を再構築し、コンピュータにその例を真似して対象を見るようにさせる。そのプロジェクトを始めたばかりの頃、わたしの研究室で博士号取得を目指していたヴィレン・ジャインとスリニ・ツラガ[14]は、人間が手で再構築した結果と、コンピュータが作ったものとの違いを点数化して、コンピュータの成績を「ランクづけ」する方法を開発した。コンピュータに「ランク」を上げようとさせることで、ニューロンの形を見ることを覚えさせるのだ。こうしていったん見ることを学んだコンピュータには、人間がまだ手動で再構築していない画像の解析を任せることができる。図37には、こう

図37　コンピュータで自動再構築された網膜のニューロン。

してコンピュータが再構築した網膜ニューロンの三次元画像を示した。このアプローチでの研究はまだ始まったばかりだが、すでに前例のない正確さを獲得している。

こうした改良はあったものの、コンピュータはまだ間違いを犯す。しかし機械学習を応用することで、今後間違いが減っていくであろうということを、わたしは確信している。しかしコネクトームの研究が進展するにつれ、コンピュータで処理すべき画像の量は激増しているため、間違いの比率は減っても、間違いの絶対数は相変わらず大きい。予見しうる限りの未来において、画像解析が一〇〇パーセント自動化されることはないだろう。どこまで行っても、ある程度は人間の知能が必要だろう。それでも画像解析のプロセスは、今後大幅にスピードアップされるに違いない。

コンピュータ技術の進展とコネクトーム研究

マウスでコンピュータを操作するというアイディアをはじめて得たのは、伝説の発明家ダグラス・エンゲルバートだった。そのアイディアが完全に実現したのは、世界中でパソコン革命の嵐が吹き荒れていた一九八〇年代のことだ。エンゲルバートがマウスを発明したのは一九六三年。当時彼は、カリフォルニアにあるスタンフォード研究所というシンクタンクで研究チームを率いていた。その同じ年に、アメリカの東海岸ではマーヴィン・ミンスキーが、マサチューセッツ工科大学の人工知能研究所の創設にかかわっていた。ミンスキーのまわりの研究者たちは、コンピュータに視覚を与えるという課題に最初期に取り組んだ。

古い時代のハッカーたちは、エンゲルバートとミンスキーという偉大な知性の邂逅について、事実関係の疑わしい、あるエピソードを語りたがる。[15] それによると、ミンスキーは得意げにこう言い放った。「われわれは機械に知能を与えようとしているのだ！　われわれは機械に意識を与えようとしているのだ！　われわれは機械に、歩いたり話したりさせようとしているのだ！」するとエンゲルバートはこう応じたという。「きみはそれをコンピュータのためにやろうとしているのか？　では、きみは人間のためには何をするつもりなのか？」

エンゲルバートはその考えを、「人間の知能を補佐する」というマニフェストの中で明らかにした。このマニフェストは、知能増強（Intelligence Amplification:IA）[16] と彼が呼んだ分野の基本的な考え方を示すものだった。その分野の目的は、人工知能ＡＩのそれとは微妙に異なっている。ミンスキーが目指したのはコンピュータを賢くすることだったが、エンゲルバートは人間を賢くするような機械を作ろうとしたのだ。

わたしの研究室で機械学習について行っている研究はＡＩ（人工知能）に関するものであるのに対し、フィアラとハリスのソフトウェア・プログラムは、エンゲルバートの思想の直系の子孫だった。そのプログラムは自力で輪郭を認めることができるほど賢くはなかったので、ＡＩではなかった。むしろ、人間が電子顕微鏡の画像を解析する効率を高めることで、人間の知能を増幅させようとしたのである。ＩＡ（知能増強）は徐々に科学上の重要性を増しつつあり、インターネットを介して大勢の人たちに、じっさいの作業を《クラウドソーシング》できるようになっている。[17] クラウドソーシングとは、企業が主にインターネットなどを利用して、不特定多数の人材に外注《アウトソーシング》を行うことだ。たとえば「ギャラクシー・ズー（銀河動物園）」は、望遠鏡の画像に見られる銀河の形状にもとづいて、銀河を分類することにより、天文学者を手伝ってくれるよう一般市民に呼びかけるプロジェクトである。

しかしAIとIAとのあいだには、じつは競合関係はない。なぜなら最良のアプローチは、両者を組み合わせて使うことだからだ。現在わたしの研究室で行っているのが、まさにそれである。どんなIA（知能増強）システムでも、AI（人工知能）が利用されている。簡単な判断はAIに任せ、難しい判断は人間が下すことになるだろう。人間の仕事の効率を上げるためには、判断のいらない簡単な仕事に費やす時間をできるだけ減らさなければならない。一方、IA（知能増強）システムは、機械学習でAI（人工知能）を改善するために利用できる例を集めるための格好の基盤となる。IAとAIを結びつけることにより、人間の知能増強はスピードアップし、どんどん賢くなるシステムを作ることができるだろう。

人びとは、機械が人間を乗り越えるというストーリーのSF映画をたくさん見すぎたせいで、人工知能が発展することに、ときに不安を感じるようだ。そして研究者たちは、人工知能というヴィジョンに踊らされ、コンピュータと人間とが力を合わせたほうが効率的にできる仕事を、コンピュータだけで完全に自動化しようと無駄な努力をしかねない。だからこそ、究極の目標は、知能増強IAであって、人工知能AIではないということを忘れてはならない。エンゲルバートのメッセージは、われわれがコネクトミクスの情報処理という大問題に直面している今も、大きくはっきりと鳴り響いている。

本章を締めくくるにあたり、コネクトミクスの今後を占ってみたい。画像解析における胸躍る進展や展望はあるものの、コネクトミクスは今後どれだけのペースで進展すると期待できるのだろう？　誰しも生まれてからこれまでのあいだに、想像を絶するテクノロジーの進展を経験してきた。とりわけコンピュータの分野はそうだ。デスクトップ・コンピュータの心臓部は、マイクロプロセッサと呼ばれるチップである。一九七一年に発表された最初のマイクロプロセッサは、わずか数千個のトランジスタでできていた。半導体会社はそれ以来、一枚のチップにどれだけ多数のトランジスタを組み込めるかという技術競争に邁進してきた。その進展のペースは息を呑むばかりだった。トランジスタ一個当たりのコストは、二年ごとに半減した——換言すれば、一定のコストでマイクロプロセッサに組み込むことのできるトランジスタの数は、二年ごとに倍増したのである。

倍々に増えることを、そのように振る舞う数学の関数——指数関数——にちなんで「指数関数的成長」という。コンピュータチップが指数関数的に複雑さを増すことを、ムーアの法則という。一九六五年にゴードン・ムーアが『エレクトロニクス』誌に発表した記事の中で、それを予見したからである。それはムーアが、インテル社の設立に協力する三年前のことだった。今日インテル社は、マイクロプロセッサの製造分野では世界最大手になっている。

指数関数的成長のおかげで、コンピュータ業界は、ほかのたいていの業界とも異質な面がある。彼の予測が当たってから長い年月を経て、ムーアは次のように述べた。「もしも、自動車業界が半導体業界のように急速に成長したなら、ロールスロイスの燃費は一ガロン当たり五〇万マイルとなり、駐車料金を払うぐらいなら車を捨てたほうが安上がりになるだろう」。われわれは数年に一度、コンピュータを捨て、新しいものを買ったほうが安上がりだと思っている。多くの場合、買い替えをするのは、それまでのコンピュータが壊れたからではなく、時代遅れになったからだ。

興味深いことに、ゲノミクスは指数関数的なペースで進展しており、自動車業界よりはむしろ半導体業界に似ている。それどころかゲノミクスの進展のペースは、コンピュータのそれを上回っているほどだ。

DNA配列の一文字を解読するためにかかるコストは、トランジスタのコストより速いペースで半減してきたのである。[18]

コネクトミクスは、ゲノミクスのように指数関数的に成長するのだろうか？　長期的なことを言えば、コネクトームを見出せるかどうかは、コンピュータの性能にかかってくるだろう。なにしろC・エレガンスのプロジェクトでは、画像を得ることよりも、それを解析することのほうにずっと時間がかかったのだから。言い換えれば、コネクトミクスの成否は、コンピュータ業界の今後にかかっているということだ。もしもムーアの法則に沿ったコンピュータの成長が今後も続くなら、コネクトミクスはやはり指数関数的に成長するだろう。しかし、これに関して確かなことは誰も知らない。一方では、一個のマイクロプロセッサに組み込めるトランジスタの数は頭打ちとなっており、そろそろムーアの法則は成り立たなくなりそうな兆しが見える。しかしまた他方では、新しい計算のアーキテクチャやナノエレクトロニクスの導入により、コンピュータの成長は今後も続く、それどころかいっそう加速する可能性すらある。

もしもコネクトミクスが指数関数的成長を続けるなら、人間のコネクトームは遅くとも二十一世紀の終わりまでには得られるだろう。今のところ、この分野で研究する仲間たちもわたし自身も、コネクトームを見出すための技術的な障壁を乗り越えることで頭がいっぱいだ。だが、人間のコネクトームがめでたく得られた暁には、いったい何が起こるのだろう？　コネクトームを使って、われわれは何をすることになるのだろうか？　続くいくつかの章では、胸躍る可能性のうちのいくつかを探ってみよう。たとえば、より良い脳の地図を作ることや、記憶の謎を解明することや、脳の障害を引き起こしている根本的な原因を突き止めることや、さらには病気の治療にコネクトミクスを役立てることなどだ。

第10章

脳を切り分ける

脳を切り分けるもうひとつのやり方

子ども時代のある日のこと、父が地球儀を家に持ち帰ってきた。表面に盛り上がったでこぼこに指を走らせると、ヒマラヤ山脈の大きさが指先に感じられた。わたしは電源コードのスイッチを入れ、暗くした自室のベッドに寝転んで、明るく浮かび上がった球体を見つめていた。次にわたしの心を捉えたのは、父の所蔵する大きな二つ折版の世界地図帳だった。革のような風合いの表紙の匂いを嗅ぎ、遠い国々や海洋につけられたエキゾチックな名前に目をとめながら、つぎつぎとページをめくったものだ。学校の先生は、メルカトル図法のことを教えてくれた。グロテスクに大きく引き伸ばされたグリーンランドを見て、わたしもクラスのみんなもクスクスと笑った——その一種独特なおかしさは、遊園地のびっくりハウスの歪んだ鏡や、シリコン粘土のいびつな形を笑いの種にした、新聞の一コマ漫画を見たときのそれに似ていた。

今のわたしにとって、地図は魔法の道具ではなく、ただの実用品である。子ども時代の記憶が薄れるにつれて、もしかするとわたしが広い世界への恐怖心を克服できたのは、地図が大好きだったおかげではないかと思ったりもする。子ども時代のわたしは、ちょっと遠くに出かけるときはいつも両親と一緒だったし、大胆な冒険の旅などけっしてしない子どもだった。遠くの街は、何か恐ろしげに思えたのだ。全世界をひとつの球面に表したり、一冊の本の中に閉じ込めたりすることは、この世界は有限で無害なのだと感じさせてくれた。

古代においては、広大な世界に恐怖を感じたのは、子どもたちだけではなかった。中世の地図製作者たちは、地図上の未知の領域を空白のままにはしなかった。未知の領域には、巨大な海ヘビや、空想上の怪物、そして「ここにドラゴンがいる」という言葉を書き入れたのだ。時代が下って、探検者たちがあらゆる海を渡り、あらゆる山に登るようになると、地図上の空白地帯はしだいに現実の世界に取って代わられた。今日では、宇宙空間から撮影された美しい地球の写真がわれわれを驚嘆させ、コミュニケーション・ネットワークが世界をひとつの「村」にしている。世界はどんどん小さくなっているのだ。

そんな外の世界とは異なり、頭蓋骨の中にすっぽりと収まる脳は、はじめは小さいものと思われていた。しかし、そこに数十億ものニューロンがひしめいていることが明らかになるにつれ、脳は恐ろしいほど広大な世界に見えはじめた。神経科学の開拓者たちは、脳をいくつもの部位に切り分け、それぞれに名前や番号を与えた――ブロードマンもそうやって、彼の名を冠して呼ばれることになる脳地図を作った。そんなやり方は乱暴すぎると考えたカハールは、別の方法を開拓した――彼はあたかも植物学者のように、脳という広大な森に立ち向かうために、その森を構成する樹木、すなわちニューロンを分類したのである。カハールは、植物収集家《プラント・コレクター》[1]ならぬ「ニューロン・コレクター」だった。

われわれは本書の前のほうで、脳を部位に切り分けることの重要性を知った。神経科学者たちはブロードマンの脳地図を使って、脳が傷ついたせいで引き起こされる症状を読み解く。大脳皮質のブロードマンの脳地図の各領野は、何かを理解したり、言葉を話したりといった特定の知的能力と結びつけられ、ある領野が傷つけば、それと結びつけられた能力が働かなくなると考えるのだ。では、脳を部位や領野よりも詳しく、ニューロンのタイプで切り分けることに意味はあるのだろうか？　まず神経科学者にとっては、ニューロンのタイプに関する情報には利用価値がある。脳卒中のように、ある場所のニューロンがごっそりだめになる場合は、ニューロンをタイプで分類することにはあまり意味がない。しかし脳の病気の中には、特定のタイプのニューロンだけを冒すものもあるのだ。

　パーキンソン病では、最初は身体の動きがうまくコントロールできなくなる。とくに目立つのが、いわゆる安静時振戦だ——患者にはその意志がないのに、手足が勝手に動いてしまうのだ。病気が進行するにつれ、知的活動や情緒面に影響が出はじめ、知能が著しく低下することもある。マイケル・J・フォックスやモハメッド・アリがこの病気になったことで、パーキンソン病に対する世間一般の認知度が高まった。

　アルツハイマー病と同じくパーキンソン病も、ニューロンが変性したり死んだりすることと関係がある。パーキンソン病の初期には、もっぱら大脳基底核という部位のニューロンが死んでいく。大脳基底核は、大脳の内部深くに埋め込まれたようになっていて、いくつもの構造が組み合わさっており、ハンチントン病、トゥーレット病、強迫神経症とも関係があることが知られている。[2]これほど多くの病気と関係があることから、大脳基底核は、脳の表面を取り囲んでいる大脳皮質よりもサイズ的にはるかに小さいにもかかわらず、非常に重要な部位[3]であることがうかがえる。

　大脳基底核の一部である黒質緻密部は、パーキンソン病で集中的にニューロンがやられるところだ。さらにこの部位の中で、冒されるニューロン・タイプまで絞り込むことができる。それは神経伝達物質のひとつであるドーパミンを分泌するニューロンで、パーキンソン病ではそれが徐々に死んでいく。今のところパーキンソン病を治す方法はわかっていないが、減少するドーパミンを補うことにより症状を抑えることはできる。

ニューロン・タイプは、神経の病気を理解するためだけでなく、神経系の正常な働きを理解するためにも重要である。たとえば、網膜には大きく五つのニューロン群《クラス》——視細胞、水平細胞、双極細胞、アマクリン細胞、神経節細胞——があり、それぞれの群で機能が異なる。たとえば視細胞は網膜に当たった光を感じ取り、それを神経信号に変換する。網膜から出力された信号は、神経節細胞の軸索を伝わり、視神経をたどって脳に至る。

これら五つのニューロン群は、さらに五〇以上のニューロン・タイプに分類されている。図38にそれを示した。五つの四角い囲みがニューロン群

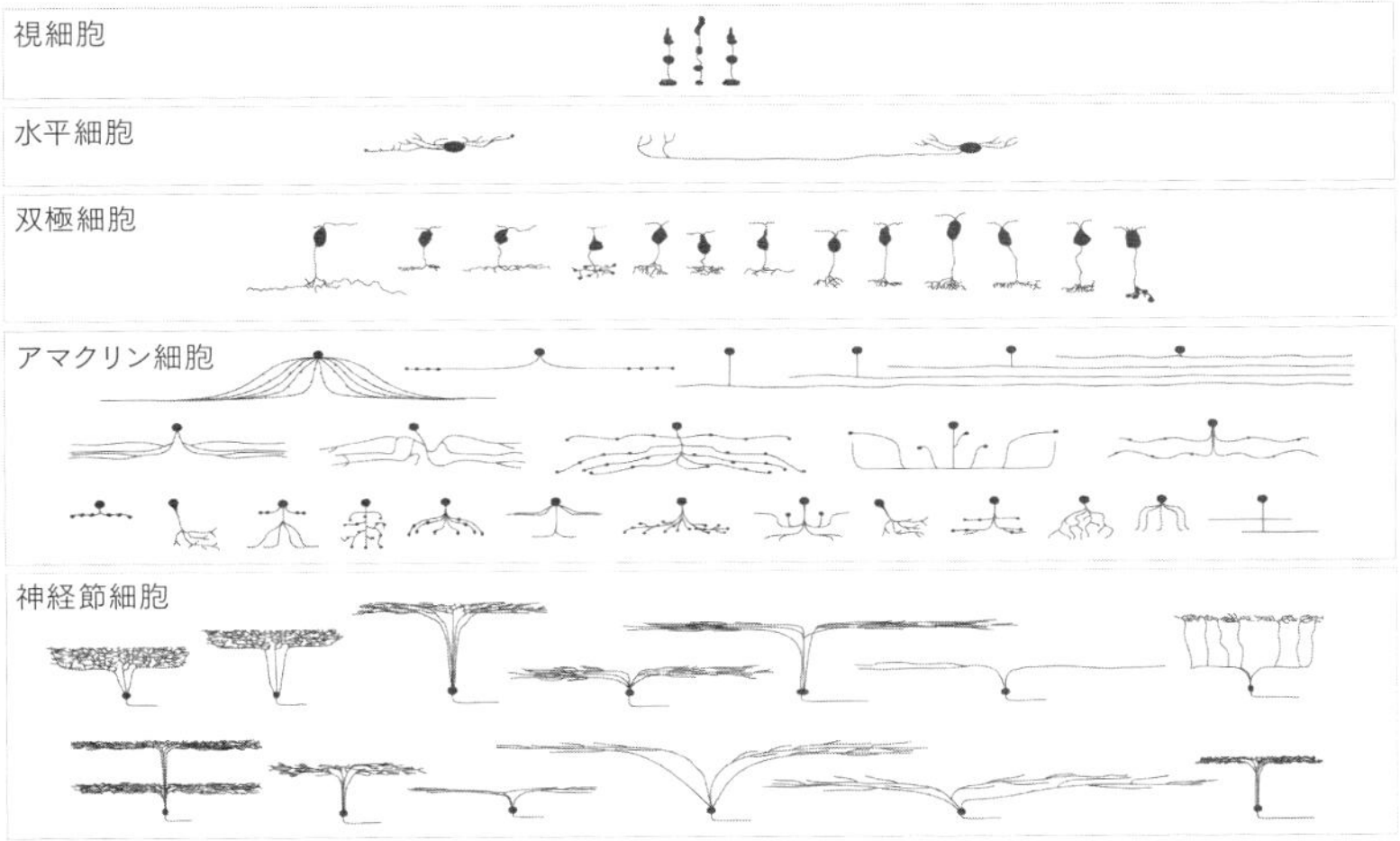

図38　網膜の五つのニューロン群。

を表し、囲みの中に、その群に含まれるニューロン・タイプが描かれている。[4] 網膜のニューロンたちが担う機能は、ジェニファー・アニストン・ニューロンのそれと比べるとはるかに単純だ。たとえば、暗い背景の光点に反応してスパイクしたり、明るい背景の暗点に反応してスパイクしたりする。これまでに調べられたニューロン・タイプはすべて、特有の機能を持つことがわかっており、すべてのニューロン・タイプに機能を割り当てるための努力が続けられている。

本章でこれから見ていくように、部位やニューロン・タイプで脳を分割することは、じつはそれほど簡単ではない。現在そのために使われている方法は、一世紀前のブロードマンとカハールの時代から使われてきたもので、もはやいかにも時代遅れだ。コネクトミクスは、新しくてより優れた脳の分割法をもたらすことにより、この分野に大きく貢献できるだろう。そんな方法が得られれば、脳の正常な働きについてだけでなく、多くの人が苦しむ脳の病気についても理解が進むはずだ。

脳をニューロン・タイプで分割するには

最新のサルの脳地図（図39）を見ていると、父の地図帳のことが懐かしく思い出される。色の塗られた地域には謎めいた略字が記され、なだらかな曲線がところどころで角ばった直線になっている。しかし、地図が楽しいものばかりだとは限らない。地図上に引かれた線をめぐって、軍隊が衝突してきた歴史も忘れないようにしよう。神経解剖学もまた、脳の領野の境界線をめぐって、学問上の苦い戦いを繰り広げてきた。

コルビニアン・ブロードマンによる大脳皮質の地図にはすでに出会った。しかしブロードマンは、どんな方法でその地図を作ったのだろうか？　ゴルジの染色法を使えば、神経解剖学者たちはニューロンの枝を鮮明に見ることができる。しかしブロードマンが使ったのは、もうひとつの重要な染色法だった。ドイツの神経解剖学者フランツ・ニッスルが発明したその方法を使うと、ニューロンの枝には色がつかず、細胞体に色がついて顕微鏡で見えるようになる。この方法で大脳皮質を見ると、クリームを挟んで何層にも重ねたスポンジケーキ（図40左）のように、いくつもの層が重なっているのが見て取れる（同右）。層状になった細胞体が、シート状の大脳皮質の全体に広がっているのだ（細胞体の層と層のあいだの白っぽい部分は、樹状突起が絡み合いながらぎっしりと詰まっているため、ニッスルの染色法では色がつかない）。大脳皮質の層は、ケーキの層ほど

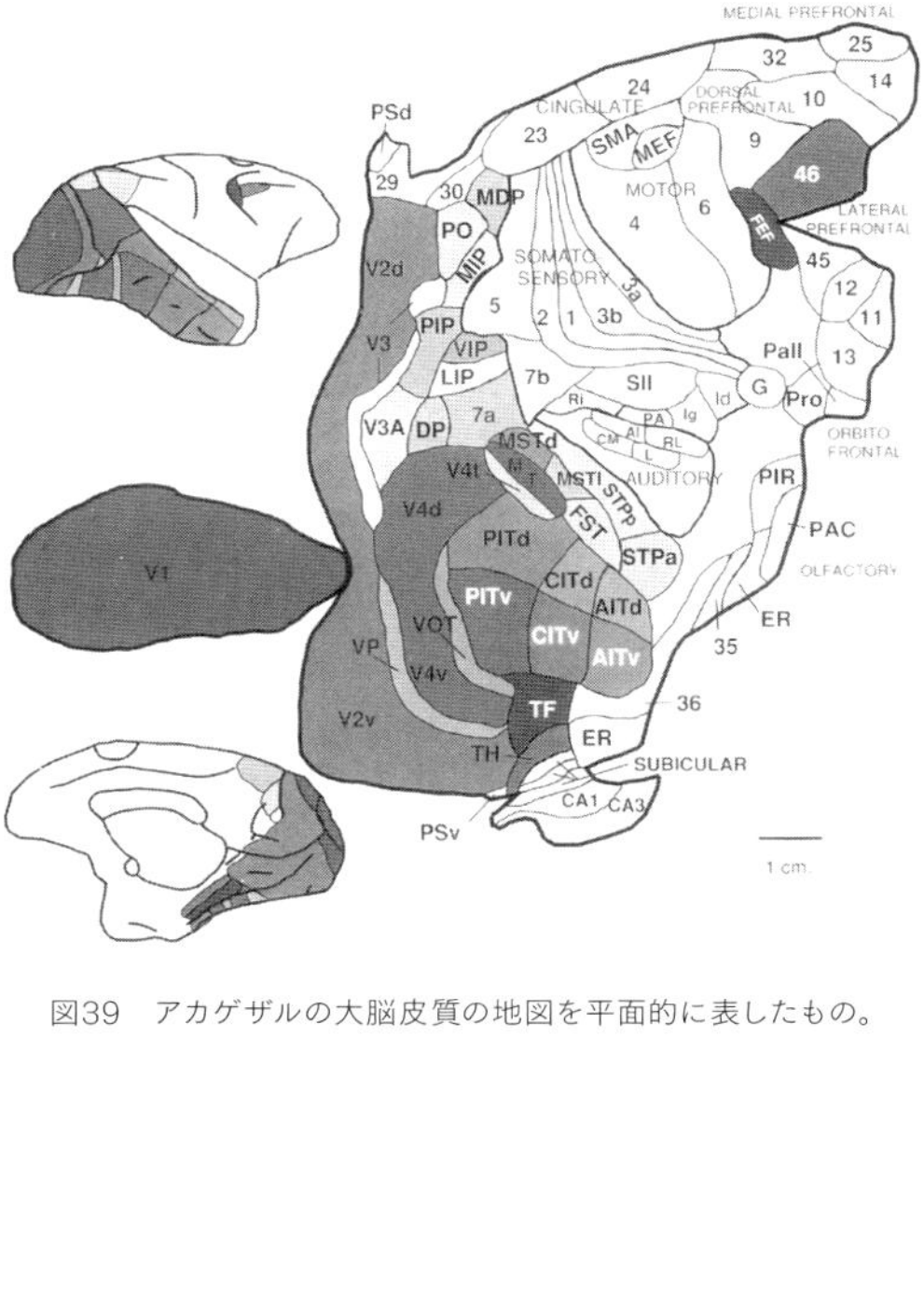

図39　アカゲザルの大脳皮質の地図を平面的に表したもの。

鮮明ではないけれども、熟練した神経解剖学者なら、ここに六つの層を認めるだろう。[5] この写真はシート状の皮質のほんの一部を切り出したもので、厚さは一ミリメートルにも満たない。一般に、層の構造は場所によって異なる。ブロードマンはこのような断面を顕微鏡で観察し、層の構造の違いにもとづいて大脳皮質を四三の領野に分割することにより、その名を冠して呼ばれる地図を作ったのである。彼は、ブロードマン脳地図のひとつの領域の内部では、層の構造はいたるところ同じであり、それが変化するのは領野の境界でだけであると主張した。[6]

大脳皮質のブロードマン地図は有名だが、それが絶対の真理だと考えてはならない。これまで多くの人たちがそれとは異なる説を唱えてきた。たとえば、ベルリン大学におけるブロードマンの同僚で、夫婦でチームを組んでいたオ

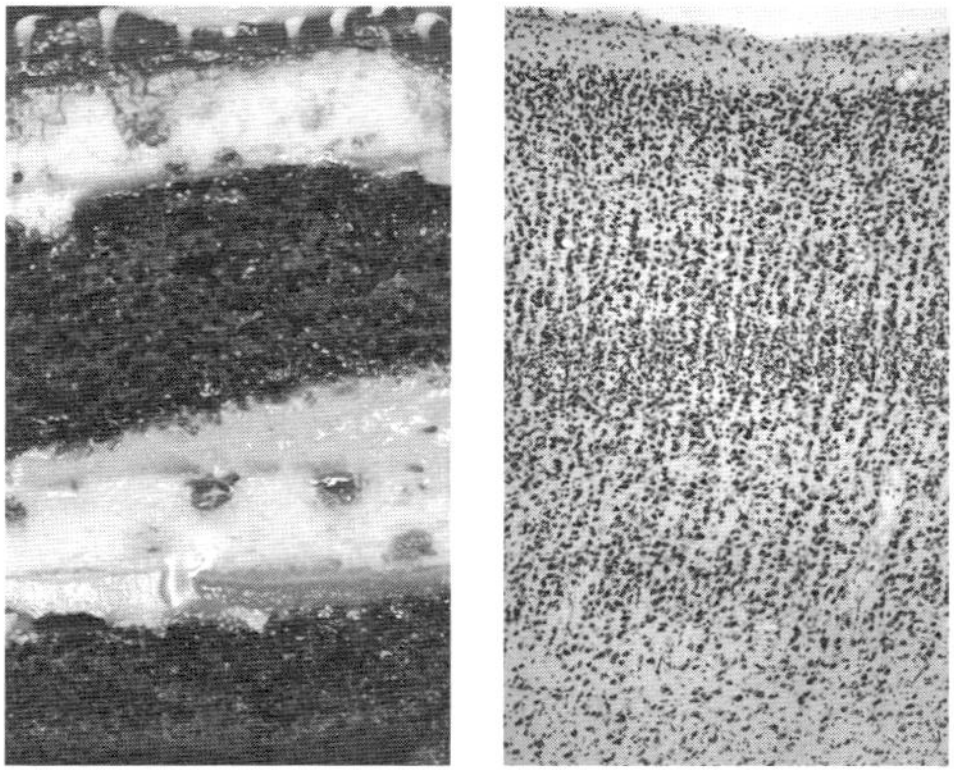

図40　層：クリームを挟んだスポンジケーキ（左）と、ブロードマンの17野（右）。V1または一次視覚野とも言われる。

スカーとセシルのフォークト夫妻[7]は、別の染色法を用いて大脳皮質を二〇〇の領野に分割した。また、リバプール大学のアルフレッド・キャンベル、カイロ大学のサー・グラフトン・スミス[8]、そしてウィーン大学のコンスタンティン・フォン・エコノモとゲオルク・コスキナスも、それぞれ異なる地図を提唱している。すべての研究者が認めた境界もあれば、意見が対立する境界もあった。パーシヴァル・ベイリーとゲルハルト・フォン・ボーニン[9]は、一九五一年に刊行した著書の中で、先行する研究者たちが引いた境界線のほとんどを消し去り、大きな領域を少しだけ残した。

ニューロンをタイプに分類するというカハールの研究計画については、いっそう熾烈な論争がつきまとっている。彼はニューロンを、見た目の違いにもとづいてタイプに分類したが、それはちょうど十九世紀の博物学者が、チョウを見た目で分類したのと同じだった。カハールのお気に入り

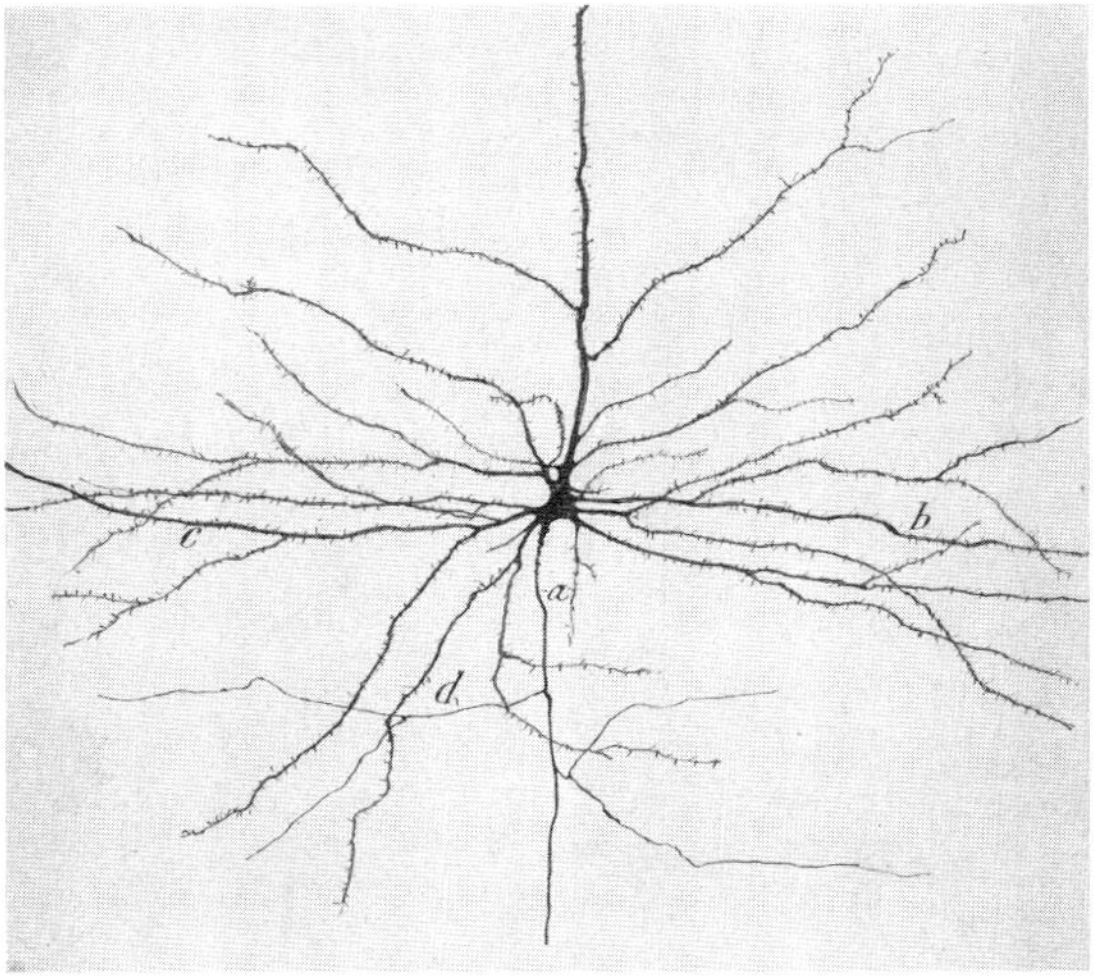

図41　カハールがスケッチした錐体細胞。

のニューロンに錐体細胞があった。彼はこの細胞を「サイキック・ニューロン」と呼んだが、それは彼がオカルトを信じていたからではなく、このタイプのニューロンが高次の精神（サイキ）機能に重要な役割を演じていると考えたからだった。図41に示すのは、カハール本人がスケッチした錐体細胞で、このニューロンの重要な特徴がよく表れている。細胞体が錐体形をしていること、樹状突起にトゲのようなスパインがあること、そして軸索が細胞体からずっと遠くまで伸びていることだ（この図では、軸索は下に伸びて脳の内部に至る。一番太くて目立つ「頂端」樹状突起は、錐体の頂端から出て上方に進み、皮質の表面に向かう）。

錐体細胞は、大脳皮質の中で、もっともありふれたタイプのニューロンである。カハールが見たニューロンの中には、軸索が短く、スパインのないなめらかな樹状突起を持つものもあった。錐体細胞以外のニューロンは形状も多様で、それに応じて多くのタイプに分類される。たとえば、樹状突起が上下両方に花束のように広がっていることから、「ダブルブーケ細胞」という美しい名前を与えられたニューロンもある。

カハールは大脳皮質だけでなく、脳の全域でニューロンをタイプに分類した。しかし、脳のどの部位にもたくさんのニューロン・タイプがあるため、この方法で脳を完全に切り分けるのは、ブロードマンの方法［細胞体の層構造にもとづく方法］よりもはるかに難しい。しかも、脳の各部位に含まれるニューロン・タイプは、ひとつの国に住む多くのエスニック・グループのように複雑に入り混じっている。カハールは存命中にこの研究計画を最後までやり遂げることはできなかったし、むしろこの路線の研究は、ようやく端緒についたばかりだと言うべきだろう。ニューロンにいくつのタイプがあるのかさえまだわかっておらず、わかっているのはただ、非常に多いということだけだ。脳は、松の木だけからなる針葉樹林よりむしろ、何百という植物種が生い茂る熱帯雨林に似ている。ある専門家の推定によれば、大脳皮質だけに限っても、何百ものニューロン・タイプがあるという[10]。神経科学者たちはニューロンをどのように分類するのが適切なのかについて、今も論争を続けている[11]。

神経科学者たちの意見が一致していないということは、より基本的な問題が存在する証拠だ。なにしろ「脳の部位」や「ニューロン・タイプ」を、どう定義すればいいのかさえ明らかではないのだから。プラトンは『パイドロス』という作品の中で、ソクラテスに次のように語らせた。「(鶏肉を切り分けるときには)やたらな場所で力任せに切るのではなく、自然な成り立ちに従って、関節のところで切り分けなさい」。このたとえは、分類という、学問上の大きな問題を、鶏肉を切り分けるという卑近な行為に生き生きとなぞらえている。解剖学者はソクラテスのアドバイスに従って、人の体を、骨、筋肉、内臓などに切り分ける。しかしそのアドバイスは脳にも当てはまるのだろうか?

「自然を関節で切り分ける」とは、接続の弱いところで切り分けるということだ。脳を脳梁で分割して左右の半球に分けることなら、解剖学の専門家でなくてもできる。しかし脳梁を別とすれば、脳の境界はそれほどわかりやすくない。シート状になった大脳皮質の場合、領野の境界は、「関節」のような構造になっているようには見えない。領域をまたいで多数の「配線」があり、境界の両側のニューロンをつないでいるのだ[12]。

もちろんわれわれはすでに、非常に細かい単位にまで脳を切り分けている——その単位とは、個々のニューロンである。ゴルジとカハールの論争[235ページ]に決着のついた今となっては、この分割方法が客観的に定義されたものであることに異論を差し挟む者はいない。しかし、パーキンソン病の研究のところで簡単に触れたように、脳の部位やニューロン・タイプで切り分けるという、大まかな分割方法も役に立つ。問題は、大まかな分割方法の妥当性だ。これらの分割方法を、より正確なものにするためにはどうすればいいだろう？

　コネクトームは、これまでにない優れた分割方法を与えてくれるとわたしは信じている。ソクラテスのアドバイスに杓子定規に従うわけにはいかない[13]。鶏とは異なりコネクトームの切り分けには、「接続性にもとづくニューロンの分類」という、ちょっと抽象的な方法を使うことになるだろう。これは、C・エレガンスの三〇〇のニューロンを、一〇〇あまりのタイプに分類したときにも用いられたアプローチだ[14]。研究者たちは線虫のニューロンを分類するにあたって、次の基本原理に従った。「二つのニューロンが、同様のニューロン、または似たようなニューロンに接続しているなら、それら二つのニューロンは同じタイプに分類される」。タイプの中には、［線虫の］体の中心線を挟んで、左右対称の位置にある二つのニューロンだけから構成されるような、非常にわかりやすいものもある。そんなペアを構成する左右のニューロンは、それぞれよく似たニューロンに接続している。たとえて言えば、左腕は左肩に接続し、右腕は右肩に接続しているようなものだ。しかしあらゆるニューロン・タイプがそれほど単純というわけではなく、よく似た接続性を持つニューロンを一三も含むタイプもある。

　ニューロン・タイプを使えば、プロローグで示した、C・エレガンスのコネクトームのダイアグラム（16ページの図3）を簡単化することができる。そのためには、同じタイプに属するニューロンをまとめて、円や多角形などの記号で表せばよい[15]。図42には、そうして得られた結果の一部を示した。ここで三文字からなる略字は、産卵に関係するニューロン・タイプを表している。たとえばＶＣｎは、陰門の筋肉を制御しているＶＣ１からＶＣ６までのニューロンを表す。各図中の線は、ニューロン同士のつながりではなく、ニューロン・タイプ同士のつながりを示しているので、このダイアグラムを《ニューロン・タイプ・コネクトーム》と呼ぶことにしよう。

この線虫の例が示しているのは、コネクトームを切り分けることで、ニューロン・タイプが得られるだけでなく、ニューロン・タイプ同士の接続性が明らかになるということだ。神経科学者は、それと同じことをヒトの網膜でやろうとしている。網膜には、大きく五つのニューロン群《クラス》があることや、それらニューロン群同士がどのように接続しているかは、すでに明らかになっている。たとえば、水平細胞は視細胞から興奮性シナプスを受け取り、抑制性シナプスで信号を送り出している。また、水平細胞同士は、電気的なシナプスでも接続している。しかし、これら五つのニュー

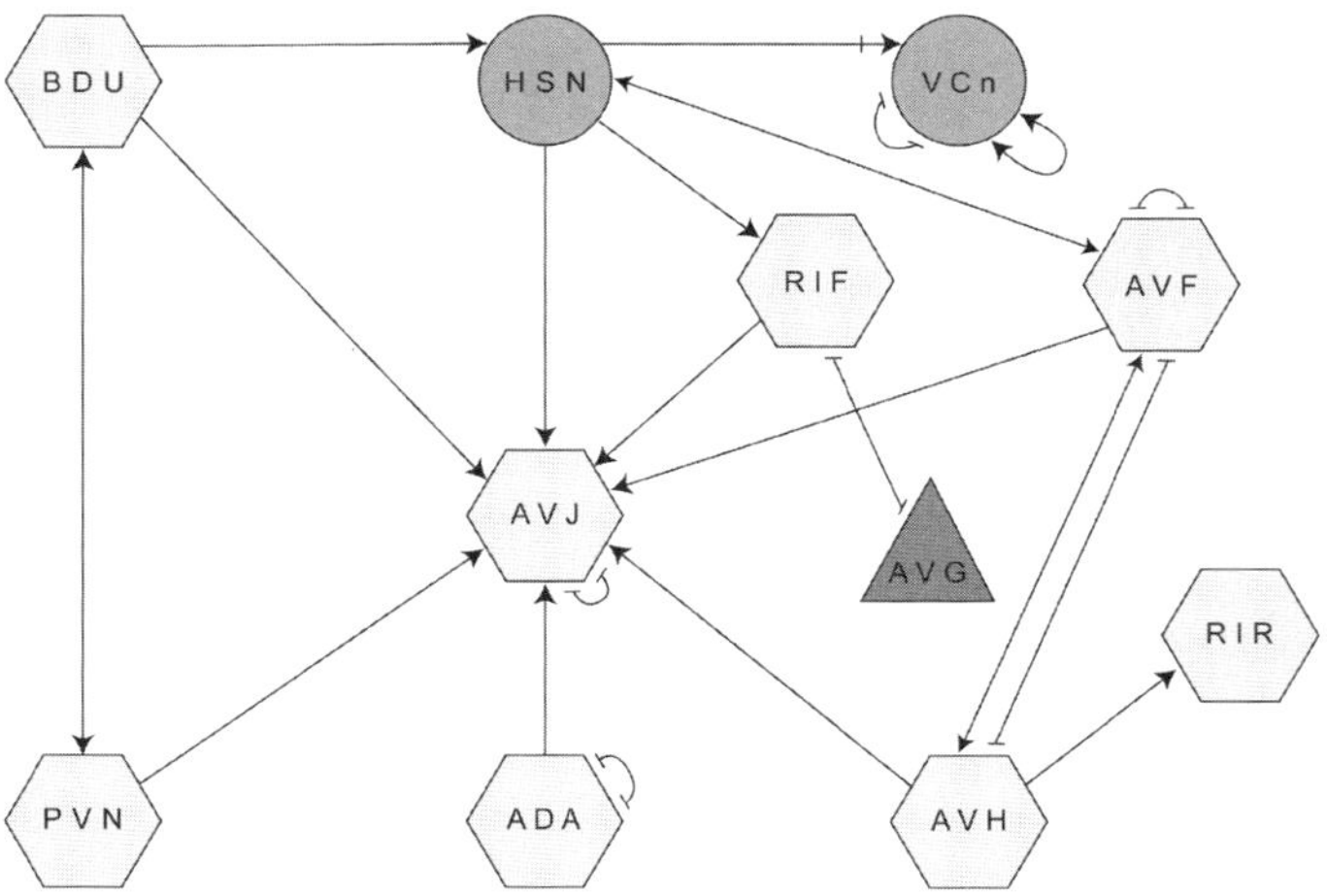

図42　C・エレガンスの「還元された（ニューロンをタイプごとにまとめた）」コネクトームの一部。

ロン群は、さらに五〇以上のニューロン・タイプに分類されることを思い出そう。それらニューロン・タイプ同士がどのように接続しているのかは、まだほとんど解明されていないが、網膜のニューロン・コネクトーム［ニューロンの接続性を表す、もっともミクロなレベルのコネクトーム］を得て、それを切り分けていけば、ニューロン・タイプ同士の接続性も明らかになるだろう。

このアプローチは、古典的な分類法とは異なるという点に注意しよう。カハールははじめに、ニューロンの形状と場所にもとづいてニューロン・タイプを定義し、その後、それらニューロン・タイプ同士の接続性を調べたのだった。わたしの提案は、その順番を逆転させることだ。つまり、まず［ニューロンの］接続性から出発し、そこから［カハールとは］逆向きに進んで、ニューロン・タイプを定義するのである。

このアプローチはカハールのそれとは異なるが、もしも形状と場所が接続性の代用になるなら、カハールのアプローチの改良版と見なすことができる。それを説明するために、まず二つのニューロンを考えてほしい。それらのニューロンは、互いに異なる部位に枝を広げているものとする。もしもそれら二つの部位が、遺伝的な事情やその他の理由により、完全に切り離されている［両方を通る軸索が一本もない］とすると、それら二つのニューロンが接続するすべはない。ニューロン同士が接続するためには、接触することが前提条件であり、ニューロン同士が接触できるかどうかは、ニューロンの位置と形状に支配されているのである。

しかし、もしも形状と場所が、それほど密接に接続性と関係しているというなら、接続性から出発するメリットはあるのだろうか？　わたしが接続性から出発しようというのはなぜだろう？　その答えはコネクショニズムのスローガン、「ニューロンの機能は、主として他のニューロンとの接続性により定義される」にある。つまり、接続性は直接的に機能と関係しているのに対し、形状と場所は間接的にしか機能と関係していないということだ。[16]

コネクトームから出発するこの戦略は、ニューロン・タイプよりもさらに大まかに、脳を部位に分割するためにも使える。脳の再配線について論じたとき［203ページ］、大脳皮質の各領野には、それに固有の「接続の指紋」があると述べた——それは大脳皮質内部の領野同士だけでなく、外部の領域とのつながり方まで含めた、各領野に特有な接続のパターンである。その関係を逆転させ、「接続の指紋」から逆に、大脳皮質の領野を定義することもできるだろう。具体的には、共通の「接続の指紋」を持つように、近隣のニューロンをグループにまとめることにより、コネクトームを切り分けていけば、いずれは脳を部位に切り分けることになるだろう（そうなるためには、それらニューロンのグループ同士は、空間的に重なっていてはならないという条件を課す必要がある。さもないと、空間的な区分としての部位ではなく、ニューロン・タイプが入り混じっただけのものが得られるだろう）。

この方法と、層構造を利用して大脳皮質の領野を定義したブロードマンの方法とのあいだに、どんな関係があるのだろうか？　ここでもまた、層構造を、接続性の代用品と見なすべきなのである。たとえばブロードマンの17野と18野とでは、第四層の厚みが異なるが、それはニューロンの接続性が異なるからだ。17野の第四層は、目からやってくる神経路の軸索と接続するニューロンが多くあるため分厚くなっている[17]のに対し、隣の18野では、目とのあいだにそのような接続がないため、第四層はそれほど厚くならないのである。

しかし、もしも層の構造が接続性とそれほど密接に関係しているなら、接続性から出発するメリットはあるのだろうか？　なぜわたしは接続性からはじめようと提案するのだろう？　その理由もまた、層の構造は、接続性ほど基本的ではないからだ。17野の機能が視覚的なものだとわかるのは、視覚の経路が17野に接続しているからである。それに対して、17野の四番目の層が分厚いことと、この領野の機能が視覚的なものであることとは、あくまでも間接的な関係でしかない。[18]

ブロードマンは大脳皮質の層の構造に依拠し、カハールはニューロンの形と場所に依拠した。いずれも、サイズに依拠する方法よりは洗練されたアプローチだが、層の構造やニューロンの形および場所といった特徴は、接続性という、真に重要なものの粗い代用にすぎない。ブロードマンやカハールの時代から一世紀あまりの時を経た今、われわれはそろそろ代用品ではなく、コネクトームそのものを相手にできてしかるべきだろう。

「大まかなコネクトーム」で何がわかるか

これまでわたしは、脳を分割する理想的な方法は、［ニューロン・］コネクトームを分割することだと論じた。さらにそれを説明する過程で、さまざまな分割方法の相互関係を知り、部位コネクトームとニューロン・タイプ・コネクトームを、ニューロン・コネクトームを簡略化して得られた、これら大まかなコネクトームを得た。[19]　コネクトームはいずれも脳を理解するのに役立つ。以下ではそれぞれのコネクトームの使い道を見ていこう。

部位間の接続性が重要だということは、十九世紀にはすでに認められていた。その嚆矢となったのは、ウェルニッケが、ブローカ野とウェルニッケ野とをつなぐ、長い軸索の束の存在を仮定したことだった。

その軸索の束が傷つくと、言葉を理解したり話したりする能力は保持されているにもかかわらず、誰かが話しかけた言葉を反復することができなくなるはずだ、とウェルニッケは論じた。ウェルニッケ野が無傷のまま残っていれば、誰かが発した言葉を理解することはできるが、その信号がブローカ野に伝わらなければ、それを口に出して言うことはできない。存在を仮定されたこの病気は、信号が伝わらないせいで起こることから、ウェルニッケはそれを《伝導性失語》と呼んだ。[20] のちにこの症状を持つ患者がじっさいに発見されたことにより、ウェルニッケの予想は正しかったことが証明された。さらに神経解剖学者たちは、存在を予想されていたブローカ野とウェルニッケ野の接続が、弓状束《きゅうじょうそく》と呼ばれる軸索の束として、現実に存在することを突き止めた（図43）。

　言語に関するこのブローカ‐ウェルニッケ・モデルは、いったん部位コネクトームが得られたと

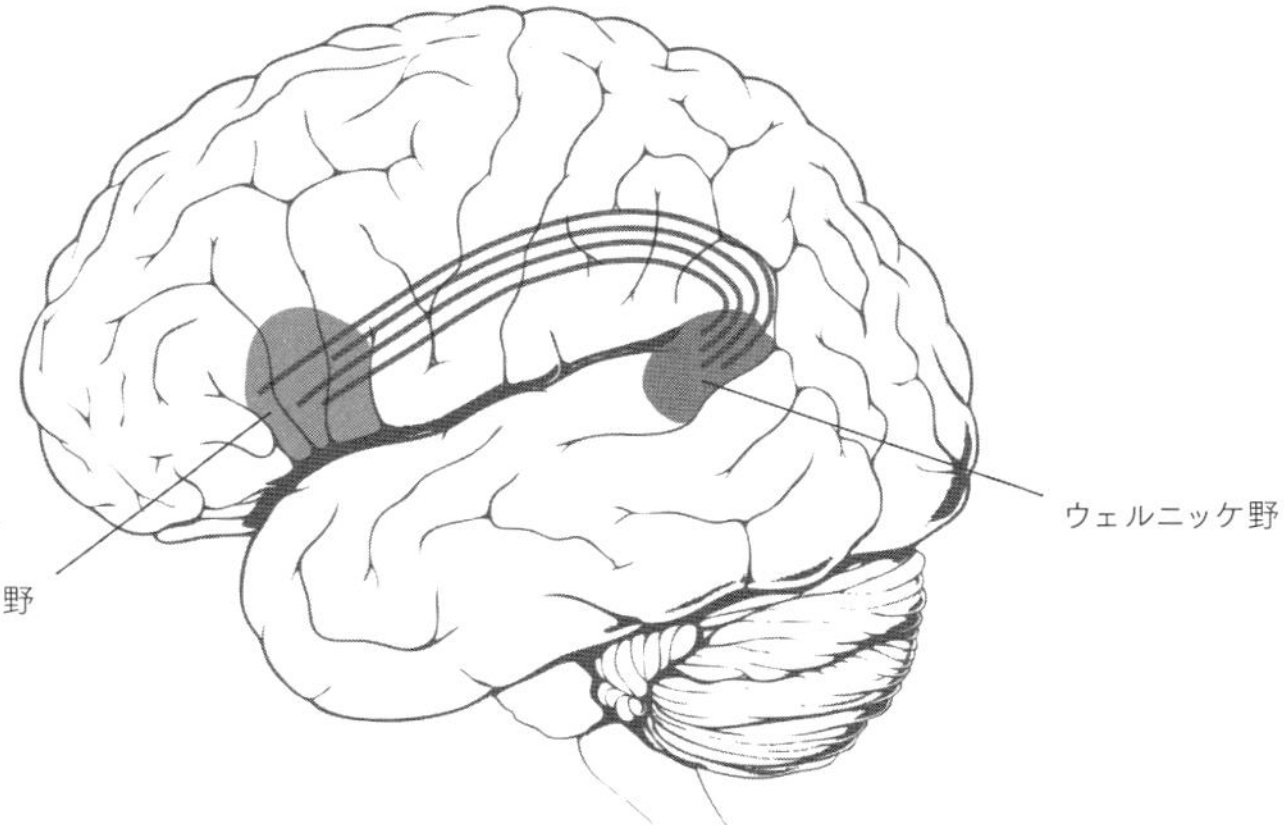

図43　ブローカ野とウェルニッケ野をつなぐ軸索の束。

すれば、それを利用して何ができそうかを教えてくれる。まず、それぞれの部位に、言葉を理解したり、言葉を発したりといった、初歩的な心の機能を付随させる。次に、聞いた言葉をそのまま繰り返すような、より高度な機能を、それら初歩的な機能の組み合わせとして説明する。高度な機能は、いくつかの部位の協働によって成し遂げられ、その協働は部位の接続によって媒介されると考えるのである。

神経学者は、脳に損傷のある患者に診断を下すために、この考え方を利用している。ある部位が損傷すれば、それに対応する初歩的な機能がうまく働かなくなり、《接続》が損傷すれば、いくつかの部位の協働を必要とするような、より複雑な機能がうまく働かなくなると考えるのだ。このパラダイムには接続という考え方が組み込まれており、機能はいくつかの部位に分散しているものと想定するため、素朴な脳機能局在論を越えている。この立場のことをコネクショニズムと呼ぶこともあるが、前に導入したニューロン・コネクショニズム［130ページ。「ニューロンの機能は、主に他のニューロンとの接続によって定義される」という考え」とは別のものである。[21] ニューロン・コネクショニズムのほかにも、「ニューロン・タイプ・コネクショニズム」を考えることもできる。このニューロン・タイプにもとづく脳モデルは、［部位の機能にもとづく］従来の神経学者の脳モデルよりは洗練されているが、モデルをきちんと完成させるのはずっと難しい。なぜなら、ニューロンのタイプも、ニューロン・タイプ間の接続の種類も、あまりにも多いからである。

しかし近い将来、心理学者と神経学者にとってもっとも役立つのは、部位コネクトームだろう。オラフ・スポーンズとその共同研究者たちは、《コネクトーム》という言葉を世に出した二〇〇五年の論文で、[22] すでにそのことを指摘していた。みなさんは、アメリカの国立衛生研究所（NIH）が二〇一〇年に立ち上げた、三〇〇〇万ドルという予算のヒト・コネクトーム計画のことを聞いたことがあるだろう。しかし多くの人は、この計画の目標は、部位コネクトームを得ることであって、ニューロン・コネクトームとは関係がないということに気づいていないようだ。

わたし自身は、部位よりはニューロンに注目した研究に多くの時間を費やしているが、スポーンズらが言う通り、部位コネクトームを得ることには確かに意味があると考えている。わたしが唯一彼らと意見を異にするのは、いかにして部位コネクトームを得るかという、方法に関してだ。わたしに言わせてもらえば、部位コネクトームを得るためには、ニューロンを見なければならない。言い換えれば、わたしはやはり、ニューロンこそがもっとも重要だと考える、ニューロン優越主義者《ショーヴィニスト》なのである――ただし、目的としてではなく、手段としてのニューロンが重要だと考えているのだが。

部位コネクトームを得るためには、ニューロン・コネクトームを切り分けるのが最善の策だとわたしは考える。とはいえ今のところ、この戦略はあくまでも理想にすぎないということも承知している。当面この戦略は、人間の脳ではなく、もっとずっと小さな脳にしか使えないだろう。それが、ＮＩＨのヒト・コネクトーム計画が近道を取ろうとしている理由だ。この計画では、ＭＲＩを使って部位コネクトームを見出そうとしている。後述するように、このイメージングの方法では空間解像度に限界があるため、いずれ壁にぶつかることは避けられない。第13章では、それほど粗い近道をとらなくても、近い将来に実現可能な別のアプローチを提案しよう。それとよく似た、また別の近道をとれば、ニューロン・タイプ・コネクトームを得ることもできるだろう。

現在の脳地図と脳機能局在説の限界

すべての神経科学者が、脳の分割にもっと力を注ぐべきだという考えに納得しているわけではない。われわれはすでに十分立派な脳地図を手に入れているではないか、と考える人たちもいる。そういう意見に反論するために、ここでもう一度、言語のブローカ－ウェルニッケ・モデルを、少し詳しく見てみよう。脳科学の教科書を読むと、このモデルは非常に成功しているように書いてあるが、現実にはそれほどうまくいっているわけではない。

ブローカが診察した最初の患者では、脳の損傷はブローカ野よりもずっと大きく広がっていた。大脳皮質のいくつかの領野に加え、皮質の下部にまで損傷があったのだ。今では、ブローカ野が傷ついただけではブローカ失語症にはならないことが明らかになっているし、逆に、ブローカ野には問題がなくとも、ブローカ失語症になる場合があることもわかっている。[23] ウェルニッケ失語症についても、どの領野がこの病気と関係しているのかさえ、まだよくわかっていない。さらに言えば、言葉を発することと、言葉を理解することとは、教科書に書いてあるほどすっきり区別できるわけでもない。たとえば、ブローカ失語症では、文章が理解できないという障害をともなうのが普通だ。この臨床所見を裏づけるように、近年のｆＭＲＩを使った研究によれば、言語機能は従来考えられていたほど局在化しているわけではなく、ブローカ野とウェルニッケ野だけでなく、大脳皮質、およびその下部にまで広がっていることがわかってきた。[24] また臨床研究によれば、伝導性失語として知られる失語症（言われたことを理解することができ、言葉を発することもできるが、言われた言葉をそのまま繰り返すことができない）は、弓状束が傷ついたために起こるという従来の説を支持できない。それればかりか研究者の中には、そもそも弓状束は、ブローカ野とウェルニッケ野をつないではいないと主張する人たちもいる[25]――われわれはもう一世紀以上も、このモデルを信じてきたというのに。神経科学者の中には、この二つの領野をつなぐ別の経路を見出した人たちもいる[26]。

以上のような理由により、言語の研究者たちは、ブローカ–ウェルニッケ・モデルに代わるモデルを作ろうとしているが、あまり成功していない[27]。新しいモデルは、ブローカ野とウェルニッケ野だけでなく、大脳皮質のその他の領域、さらには大脳皮質以外の領域を含み、言葉の理解および生成という、あまりにも単純化されすぎた二つの要素のほかにも、多くの要素から構成される複雑な言語能力を説明できなければならない。もっと良いモデルが必要だと誰もが言うが、そのための方法についてはコンセンサスが得られていない。わたしにしても、そんな新しいモデルを知っていると主張するつもりはない。それでも、より優れた脳地図を作ることができれば、新しいモデルを得るためにも役立つはずだという点については確信がある。

脳の分割は、長らく科学というよりはむしろ技芸《アート》だった。医者が患者の多種多様な症状からぴたりと病気を言い当てたり、裁判官が多くの判例を整合的に解釈するのと同じく、脳の分割が、シンプルな方式ですっきり片づいたためしはない。脳を領域に切り分ける境界線の中には、明らかに恣意的なものもある。そのような境界線は、歴史的な偶然によって引かれたか、または神経解剖学者たちの誤りによって引かれてしまったのだろう。地球儀や地図帳に引かれた線と同様に、われわれの脳地図もまた、時間が経っても変わらない、客観的な真実を表しているわけではないのだ。新たな領域が作り出されることもあれば、領域を区切る境界線が変わることもある。境界をめぐって意見が対立し、研究者のあいだで辛辣な論争が起こることもある。理想を言えば、そのような論争は、関係者の粘り強い交渉によって平和的に解決されるべきだろう。

われわれはこんな事態に慣れてしまってはいけない。今日得られているいくつかの脳地図は、現代人の目から見れば笑い話のような古代の世界地図ほどお粗末ではないにせよ、改善の余地は多い。脳地図そのものが、どの部位が、どんな心の機能に、どのように関与しているのかを教えてくれるわけではない。それでも地図は、われわれが依って立つべき基礎を与えることにより、研究を加速してくれるだろう。

脳を分割するためには、構造的な判断基準を持つことが大切だというわたしの主張は、神経科学者の中でも、地図を機能的な判断基準と結びつけて考えることに慣れている人の耳には、奇妙な意見に聞こえるだろう。しかし、構造を重視することは、生物学の分野ではごく当たり前のことなのだ。人の内臓は、その役割が明らかになるよりずっと前から構造的な単位として認められていたし、内臓の機能のことなど何も知らない素人でも、構造としてまとまっていることは、見ればわかる。細胞に含まれる細胞小器官についても、核には遺伝情報が含まれているのだとか、ゴルジ体はタンパク質やその他の生物分子をパッケージにして、しかるべき目的地に送り出す仕事をしているのだ、といったことが明らかになるよりずっと早くから、顕微鏡で観測されていたのである。

一般に、生物学上のまとまりは、構造としても機能としてもひとつの単位になっているが、まずは構造として認識されるのが普通だ。機能が明らかになるのはその後のことである。脳の部位やニューロン・タイプというまとまりも、そうであるべきだろう。ブロードマンとカハールの足跡をたどる神経科学者たちは、構造的なアプローチで脳を分割しようとしてきたが、これまでのところ十分な成功は得られていない。

その理由は、構造的なアプローチに根本的な欠陥があるからではなく、脳の構造を測定するテクノロジーが必要なレベルに達していないからだ。脳を分割するアプローチは何であれ、その方法の基礎となるデータの質が悪ければ成功は望めない。コネクトミクスは、脳の構造について劇的に優れたデータをもたらすことにより——そして、われわれの考えを拡張することにより——脳を分割するための、より客観的な方法を与えてくれるだろう。

大脳皮質の部位を調べるために、脳の損傷により引き起こされる症状を調べるという方法は、オーストリアの修道士グレゴール・メンデルが、一八六〇年代に遺伝子の概念を打ち出したときに用いた方法と似ている。メンデルは、植物を交配させる実験を行い、ある種の形質は、のちに遺伝子と呼ばれるようになる、ひとつの遺伝単位の変異《バリエーション》に支配されていることを明らかにした(今日ではそれをメンデルの法則という)。彼の単純な描像では、形質と遺伝子とは、一対一で対応していたのだ。しかし今日のわれわれは、形質のほとんどはメンデルの法則に従わないことを知っている。大半の形質は、多くの遺伝子の影響を受けているし、逆に、ひとつの遺伝子が多くの形質に影響を及ぼしていることもある。なぜなら、ひとつの遺伝子はひとつのタンパク質を作るための情報しか持たないが、そのひとつのタンパク質はいくつもの役割を果たすことができるからだ。

同様に、脳機能局在説を支持する人たちは、心の機能と大脳皮質の部位とのあいだに、一対一の対応をつけようとしている。しかし、心の機能のほとんどは、いくつもの皮質領域が一緒に働くことを必要としており、逆に、ほとんどの皮質領域は、いくつもの心の機能に関係していることが明らかになっている。そうだとすれば、機能という判定基準にもとづいて、部位を定義しようとしてもうまくいくわけがない。

正しい戦略は、構造的な判定基準にもとづいて脳の領野を突き止めたのち、それら領野間の相互作用から、いかにして心の機能が立ち現れてくるかを明らかにすることだ。今後テクノロジーが改良されれば、このアプローチは現実的なものになるだろう。

正常な脳を調べれば、つねに、同じ部位が現れ、同じニューロン・タイプが得られるとわれわれは予想している。正常な人たちでは、部位コネクトームとニューロン・タイプ・コネクトームはほとんど同じであるとみられ、それゆえ高いレベルで遺伝子により決定されている可能性が高い。前に少し触れたように、遺伝子はニューロンの枝の成長を導いており、それによりニューロン・タイプ・コネクトームに影響を及ぼす［184ページ］。科学者たちは、大脳皮質の領野形成を支配している遺伝子を突き止めつつある。[28] あなたの心とわたしの心が似ているのは、あなたとわたしの脳の中で、部位もニューロン・タイプも、同じような接続性を持っているからなのだ。

それとは対照的に、ニューロン・コネクトームは人によって大きく異なるだろうし、経験から強く影響を受けるだろう。したがって、なぜ人間はひとりひとり、他の誰とも異なる唯一無二の存在なのかを理解したければ、調べるべきコネクトームはニューロン・コネクトームだ。そして過去の痕跡を求めるためにも、われわれはニューロン・コネクトームを調べなければならない。なぜなら記憶こそは、他の何にも増して、自分を他の誰でもない自分自身にしているものだからである。

第11章

コネクトームから記憶を解読する

死者の脳から記憶を読み取ることは可能か

前章では、コネクトームを明らかにするという作業を、ラビュリントスの曲がりくねった道をたどる旅になぞらえた。伝説によればこの迷宮は、クレタ島の都市クノッソスにあるミノス王の宮殿近くに位置していたという。一九〇〇年のこと、クノッソスからもうひとつ、脳のメタファーとなるものがもたらされた。古代の遺跡から何百枚という粘土板が発掘されたのだ。しかし発見者であるイギリス人考古学者アーサー・エヴァンズは、それらの粘土板を読むことができなかった。なぜならその文書は未知の言語で刻まれていたからだ。数十年にわたり粘土板は解読されず、謎の文字は、線文字Bとして知られるようになった。ようやく一九五〇年代になり、マイケル・ヴェントリスとジョン・チャドウィック[1]が線文字Bの解読に成功し、粘土板に刻まれた内容が明らかになった。

いったんコネクトームを手に入れて、それらを切り分けることに成功したなら、次の課題はその解読だ。その言語をわれわれは理解できるようになるのだろうか？　それともコネクトームの接続パターンは興味をそそるばかりで、永遠にその秘密を明かすことを拒むのだろうか？　線文字Bの解読には半世紀という時間を要したが、ともかくもヴェントリスとチャドウィックはそれをやり遂げた。だが、失われた言語では多くの場合、同様の試みが失敗に終わっている。[2] たとえば線文字Aは、線文字Bよりも古い時代に、やはりクレタ島で使われていた文字だが、今日に至るも解読されていない。古代パキスタンのインダス文字や、古代メキシコのサポテク語で用いられた文字体系、イースター島のロンゴロンゴ文字なども未解読だ。

しかし、コネクトームを解読するとはいっても、それは具体的には何をすることなのだろうか？ ある概念を理解したければ、極端なケースを考えてみるとわかりやすいことがある。そこでひとつの思考実験として、あなたが遠い未来社会に生きているものと想像してみよう。医療は大きく進歩したが、あなたのひいひいおばあちゃんはとうとう亡くなってしまった（享年二一三歳）。あなたは彼女の亡骸をある施設に運び込み、脳を薄くスライスして撮像し、コネクトームを調べてもらい、そのデータを納めた小さなスティックを受け取る。帰宅したあなたは、ひいひいおばあちゃんとおしゃべりできないことを悲しく思う（あなたはひいひいおばあちゃん子だったのだ）。そこであなたは例のスティックをコンピュータに差し込み、彼女の記憶の中からいくつかの場面を呼び出して、寂しさを紛らわせる。[3]

いつかはコネクトームから記憶を読み取ることができるようになるのだろうか？ わたしは少し前に、これと似た思考実験として次のように問いかけた。誰かがあなたの脳内で起こるニューロンのスパイクをすべて測定して解読することに成功したとすれば、その人物はあなたの知覚や思考を読み取ることができるだろうか？［122ページ］。神経科学者たちの中には、スパイクの測定技術が十分に発展すれば、読み取ることは可能だと考える人たちがいる。その根拠は次のようなことだ。ジェニファー・アニストン・ニューロンのスパイクを測定して、その人物がジェニファーを知覚しているどうかを推測することなら、すでに可能になっている。神経科学者たちは、この小さな成功を敷衍して、もしもすべてのニューロンのスパイクが測定できれば、その人物の知覚と思考を完全に知ることができるだろうと考えるのである。

同様に、コネクトームから記憶を読み取ることも、その方向で小さな成功がありさえすれば、可能だと考えてよいだろう。ヒト・コネクトームの全貌が明らかになるのは、今はまだ遠い未来のことである。当面は、脳の小さな一部分から得られたコネクトーム［その小部分に含まれるニューロンの接続性］を扱うしかない。人間の脳の小部分を選んで、それから記憶を読み取ろうとすることになるかもしれない。あるいは、動物の脳の小部分を使うという手もあるだろう。

いずれにせよ、ひとつ確かなことがある。コネクトームを明らかにすることは、最初の一歩にすぎないということだ。紙の上に印刷されたテキストを見ても、それだけで本を読んだことにはならない。本を読むためには、アルファベットの文字や単語の綴りを知っているだけでなく、その言語に熟達している必要がある。もう少し専門的に言うと、本を読むためには、紙の上に記された記号というかたちで、情報がコードされている仕組みを知らなければならない。コードに関する知識がなければ、本は無意味な記号の羅列にすぎない。それと同様に、記憶を読み取るためには、単にコネクトームを手に入れるだけでは不十分だ。コネクトームに含まれる情報を、解読する方法を知らなければならないのである。

記憶のありかを探る実験

人間の記憶は、脳のどの部位にあるのだろう？　それに関する重要な手がかりが、二〇〇八年にコネティカット州の療養所で亡くなった、ヘンリー・グスタフ・モレゾンという人物の生涯からもたらされた。モレゾンは生前、プライバシー保護のため、H・Mとして知られていた。多くの医師や科学者がH・Mを研究し、彼はブローカの患者だったタン以来、もっとも有名な神経心理学の研究対象となった。

一九五三年、二七歳のときに、H・Mは難治性の癲癇の手術を受けた。H・Mの発作は側頭葉内側部で発生していると判断した外科医は、左右両方の側頭葉内側部の一部を切除した。手術後、H・Mはごく正常のように見えた。彼の人柄、知性、運動能力、ユーモアのセンスは以前のままだった。ところがひとつ、彼の能力を根こそぎにしかねない重大な変化があったのだ。H・Mはそれ以降の人生を、毎朝病院で目覚めるたびに、なぜ自分がそこにいるのかわからないという状態で生きなければならなくなったのである。毎日世話をしてくれる人たちの名前も覚えられず、アメリカ大統領の名前を言えず、時事的な話もできなかった。[4] それとは対照的に、H・Mは手術以前の出来事のことは覚えていた。どうやら側頭葉内側部は、新しい記憶を貯蔵するためには重要だが、古い記憶を保持することとは関係がなさそうだった。[5]

読者はご記憶だろうか。イツァーク・フリードとその共同研究者たちが、ジェニファー・アニストン・ニューロンとハル・ベリー・ニューロンを見出したのも、やはり側頭葉内側部だったことを。どうやら側頭葉内側部は、知覚と思考の両方に関係しているようだ。また、いったん記憶したことを思い出す際に、この部位がどんな役割を果たしているのかを調べるための実験も行われてきた。[6] たとえば、はじめに、アニメ、テレビ番組、映画などから集められた短いビデオクリップをたくさん見てもらい（それぞれは五秒から一〇秒程度の長さのもの）、そのとき側頭葉内側部のニューロンの活動を記録する。その後、ビデオの内容を自由に思い出し、心に浮かんだことがあれば、言葉でそれを語ってもらう（実験のこの後半部分では、患者にビデオクリップは見せない)。
患者がトム・クルーズのビデオクリップを見たとき、あるひとつのニューロンがスパイクしたが、ほかのセレブや場所などの映像を見たときには、そのニューロンの活動ははるかに弱かった。しばらくして、その患者がトム・クルーズのことを思い出していると報告したときにはつねに、その同じニューロンがスパイクしたが、それ以外のものを思い出したときにはスパイクしなかった。ほかのニューロンもこれと同様の振る舞いをし、どれかのビデオクリップを見たり、あるいは見たことを思い出したりしたときは活性化されるが、それ以外のビデオクリップでは活性化されなかった。

おそらくそのトム・クルーズ・ニューロンは、側頭葉内側部内の神経細胞集合に属しているのだろう。トム・クルーズの映像を見たり思い出したりすると、その神経細胞集合が活性化され、それゆえトム・クルーズ・ニューロンも活性化される。もしそうなら、コネクトームから記憶を読み取りたければ、まずは側頭葉内側部の神経細胞集合を狙ってみるのがよさそうだ。しかし残念ながら、側頭葉内側部は広すぎて、現在のテクノロジーでは、そのコネクトームを得るのは現実的ではない。

そこでもう少し的を絞り、側頭葉内側部の中でも、新しい記憶を貯蔵するために重要な役割を果たしていると見られる、海馬を狙ってみてはどうだろう? とくに海馬のCA3という部位のニューロンは、互いにシナプスを作っている。そのシナプスにより、CA3のニューロン群は、神経細胞集合になっているのかもしれない。[7] しかし人間のCA3はまだ大きすぎるため、この部位のコネクトームを見出すのは今のところは難しい。[8] 記憶を読み取りたければ、脳の中のもっと小さな部分からはじめる必要がある。

鳥の脳からさえずりの記憶を読み取れるか

Ｈ・Ｍの健忘症は、《宣言的記憶》に限って忘れるというものだった。宣言的記憶とは、「言葉で述べることのできる」記憶である。たとえば自分の身に起こった出来事（「去年わたしはスキーで足を折った」）や、周囲の世界に関すること（「雪は白い」）などの記憶がそうだ。[9] 宣言的記憶は、《記憶》という言葉のもっとも一般的な意味である。

そのほかに、《非宣言的記憶》というものがある。それは運動技能や習慣のようなものに関する記憶で、言葉で述べることができない。Ｈ・Ｍは、鏡に映った自分の手を見ながら、鉛筆で図形を描く（鏡映反転像を見て絵を描く）といった新しい運動技能を身につけることができた。神経科学者たちは、このＨ・Ｍのケースや、これとは異なるタイプのいくつかの証拠にもとづいて、宣言的記憶と非宣言的記憶とは別の種類の能力であり、それを担う脳の領野もおそらくは別だろうと考えている。

しかしこれら二種類の記憶には、いくつか共通する特徴もある。アリストテレスは『記憶と想起について』という論考の中で、想起という働きを運動になぞらえて次のように述べた。「想起という働きがうまく機能するのは、それが経験について起こるときには（経験を想起するときには）、運動の自然本性に応じて、ひとつの運動には別の運動が、いつも決まった順番で続くようになっているためである」。いつも決まった順番で想起される記憶は、それが宣言的なものであれ非宣言的なものであれ、シナプス連鎖というかたちで脳の中に保持されていると考えられる。たとえば、ピアノソナタを暗譜で弾くときの指の動きは、そのピアニストの脳の中のどこかに存在するシナプス連鎖が、いつも決まった順番でスパイクすることによって引き起こされているのだろう。

動物の宣言的記憶について研究するのは難しい。[10] なぜなら、動物は自分が今何を想起しているかを、人に伝えることができないからだ。しかし言葉にならないタイプの記憶なら、もちろん動物にもある。では、動物のコネクトームから、そのタイプの記憶を読み取ってみてはどうだろう。そのためにわたしが提案しているのは、鳥の脳でシナプス連鎖を探すことだ。

鳥類はわれわれと同じく恒温動物だが、遺伝的には齧歯類よりも遠い親戚にあたる。鳥類は子を乳で育てないため哺乳類ではないが、[11] 知能は哺乳類だけの占有物ではない。英語で「鳥の脳（＝馬鹿）」というのは侮辱の言葉だが、じつは鳥類はかなり頭が良い。マネシツグミやオウムは人の言葉を真似るのが上手だし、カラスは数を数えたり道具を使ったりする。こんな高度な振る舞いをすることから、神経科学者たちは、これら空を飛ぶわれわれの遠い親戚に、ますます関心を寄せるようになっている。

ゼブラフィンチはオーストラリアに固有の小型の鳥だが、今日では愛らしいペットとして世界中で飼われている。この鳥を調べている研究者は多い。雄はオレンジの頬を持ち、喉から上胸部にかけて特徴的な白黒の［シマウマのような］縞模様がある。図44の雄のフィンチは、雌に向かって求愛の歌をさえずっているところだ。他の種では、他の雄がテリトリーに入らないよう警告の歌をさえずるものもある。[12] そうした鳥のさえずりはわれわれ人間に向けられたものでないけれども、美しいことに変わりはない。カナリアをはじめとして、さえずる能力の高さゆえに、ペットとして人気の高い鳥もいる。モーツァルトはムクドリを飼っていて、あるコンチェルトの終楽章の主題をさえずるように仕込んでいた[13]（それとは逆に、ペットのムクドリのさえずりに触発されて、モーツァルトはその主題を作曲したのだと主張する人たちもいる）。鳥のさえずりには、音程、リズム、そして繰り返しという要素があるため、それを「自然の音楽」と呼ぶ人もいれば、言語表現にたとえる人もいる。たとえば十九世紀の大詩人パーシー・ビッシュ・シェリーは、「詩人は、暗がりの中に座して、自らの孤独を美しい音で慰めようと歌うナイチンゲールだ」と書いた。

鳥は本能に従ってさえずっているのだろう、と思っている人もいるかもしれない。鳥のヒナは、卵を割って出てきたときにはすでに、さえずり方を知っていたのだろう、と。しかしそうではない。ピアノのレッスンで苦労した人も、鳥を羨むには及ばない。ゼブラフィンチとて、苦労もなくその才能を獲得したわけではないのだ。音が出せるようになる前に、若い雄はまず父親のさえずりを聴く。その後、人間の赤ん坊が最初はバブバブという意味のない音を出すように、雄のゼブラフィンチの若鳥もまた、最初はさえずりとは言えない音を出す。[14] それから数カ月にわたって何万回もの練

図44　雌（右）にさえずりかける雄（左）のゼブラフィンチ。

習を重ねて初めて、父親のさえずりを真似られるようになる。[15]

成熟したゼブラフィンチは、基本的には毎回同じ歌をさえずる。ゼブラフィンチは、ジャズピアニストのように即興で歌うのではなく、むしろ氷上に規定の図形を描くスケート選手に似ている。そういうさえずりは「結晶化」していると言われる。成熟した鳥は、自分の歌の記憶を貯蔵しており、いつでも好きなときにそれを想起することができるのだ。

鳥たちは音を出すために、鳴管という、人間の咽頭に似た発声器官を用いる。鳴管に空気を送り込むと、ちょうど管楽器のようにその壁が振動して空気を震わせる。ピッチやその他の音の特徴は、鳴管のまわりの筋肉でコントロールされ、[16]筋肉は鳥の脳から指示を受けている。一九七〇年代にフェルナンド・ノッテボームは、鳥のさえずりに関係する脳の部位を突き止めた（図45）。これらの部位の名前は長くて複雑なため、科学者たちはＨＶＣ、ＲＡ、ｎⅫという短い記号を使っている。

これら三つの部位の役割を理解するために、人工的な音響システムと比較してみよう。あなたの友人にオーディオ・マニアがいるとしよう。オーディオ・マニアは出来合いの装置では満足しない。機

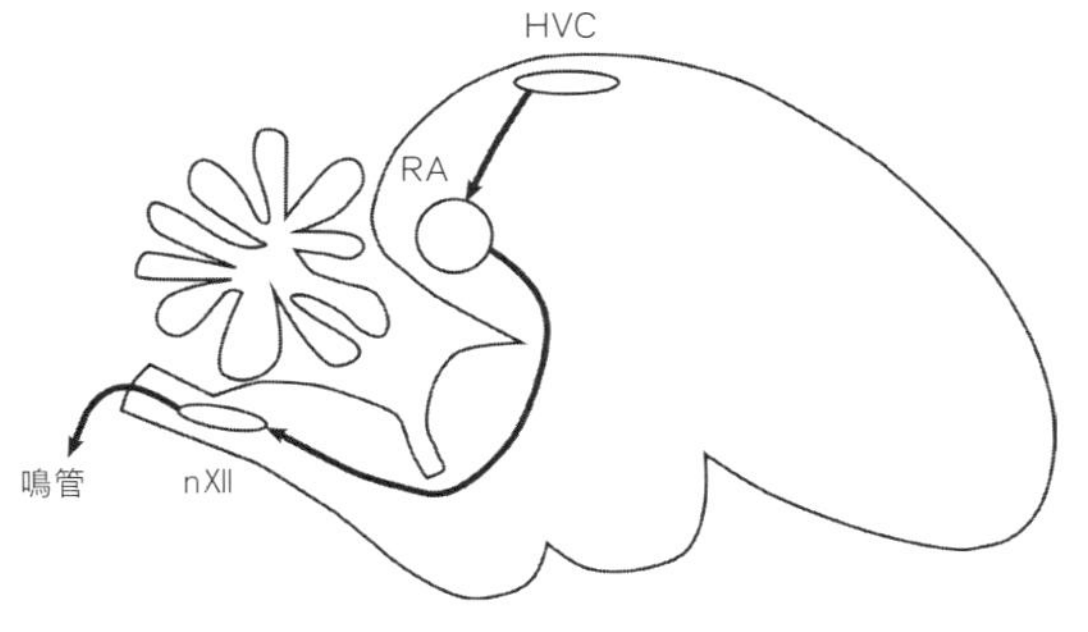

図45　鳥の脳の、さえずりを生み出す3つの部位。

能ごとに装置を選び抜いて、自分だけのオーディオ・システムを組み立てるのだ。あなたの友人の高価なステレオ・システムでは、ＣＤプレーヤーは電気信号を発生させ、その信号はプリアンプに送られ、さらにアンプに送られて、最終的に、その電気信号はスピーカーによって音に変換される。鳥の脳でもそれと同じく、ＨＶＣからＲＡへ、そこからさらにｎⅫへと、オーディオ・システムと同様に電気信号が送られ、最終的に鳴管で音に変換される。[17] ステレオがベートーヴェンの第五交響曲を響かせるたびに、装置を伝わる電気信号も、スピーカーから出る音も、まったく同じパターンを繰り返す。同様に、鳴管から出てくる音も、ニューロンのスパイクも、鳥がさえずるたびに同じことを繰り返す。

ＨＶＣをもう少し詳しく見てみよう。これはステレオならＣＤプレーヤーに相当する部位で、鳥のさえずりの神経路の出発点にあたる。この部分はかつてhyperstriatum ventrale pars caudaleと呼ばれ、その頭文字を取ってＨＶｃという記号が与えられていた。のちにノッテボームがそれをhigh vocal centerに変更し、それに応じて、記号はＨＶＣとなった。二〇〇五年には神経学者たちの委員会が、この文字列にはとくに意味はないものとするとの決定を下した[18]（このいきさつはＳＡＴ［大学入学資格試験］の場合と似ている。この文字列は最初Scholastic Aptitude Testを表す記号だったが、のちにScholastic Assessment Testを表す記号となり、今では、このテストの所有者であり開発者でもある大学入試委員会は、ＳＡＴという文字列にとくに意味を与えていない）。

名称が変更されたのは、脳の構造および進化の専門家であるハーヴェイ・カーテンが、鳥の脳はそれまで考えられていたよりもわれわれの脳に近いことを説得力のある方法で示し、神経科学者たちを納得させたためである。それまでこの分野の研究者たちは、ＨＶＣは哺乳類の線条体（大脳基底核の一部）のようなものであって、鳥類の脳には新皮質に相当するものは存在しないと考えていた。しかしカーテンは、鳥の脳の背側脳室隆起と呼ばれる部分は、新皮質に似た機能を果たしていると論じたのだ。[19]この部分は、さらにいくつかの下位部分からなり、それらは先述のような鳥類の高度な行動を支えていると考えられている。その背側脳室隆起の下位部分のひとつが、HVCだ。

マイケル・フィーとその共同研究者たちは、[20]生きているゼブラフィンチのHVCで、鳥がさえずっているときに起こるスパイクを測定した。HVCニューロンの中には、RAに軸索を送っているものがある。われわれにとって興味があるのは、さえずりの神経路に沿って信号を伝えている、それらのニューロンだ。ゼブラフィンチのさえずりは、ひとつのモチーフが反復される構造になっている。モチーフは〇・五秒から一秒ほど続き、ニューロンたちはその間に、高度にパターン化された順番でスパイクを起こす。図46には、三つのニューロンがスパイクするようすを模式的に示した。それぞれのニューロンは、モチーフの中での自分の出番を待ち、そのときが来ると、数ミリ秒ほどのあいだに何回かスパイクを起こしたのち、ふたたび沈黙する。スパイクが起こるタイミングは、モチーフの決まった場所にぴったりと合っている。順序づけられたこのタイプのスパイクこそは、シナプス連鎖が存在するときに期待されるものだ。[21]

オーディオ・システムからベートーヴェンの音楽が鳴り響くとき、システム内部では電気信号が激しくゆらぎ、スピーカーは振動する。はかなく消える電気信号とは異なり、CDは安定していて時間が経っても変わらない。ラベルの下にあるプラスチックの表面には何億という微細な溝が刻まれ、その溝がデジタル情報のビットとして音楽をコードしている。製造業者が保証するところによれば、プラスチックに刻まれたそれら微細な溝は、何十年ものあいだデジタル情報を保持するという。それだけ安定しているからこそ、CDはベートーヴェンの音楽を何度でも繰り返し演奏することができるのだ。CDがベートーヴェンの音楽の「記憶」を保持できるのは、《物質的な構造》のおかげなのである。

わたしはこれまで、ＨＶＣニューロンのスパイクを、ＣＤプレーヤーの内部で発生する電気信号にたとえてきた。ここでその類推をさらに進めて、ＨＶＣコネクトームはＣＤに似ている、という説を提唱したい。ＨＶＣコネクトームには、成鳥の中でいったんさえずりが結晶化してしまえば、その後はもう変化しないシナプス連鎖が含まれていると仮定しよう。この説によれば、さえずりの記憶を保持しているのは、ＨＶＣコネクトームである。鳥がさえずるときはいつも、その記憶が逐次的なスパイクに変換されることにより、呼び出される。信号〔スパイク〕ははかなく消えていくが、ＨＶＣ内部の接続という物質的な構造は変化しない。

ＨＶＣのサイズは、容積にしてわずか一立方ミリメートルの数分の一ほどにすぎない。近い将来にそのコネクトーム〔ＨＶＣニューロン同士の接続性〕を明らかにすることは、技術的にも可能だろう。そうしてＨＶＣコネクトームが得られれば、後はそれがシナプス連鎖のように組織化されているかどうかを詳しく調べればよい。[22] しかしそのためには、ある程度はコンピュータを使った解析が必要になる

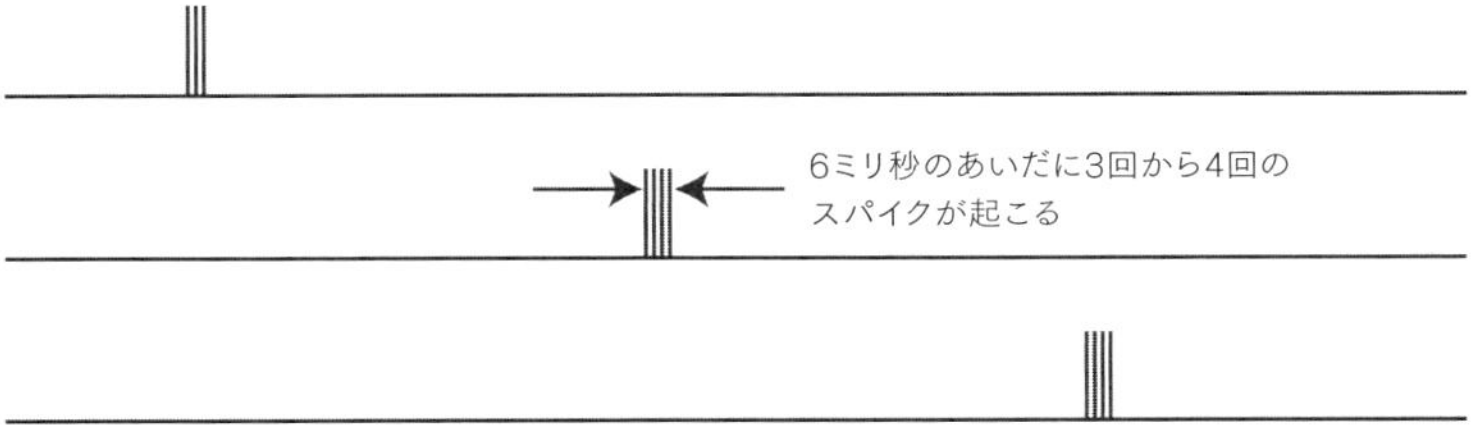
6ミリ秒のあいだに3回から4回の
スパイクが起こる

図46　ゼブラフィンチの脳のHVCにある3つのニューロンについて、それらがスパイクするパターンを模式的に示す。

だろう。というのは、HVCコネクトームにひとつでもシナプス連鎖が組まれているかどうかは、ニューロンの接続の順番があらかじめ知られていない限り、見ればわかるというわけにはいかないからだ。その事情を理解するために、図47に示した二つの模式図を考えよう。どちらもニューロンはまったく同じように接続されている。右の図のニューロンは、連鎖が見えないくらい絡まっている。それを見えるようにするためには、左の図になるまで、絡まりをほどかなければならない。[23] こんな小さなおもちゃのコネクトームなら、じっさいに手を動かして絡まりをほどいてやればよい。しかし現実のHVCコネクトームは複雑なので、コンピュータが必要になるだろう。[24]

HVCコネクトームの絡まりを首尾よくほどくことができたとしよう。そうして得られたシナプス連鎖から、鳥がさえずるときに、それらのニューロンがスパイクする順番を推測することができるだろう。それは、鳥がさえずるときにHVC内部で反復して起こる活動の逐次的パターンが推測できるという意味において、歌の記憶を読み取ることだ。

そうして読み取った記憶の正しさを確かめるにはどうすればいい

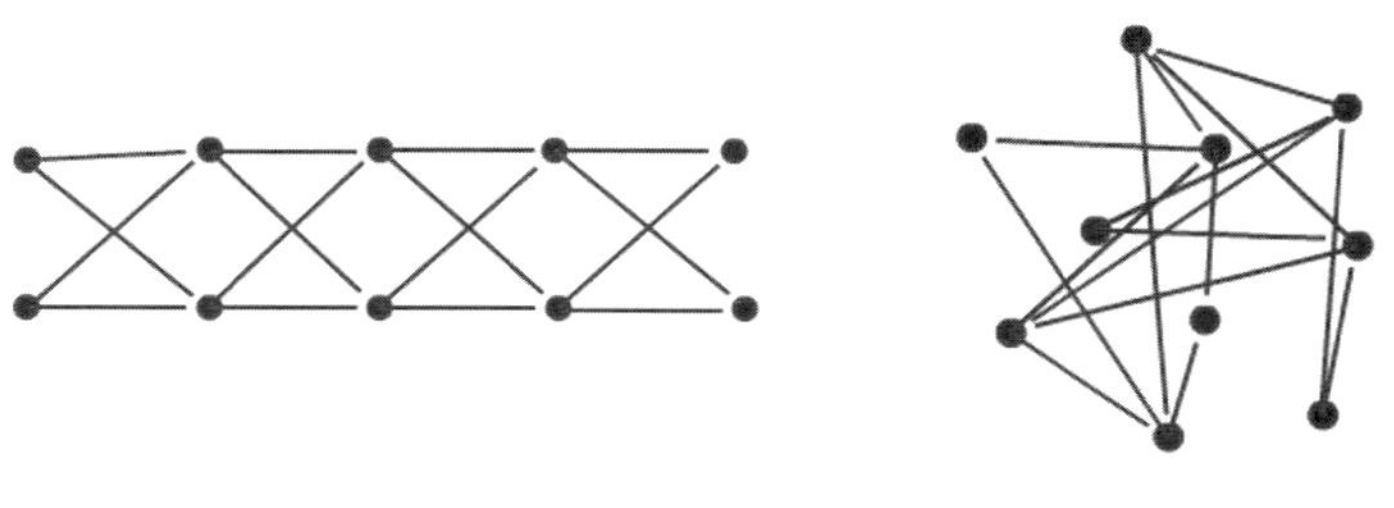

図47　絡まったシナプス連鎖（右）。絡まりをほどいたもの（左）。

だろう？　線文字Ｂを解読したヴェントリスとチャドウィックは、粘土板を読み取った結果現れた文章が意味をなしていたことで、解読の成功を世界に認めさせた。もしも解読に失敗していたなら、文章は意味をなさなかっただろう。それよりさらに説得力がある検証方法は、粘土板を書いた人たちの生活を観察し、直接話を聞いてみることだ。しかし、タイムトラベルができない以上、その方法は使えない。

　同様に、もしもＨＶＣコネクトームの絡まりをほどいたところ、シナプス連鎖が見つかったとすれば、それだけでも解読の結果に自信が持てるだろう。ヴェントリスとチャドウィックとは異なり、われわれはタイムトラベルに頼らずとも、より有力な証拠を得ることもできそうだ。別の神経科学者が、鳥がさえずっているときにＨＶＣニューロンがスパイクする時系列を測定し、そのデータは伏せたまま、その時系列を推測してみるよう、われわれに問題を出したとしよう。われわれは、ＨＶＣコネクトームを得て、それを読み取ることにより、スパイクの時系列を推測する。その神経科学者が、われわれの回答と、自分が測定した時系列とを比較して、もしも両者が一致すれば、われわれのコネクトームの読み取りは正しかったということになる。

　その神経科学者は、ＨＶＣニューロンのスパイクする時系列を測定するために、化学者たちの開発した方法を使うことができる——スパイクするとニューロンが明るく光り、その後ふたたび暗くなるようにさせる方法があるのだ。そうして顕微鏡をのぞくと、ニューロンの活動は光の点滅のように見える。[25]神経科学者の光学顕微鏡像からは、ＨＶＣニューロンの細胞体の位置も正確にわかるだろう。そうしておいて、光学顕微鏡像から得られた細胞体の位置を、死んだ鳥の脳の電子顕微鏡像からもたらされる細胞体の位置と対応づける。こうして対応関係を確立することにより、その神経科学者は、ＨＶＣニューロンでじっさいに自分が測定したスパイクの時系列と、コネクトーム解析から推測された時系列とを比較することができる。

もちろん、われわれがＨＶＣコネクトームの絡まりをほどくことに失敗するということも十分にありうる。シナプスが順番通りに信号を伝えるようにはできないかもしれない。[26] 言い換えれば、ニューロンをどう配置しても、信号がその順番とは逆に伝わったり、いくつかニューロンを飛ばして伝わったりするかもしれないということだ。[27] その場合、ＨＶＣコネクトームは、一本の鎖のようには組織化されていないということになる。しかし、そんな失敗もまた前進と見るべきだろう。科学を進展させるためには、モデルを捨てることもまた、モデルの正しさを証明するのと同じくらい重要なのだから。

鳥のＨＶＣコネクトームが得られたらわかること

もしもＨＶＣコネクトームが鎖のように組織化されていることが判明すれば、鳥のさえずりの記憶を保持するために、ＨＶＣコネクトームがひと役演じていることの証拠になるだろう。しかし保持する以前に、そもそも記憶はいかにして貯蔵されるのだろうか？　理論神経科学者の中には、若い雄のＨＶＣニューロンは、最初は他のニューロンからランダムに入ってくる信号によって活性化される、という説を提唱する人たちがいる。[28] もしそうなら、ニューロンはランダムな順番で活性化され、そうして活性化されたものの中には、ヘッブ則に従って接続を強化されるものもあるだろう。接続を強化されたニューロンのつながりが活性化されやすくなり、それらの接続はさらに強化される。最終的には、ひとつのつながりだけが著しく強化されるだろう。そのニューロンのつながりに対応するのが、雄の成鳥の中に存在すると考えられている、完成形のシナプス連鎖だ。

この説によれば、さえずりの記憶が貯蔵されるメカニズムは、再荷重［Reweighting］である。シナプスの強さは変わるが、シナプスが新しく生成されたり除去されたりはしない。荷重されないコネクトームでは、シナプス強度に関する情報は省かれるので、記憶の中にその情報はまったく含まれない。そのようなコネクトームから、ニューロンがスパイクする時系列を読み取れる見込みはない。記憶を読み取ることができるのは、強いシナプスだけが鎖のように組織化される、荷重されるコネクトームだけなのだ。言い換えれば、解読可能なコネクトームは、シナプス強度を情報として含まなければならないということだ。原理的に、シナプス強度に関する情報が必要だとしても、コネクトミクスにとってはとくに困ることはない。なぜなら、電子顕微鏡でシナプスを見さえすれば、その強度は推測できるはずだからである。前に述べたように、シナプスは強化されればされるほど大きくなると考えられているので、サイズと強度とのあいだには相関があるのだ。もちろん将来的には、シナプスのサイズからその強さを推定する方法の信頼性も確かめる必要があるだろう。

もうひとつ、さえずりの記憶の貯蔵には、再接続［Reconnection］もひと役演じている可能性がある。[29] さえずりのシナプス連鎖とは関係のないシナプスは、鳥がさえずりを学習するにつれて弱まり、いずれは除去されるのかもしれない。もしも再接続が記憶にひと役演じているなら、荷重されないコネクトームからでも、さえずりの記憶を読み取れる可能性がある。ＨＶＣコネクトームの、荷重されないバージョンと荷重されるバージョンの両方の仮説に立って調べることで、記憶は再荷重だけによって貯蔵されるという説と、再荷重と再接続の両方によって貯蔵されるという説とを区別できるかもしれない。

神経科学者たちは、コネクトームの変化に関係する、あと二つの「R」——すなわち再配線［Rewiring］と再生［Regeneration］——もまた、記憶の貯蔵にひと役演じているのではないかと考えている。しかし、それを証明するにせよ反証するにせよ、経験的証拠はほとんど得られていない。フェルナンド・ノッテボームとその共同研究者たちは、カナリアをはじめ、さえずる鳥たちの脳の中でニューロンの再生を調べ、カナリアがさえずらない季節にはニューロンが除去され、HVCが縮小することを示した。そしてさえずる季節がふたたびめぐってくると、新しいニューロンが生成されて、HVCは大きくなる。再生に関するノッテボームの研究は、歴史的には、神経科学者がこのテーマに改めて関心を寄せるために重要な役割を果たした。しかし、さえずりの記憶の貯蔵に、再生がどんな役割を果たしているのかは、今もほとんど解明されていない。

もしもHVCのシナプス連鎖モデルが正しければ、再生が記憶の貯蔵に果たす役割は、いくつもの興味深い方法で調べることができるだろう。求愛のオフシーズンにも、使われずに眠っているシナプス連鎖はさえずりの記憶を保持しているのだろうか？　HVCに新しいニューロンが生じるとき、それらはさえずりのシナプス連鎖に組み込まれるのだろうか？　もしそうなら、いかにして組み込まれるのだろう？　神経ダーウィニズムの予測によれば、新しく生じたニューロンは、はじめは他のニューロンとランダムに接続する。新しいニューロンに目印をつける特殊な方法を使えば、この予測をコネクトミクスで実験により検証することができるだろう。

ニューロンの除去についても、同様の問いを立てることができる。ニューロンの自殺［218ページ］はなぜ起こるのだろうか？　シナプスやニューロンの枝が除去されると、それが引き金となって、ニューロン自体も除去されるのだろうか？　シナプスやニューロンの枝が除去されるのは、そのニューロンがさえずりのシナプス連鎖に組み込まれなかったせいなのだろうか？　コネクトミクスでこれらの問いに答えるためには、ニューロンが死んでいく過程をスナップショットで捉えればよいだろう。求愛のオフシーズンに備えてニューロンたちは除去されるが、その際に連鎖が壊れたりはしないのだろうか？

テクノロジーに制約があるせいで、従来はニューロンの増減を数えることしかできなかった。そのような研究からも再生の重要性は示唆されていたが、再生が記憶に果たす役割が解明されたわけではない。ここからさらに前進するためには、新しいニューロンは既存のネットワークにどのように組み込まれるのか、そしてニューロンの除去は、ニューロンの配線のされ方に依存するのかどうかを知ることが決定的に重要だ。コネクトミクスは、まさしくそのような情報を与えてくれるだろう。また、ＨＶＣニューロンの枝の成長および収縮が、他のニューロンとの接続に応じて変化するようすを調べれば、ＨＶＣにおける再配線が果たす役割も解明できるだろう。

記憶を読むことと、その意味を知ることとの違い

以上、ＨＶＣコネクトームのシナプス連鎖と、ＣＡ３コネクトームの神経細胞集合を見出すための、ひとつの計画について概略を述べた。わたしはその計画を、「コネクトームから記憶を読み取る」ことだと述べた。より正確には、コネクトームを解析することにより、記憶を想起しているときに再生される神経

活動のパターンを推測するための方法を提案したのである。しかしここで力説しておきたいのは、そのパターンを推測することと、記憶の《意味》を知ることは別だということだ。HVCコネクトームを解析したところで、鳥のさえずりがどのように聞こえるかがわかるわけではないし、CA3コネクトームを解析したからといって、人間の被験者が見たビデオクリップが何だったのかがわかるわけでもない。この方法で読み取られた記憶を、「現実と結びついていない記憶」と呼ぶことができよう。それは現実世界における意味から切り離された記憶なのである。

わたしはすでに、このような「現実と結びついていない記憶」を、現実と結びつけるための方法を提案した。その方法とは、鳥がさえずっているときのHVCの活動を測定するか、または被験者に今考えていることを口述してもらいながらCA3の活動を測定するというものだ。それをすることにより、具体的な何らかの運動［歌をさえずること］や、被験者が報告した経験［口述した内容］に、それぞれのニューロンを対応づけることができるだろう。このタイプのアプローチでは、脳の死後に読み取った記憶と、現実世界におけるその意味とを結びつけるために、生きている脳の内部で起こるスパイクの測定結果を使う。脳の小さな一部分のコネクトームしか得られないうちは、近い将来に実現できそうなのは、唯一この方法ぐらいなのだ。

しかし長期的には、死んだ脳全体のコネクトームが得られるだろう。それが得られれば、生きた脳の内部のスパイクを測定しなくても、記憶を現実世界の意味と結びつけられるかもしれない。そのためには、たとえばCA3のあるニューロンが、ジェニファー・アニストンによってのみ活性化されるのか、それとも、それ以外の刺激によっても活性化されるのかを明らかにしなければならない。そのためにはどうすればいいだろう？　ひとつの可能性は、感覚器官からＣＡ３へと情報を伝える経路を分析することだ。経路の分析から、刺激によってニューロンが活性化されるかどうかを知るためには、視覚に関係するニューロンの接続について、いくつかのルールを仮定する必要がある――たとえば、「全体を知覚するニューロンは、部分を知覚するニューロンから興奮性シナプスを受け取る」など。全体を知覚するジェニファー・アニストン・ニューロンは、部分を知覚する「青い目ニューロン」や「ブロンド・ニューロン」などから、興奮性シナプスを受け取っているだろう。

研究者たちは当面、スパイクの測定と動物のコネクトミクスとを組み合わせて、この「部分－全体則」の検証に取り掛かっている。そのための最初のステップは、ジェニファー・アニストン実験で行われたように、各種の刺激を与えたときに、どのニューロンがスパイクするかを調べることにより、ニューロンの知覚における機能を確定することだ。先述のように、ニューロンのスパイクを測定するためには、ニューロンが活動しているときだけ光を発するようにさせる方法を用い、光学顕微鏡でニューロンを観察すればよい。その後、光学顕微鏡で観察しておいた部位を電子顕微鏡によって調べ、ニューロンの接続性を明らかにする。ケヴィン・ブリッグマンとモーリッツ・ヘルムシュテッターは、ヴィンフリート・デンクと協力して、網膜ニューロンについてそれを調べ上げた。[30] 一次視覚野のニューロンについては、デーヴィッド・ボック、クレイ・リードとその共同研究者たちがそれを成し遂げている。[31] 今後、このアプローチの研究が進展すれば、部分を検出するニューロンと、全体を検出するニューロンとが、確かに接続しているかどうかを見られるようになるだろう。

接続の「部分－全体則」は、今後この方法で検証されていくだろう。便宜上この法則が正しいと仮定して、それを使ってコネクトームを読み取る方法を考えてみよう。この法則の背景にある考え方は、「ニューロンは、他のニューロンたちの肩の上に立っている」というものだ。そこで、この階層構造の基部近くにいるニューロンに注目し、そのニューロンはどんな刺激を検出したかを考えてみよう。それらのニューロンは感覚器官と直接接続している。そこから階層を一段上がるたびに、部分-全体則に従うなら、上位のニューロンは何を検出することになるかを考える。いずれは最上階——CA3——のニューロンに到達し、生きている脳の中でそれらのニューロンを活性化させるのは、どんな刺激かを考えることになる（大きな耳、悲しそうな茶色の目、ばたばたと振られる尻尾、大声で吠える音を検出するニューロンたちからシナプス接続を受け取るニューロンは、あなたのひいひいおばあちゃんが飼っていた犬を検出するニューロンである）[32]。

死んだ人間の脳から記憶を読み取るとは、すごいことだと思われるかもしれない——このアイディアをもとに面白い映画が作れるだろう。しかし、それが実現するまでの道のりはあまりにも遠く、コネクトミクスの実際的な応用として真剣に考慮することはできない。そこで、基礎研究の課題としてわたしが提唱しているのは、ＨＶＣコネクトームの解読だ。それをすることは、脳の機能がニューロン間の接続にどのように依存しているかをより良く理解するための有力な方法となるだろう。

必要なのは神経接続の詳細な法則を見出すこと

ここまで、コネクトームを解析する方法をいくつか取り上げて説明した——コネクトームを切り分けて、脳の部位ごとの部位コネクトームにしようとするもの、やはりコネクトームを切り分けて、ニューロン・

タイプ・コネクトームにしようとするもの、そしてそれらのコネクトームから記憶を読み取ろうとするものである。これらのアプローチはそれぞれかなり異質に思えるかもしれないが、じっさいにはどれも、ニューロンを支配している接続法則の定式化と見なすことができる。[33] これらのアプローチは、ここに示した順番で、より正確に接続性を予測することができる。なぜなら、それぞれのアプローチで定式化される接続法則が、その順番で、より詳細なニューロンの性質にもとづいているからである。

たとえば、鳥の脳を部位に切り分けるアプローチから得られるのは、「もしも二つのニューロンがHVC内にあるなら、それら二つは互いに接続している可能性が高い」といったおおざっぱな接続法則である。確かに、HVCニューロン同士が接続している可能性は、HVCニューロンと他の部位のニューロン――たとえば終脳と呼ばれる視覚野のニューロン――が接続している可能性よりもはるかに高い（後者の可能性はゼロである）。だがこの法則は、HVCニューロンのうち、任意に選んだ二つが接続しているかどうかを予測できないため、あまり役に立たない。つまるところ、HVCに含まれる任意のニューロン同士が接続している可能性も、それほど高くはないのである。[34]

その法則をもう少し精密なものにするためには、HVCをいくつかのニューロン・タイプに分割するという手がありそうだ。前にこの話題を取り上げたときには触れなかったが、そのとき述べたこと［HVCニューロンはRAに軸索を送っているということ］があてはまるのは、HVCのニューロンのうち、特定のニューロン・タイプのものなのだ。その特定のニューロン・タイプが、軸索をRAに送っている（「投射している」）。このタイプのニューロンは特別に興味深い。なぜならそれらは、シナプス連鎖があるときに特徴的な、逐次的なスパイクを生じさせるからである。その事実を使って、次のように改定した法則を定式化することもできるだろう。「もしも二つのHVCニューロンがRAに投射しているなら、それらは互いに接続している可能性が高い」。より具体的なこの法則は、前に与えた法則よりも精密といえそうだ。

それよりもさらに良いのは、鳥がさえずっているときにニューロンがスパイクする時系列に依存するような法則だろう。「二つのHVCニューロンが両方ともRAに投射しており、さらにさえずっているときのスパイクが、きまったパターンで逐次的に起こるならば、それらは互いに接続している可能性が高い」。もしも記憶のシナプス連鎖モデルが正しければ、この法則はニューロン間の接続の有無をきわめて正確に予測してくれるだろう。

本当に脳の仕組みを知りたいのなら、この三つ目のような法則――スパイクを測定することで明らかになるニューロンの機能的特徴に依存しているような法則――が必要になるだろう。おおざっぱな法則――部位やニューロンのタイプに依存するような法則――は、脳を完全に理解するという最終目的地までわれわれを連れて行ってはくれない。HVCから鳴管につながる部位コネクトームがわかれば、なぜHVCニューロンがさえずりに関する機能を持つのかが明らかになるだろう。しかしそれだけでは、鳥がさえずっているあいだにHVCニューロンのそれぞれが異なるタイミングでスパイクする理由まではわからない。

同様に、脳の部位コネクトームが明らかになれば、なぜジェニファー・アニストン・ニューロンとハル・ベリー・ニューロンが、同じような振る舞いをする（どちらも視覚的刺激によって活性化される）理由も明らかになるだろう。しかし、ジェニファーとハルは、何もかも同じだというファンはいないだろう。われわれが知りたいのは、なぜジェニファー・アニストン・ニューロンはジェニファーにだけ反応し、ハルには反応しないのかということなのだ。それを明らかにするためには、接続性に関する「部分－全体則」のような、ニューロンの機能的特徴に依存する接続法則が必要になる。

もっとも広い意味でコネクトームを解読するということは、記憶だけでなく、思考、感覚、そして知覚に関しても、ニューロンが演じている役割を明らかにするということだ。もしも解読に成功すれば、そのときわれわれは、脳の仕組みを明らかにできるだけの接続法則を、ついに手にしたことになる。そうなれば、この旅の出発点であり、本書のテーマでもある次の疑問に、すぐにも答えられるはずだ。なぜ脳は、ひとりひとり働き方が違うのだろう？

第12章

複数のコネクトームを比較する

個性の違いをコネクトームの中に読み取れるか

小学校時代のこと、クラスに一卵性双生児のきょうだいがいた。みんなはその二人をあまりじろじろ見ないように気をつけていたが、それでも二人を見分けようとすれば、目を凝らして見つめるしかなかった。シャム双生児の写真には、いっそう目が釘付けになった。くたびれた『ギネスブック』をめくってそういう写真を見つけると、わたしたちは食い入るように見たものだった。理由はわからなかったが、双子という存在はどうにも気味悪く思えたのだ。

アメリカ先住民やアフリカの神話には、双子の物語が多い。[1] ナヴァホの人びとによれば、彼らの祖先をたどれば「姿を変える女」と呼ばれる女神に行き着くという。太陽によって身ごもったその女神は、「怪物退治をする者」と「水のために生まれた者」という双子の息子を産んだ。息子たちは一二日間で成長して大人になり、父親である太陽を見つけるための旅に出て、巨人や怪物と命がけの戦いをしたという。

世界各地の伝説や文学には、そのほかにも多くの双子が登場する。二卵生双生児はいつも特別な存在だったようだが、一卵性双生児はいっそう魔術的に感じられたことだろう。しかしなぜそう感じるのだろうか？　その理由のひとつは、一卵性双生児が、人間はひとりひとり別だという、人の心の奥底にある大前提をゆるがす存在だからだろう――一卵性双生児がそっくり同じに見えるせいで、人は落ち着かない気持ちにさせられるのだ。[2] しかし、細かく見ればわずかに違う部分もあり、そんなところもまたわれわれを魅了する。

ギリシャ神話に登場する双子は、しばしば父親が異なる。一方は神の子、他方は人間の子で、その出自が二人の性格や運命の違いを説明する。今日のわれわれは、二卵性双生児に見られるさまざまな違いは、ゲノムの違いとして説明できることを知っている――この場合、両者の遺伝子は約半分しか同じではない。一方、一卵性双生児ではゲノムはまったく同じなので、両者は外見ではほとんど区別できない。前の章で、自閉症と統合失調症の遺伝的要因について論じたときに、一卵性双生児が似ている理由についても簡単に触れたが、じつはそこにはいくつか条件がつく。最近の遺伝研究から、双子が生まれるとき、ひとつの受精卵が二つの胚に分かれる過程で、ＤＮＡの塩基配列にわずかな違いが生じることが示されたのだ。[3] そこから、一卵性双生児でも違いがある理由を説明できるかもしれない。また、一卵性双生児といえども思考や行動がまったく同じではない理由も解明できそうだ。とはいえ、頭の働きの中でも、学習によって変化する部分については、遺伝子だけでは説明がつかない。分離手術を受けない癒合双生児でさえ（今日では「シャム」の代わりに「癒合」と言う）、生きるということがまったく同じ経験になるわけではない。二人は文字通り癒合していて離れられないが、記憶はそれぞれ別だからだ。

コネクショニズムの立場からすれば、一卵性双生児でも記憶や頭の働きが異なるのは、主にコネクトームが違うためである。双子のきょうだいがいたらどんなだろう、と多くの人が空想をめぐらせてきた。わたしはときどき、マッド・サイエンティストがわたしの「コネクトーム双生児」、つまりわたしとまったく同じ脳の配線を持つ人間を作ったらどうなるだろうと考えることがある。その双子の片割れに会えることを、わたしは嬉しく思うだろうか？　わたしのガールフレンドは、われわれ二人の親密さにしだいに嫉妬を募らせ、そんな相手と仲良くするなんて、やっぱりあなたはナルシストなのね、と非難するだろうか？　双子の片割れはわたしを完全に理解してくれ、わたしは彼に何でも打ち明けられるものとしよう。しかし、わたしとまったく同じ考えを持つ相手に相談ごとを持ちかけるというのは、やはり退屈な話になりそうだ。

コネクトーム双生児である相手と知り合って一週間ほど経った頃、凶悪な拳銃強盗集団に二人そろって誘拐されたとしよう。犯人たちはわれわれの一方を撃ち殺し、身代金要求のメモを添えて、誘拐の証拠として遺体を送りつけるつもりらしい。このときわたしは、自分は撃たれたくないと思うべきだろうか？それとも相手を思いやり、わたしを撃ちなさいと自分から申し出るべきだろうか？　たとえわたしが死んでも（あるいは双子の相手が死んでも）、それまでのわたしの記憶と個性はすべて生き延びるわけだから、何の問題もないようにも思う。しかし本当にそうなのだろうか？　マッド・サイエンティストがわたしのレプリカに命を吹き込んでから一週間が経過しており、わたしたち二人のコネクトームは、その間にも変化している。複製された瞬間から両者は分岐し、二人の心はもはや同じではないのだ。

ありがたいことに、わたしがこの暗澹たる哲学的ジレンマに直面し、苦しい決断を迫られることはないだろう。近い将来に、人間のコネクトーム双生児が登場するとは思えないからだ。しかし線虫となると話は別だ。本書のプロローグではC・エレガンスのコネクトームの話をしたが、この線虫ではすべての個体でコネクトームはまったく同じである。つまり、どの線虫もみなコネクトーム双生児なのだ。しかし、そんなことが本当にあるものだろうか？　二匹の線虫が持つニューロンはたしかにまったく同じなのだから、二つのコネクトームについて対応するニューロンを突き合わせ、ニューロンの接続性が完全に同一かどうかを確かめることができるはずだ。

そのためには完全なC・エレガンスのコネクトームが二つ必要だが、ひとつ得るだけでも相当難しいため、コネクトーム全体についてそんな比較が行われたことはいまだかつてない。[4] そこでデイヴィッド・ホールとリチャード・ラッセルは近道を取り、この線虫の尾の先端から得られたコネクトームの一部を比較してみた。[5] その結果、両者は完全には一致しないことが明らかになったのだ。一方の線虫で、二つのニューロンがたくさんのシナプスで結びついているとすると、他方の線虫でそれらに対応する二つのニューロンは、やはり多くのシナプスで接続している可能性が高い。しかし、一方の線虫で、二つのニューロンがたったひとつのシナプスでしか接続していないとすると、他方の線虫でそれらに対応する二つのニューロンは、お互いのあいだにまったくシナプスを作っていない可能性があるのだ。

何がこの違いを生んでいるのだろうか？　この線虫は何世代も研究室で同系交配されている。犬や馬の純血種を作るために用いられる方法を、とことん突き詰めているのだ。[6] そのため研究室にいる線虫はすべて、ゲノム的には双子なのだが、DNAの塩基配列にはわずかに違いがある。では、塩基配列のわずかな違いが、コネクトームの違いを生んでいるのだろうか？　それともコネクトームに違いがあるということは、線虫が経験から学んでいるということを意味するのだろうか？　もしかするとその違いは、遺伝子や経験の違いによるものではなく、発生の過程で線虫のニューロンが接続する際に起こったランダムなエラーによるものなのか？　これらの仮説はいずれも正しい可能性はあるが、それを検証するためには、さらに研究を進めなければならない。

コネクトームが個体により異なることで線虫の行動に違いが生じ、それが線虫の「個性」になるのだろうか？　ホールとラッセルはこの問題を調べなかったので、答えはわからない。彼らが調べた線虫たちは同系交配を重ねてはいたが、正常な行動をする線虫だった。一方、遺伝的欠陥のために異常な行動をする線虫がいることを示した研究者たちもいる。そういう異常な線虫たちのコネクトームはまだ得られていないが、それが得られた暁には、異常なものと正常なもののコネクトームを比較することは、それほど難しくないはずだ――ただしそのためには、両者のニューロンが一対一に対応していなければならない。もしも足りないニューロンや余分なニューロンがあれば、コネクトームの照合は少し難しくなるだろう。しかしその場合でも、まったく不可能ではないはずだ。C・エレガンスのコネクトームは得やすくなっているので、今後このタイプの研究がさかんになるに違いない。

大きな脳を持つ動物のコネクトームを比較するのは、それよりずっと難しい。プロローグで述べたように、大きな脳ではニューロンの数にも大きなばらつきがあるため、ニューロンに一対一対応をつけるのは土台無理なのだ。理想を言えば、よく似た接続性を持つニューロン同士を対応させる方法があればありがたい。というのは、コネクショニズムのスローガンによれば、一方の脳のジェニファー・アニストン・ニューロンと、他方の脳のジェニファー・アニストン・ニューロンのように、よく似た接続性を持つ二つのニューロンは、よく似た機能を持つはずだからである。しかし、その対応関係は必ずしも一対一ではないかもしれない。なぜならジェニファー・アニストン・ニューロンがいくつあるかは、人によって違うだろうからだ（ジェニファー・アニストンを一度も見たことも聞いたこともなく、それゆえそんなニューロンをひとつも持たない人もいるだろう）。接続性にもとづいてニューロンに対応関係をつけるためには、コンピュータを使った高度な解析法を開発する必要がありそうだ。[7]

それとは別に、コネクトームをあらかじめ簡単化してから比較するという方法もある。前に述べたように、コネクトームを脳の部位に限定した「部位コネクトーム」や、ニューロン・タイプに限定した「ニューロン・タイプ・コネクトーム」を定義することができる。正常な人はみなこれらのコネクトームを等しく持っているだろうから、それらを比較することもできるだろう。大きな脳の簡単化されたコネクトームを比較するのは、線虫のコネクトームを比較するのと同じくらい簡単だろう。

前にわたしは、個人のアイデンティティーの根幹である記憶を理解するためには、部位コネクトームやニューロン・タイプ・コネクトームでは不十分だと論じた。人の心は記憶以外にもひとりひとり異なるが、性格や、数学的能力、自閉症といった特徴は、生い立ちに関する記憶よりも、いくらか一般的な性質を持つようだ。このような特徴は、簡単化されたコネクトームの中にコードされているのかもしれない。

大まかなコネクトーム同士を比較するには

原理的には、簡単化されたコネクトームを得るためには、ニューロン・コネクトームを切り分ければよい。しかしニューロン・コネクトームの全体が得られるのは、齧歯類の脳でさえ、ずいぶん先のことになりそうだ。そこで代替案として、ニューロン・コネクトームからではなく、簡単化されたコネクトームを直接的に得る方法を開発することが考えられる。そのような直接的な方法では、集めるべき画像データもそれほど大量にはならないため、技術的にはいくらか容易だろう。

神経科学者の中には、光学顕微鏡を使ってニューロン・タイプ・コネクトームを見出そうという人たちがいる。この方法はカハールによって開拓されたもので、彼は二つのニューロン・タイプが接続しているかどうかを判断するために、一方のニューロン・タイプから伸びる軸索が、他方のニューロン・タイプの樹状突起が占める領域にまで届いているかどうかという基準を使った。カハールの方法は非常に手間がかかったが、今日のテクノロジーを使えば、彼の方法を系統的に進めることができるだろう。しかし光学顕微鏡ではひとつの脳のごく一部しか見ることができないため、ニューロン・タイプ・コネクトームを見出すためには、多数の脳で撮像されたニューロンの画像を併せて用いる必要がある。そのためこの方法で得られたコネクトームは、二つの脳の違いを見出すためには使えない。

光学顕微鏡は、部位コネクトームの地図を作るためにも利用できるだろう。このアプローチを大脳皮質に応用するためには、大脳の中でもこれまで論じてこなかった場所、すなわち大脳白質の地図を作らなければならない。思い出してほしいが、大脳は、ちょうど茎の上に乗っかった果物のように、脳幹の上に乗っかっているのだった。大脳皮質は、その果物の皮のようなもので、灰白質と言われることもある。果物を切ると「果肉」が見えるが、脳でそれに相当するのが白質である。そのようすを図48に示した。

大脳には灰白質と白質があることは昔から知られていたが、[8]両者の本質的な違いが明らかになったのは、ニューロンが発見されてからのことである。外側の灰白質では、ニューロンのあらゆる部分——細胞体、樹状突起、軸索、シナプス——が交じり合っているのに対し、白質には軸索しかない。言い換えれば、内側の白質はすべて「配線のワイヤ」なのだ。[9]
　白質の軸索のほとんどすべては、大脳の周囲を取り巻く皮質のニューロンから来ている。その軸索は、大脳皮質ニューロンの八〇パーセントほどを占める錐体ニューロンのものである。前に、このタイプのニューロンは細胞体の形がピラミッド型をしていることや、細胞体からはるか遠くまで軸索を伸ばしているという話をした。ここでもう一度、少し詳しく錐体ニューロンについて見ておくことにしよう。ピラミッド型をした細胞体の頂点は、脳の外側に向いている。軸索はピラミッドの底面から、シート状になった皮質とは直角をなす向きに、まっすぐに白質に突入する[10]（図49）。
　軸索は脳の内側に向かって進みながら「側枝《そくし》」と呼ばれる枝を伸ばす。この枝は近くのニューロンたちとシナプスを作るためのものである。しかし主幹となる枝は、灰白質から抜け出して白質に入り、それぞれ目的地に向かって進んでいく。目

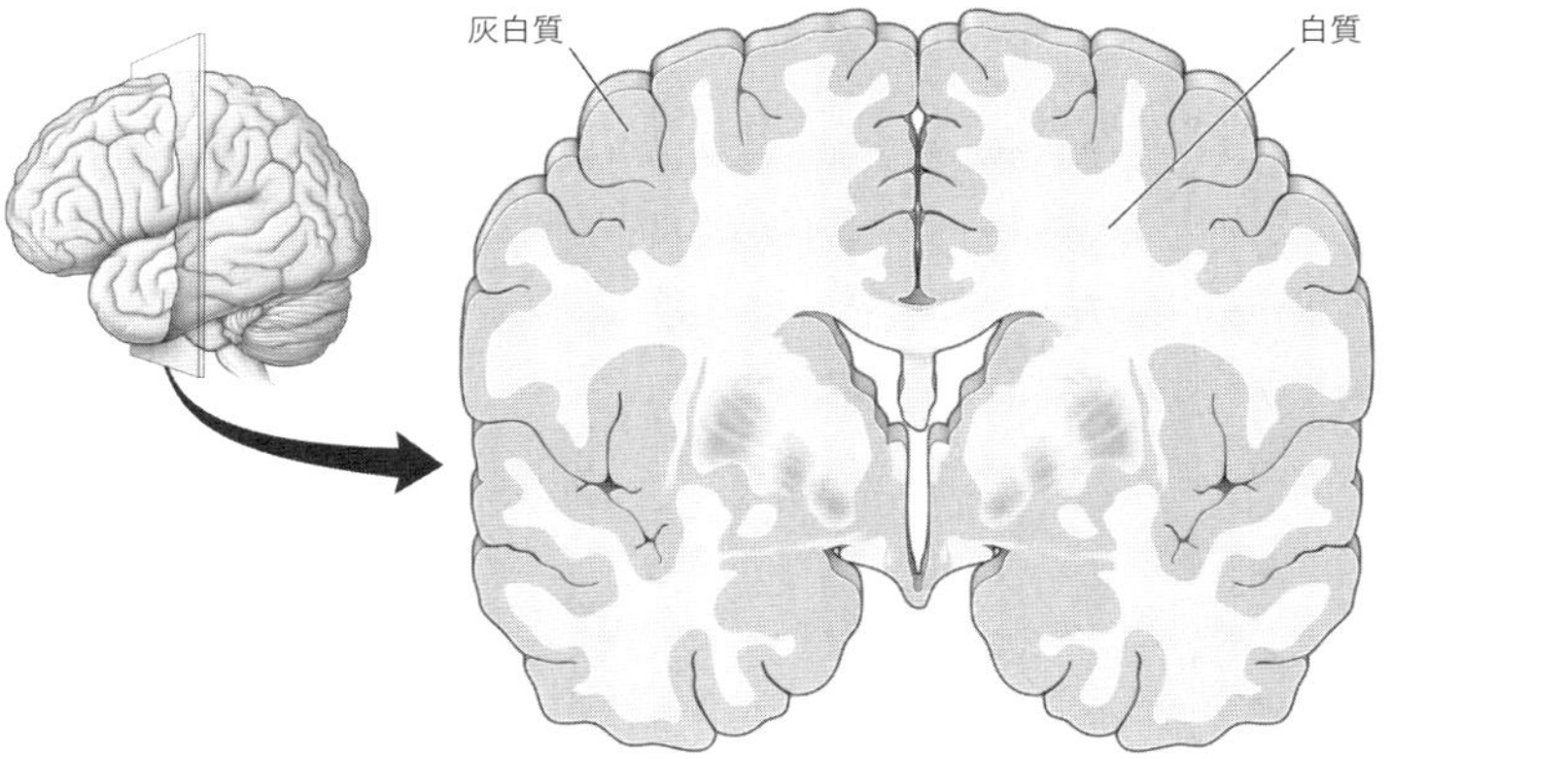

図48　大脳の灰白質と白質。

的地についた軸索は分岐してたくさんの枝を伸ばし、他のニューロンと接続する。

軸索の中には、それほど遠くまで行かず、白質に侵入するとすぐに出発点近くの灰白質に戻るものもある。しかし錐体ニューロンの軸索の大半は大脳皮質内のほかの領域に進み、中には脳の反対側にまで達するものもある。白質に入った軸索のごく一部は、小脳や脳幹、さらには脊髄など、大脳以外の部位と大脳とを結びつける。しかし、大脳以外の部位に向かう軸索が白質に占める割合は、一〇分の一以下にとどまる。大脳皮質はきわめて自己中心的で、外の世界よりは、主に自分自身と「話をしている」といえよう。

この状況を次のように考えることもできる。灰白質の軸索および樹状突起はあなたの家の近くの細い道路のようなものだとするなら、白質の軸索は脳の中の高速道路のようなものだ。それらは幅があり、枝分かれせず、はるか遠くまで伸びてい

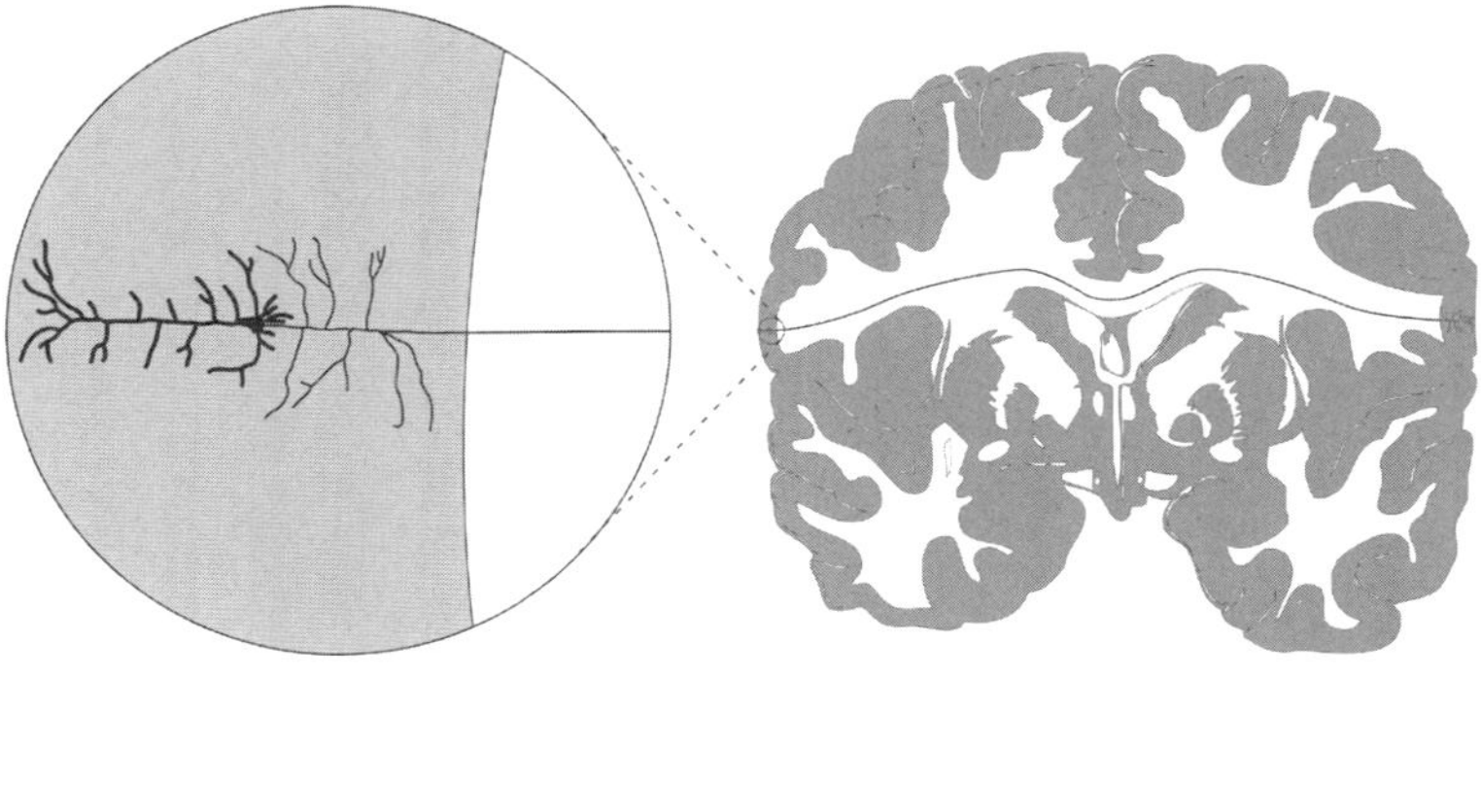

図49　錐体ニューロンの軸索の側枝と主要な枝。

る。じっさい、白質に入った軸索の長さを全部合計すると、ざっと一五万キロメートルにもなることがわかっており、[11] それは地球から月までの距離の四分の一を上回る距離だ。そしてそれが大きな問題になるのである――部位コネクトームを見出そうとすれば、白質内のすべての軸索について経路を追跡しなければならないからだ。

そんなことができるとは思えないが、白質全体を薄切りにして撮像し、その画像に現れるすべての軸索の経路をコンピュータで追跡すれば、まったく不可能とも言えない。大脳皮質内部の二つの場所がつながっているかどうかは、ありとあらゆる経路の出発点と終点がわかれば明らかになるだろう。そんなアプローチはあまりに労力がかかりすぎて、現実的ではないと思われるかもしれない。なにしろ大脳の白質は、容積としては灰白質と同程度だが、わずか一立方ミリメートルの灰白質を撮像して再構成するのにさえ苦労しているのが実情だ。数百立方センチメートルにもなる容積の白質を再構築するのは、到底無理な話にも思える。しかし、白質の軸索は低い解像度でも見えるということを知れば、わたしの提案もそれほど馬鹿げているわけではないと思えるだろう。

それがどういうことかを理解するために、図50に示した軸索の断面を見てみよう。ほとんどの軸索は、灰白質から出るときに大きな変化を被る。他の細胞によって、何層もの鞘で包まれるのだ。こうして脳は、自ら配線をするばかりか、その配線の「ワイヤ」を絶縁体のシートで包むことまでやってのけているのである。そのシートは、主として脂質分子からなるミエリンと呼ばれる物質でできている。白質が白く見えるのは、この脂質分子のためだ(「ウスノロ(fathead: 脂肪の頭)」というののしり言葉があるが、じつは人はみな「脂肪頭」なのだ)。ミエリンで包まれると、スパイクの伝達速度が大きくなる。[12] これは信号が脳の内部をすみやかに伝わるためには重要なことだ。ミエリンに関係する病気、たとえば多発性硬化症は、脳の機能に壊滅的な影響を及ぼす。

白質の軸索がミエリンで覆われると、ほとんどミエリンのない灰白質の軸索よりも厚ぼったくなる（典型的には直径一マイクロメートル程度）。しかも、部位コネクトームを見出すだけでよければ、シナプスを見る必要はない。一本の軸索が灰白質のある領域に入って分岐すれば、その軸索はその場所でシナプスを作ると見てまず間違いないので[13]、白質の「ワイヤ」を追跡しさえすれば部位コネクトームを見出すことができるのだ。ミエリンで覆われた軸索を見るだけなら、光学顕微鏡で連続撮像すればよい。それは連続電顕法と似ているが、もっと分厚い切片を使って低い解像度の像を得ることになる。

もちろん、白質の軸索の地図を作るだけでも、人間のものほど大きい脳では、気が遠くなるほど

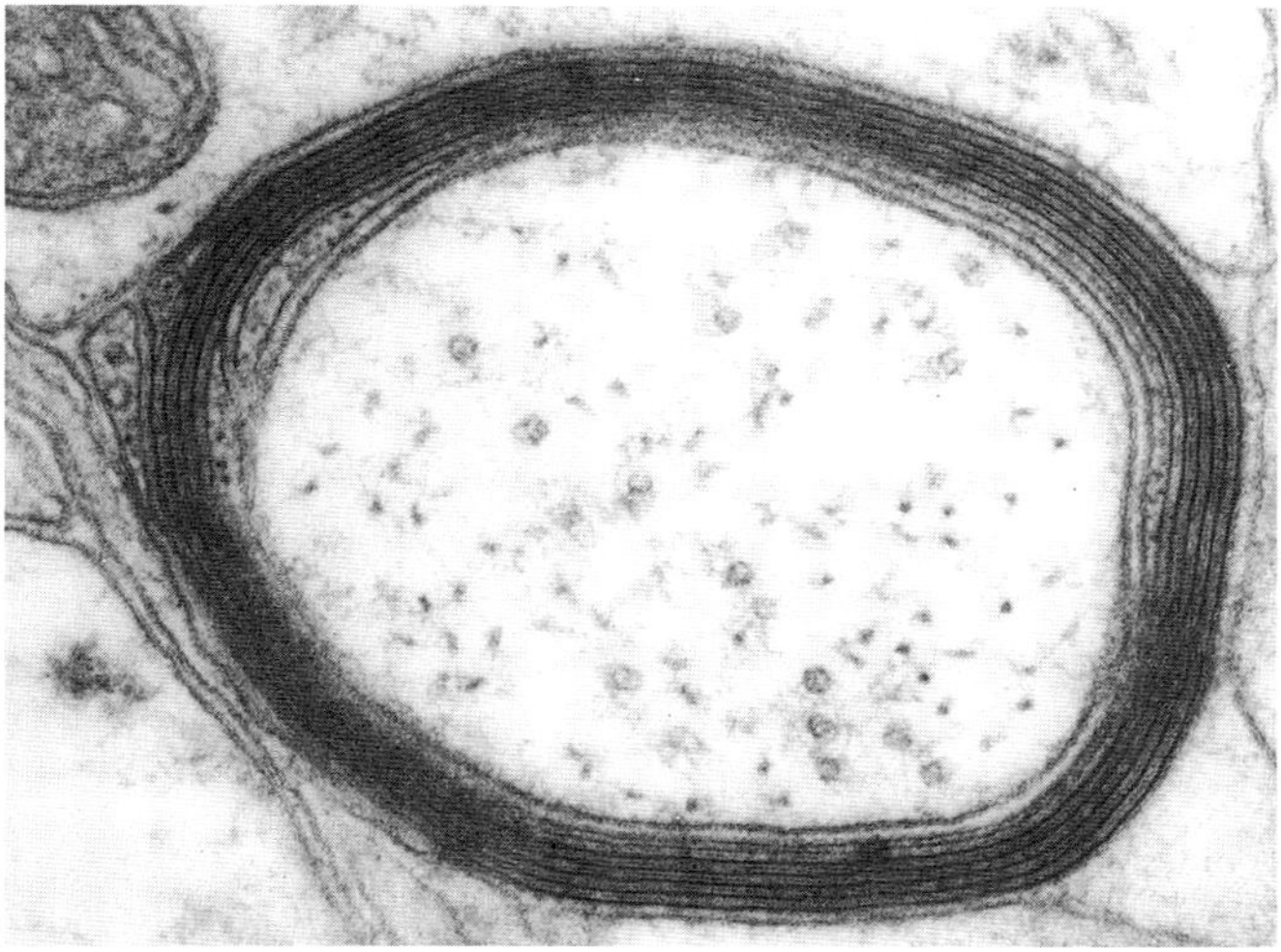

図50　ミエリンで覆われた軸索の断面。

たいへんな作業だ。出発点としては、齧歯類や、人間以外の霊長類のような、より小さな脳で白質を調べることができればよいだろう。そうして得られた結果を、従来のテクニックで得られた動物の白質内の軸索経路でチェックすることになる。具体的には、サルの大脳皮質の視覚野間の接続を見出すために用いられたテクニックがそれだ（図51）（前に領域を示したが、接続性は示さなかった）。従来のテクニックはそのままでは人間の脳には使えないため、われわれの白質はまだほとんど調べられていない。[14]

ヒト・コネクトーム・プロジェクトはすでに、顕微鏡ではなく拡散磁気共鳴画像法（ｄＭＲＩ）を使って、人の脳について図51のような地図を探そうと試みている。ｄＭＲＩは、脳の各領域のサイズを求めるために用いられるＭＲＩや、脳のさまざまな領域の活動を測定するために用いられるｆＭＲＩとは別のものである。しかし残念ながら他のタイプのＭＲＩと同じく、ｄＭＲＩにも空間解像度がよくないという基本的な制約がある。ＭＲＩの解像度は、典型的なところでミリメートル程度しかなく、これでは個々のニューロンや軸索を見ることはできない。それにもかかわらず、ｄＭＲＩを使えば白質のワイヤを追跡することができる。それはなぜだろう？

じつは、白質には興味深い特徴があり、そのおかげで灰白質よりも構造が単純なのだ。みなさんは、沸騰したお湯の中にスパゲッティを入れたまま、かき混ぜるのを忘れてしまったことはないだろうか？数分ほどして、スパゲッティがくっつき合って太い束になっていることに気づき、かき混ぜなかったことを思い出す。ゆでるのに失敗してくっついたスパゲッティは白質に似ている。一方の灰白質は、ボウルの中でみっしり絡まり合ったスパゲッティに似ている。

束になってくっつき合ったスパゲッティのような軸索は、「［神経］線維路」または「白質神経路」と呼

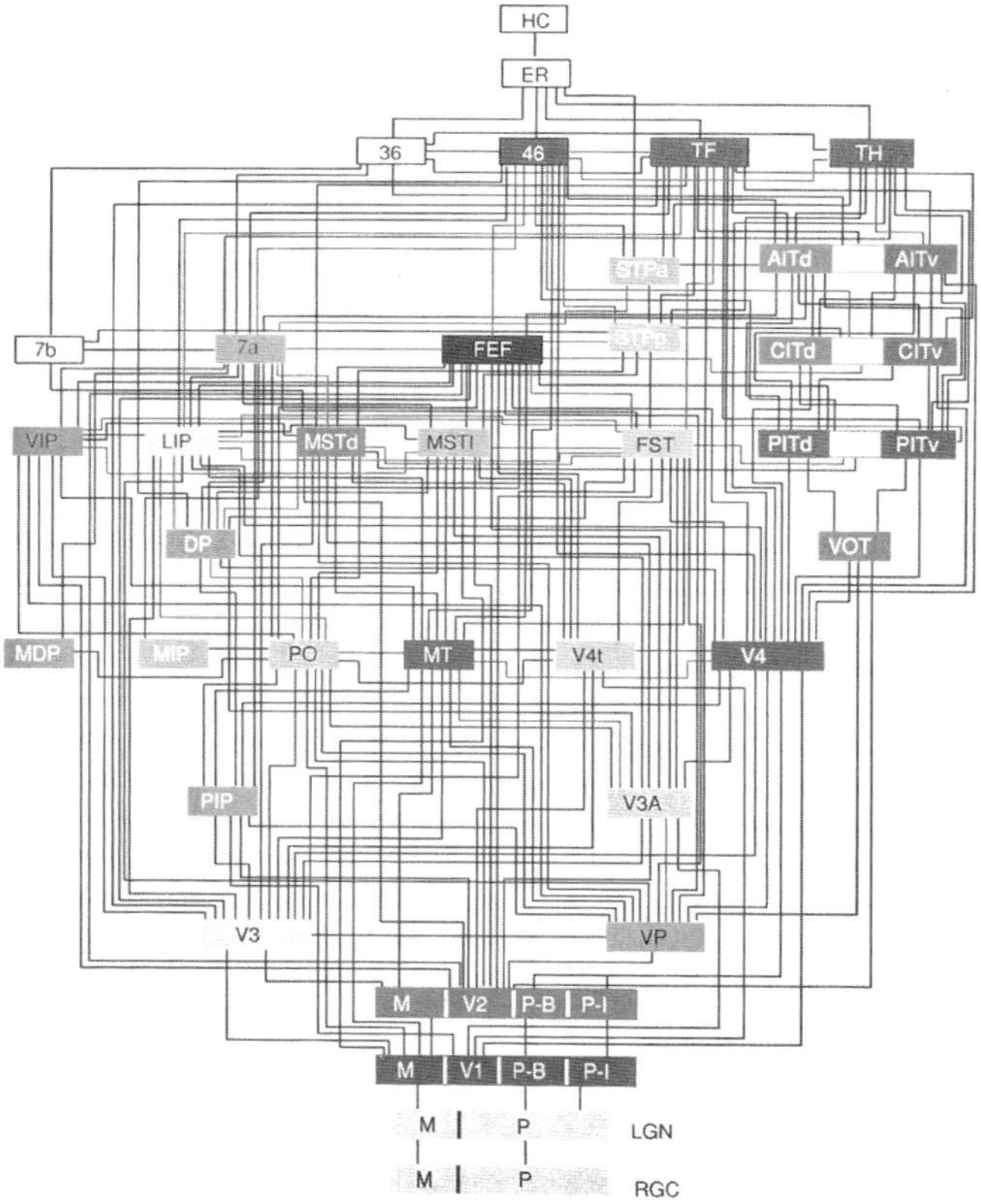

図51　アカゲザルの大脳皮質における視覚野間の接続（図39参照）。

ばれるものを形成する。その束は、神経線維束（鶏の脚などに見えるいわゆる「神経」）に似ているけれども、こちらは脳の内部を走っている。なぜ軸索は束になるのだろうか？　その事情は、芝生を突っ切るとき、多くの人が踏み均された道を通るのと似ている。第一に、そのほうが近い。ランドスケープ・デザイナーが設けた舗装された遊歩道よりも、さっさと目的地にたどり着ける。第二の理由は、「大将ごっこ（子どもたちが大将になった子の後について、大将のすることを真似る遊び）」効果だ。最初に何人かの人が草を踏んで道を切り開くと、みんながそれに続くようになり、その部分の芝生がすっかり踏み均されてしまう。同様に、軸索はできるだけ少ない材料で必要な配線ができるように進化してきたと仮定するなら、白質内でもっとも効率的に目的地にたどり着けるような経路を取るだろう。そのような経路はひとつだけのことが多いので、出発点と目的地を同じくする軸索は、同じ経路を取ることになる。また、脳が発達する時期に伸びる初期の軸索は、道を切り開く役目を果たし、その後に続く軸索の道しるべとなる化学物質を残していくことがわかっている。

一本の軸索は、顕微鏡でようやく見えるくらい細いが、線維路は太くなりうる。もっとも太い線維路は、よく知られた脳梁だ。脳梁は、左半球と右半球とをつなぐ大きな軸索の束である。十九世紀の神経解剖学者たちは、肉眼で脳を解剖するときに、ほかにも大きな線維路があることを見出した。ｄＭＲＩは、生きている脳の中で白質神経路「線維路」を追跡する方法のひとつであり、これが開発されたことはすばらしい進展である。[15] ｄＭＲＩを使えば、脳の微小領域ごとに軸索の向かう方向を推測することができる。その微小領域ごとの情報を統合すれば軸索の束の向きをたどることができる。ｄＭＲＩは、ブローカ野とウェルニッケ野を結ぶ、新しい白質神経路が存在することを明らかにするという驚くべき成功を収めた。もともとこれら二つの領域は、弓状束にある経路でつながれていることが知られていたが、その他にもつながりがあったわけだ。前に述べたように、こうした発見により、言語に関するブローカ－ウェルニッケ・モデルの再考が強く促されている。[16]

こういう進展は心強いが、しかしdMRIには限界もある。空間解像度が低いため、細い線維路を追跡するのは難しいのだ。また、たとえ線維路が太かったとしても、二つの線維路が交差すると厄介なことになる。歩行者、自転車、動物、車であふれかえった交差点を想像してみよう——ある通行人が、その交差点でまっすぐ進もうとしているのか、曲がろうとしているのかを見きわめるためには、よほど注意深く観察しなければならない。同様に、二つの線維路が交差する領域に入ってしまえば、ある軸索がどこに向かおうとしているのかをdMRIで明らかにするのは難しい。白質の地図を確実に作りたければ、わたしが提案したように、ひとつひとつの軸索を追跡するしかないのだ。

dMRIによる方法では、部位コネクトームを明らかにするだけでも難しい。ニューロン・コネクトームやニューロン・タイプ・コネクトームとなれば、この方法はさらに不向きだ。もちろんdMRIには、生きている脳を調べられるという大きなメリットがある。最低でも、脳梁が存在しないといった、大まかなコネクトパシーは検出できるだろう。dMRIを使えば、多数の生きた脳を手軽に調べることができるので、精神障害と脳の接続性との相関を見出すことはできるだろう。しかしそうした相関は、昔の骨相学における相関がそうだったように、あくまでも弱いものにとどまるかもしれない。

MRIの専門家たちは、解像度を徐々に上げてはいるが、そのペースはけっして速いとはいえず、この先の道のりはまだまだ長い。現在のdMRIの解像度は、光学顕微鏡のざっと数千倍も低く、光学顕微鏡の解像度は、電子顕微鏡の数千倍も低い。今後、MRIよりも優れた非侵襲性の技術が発明されないとも限らないとはいえ、頭蓋骨を透視して生きている脳を見る方法は、死んだ脳を解剖して、その切片を顕微鏡で詳細に調べる方法と比べて、基本的に難しいということは覚えておこう。顕微鏡は、コネクトームを得るために必要なだけの解像度をすでに達成している。後はただ、もっと大きな塊を扱えるようになりさえすればよい。それとは対照的に、MRIは、根本的なレベルでいくつもの壁を乗り越える必要があるのだ。そんなわけで、これからまだしばらくは、顕微鏡とMRIの両方を使っていくことになるだろう。[17]

動物でコネクトーム比較を行うことの難点

コネクトパシー、すなわち病気を引き起こすコネクトームの異常を発見するためには、これまで説明したような方法を使って、異常な脳と正常な脳について簡単化されたコネクトームの地図を作り、両者を比較することになるだろう。そうして見出された違いの中には、dMRIで検出できるものもあるだろうが、微小な違いは顕微鏡を使って調べる必要があるだろう。また、脳の小部分のニューロン・コネクトームを比較するためには、電子顕微鏡を使うことになるだろう。電子顕微鏡による研究では、死んだ人の脳を使う必要があるため、[18]それに伴う難しさがある。なるほど科学のために自らの脳を遺贈する人はいる——そういう寛大な行為には長い伝統がある。しかし、たとえ死後の脳が手に入ったとしても、そうした脳にはそれぞれに問題があることも多いのだ。[19]

ひとつの代替案は、動物の脳でコネクトパシーを探すことである。動物を使った研究は、治療法を開発するためにも重要になるだろう。病気の治療法は、まず動物で試験されたのちに、人間でその臨床試験が行われることが多い。伝説的なフランスの生物学者ルイ・パストゥールは、ウサギの体内で狂犬病のウイルスを育て、その後そのウイルスを弱めることにより、初めてワクチンを作った。そのワクチンは、狂犬病の犬に噛まれた九歳の少年に使ってみるという、人間を対象とした劇的な臨床試験を行うに先立ち、犬に対して試された。

しかし、動物を使って人間の精神障害を調べるのは容易ではない。狂犬病ウイルスは、感染したのがウサギであろうと犬であろうと人間であろうと、同じ病気を発症する。だが、動物にも自閉症や統合失調症のような病気はあるのだろうか？　そういう病気の動物が、自然な状態で存在するかどうかは明らかではないが、今日の研究者たちは、遺伝子工学の手法を使って、そんな動物を作ろうとしている。動物でも――普通はマウスだが――人間と同じ障害が起こると予想して、自閉症や統合失調症に関連する遺伝子異常を導入するのだ。[20]うまくいけば、そういう動物は、人間の病気の「モデル」――実物の近似――となってくれるだろう。

しかし、パストゥールの方法のバリエーションであるこの戦略は、感染症の場合でさえうまくいかないことがある。ヒト免疫不全ウイルス（HIV）は、人間をエイズにするが、多くの霊長類には感染しないため、HIVワクチンの試験を難しくしている。サルのエイズは、HIVの近縁ではあるが、同一ではないサル免疫不全ウイルス（SIV）によって引き起こされる。[21]ヒト・エイズのよい動物モデルが存在しないことは、治療法を見出そうという研究の足枷になっている。それと同様に、人の遺伝子欠陥を動物に導入しても、その動物が自閉症や統合失調症になるという保証はない。そういう症状を起こすためには、似てはいるが異なる遺伝子異常が必要かもしれないのだ。

こうした不確定要因があるために、精神障害の場合、動物モデルは有効なのかという疑問が持ち上がっている。有効か否かを判定するために、どんな基準を使えばいいのかも明らかではない。症状の類似性が大切だという人たちもいるが、感染病でさえ、似ているかどうかという基準では、必ずしも動物モデルの有効性を判定できないことがある。動物と人間に同じ微生物が感染したとしても、症状は大きく異なることがある。ほとんど症状が出ずに終わってしまう動物もあるかもしれない。また、たとえヒトに自閉症や統合失調症を引き起こす遺伝子が、マウスでは大きく異なる症状を引き起こすことがわかったとしても、だからといってマウスモデルがまったく役に立たないということにはならないのだ（精神障害は人間だけにしかなさそうな行動と関係しているのだから、症状を比較するのは的はずれだと論じる人もいるだろう）。

症状の類似性のほかに、神経病理学的な観点から見て、似ているかどうかという判定基準がある。この基準は、アルツハイマー病のような神経変性疾患については、すでにマウスモデルを評価するために用いられている。人間の場合、アルツハイマー病では脳の中に斑点や神経原繊維のもつれが異常に溜まっていく現象が見られる。正常なマウスはアルツハイマー病にならないが、研究者たちはいくつかのマウスモデルを遺伝子工学で作成し、この症状を引き起こすことに成功している。そういうマウスの脳には、斑点や神経原繊維のもつれがたくさん生じるのである。[22] これらのモデルのどれかひとつでも、アルツハイマー病の研究に使えるかどうかについては今も議論が続いている。しかし少なくとも研究者たちには目標がある——アルツハイマーでは、動物モデルを使って再現すべき、明確で首尾一貫した神経病理学的特徴があるのだ。

自閉症や統合失調症のような病気の動物モデルの有効性を判定する基準として、コネクトパシーが似ているかという観点は役立つかもしれない。もちろんそれができるためには、人間の自閉症や統合失調症の患者で見られるコネクトパシーだけでなく、動物モデルのコネクトパシーを突き止める必要があるだろう。

脳研究を仮説駆動型からデータ駆動型へ

読者はすでに気づかれたかもしれないが、コネクトームを比較するための研究計画は、コネクトームを解読するための研究計画とは、ずいぶん違っているように聞こえる。コネクショニズムの記憶理論からは、具体的な仮説——記憶のメカニズムは神経細胞集合にあるというものと、シナプス連鎖にあるというもの——が提唱されており、それらはコネクトミクスを使って検証することができる。それとは対照的に、コネクトパシーというものそれ自体、おおざっぱなものでしかない。コネクトパシーでは具体的な仮説が提唱されていないのだ。そんな状態での研究は、雲をつかむような話になってしまわないだろうか？

ヒトゲノム計画の指導者のひとりだったエリック・ランダーは、この計画が終結してからの一〇年間をひとことでまとめて、次のように述べた。「ゲノミクスが引き起こした最大の衝撃は、生物学的現象を、包括的で偏りのない、仮説を設けない方法《ハイポセシス・フリー》で研究できるようになったことだ」[23]。仮説を設けない方法とは、学校で習う科学的方法とはずいぶん違うように聞こえる。学校では、科学は三つのステップを踏んで発展すると教えられる。(1)仮説を立てる。(2)その仮説にもとづき予測する。(3)その予測を検証するための実験を行う。

このプロセスで、じっさいにうまくいくこともある。けれども、ひとつの成功物語の陰には、間違った仮説を立てたがゆえに起こった失敗談が、はるかにたくさん存在するのだ。最終的には間違いであることが判明する仮説や、あるいは——さらに悪いことに——まるで的はずれな仮説を検証するために、膨大な時間と努力が費やされることもある。後者の場合、時間の無駄としか言いようのない研究をすることになる。残念ながら、仮説を立てる安全確実な方法があるわけではなく、思いつきやインスピレーションだけが頼りだ。[24]

この「仮説駆動型」の方法、もしくは演繹的方法に代わるアプローチがある。それは「データ駆動型」の方法、もしくは帰納的方法である。このアプローチも、やはり三つのステップから構成される。(1)膨大な量のデータを集める。(2)データを解析してパターンを検出する。(3)これらのパターンを使って仮説を立てる。

研究者の中には、個人的な好みの問題として、どちらかのアプローチに心惹かれる人もいる。しかしじつをいえば、これら二つのアプローチは対立するものではない。データ駆動型のアプローチは、直観だけに頼るより、探究の価値のある可能性の高い仮説を立てるためのアプローチと見るべきなのだ。そうして良い仮説を立てたのち、仮説駆動型の研究を行えばよい。

もしもしかるべきテクノロジーがすでに手中にあるなら、このアプローチを精神障害に応用することもできるだろう。コネクトミクスは神経接続について、正確で必要十分な情報を大量にもたらしてくれるだろう。大量のデータが得られれば、われわれはもはや［暗闇で鍵を落とした酔っぱらいのように］鍵を探して街灯の下だけをはいずりまわらなくてもよくなる。いったんコネクトパシーを突き止めたら、その情報から、さらに追究に値する精神障害の原因について、より良い仮説を立てることができるだろう。

もうひとつ、別のたとえ話をしてみよう。脳はあまりにも複雑なので、精神障害を引き起こしている原因を探すのは、干し草の山の中に一本の針を探すようなものだ。そんなたいへんな仕事を成し遂げるにはどうすればよいだろうか？　ひとつの方法は、針のありかについて優れた仮説を立てることだ。その後、干し草の山のごく一部分を探す。もしもあなたが幸運に恵まれているなら、あるいは、優れた仮説を立てられるくらい頭が良ければ、この方法はうまくいくだろう。もうひとつの方法は、その干し草の山の中にあるあらゆる物質をすみやかに探し出す装置を作ることだ。そんな装置があれば、たとえあなたが幸運に恵まれていなくても、あるいはそれほど頭が良くなくとも、きっと成功できるに違いない。コネクトミクスのアプローチは、この第二の方法に似ている。

コネクトームを治療に活かすことは可能か

なぜ頭の働きはひとりひとり違うのかを知りたければ、脳の違いをもっとよく見なければならない。コネクトームを比較することが決定的に重要なのはそのためだ。しかし、どんな違いでも見つけさえすればよいというわけではない。つまらない違いもたくさんあることだろう。われわれは興味深い違いだけに焦点を絞らなければならない。それは頭の働きにそなわるさまざまな性質と《強い》相関を持つような違いだ。そのような違いが、いずれは骨相学よりも説得力のある説明をする力を、コネクショニズムに与えてくれるだろう。また、《個人》の精神障害について正確な予測をし、正常な人びとの知能を正しく評価するためにも役立ってくれるだろう（死んでいる脳を顕微鏡で調べることによって得られたコネクトームについて言えば、その検証は「事後予測（ポストディクション）」と言うべきものであり、故人の精神障害や知能をそこから推測することになる）。

コネクトパシーを解明すること、つまり正常な接続とそうではない場合とはどこが違うのかを明らかにすることは、ある種の精神障害を理解するための大きな一歩になるだろう。しかし、それはあくまでも障害を理解することでしかない。理想を言えば、何が問題なのかについて得られた知識を利用して、対症療法を見出したいところだし、さらには完治させる方法も開発したいところだ。次の章では、そのためには何をすればよいかを考えてみよう。

第13章

脳を治す

精神障害の治療はどのように行われてきたか

一八二一年のこと、作曲家カール・マリア・フォン・ウェーバーはオペラ作品『魔弾の射手』[1]を初演した。主人公マックスが村娘アガーテと結婚するためには、射撃大会で優勝し、彼女の父親にいいところを見せなければならない。このままではアガーテを失ってしまうと思い詰めたマックスは、狙った標的には必ず当たる魔法の銃弾七個と引き換えに、悪魔に魂を売り渡す。マックスはアガーテと結婚できることになったばかりか、悪魔のもくろみも打ち砕かれて、オペラはめでたくハッピーエンドとなる。

一九四〇年のこと、ハリウッドの映画会社ワーナーブラザースは、ドイツの医師で科学者でもあったパウル・エールリッヒの生涯を描いた『エールリッヒ博士の魔法の弾丸』(邦題『偉人エーリッヒ博士』)という作品を公開した。エールリッヒは免疫系に関する仕事で一九〇八年のノーベル賞を受賞したが、その栄誉に安住することはなかった。彼の研究所は初めての梅毒治療薬を発見し、何百万人もの人びとの苦しみを癒やすことになったのである。[2] 何の病気に対してであれ、人間が初めて治療薬を作り出したという意味において、エールリッヒは製薬業そのものを誕生させたといえよう。彼が研究の指針としたのは、人気のあったウェーバーのオペラに触発されてか、「魔法の弾丸」（特効薬）と名づけた独自の学説だった。[3] エールリッヒは、狙った標的に必ず命中する魔法の弾丸のように、細菌は殺すが他の細胞は殺さない化学物質があるのではないかと考え、その後じっさいにそのような物質を発見したのである。

魔法の弾丸というメタファーは、薬による治療だけでなく、あらゆる医療に当てはまる二つの重要な原理を浮かび上がらせる。そのひとつは、治療には特異的なターゲットがあるべきだということ。そして二つ目は、理想を言えば、医療介入はそのターゲットだけに影響を及ぼすべきだということ、つまり「副作用」がないことだ。だが、脳の障害に対する治療法はいまだ悲しいほど原始的で、これら二つの原理は遵守されていない。外科医のふるうメスは、緻密な脳の構造に介入するには絶望的なほど無骨に思えるが、ほかに打つ手がないこともある。前に述べたように、神経外科医は重い癲癇の治療として、脳の中で発作を引き起こしている部分を切除することがある。しかし過剰な外科手術は、H・Mのケースで見たように、重篤な症状を引き起こすことになりかねない。副作用をできるだけ小さくするためには、ターゲットは極力絞り込むことが重要だ。

癲癇の手術では、単にコネクトームからニューロンを取り去る。しかしニューロンを殺さずに、配線を切断することを目指す手術もある。二十世紀の前半には、外科医たちは精神病の治療を目的として、前頭葉を他の部分につないでいる白質にメスを入れた。悪名高い「前頭葉ロボトミー」がそれである。しかし結局、この手術は信頼に値しないことが示され、抗精神薬に取って代わられた。それでも他の治療法でうまくいかない場合には、今でも最後の手段として外科手術が行われている。[4]

ほかのタイプの医療介入について考える前に、ここで少し距離を置いて、理想的な介入とはどんなものかを考えてみよう。すでに述べたように、ある種の精神障害は、ニューロンの接続がうまくいかないせいで生じている可能性がある――つまりコネクトパシーかもしれないということだ。その場合、本当の意味で病気を治すためには、接続のパターンを正常にしなければならない。もしもあなたがコネクトーム決定論者なら、そんなことはできるわけがないと考えるだろう。それほど悲観的ではない人も、脳の構造は絶望的なまでに複雑だということは否定できないはずだ。コネクトームを見るだけでも十分に難しいし、コネクトームを修復するのはさらに難しい。どんなテクノロジーならそれができるのかさえ、まだよくわかっていないのだ。

しかし脳には、コネクトームを変化させるための、高度に制御された四つのメカニズムが備わっている――再荷重［Reweighting］、再接続［Reconnection］、再配線［Rewiring］、再生［Regeneration］である。これら「四つのR」を導いているのは、遺伝子やさまざまな生体分子だから、それらが薬のターゲットになりうるだろう。コネクトームも治療のターゲットにすると言われても、ここまで本書を読んできたみなさんなら、とくに驚きはしないだろう。しかしコネクトームを変化させることと、従来の精神障害の治療法とには、何か関係があるのだろうか？　従来の治療法も、その基礎にはコネクトームの変化があるのだろうか？

精神障害については、一九六〇年代に生まれた、よく知られた説がある。それによれば精神障害は、神経伝達物質の過剰または欠乏のせいで起こるという。そうだとすれば神経伝達物質の濃度を変化させる薬を飲むことで、症状が改善される理由が説明できる。たとえば、鬱病はセロトニンが不足するために起こるとされているので、その治療のためには、商品名プロザックで知られるフルオキセチンなどの抗鬱剤が効くと考えられる（この薬が効くのは、ニューロンがセロトニンを分泌した後で、セロトニン分子がふたたび吸収されるのを妨げることにより、セロトニンの濃度を高めるためだと考えられている。それとよく似た、「ハウスキーピング（管理維持）」のメカニズムは多数あり、神経伝達物質がシナプス間隙にいつまでもとどまらないようにしている）。

しかしこの説にはひとつ問題がある。フルオキセチンはすみやかにセロトニン濃度に影響を及ぼすのに対し、鬱病の症状が改善されるまでには何週間もかかるということだ。なぜそんなに時間がかかるのだろうか？　ひとつの仮説として、セロトニンの濃度が高まることで、脳内に長期的な変化が起こるのではないかと言われている。その変化のおかげで抑鬱状態が改善するのかもしれない。しかしその長期的変化とは、具体的にはどのようなものなのだろうか？　フルオキセチンが、「四つのR」にどんな影響を及ぼすかを調べていた神経科学者たちは、この薬は海馬の内部で、新しいシナプスを作ったり、ニューロンの分岐を促したり、ニューロンを生成されやすくしたりすることを見出した。[6] それればかりか、再配線を説明したときに簡単に触れたように、フルオキセチンは、おそらくは皮質の再配線を促すことにより、「猫の場合にニューロンの」眼優位性を元に戻す「単眼遮蔽の影響を打ち消すことができる」と考えられる［214ページ］。だからといって、抗鬱剤はコネクトームを変化させることによって効果を表すという説が証明されたわけではないが、しかしこれらの発見は、この説に対して科学者たちの心を開かせることになったのは確かだ。

本章では、精神障害を治療するための新薬として、コネクトームをターゲットにするものを見出せるかどうかに焦点を合わせよう。[7] しかしほかのタイプの治療法も重要だという点は力説しておきたい。薬は、結局のところ、脳が変化する《可能性》を大きくさせるだけなのかもしれない。望ましい変化を現実に引き起こすためには、薬だけに頼るのではなく、行動や、ものの考え方を変えるための訓練プログラムを併用することになるだろう。[8]それらが全体としては、「四つのR」に働きかけることにより、コネクトームをより良い方向に作り替えることになるだろう。脳を変化させる最善の方法は、脳が自ら変化するのを助けることだというのがわたしの意見だ。

脳に働く薬のさらなる可能性

薬が精神障害の治療を大きく進展させたことには疑問の余地がない。向精神薬は、妄想や幻覚という、統合失調症の症状の中でももっとも劇的なものを治療する。抗鬱剤を使えば、自殺の恐れがある人でも、普通に暮らせるようになる。しかし、今使われている薬には限界があり、より効果的な新薬を発見したいところだ。そのためにはどうすればいいだろう？

今日ある薬の中でもっとも成績がよいのは、感染症の薬である。ペニシリンなどの抗生物質は、細菌を包む外膜に穴を開けて細菌を殺すことにより、感染症を治療する。ワクチンは、細菌やウイルスに対して、免疫系が効果的に働けるようにするための分子からなる薬である。ひとことで言えば、抗生物質は感染を治療し、ワクチンは感染を予防するのである。

これら二つの戦略は、脳の障害にも使われている。まず予防から考えてみよう。脳卒中を起こした時点では、ほとんどのニューロンは、損傷を受けてはいるがまだ生きており、変性して死ぬのはしばらく先である。[9]そこで神経科学者たちは、脳卒中の直後にニューロンが受ける損傷を小さく抑え込むことにより、のちのちニューロンが死なずにすむようにさせる「神経保護薬」を見出そうとしている。それとまったく同じ戦略が、とくにはっきりとした理由もなくニューロンが死んでいく病気に対しても用いられている。パーキンソン病では、ドーパミンを分泌するニューロンが変性して死んでいくが、その理由はまだわかっていない。研究者たちは、それらのニューロンが何らかのストレス下に置かれているのではないかと予想し、そのストレスを軽減するような薬を開発したいと考えている。

パーキンソン病の症例の中には、パーキンと呼ばれるタンパク質をコードしている遺伝子の異常が原因となっているものがある。その場合、すぐに考えつく治療法は、異常のある遺伝子をすっかり取り替えることだろう。研究者たちはそれをするために、正常なパーキン遺伝子をウイルスの内部に入れ、脳に注入するという方法を試みている。そのウイルスがドーパミンを分泌するニューロンに感染して、正常なパーキンタンパク質を作ることで、変性しないように保護してくれるのではないかと期待してのことだ。パーキンソン病に対するこの「遺伝子療法」[10]は、ラットとサルではすでに試みられているが、人間ではまだ行われていない。

ニューロンの変性は、長い消耗のプロセスであり、死はその最後のステップにすぎない。たとえて言えば、生まれつき体の弱い人が、つぎつぎと病気にかかり、どの病気も直前にかかった病気よりも重いというようなものだ。研究者たちは、変性のメカニズムを解明するための手がかりをつかもうと、ちょうど医師が患者の病状の進行を観察するように、変性のさまざまな段階を注意深く観察している。[11]

変性を観察することが役に立つのは、それにより変性の原因となる分子――神経保護薬のターゲット――を絞り込めるからだ。それに加えて、変性のごく初期の段階を突き止めることにもなる。介入のタイミングは決定的に重要だ。変性がはじまったらすぐに介入したほうが、細胞の死を防ぐには効果的だろう。

また、認知症の治療においても、早期介入が鍵になる。認知症は、ニューロンが大量に死ぬよりもだいぶ前から症状が出はじめることが多い。ニューロンがいよいよ死ぬよりかなり前から、ニューロンの接続が失われていくことが、認知症の原因なのかもしれない[12]。

一般に、変性を、より鮮明に、より早期に見つけることが重要だ。そのためにはコネクトミクスの装置類で得られた画像が役立つだろう。連続電顕法を使えば、ニューロンの変性のプロセスを正確に見ることができるはずだ。また、どのタイプのニューロンが、いつ影響を受けるかについても、より正確な情報が得られるだろう。こうした情報はいずれも、ニューロンの変性の予防法を研究するために役立つに違いない。

ニューロンの発達障害についても、予防法は見出せるのだろうか？　予防のためには、発達の道筋が大きく逸れていく前に、できるだけ早く診断を下す必要がある。胎児がまだ子宮内にいるうちから、のちに自閉症や統合失調症などの病気が発症しそうかどうかを予測する遺伝子検査をすることは可能だろう。しかし正確な予測をするためには、遺伝子検査に加えて、脳を調べる必要があるだろう。

前に論じたように、何らかの脳の障害について、その原因がコネクトパシーなのかどうかを判断するためには、死んだ脳を使った空間解像度の高い顕微鏡像による研究がぜひとも必要になるだろう。この方法は、科学的には優れた成果をもたらすかもしれないが、「死んだ脳を使うため」医療上の診断を下すためには役立ちそうにない。しかし、そのうえで言うのだが、死んだ脳を顕微鏡で撮像する方法を使って、あるコネクトパシーをはっきりと特徴づけることができれば、生きている脳をｄＭＲＩで調べて、そのような特徴づけられたコネクトパシーかどうかを判断するのは容易になるはずだ。一般に、探している対象のことが正確にわかっていればいるほど、それを発見するのは容易なのだから。

障害によっては、患者の行動から読み取れる兆候もまた、有用な情報となるだろう。統合失調症の人たちでは、子ども時代、本格的な症状がまだ現れないうちから、行動に軽い症状が見られることがある。[13]そういう初期の症状を注意深く見つけ出して、遺伝子検査と脳のイメージングとを組み合わせれば、統合失調症を正確に予測できるかもしれない。

神経発達障害を早期に診断することができれば、予防への道を敷くことにもなるだろう。コネクトミクスは、その病気が脳の発達のどのプロセスと関係しているのかを正確に突き止める一助となるだろう。そうなれば、コネクトパシーやその他の神経発達の異常を予防する薬や遺伝子治療の開発も容易になるはずだ。

予防だけでも十分に野心的な目標だが、すでに傷ついてしまった脳を修復するというのは、いっそう困難な目標だ。傷ついたり変性したりしたニューロンが死んでしまってから、それを生き返らせることはできるのだろうか？　ニューロンは再生しないという立場からすると、この問いに対する答えは否定的にならざるをえない。その立場は、コネクトーム決定論のひとつのバリエーションである。大人になってから新しくニューロンが増えることはないという主張は一般には正しいので、傷ついた脳の回復力には限度がある。これを克服する道はあるのだろうか？

トカゲのような動物では、怪我をしても神経系のかなりの部分は再生される。[14]また、人間の子どもも、大人よりは高い再生能力を持つ。一九七〇年代には、子どもの指先はトカゲの尻尾のように再生することがわかり、医師たちは切断された子どもの指先を手術でくっつけることをやめた。今では勝手に指先が生えてくるのに任せるようになっている。[15] 大人の場合には、潜在的な再生力が眠っている状態なのかもしれず、再生医療という新分野は、その能力を目覚めさせようとしているところだ。

大人の脳が傷つくと、再生のプロセスが自然と活性化される。[16] ニューロンは、主に脳室下帯という部位で作られている。未成熟なニューロンのことを神経芽細胞と言い、通常は、脳室下帯から、匂いを感じるための嗅球という部位に移動する。脳卒中が起こると神経芽細胞がさかんに生成され、そうして作られた神経芽細胞は、嗅球から怪我をした部位に向かう。[17] この自然のプロセスが、脳卒中からの回復を助けている可能性があり、研究者の中には、そのプロセスを人工的に後押しする方法を開発しようとしている人たちもいる。

再生へのもうひとつのアプローチとして、傷ついた部位に新しいニューロンを直接的に移植するというものがある。そのほうが、脳室下帯のような遠い場所からニューロンを移動させるよりも効果的かもしれない。前に述べたように、パーキンソン病は、ドーパミンを分泌するニューロンが死ぬことと関係がある。そこで研究者たちは、死んだニューロンを埋め合わせるために、胎児から採取された健康なニューロンを移植しようとした。すると驚いたことに、移植された人の脳の中で、一〇年以上も生き続けるニューロンが存在することが示されたのである。[18] とはいえ、ニューロンを移植したことで、パーキンソン病の症状が緩和されているかどうかはわかっていない。[19] この実験は、妊娠中絶した胎児から取り出した細胞を使って行われるため、倫理上の難しい問題を引き起こした。そのほかにも、ニューロンの移植というアプローチには、患者の免疫システムが、移植されたニューロンを異物として排除しかねないという問題もあった。

今日では、これら二つの問題を回避できるようになっている。最近起こった進展のおかげで、それぞれの患者にカスタマイズされた新たなニューロンを培養できるようになったからだ。皮膚の細胞は、「初期化」して「幹細胞」にすることができる――それは、かつて皮膚の細胞だったことを忘れた細胞だ。新たに獲得した未分化性のおかげで、この幹細胞[20]を「再分化」させて、さらに試験管内《インビトロ》で増殖させ、ニューロンにすることができるのである（ラテン語の専門用語 in vitro は「ガラスの中で」という意味で、生物から単離された分子を保存したり、同じく細胞、組織を培養したりするために用いられる人工的な環境を意味する。かつてはガラス容器が典型的に用いられていたが現在ではプラスチックが用いられている）。研究者たちはこの方法を使って、パーキンソン病の患者の皮膚の細胞からドーパミンを分泌するニューロンを作った。[21]それらのニューロンは治療のために患者の脳に戻されることになっている。

自然に作られたにせよ、[22]移植されたにせよ、[23]新たに増えたニューロンの大半は死ぬ。「根付く」ことなしには、新しいニューロンは生き延びられないのだ。それゆえ再生治療では、新しいニューロンがコネクトームに組み入れられやすくする必要がある。その組み入れのプロセスがうまくいくかどうかは、再生以外の三つのR――再配線、再接続、再荷重――の効率を上げることができるかどうかにかかっている。

大人の脳では、こうした変化が起こる能力はあるのに、使われずに眠っているのかもしれない。前に述べたように、脳卒中からの回復のほとんどは三カ月以内に起こる。一説によれば、三カ月というのは臨界期であって、脳の発達における臨界期と同様に、脳の変化を促す分子は、その時期を過ぎてしまえば生成されないという。[24]臨界期を過ぎて可能性の窓が閉じてしまえば、変化する能力は急速に失われ、回復のペースは落ちる。脳卒中の治療は、この窓を開いたままにしておき、自然な回復のプロセスが起こる期間を引き延ばすことを目指すべきなのかもしれない。

これまで見てきたように、大人の脳では再配線は難しそうだ。しかしニューロンは、傷ついた後であれば、軸索の枝を伸ばしやすくなるようだ。[25] その理由を分子レベルで解明できれば、すでにあるニューロンの機能を変化させるだけでなく、新しいニューロンを人工的に脳に組み込むことも可能になるかもしれない。同様に、脳が傷つくと、新しくシナプスができるペースが上がるようだ。このことから、自然な分子レベルのプロセスを操作して、再接続を起こりやすくさせることもできるかもしれない。[26]

すでに不適切に配線されてしまった脳を再配線することにより、ニューロンの発達障害を治療する可能性はあるだろうか？　コネクトーム決定論者なら、そんなことはやるだけ無駄だと考え、いっさいの努力を予防につぎ込むだろう。しかし、ニューロンの発達障害を、早期に間違いなく診断できる保証はないので、予防だけでなく治療も考えざるをえない。配線を直そうとすれば、コネクトームを大きく変えることになり、そのためには「四つのR」を高度な技術で制御する必要があるだろう。

これまでわたしは、機能に問題のある脳の治療に重点を置いて話してきた。もっとも切実に変化を必要としているのは、そのような脳のコネクトームだからである。しかし人は、正常な脳の機能を高めるための薬も求めている。多くの大学生は勉強中にコーヒーを飲む。カフェインは眠気を抑えてはくれるが、学習を捗らせたり、記憶力を高めたりする効果はほとんどない。[27] ニコチンは喫煙者の頭の働きを良くしてくれるが、良くなるとはいっても、タバコが切れたときの働きの悪さと比べての話だ。[28] では、カフェインやニコチンよりも効き目のある薬は見出せるだろうか？　たとえば、新しい情報を記憶したり、新しいスキルを身につけるためには、コネクトームが変化する必要がある。ほしいのは、そんな変化を後押ししてくれる薬だ。また、忘れたいことを忘れさせてくれる薬も有用だろう。そんな薬があれば、除去したい神経細胞集合やシナプス連鎖――トラウマになるような経験の後にできたものや、悪い習慣や中毒に関係しているようなもの――を消すことができるかもしれない。

有効な薬物の探索にもコネクトームは役立つ

脳の障害を予防するにせよ、治療するにせよ、あればいいのにと思う薬はたくさんある。しかし残念ながら、新薬の発見にはとても時間がかかる。新しい薬は毎年市場に出てくるし、それも鳴り物入りで登場することも多いが、じつはその多くは本当の意味で新しい薬ではない。それらは以前からあった薬を衣替えさせただけの新商品なので、大幅に効果が高まるとは考えにくいのだ。向精神薬と抗鬱剤の大半は、半世紀以上前にたまたま発見された薬に、新たな衣装をまとわせたものにすぎない。真に新しいといえる薬はめったになく、最新の神経科学の進展からもたらされた薬はほとんどない。

もちろん、新薬開発が難しいのは、精神障害の薬だけに限ったことではない。創薬は非常にリスクの高いビジネスだ。候補となる薬を開発するだけのために、何年もかかることがある。そうして開発された候補の中で、もっとも有望そうなものだけが、人間の患者を対象とする臨床試験の段階に進む。そしてこの最終段階になってからでさえ、なんと九割方は、毒性があるか、または効果がないことがわかって脱落していく。[29] 新薬が市場に出るためにかかる金の大部分は、臨床試験の費用であることを思えば、これは途方もない資金の無駄遣いだ（すべてをひっくるめたコストは、推定で一億ドルから一〇億ドルまでの幅がある）。[30] 関係者はみんな――病気で苦しんでいる人も、治療にあたっている人も、治療法の開発に莫大な金を投資している人も――もっとよい薬を喉から手が出るほどほしがっている。では、薬を発見するペースを上げるためにはどうすればよいだろうか？

歴史的なことを言えば、ほとんどの薬は偶然に発見されたものである。最初に見つかった抗精神病薬は、アメリカではソラジンという商品名で知られているクロルプロマジンで、これはフェノチアジン誘導体と呼ばれる部類の分子のひとつである。もともとフェノチアジン誘導体は、十九世紀の科学者たちが、織物業界のために染料を作ろうとして合成したものだった。一八九一年には、パウル・エールリッヒが、そうして構成されたフェノチアジン誘導体のひとつが、マラリアの治療薬として使えることを発見する。第二次世界大戦中にフランスの製薬会社ローヌ－プーラン（今日のサノフィ・アベンティスの前身）が、それ以外にもマラリア治療薬となるものがありはしないかと、多くのフェノチアジン誘導体を調べたが、効き目のあるものは見つからなかったため、路線を変更して、抗ヒスタミン剤を探しはじめた（抗ヒスタミン剤はアレルギーの治療によく用いられている）。その後ある医師が、フェノチアジン誘導体は手術の際に使われる麻酔薬の効果を高めることに気づいた。ローヌ－プーラン社の研究者たちは、その目的で使用する薬の研究に路線を切り替え、抗ヒスタミン剤として開発されたクロルプロマジンに、その効果があることを発見する。その後医師たちがクロルプロマジンを鎮静剤として精神病の患者に与えてみたところ、精神病に特有の症状が緩和されることがわかった。こうして一九五〇年代の末までには、クロルプロマジンは、世界中の精神病院で広く使われるようになったのである。[31]

最初の抗鬱剤であるイプロニアジドとイミプラミンも、やはり紆余曲折を経て、ほぼ同時期に発見された。[32]イプロニアジドは、結核の治療薬として開発されたが、患者がとくに理由もなく楽しい気分になるという、予期せぬ副作用があった。やがて精神科医は、この薬が鬱病の治療に利用できることに気づいた。一方、スイスの製薬会社J・R・ガイギー（ノバルティスの前身）は、ローヌ－プーラン社のクロルプロマジンの成功を聞きつけ、独自の抗精神病薬を開発して遅れを取り戻そうとした。J・R・ガイギー社は、化学者たちがフェノチアジン誘導体を改良しようとして合成したイミプラミンを試してみることにした。この薬は抗精神病薬としては効き目はなかったが、幸いにも、鬱病の症状を軽減することが判明した。

このように、研究者たちは初期の抗精神病薬と抗鬱剤を、その目的のために開発したわけではなかった。彼らは幸運にも、一九五〇年代という黄金時代[33]に、たまたま出会った物質に目ざとく注目したのである。もっと最近では、生物と神経科学に関する現代的な知識にもとづいて、薬を「合理的」に発見する方法に熱い視線が注がれている。その「合理的」な方法とはいかなる方法で、なぜ成功しているのだろうか？

思い出してほしいが、細胞は膨大な種類の生体分子でできており、それぞれの分子が多様な生命活動に関与している（前に、タンパク質という重要な生体分子のグループについて話をした。タンパク質は遺伝子に書き込まれている仕様書に従って合成される）。薬は、細胞内に存在する生体分子と相互作用をする、人工の［あるいは植物などから抽出された］分子である。[34]理想を言えば、魔法の弾丸の原理に従って、薬は特定の生体分子とだけ相互作用し、それ以外の生体分子とは相互作用するべきではない。

そのため、薬を合理的に発見する手続きの最初の一歩は、病気にかかると正しく機能しなくなるプロセスに関与する生体分子を見出すことだ。そんな分子が多数見つかりはじめており、それらが治療のターゲットになる。ターゲットの発見は、ゲノミクスの到来とともにスピードアップしており、合理的に薬を発見することに楽観的な気分が生まれている。

薬のターゲットが見つかったら、ちょうど錠前と鍵のように、そのターゲットとぴったり噛み合う分子を探し出す。研究者たちは、候補となるようなさまざまな分子を作り、多くの情報にもとづく推論を行いそれらを実験でテストする。もしも候補のどれかが、ターゲットの生体分子とうまく噛み合えば、その候補の分子の構造をさらに磨き上げることにより、ターゲットとの噛み合い方を徐々に改良していく。薬の開発の第一段階にあたるこの仕事を担当するのは、化学者たちである。

ここで一挙に話を進め、薬の開発の最終段階にあたる、人間への投与を見てみよう。この段階を担当するのは医師たちである。医師は候補の薬を患者に与え、症状が改善されるかどうかを見る。あらかじめその薬が安全で有効だと考えるだけの理由がなければ、経済的にも倫理的にも、人間で試験をすることはできない。そしてたとえこの最終段階までたどり着いたとしても、一〇の候補のうち九つまでは脱落することは、前に述べた通りである。しかも中枢神経系の病気では、この段階で脱落する確率はさらに高い。[35] このがっかりするような数字が示しているように、薬の開発の第一段階と最終段階とのあいだには大きなギャップがある。[36] 人間で試験する前に、候補となる薬が、試験管内《インビトロ》でターゲットの生体分子に結びつくことだけでなく、病気の治療に確かに有効だということを、もっと確信できる方法はないのだろうか？ もっとたくさんの証拠が得られれば、あるいはもっと信頼性の高い証拠が得られれば、新薬を、より速く、より安価に開発できるだろう。

ひとつの方法は、人間に投与する前に動物で実験をしてみることだが、ほかの病気に比べて精神障害の動物モデルを作るのは難しい。前に述べたように、研究者たちは自閉症と統合失調症の遺伝学的データを使って、マウスモデルを作り上げた。しかしマウスはこうした病気になるほど人間に近くないかもしれないので、研究者の中には、人間以外の霊長類で、動物モデルを作ろうとしている人たちもいる。

薬のテストには、試験管内での病気モデルを使うという手もある。有望そうなアプローチとして、患者の皮膚の細胞から作れる「幹細胞」を再分化させて、ニューロンを作るというものがある。こうして作ったニューロンを患者の脳に移植し、神経変性疾患を治療するという計画があることは、前に述べた通りだ。もうひとつ、試験管内で培養したニューロンに対して薬の効果を見るという方法もある。培養されたニューロンは、脳の内部にあるときと同様にスパイクし、シナプスを介してメッセージを伝える。したがって、それらの機能に対する薬の効果を調べるために利用できるのだ。しかし、こうして育てられたニューロンは、脳の内部にある場合とは配線のされ方が大きく異なるため、試験管《インビトロ》の病気モデルは、コネクトパシーが原因で起こる精神障害を調べるためには役立たないかもしれない。

最後にもうひとつ、ヒトの幹細胞からニューロンを育て、それを動物の脳に移植することにより、動物モデルを「ヒト化」するという方法もある。この方法のほうが、人間の遺伝子異常を動物に導入するよりも、良い動物モデルが得られるかもしれない。精神障害以外の病気については、研究者たちはすでにこの戦略を採用し、ヒト化マウスモデルを作ろうとしている。[37]

より良い試験管《インビトロ》内の病気モデルや動物モデルを作るとともに、それらのモデルに対して候補の薬を試したときの成功度を評価する方法も考えなければならない。動物モデルの場合にすぐに考えつくのは、その薬を使ったとき、動物の行動がどう変化したかを定量的に評価することだろう。それをするためには、動物の行動で、人間の精神障害の症状によく似たものを観察しなければならない。[38] しかし、そうした行動をきちんと定義するのは容易ではない（たとえば精神病のマウスは、どんな振る舞いをするのだろうか？）。こうした事情があるため、動物の行動を見る試験では、薬の効果をどう評価すればよいのかはそれほど明らかではない。

ほかに方法はないのだろうか？　パーキンソン病のような神経変性疾患に対する薬の有効性を調べるためには、その病気の動物モデルでニューロンが死ぬのを予防できるかどうかを調べればよい。同様に、自閉症と統合失調症に対する薬も、行動に現れる症状ではなく、むしろそれぞれの病気に特徴的な、神経病理学的特徴に対する効果を調べるほうがよさそうだ。しかし、これらの病気では、神経病理学的特徴について、明確で首尾一貫した理解が得られていないため、このアプローチは行き詰まっている。もしも自閉症と統合失調症がコネクトパシーが原因で引き起こされていることが明らかになれば、動物モデルでも、それと同じ配線ミスを突き止めることが重要になるだろう。そのような配線ミスが見つかったら、それを薬で予防したり、治したりできるかどうかを調べればよい。このアプローチが実用化されるためには、コネクトミクスで用いられるテクノロジーを高速化し、多くの動物の脳をすばやく比較できるようにする必要がある。

前にわたしは、コネクトミクスなしに精神障害を研究することは、顕微鏡なしに感染症を研究するようなものだと述べた。このことは治療法の研究にも当てはまる。もしもコネクトパシーを見ることさえできないのなら、それを予防したり修正したりする治療法を見出すのは難しいだろう。さらに言えば、コネクトームを変化させる、「四つのR」に関与する分子についての研究は、薬のターゲットを突き止める主要なアプローチになりそうだ。ゲノミクスは、より一般的な薬の研究ではすでに舞台中央を占めているが、精神病の治療法を開発することにかけては、コネクトミクスが中心的な役割を演じることになるというのがわたしの予想である。

コネクトームを制御するという夢のさらに先

精神障害を治すことは、目指すに値する目標だろう。戦争でトラウマを負った兵士や、虐待を受けた子どもの脳を再配線することも、やはり目指すに値する目標だろう。しかし、わたしがこれまで論じてきた、動物と人間の遺伝子やニューロンを操作するという手段に対して、不安を感じる人もいるかもしれない。バイオテクノロジーへの不安には、長い歴史がある。小説家のオルダス・ハクスリーは、一九三二年の小説『すばらしい新世界』の中で、身体と脳をがらりと変える技術の上に成り立つ、未来のディストピアを描いた。その社会に生きる人びとは、国の管制下にある工場で生まれ、生物学的に操作された五つの階級に割り振られ、宗教の代わりに、精神状態を変える「ソーマ」という薬を与えられる。

バイオテクノロジーの濫用は警戒すべきだが、バイオテクノロジーそのものを恐れるべきではないとわたしは思う。生物はとても複雑なシステムなので、それを再構築するのは相当難しいことがわかっている。生物を作り変えることは不可能ではないにせよ、その危険性を大げさに言い立てる人たちが思っているよりも長い時間がかかる。進展はゆっくりとしか進まず、そのおかげで人間社会には、それにどう対処すべきか考える時間がたっぷりある。

バイオテクノロジーに対する楽観主義もまた、悲観主義と同じくらい古くからある。ハクスリーの同時代人で、アイルランド生まれの生物学者、J・D・バナールは、一九二九年の『宇宙・肉体・悪魔』の中で、楽観的なその立場を披瀝した。彼は人類の歴史を、三つのタイプの支配力を手に入れようとする探求の物語と捉えた。「宇宙」に対する支配力は、すでに増大しつつあった。宇宙を支配することは物理学と工学の目標である。「肉体」に対する支配力を手に入れるのはまだ先になりそうだが、未来の生物学者は遺伝子と細胞を操作できるようになるだろう、とバナールは予測した。彼のもっとも予言者的な言葉は、三つ目の支配力の探求に関するものだった。

宇宙の無機的な力を屈服させ、われわれの肉体という有機的構造を支配するという、はじめの二つの目標が、これほどまでに達成困難な、荒唐無稽でユートピア的な考えに見えるのはなぜだろうか？その理由は、まずはじめに悪魔を追放しない限り、宇宙を意のままに操り、肉体を屈服させることはできないからである。この悪魔は、いかにも悪魔らしい昔ながらの特徴はすでに失っているけれども、今も絶大な力をふるっている。この悪魔は、ほかの何にも増して手強い相手だ――なぜならそれは、われわれ自身の内面に存在し、われわれはそれを見ることができないからである。われわれの能力、欲望、そして心に抱えた矛盾については、われわれはまだ理解することも、立ち向かうこともほとんどできておらず、今後それらがどうなっていくのかを予想することは、いっそう難しい。

バナールは、われわれの精神の欠陥（「悪魔」）が、進歩を妨げる究極の障害になることを心配していたのだ。人類にとって第三の、そして最後の課題は、精神を作り変えることだった。

今日のわれわれがどれほど遠くまでやってきたかを聞けば、バナールは喜んだだろうか？　われわれは、核兵器によって世界を消滅させかねなかった危機を乗り越えた（とりあえず今のところは）。ひょっとするとわれわれは、二十世紀に起こったような悲惨な戦争を、二度と起こさないだけの知恵を身につけたのかもしれない。しかしバナールならば、こう言うのではないだろうか。われわれは自らの欲望の結果としてもたらされたものを相手に、かつてないほど苦戦しているではないか。「宇宙」を制御する力が増強されたおかげで欠乏には対処できるようになっても、豊かさもまた危険であることが明らかになったではないか。人間は自らを制御できずに環境を汚染し、むやみな消費のせいで健康を害しているではないか、と。「悪魔」に抵抗するためには、経済的インセンティブの再構成、政治システムの再編成、倫理的理想をより良いものにしていくといった方策が有効かもしれない。これらは昔ながらの啓蒙策である。しかし科学はいずれ、これ以外の方法も発明するだろう。バナールは、「合理的精神の敵」と彼が呼ぶところの、宇宙、肉体、悪魔に対し、人類が勝利することを望んでいた。そんなバナールの夢を、われわれは別のかたちで言い表すこともできるだろう――原子《アトム》、ゲノム、コネクトームを制御する夢として。

物理学者のフリーマン・ダイソンは、「科学はわたしの専門分野であり、ＳＦはわたしの夢の光景である」と述べた。本書を締めくくる第5部では、人類の集団的な夢の光景のうち、二つのファンタジーに目を向けよう。ひとつは、文明が十分に進展すれば死からの復活は可能になるはずだという希望のもと、死体を冷凍する「人体冷凍保存術」。そしてもうひとつは、コンピュータ・シミュレーションというかたちで永遠に楽しく生きるという、「アップローディング」だ。

バナールはその論考の冒頭に、神託めいた次の言葉を置いた。「二つの未来がある。欲望の未来と、運命の未来だ。人間の理性はいまだかつて、これら二つを区別できたためしがない」。多くの人が永遠に生きたいと願っているからには、人体冷凍保存術とアップローディングに疑いの目を向けるべきだろう。願望が見せるのは「欲望の未来」にすぎず、それは「運命の未来」からわれわれの目を背けさせる蜃気楼なのだ。これら二つの夢を批判的に吟味するためには、願望ではなく、論理を用いなければならない。するとわれわれの思索は不可避的に、コネクトームに向かうことになる。

第5部

人間の限界は超越できるか

第14章 保存した死体から復活？

現代における「パスカルの賭け」

わたしはこれまでの人生で二度、ヴェガスと呼ばれる、砂漠の中の不思議な街を訪れたことがある。朝目覚めるたびに、ホテルのベッドの柔らかなシーツに包まれて贅沢な気分に浸り、夜が来るたびに、きらびやかなエンターテインメントを満喫した。ウイスキーをひとくち味わい、カジノの高い天井に向かって葉巻の煙を吹き上げもした。しかし、ブラックジャックのテーブルやルーレットの円盤は退屈で、わたしは気もそぞろになるのだった。

運の要素が大きいゲームには、わたしは興味が持てないのだ。しかしそんなわたしにも、大きな意味を持つギャンブルがひとつだけある。「パスカルの賭け」[1]と呼ばれるものがそれだ。一六五四年のこと、フランスの天才ブレーズ・パスカルは、後世に確率論[2]と呼ばれることになる、数学の一分野の基礎を築いた。同年、彼は神も見出した。鮮烈な宗教的幻視を見たのち、彼は人生をかけて取り組むべきテーマの焦点を、科学と数学から、哲学と神学へと移したのだ。この時期に彼が成し遂げたもっとも重要な仕事は、キリスト教の護教論だった。三九歳の若さで彼が夭折したとき、その仕事は未完成のまま残された。遺稿は『パンセ（随想録）』と題されて、のちに刊行された。本書のはじめのほうで、われわれはその『パンセ』に出会った。本書も終わりに近づいた今、ふたたびこの書物に戻ったわけである。

前に引用したくだりから［12ページ］読者も気づかれたかもしれないが、『パンセ』は恐怖の念に満ちている。パスカルにとって恐怖は、それ自体として虚無的な死に結びつくものではなく、むしろ信仰への序奏となるものだった。信仰者にとって最大の病は疑いであることを、彼はよく理解していた。ではどうすれば、われわれは神の存在を確信することができるのだろうか？　多くの哲学者や神学者は、神の存在は合理的に証明可能だと論じており、パスカルもそうした証明のことはよく知っていたが、納得はしなかった。

そこで彼は、抜本的に異なるアプローチを打ち出した。彼は懐疑主義を根絶することは断念し、合理主義者は、神の存在をけっして確信できないということを認めた。できるのはただ、神が存在する《確率》を推定することだけだ。しかし、たとえそうであったとしても、神を信じることに意味がある、とパスカルは論じた。彼の独創的な新機軸は、信仰をひとつのギャンブルとして捉えたことにある。あなたには、信じるか信じないかという二つの選択肢がある。そして現実の宇宙には、神が存在するか存在しないかという二つの可能性がある。図52に、そこから導かれる四つの場合を示す。

神を信じなければ、カトリック系の学校の修道女たちが、抵抗しなさいと教える罪深い快楽に耽ることができる。しかし、そのせいで地獄の業火に永遠に焼かれるリスクを負うことになる。一方、神を信じることを選べば、日曜日の午前中、まだベッドで眠っていたり、テニスをしていられるはずの時間に、座り心地の悪い教会の椅子に座っていなければならないというコストを払わなければならない。しかし、もしも神が存在するなら、天国で永遠の命を得るというすばらしい景品が得られるのだから、そのコストに見合う価値はあるだろう。

この表には、四つの可能性それぞれについて、報酬または罰が示されている。数学的な頭脳の持ち主なら、教会に行きたくない気持ちと、地獄に落ちたくない気持ちとを数値化して、それぞれの枠内に書き込むところだろう。また、神が存在する確率――あなたがどれくらい神を信じているか、あるいは信じていないかを定量化したもの――も推定しなければならない。こうして、神を信じる場合と信じない場合について、それぞれ損得勘定をし、その結果にもとづいて、信じるか信じないかを選択することになる。

しかしパスカルは、具体的に数値を描き入れるまでもなく、結果は明らかだと述べて、生真面目に計算する手間を省いてくれたのだ。彼はこう論じた。永遠の命は無限に長いのだから、天国の価値は無限大である。無限大にどんな数を掛けても、やはり無限大である。したがって、神が存在する確率が、ゼロよりも大きな任意の数である限りにおいて、神を信じることに対する見返りは無限大である。それ以外の数値が具体的にどんな値だろうと関係ない。要するに、教会に行くことは、宝くじを買うようなものであって、当選の賞金が無限大なら、券の値段がいくらで

		神	
		存在する	存在しない
あなた	信じる	すべてを得る （すごい！）	ちょっと損する （ちぇっ…）
	信じない	すべてを失う （ひどい！）	ちょっと得する （やっぱりね）

図52　パスカルの賭け。

あっても買うに値する、というのである。

パスカルの時代から今日までに数世紀の時が流れた。時代は変わり、新たな千年紀には新たなギャンブルが生まれている。現代のギャンブラーたちに会いたければ、奇妙な倉庫を探して、アリゾナ州スコッツデールまで出かけなければならない。その建物に入ると、人間の身長よりも少し長いくらいの金属容器がずらりと並んでいるのが目に入るだろう。その容器は「デュワー冷却器」と呼ばれ、大きな魔法瓶のように見える。しかし、夏場のハイキングで飲み物を冷やしておく魔法瓶とは異なり、これらのデュワー冷却器には液体窒素が満たされており、中に入っているのは氷ではなく、人間の死体が四体、または頭が六個だ。

この施設が、アルコー延命財団の本部である。この財団には、存命中の会員が一〇〇〇人、すでに亡くなった会員が一〇〇人ほどいる。[3] 会員になるためには、二〇万ドルの保証金を預ければよく、法的に死を宣告されると、その金が財団に支払われる。その対価として、財団はマイナス一九六度という低温で、死体を無期限に保存することを約束している。頭部だけを保存することもでき、その場合、料金は八万ドルに下がる。この財団には独特の言葉づかいがある。デュワー冷却器内の人は死んでいるのではなく、「デアニメート（生気が抜けている）」していると言われる。冷凍された頭部は「神経保存状態」にあり、こうして身体を保存することを「人体冷凍保存術」という。

「限りない未来」と題された二八分間のプロモーション・ビデオを見れば、アルコーの会員たちは楽観主義者であることがよくわかる。長期的には科学技術が十分に進展して、今はまだ不可能に思えることも可能になるだろう。人間はどんどん物質を制御できるようになり、いずれは死体を「リアニメート（生気を取り戻す）」できるようになるだろう。アルコーの倉庫で冷凍されている死体は、単に生き返るだけでなく、かつて患っていた病気は治療され、老人は若返るだろう。リアニメートされた人は、若かりし頃の元気を取り戻すだろう、とそのビデオは語りかける。

物理学者のロバート・エッティンガーは、人体冷凍保存術という思想に、初めて世間の注目を向けさせた人物である。テレビへの出演や、ベストセラーになった一九六七年の著書『不死への展望』のおかげで、エッティンガーはちょっとした有名人になった。しかし、人体冷凍保存術が軌道に乗るまでには時間がかかり、当初は何かとトラブルも起こった。冷凍しておいた死体が思わぬ事故で解凍されてしまい、普通の死人と同じように埋葬せざるをえなくなるという面目ない事件もあった。アルコー延命財団が一九九三年に、アリゾナ州スコッツデールに完成させた今の施設は、冷凍した死体を長年にわたり保存するためには十分な機能を備えているように見える。

エッティンガーは、自説を広めることには成功したが、それと同時に笑いものにもなった。なるほど、アルコーの会員は大金を巻き上げられた、おめでたいカモだと言って片づけたくもなる。だが、そういう反応は性急すぎるだろう。死からの復活は、未来永劫、絶対に不可能だと証明できる者がいるだろうか？むしろその可能性は、小さいけれどもゼロではない、と考えるのが妥当だろう。そうなると、パスカル流の論法に扉が開かれる。アルコーの会員になることの価値の期待値は、復活がいつかは可能になる確率と、永遠の命の価値との積である。永遠の命の価値は無限大だから、アルコーの会員になることの価値も無限大である。つまり、二〇万ドルという料金を払っても、びた一文損にはならないということだ。キリスト教の場合と同様、人体冷凍保存術には永遠の命という景品がかかっている。パスカルの賭けは、神を信じなさいと説く。エッティンガーの賭けは、テクノロジーを信じなさいと説くのだ。

現代における不死とよみがえりに関する議論

二十世紀のフランスの作家アルベール・カミュは、評論『シーシュポスの神話』を、次のように語り出した。「真に重要な哲学的問題はひとつしかない。自殺ということだ」。わたしはこれに対し、「科学技術にとって真に重要な問題はひとつしかない、それは不死ということだ」と応じよう。カミュはこの劇的な冒頭部分で、人生は生きるに値するのか、人生に意味はあるのか、という問題を提示した。ここで注意すべきは、自殺はやりたければできることなので、それをするかどうかは純然たる哲学の問題だということだ。もしもあなたが自殺したければ、そのための手段には困らない――拳銃、ロープ、高い建物、毒物など、手段は容易に得られるだろう。一方、永遠に死なずにいたければ、ことはテクノロジーの問題になる。たとえあなたが永遠に生きたいと思っても、今のところその選択肢はないのだ。[4]

永遠の若さの追求は、人間の歴史と同じくらい古くから行われてきた。子どもの頃に学校の先生から聞いた話では、スペインの探検家ポンセ・デ・レオンは「若さの泉」を探す旅に出て、フロリダを発見したという。残念ながら、今ではこの魅力的な物語の典拠は疑われているようだが、[5] 中国の始皇帝が紀元前三世紀に、伝説に名高い不老不死の霊薬を求めて二度にわたり探検隊を派遣したという記録については、歴史家たちは今も、おそらく事実だろうと考えているらしい。徐福《じょふく》という宮廷の方士（仙人になるための修行をする者）は、艦隊に三〇〇〇人の少年少女を乗せて東の海に出たが、[6] 長年にわたり探索を行っても成果が上がらず、二度目の探索に出たきり戻らなかったという。

不老不死の探求は、今もさかんに行われている。現代のセールスマンが売り込むのは、ビタミン、抗酸化剤、アンチエイジングの化粧品である。こうした現代版の不老不死の霊薬は、効果の有無よりはむしろ、希望的観測と結びついているようだ。しかし科学はついに、あと一歩で延命を可能にするところまでたどり着いた、と考える人たちもいる。オーブリー・デ・グレイは『老化を終わらせる』（邦訳は『老化を止める7つの科学──エンド・エイジング宣言』）という著書の中で、「老化の戦略的予防」という持論を展開した。デ・グレイは、分子および細胞レベルで被る七種類のダメージを列挙し、いずれ科学はそのすべてを予防し、修復できるようになるだろうと予測する。デ・グレイが創設者のひとりとして名を連ねる「メトセラ財団」は、マウスの寿命の記録を打ち立てた研究者に賞金を与える「メトセラマウス賞」を設けている。

一方で、老化と長寿については、正真正銘の科学的な研究も行われており、そういう取り組みまでも批判するなら、わたしは軽率のそしりを免れないだろう。アンチエイジングという分野には、ちょっと胡散臭いものもあるが、だからといって真面目な科学研究を妨げるべきではないだろう。老化と死という問題は、すぐに解決できそうにはなくとも、魅力的なテーマであるのは間違いない。それになにごとも、やってみなければわからないではないか。時間さえあれば、人類は不死を可能にしないとも限らないだろう。

他方で、この件についてあまり楽観的になることに対しては、わたしは懐疑的だ。発明家のレイ・カーツワイルは著書『ファンタスティックな航海──あと少し生きれば、永遠に生きられる』の中で、あと数十年ほどで、不死は実現するだろうと述べた。それまで生き延びることができた人は、永遠に生きられるというのだ。わたしの考えを言わせてもらえば、あなた──すなわち親愛なる本書の読者のみなさん──は、まず間違いなく死ぬだろう。そしてそれに関しては、わたし自身も同じことだ。

仮にあなたが、長期的には楽観主義の立場を取り、短期的には悲観主義の立場を取るとしたら、どう行動すべきだろうか？　アルコーの会員になって死に備えてみるというのは、ひとつの手かもしれない。あなたの死体を液体窒素のタイムカプセルに保存して、人類が不死の技術だけでなく、復活の技術も手に入れるまで、何百年間、いや永遠にでも持ちこたえられるようにするのだ。人体冷凍保存術は、いわば暫定的な手段であり、液体窒素を作れるくらいには進歩したけれど、永遠の命を可能にするほどには進歩していない文明の中に生き、科学技術はこれからまだまだ進歩するはずだと、前向きに考える人たちによって利用されているのである。

今では誰でも、人体冷凍保存術のことを、どこかで聞いたことぐらいはあるようだ（人体冷凍保存術(cryonics)ではなく「低温学(cryogenics)」という言葉を使う人もいるが、これは一般的な低温に関する研究を指す言葉であって、不死を目指しているわけではない）。大衆の意識の転換点となったのは、おそらくは二〇〇二年に、野球のスター選手だったテッド・ウィリアムズが亡くなったときの一件だろう。ウィリアムズが三度目の結婚でもうけた息子と娘は、父親の遺体を冷凍保存するためにアルコーに送った。それに対して、最初の結婚でもうけた娘が裁判を起こしたのである。ウィリアムズは、自分が死んだら火葬にするよう遺言に書き残していた、というのがその理由だった。こうして起こった異様な裁判が結審するまでのあいだ、アルコーは判決を待って傍観していたが、ウィリアムズの家族は、彼の頭と体を切り離し、低温にはしたが冷凍はせず、倉庫に保存しておいた。最終的に、アルコーは残りの料金を受け取り、ウィリアムズの遺体を液体窒素の中に安置した。[7]

わたしが世論を見る限り、人びとは人体冷凍保存術の主張に、好奇心ぐらいは持ちはじめているようだ。アルコーの会員はその先を行き、人体冷凍保存術に金をつぎ込むほどにその主張を支持しているわけだ。宗教は昔から人びとに、信じられないようなことを巧みに信じさせてきた。一九一七年には、七万人の大群衆がファティマというポルトガルの村近くに集まり、太陽の色が変わり、空で跳ねまわるのを目撃した。ちょうどその頃、三人の羊飼いの子どもたちが、祝福された処女マリアと聖家族の姿を見たと主張した。今では毎年何百万人もの巡礼者が、「太陽の奇跡」[8]が起こった場所に旅している。この出来事は、一九三〇年にはローマカトリック教会によって正式に奇跡として認められた。

世論調査によれば、アメリカ人の八〇パーセントは、今も奇跡を信じているという。[9] キリスト教徒の中にも、奇跡など信じるのは、素朴で無知すぎるとして一蹴する人がいるのはわたしも知っている。しかしキリスト教徒は、あらゆる奇跡の中でもっとも有名な奇跡と言えるであろう、イエス・キリストの復活を盛大に祝っていることを思い出そう。ローマカトリック教会の化体説《かたいせつ》という教義によれば、日曜が来るたびに、あらゆる教会の中で今も奇跡は起こり続けており、ウエハースとワインがキリストの肉と血に変わっているのだ。もしもあなたがキリスト教を信じるなら、奇跡は起こると断固主張することが、合理的で首尾一貫した態度というものだろう。そんな超自然的な出来事を説明するためには、奇跡が起こっていると考えるしかないのでは？

今日われわれは、さまざまな奇跡を引き起こす、あるものと恋に落ちている。二〇〇七年六月二九日までの数日間、アップルのテクノロジーを祀る神殿の前に、数千人の狂信者たちがアメリカ中から集まった。その日、iPhoneが発売され、それから一日半のうちに二七万人の人たちがこれに改宗した。[10] 同年の暮れまでには数百万人がそれに続いた。過去一〇年間でもっとも期待された新製品の発売に続く熱狂の中、それを「ジーザスフォン」と名づけたブロガーもいた。

iPhoneが巻き起こした興奮の大きさから判断して、これは明らかに並の商品ではない。現代の奇跡とさえ言えるかもしれない。もしもそれを大げさだと思うなら、十九世紀に生きた人がiPhoneを見てどう思うかを考えてみればいい。アーサー・C・クラークの有名な「予測の三法則」の第三法則は、「十分に発達した科学技術は、魔法と見分けがつかない」と述べている。[11]たえまなく起こる奇跡により、テクノロジーは驚くべき力を見せつけてきた。テクノロジー楽観主義という新しいカルトは、今日の時代精神に深く食い込んでいるのである。

洗礼者ヨハネは、救世主が現れることと、「神の国は近い」ことを預言として述べ伝えた。テクノロジーの預言者はレイ・カーツワイルであり、その福音は二〇〇五年に刊行された著書、『特異点は近い』に述べ伝えられている（邦訳は『ポスト・ヒューマン誕生―コンピュータが人類の知性を超えるとき』）。前に述べたムーアの法則は、コンピュータの計算能力が指数関数的に増大するというもので、その事実は過去四〇年間にわたってわれわれを驚愕させ続けてきた。カーツワイルは、この栄光ある過去が未来にまで延長し、コンピュータ分野だけでなくテクノロジー一般に拡張することにより、限界のない未来のヴィジョンを描き出す。

カーツワイルの際限のない楽観主義は、前に知覚に関する話題で取り上げたライプニッツの議論を思い出させる。ライプニッツは、神は完全にして全能なのだから最善の世界しか作らないはずだ、というシンプルな論証によって、われわれはありうる限り最善の世界に生きているという結論を導き出した。ライプニッツの楽観主義は、今日ではもっぱら、フランスの哲学者ヴォルテールによって嘲笑されたことで人びとに記憶されている。ヴォルテールの風刺小説『カンディード』の登場人物である学識あるパングロス博士は、世界は最善だと説く。登場人物たちがいたるところで遭遇する悪と暴力は、博士の目にはまったく入らないようだ。

もちろんわれわれは、ありうる限り最善の世界に住んでいるわけではないが、少し待てば、テクノロジーがそんな世界に連れて行ってくれるだろう、というのがカーツワイルのパングロス的約束なのである。そのわずかな可能性が、人びとを人体冷凍保存術に引き寄せてきた。わたしに言わせてもらえば、その人たちが不信感を封印していられるのは、機械論を受け入れているしるしだ。機械論とは、肉体――それゆえ脳――は、一種の機械にすぎないという哲学的な立場である。もちろん、われわれの身体は人間の作る機械よりはるかに精巧だが、根本的なところでは何も違わないということだ。

われわれは長らく機械論に抵抗してきた。十九世紀になってさえ、生物学者たちの中には、生物には「生命力《バイタルフォース》」というのが存在しており、その力は物理学や化学の法則では説明できないという説に固執する人たちがいた。二十世紀になって分子生物学が発展すると、そのような「生気論《バイタリズム》」は傍流に追いやられた。今も何らかの二元論――精神現象は、何か非物質的なもの、たとえば魂によって引き起こされているという説――にしがみついている人は多い。しかし少なからぬ人が、神経科学のさまざまな発見を踏まえて、「機械の中の幽霊」は存在しないという説に納得するようになっている。

もしも身体が機械なら、修理できないわけがあるだろうか？　機械論を受け入れるなら、身体が修理できるとしても、論理法則や物理法則を破るとは思えない。小説家のT・H・ホワイトは、アーサー王伝説を題材にした『石に刺さった剣』（邦訳は『永遠の王アーサーの書』）という作品の中で、「禁じられていないことはすべて強制される」というスローガンが、巣のすべての入り口に看板のように掲げられたアリのコロニーを描くことで、全体主義社会を風刺した。カーツワイルは、ライプニッツをアップデートして、「起こりうることはすべて必ず起こる」とわれわれに語りかけるのだ。

しかし、根っからの夢想家は耳を塞ぎたいだろうが、われわれは諸々勘案したうえで、多くの可能性を捨てているのである。どんな決定にも、損得を秤にかけざるをえない面がある。死者を復活させることが可能だとしても、そのためにどれだけのコストがかかるだろうか？　もちろん、人間の命には計り知れない価値がある。しかしそのために払う金が、どの銀行にもなかったら？　死者を復活させることが原理的には可能だとしても、そのために必要なエネルギーが、既知の宇宙に含まれる全エネルギーよりも多かったら？　どこかの時点で、資源の有限性や費用が必ず問題になりはじめる。

死者を復活させることの難しさは、アルコーの会員にとっても重大問題だ。なぜならその難しさが、死体が冷凍されてから復活するまでに、どれくらいの時間がかかるかを決めるからである。人体冷凍保存術の大きなセールスポイントは、液体窒素に浸っているあいだは、退屈することもなく、永遠にでも復活の時を待てるという点だ。しかし、あなたが冷凍されて横たわる場所は、はたして安全なのだろうか？　復活できるほどテクノロジーが進歩するまでに一〇〇万年もかかるとしたら、そのときアルコーがまだ存在している可能性はどれくらいあるのだろう？

人体冷凍保存術を信じる人たちの中には、そういった現実的な問題には目をつぶることを選択する人もいるだろう。しかし懐疑的な性分の人なら、エッティンガーの賭けについて考えずにはいられないはずだ。パスカルは、その賭けの景品は無限大の価値を持つのだから、計算する必要はないと論じた。しかし現実には、この宇宙に真に無限大のものはない。合理的な意志決定を行おうとする者は、いずれは確率論的な計算をじっさいに行わなければならない。必要な数値を正確にはじき出せる人はいないだろうが、少なくともその値を見積もることはできる。その見積もりを十分な情報にもとづいて行うためには、科学上の問題や医学上の問題について多少は勉強しなければならない。

なるほど、どんな機械でも、壊れた部品を交換すれば使い続けることができるだろう。二〇〇七年に、乗って走ることのできる世界最古の自動車がオークションにかけられた。「侯爵夫人」と呼ばれるその車は、内燃機関ではなく蒸気機関で走り、一八八四年に、当時世界最大の自動車製造会社だったド・ディオン・ブートン・エ・トレパルド社が製作したものだ。しかし、その車についた三二〇万ドルという値段からわかるのは、非常に古い自動車が今も走れる状態にあるというのは、きわめて稀な事態だということだけだ。自動車は普通、一二年ほど使えるように設計されており、製造から二五年以上経った車はアンティークと見なされる。その後もメンテナンスを続けることは、もしも乗用にすることが目的のすべてなら、コストに見合わない。交換部品はごく少数しか作られず、ひとつひとつ装着しなければならないため高くつく。車をいつまでも使い続けることには、審美的または心情的な価値しかないのである。

もちろん、車はともかく人間の身体を長く使い続けることには、それなりの理由がある。多大なコストを払って身体の一部を交換することにより、身体を修理できる場合もある。免疫システムを抑え込み、移植された臓器が異物として攻撃されるのを防ぐ薬ができたおかげで、臓器移植が可能になっているのだ。可能ならば、移植を受ける人の細胞と、遺伝的にまったく同じ細胞からなる臓器を使い、免疫反応を完全に抑え込むのが望ましい。今のところそれができるのは、一卵性双生児の一方から他方へと臓器移植する場合だけだ。しかし組織工学者は、人工的な素材の上で細胞を育て、試験管内《インビトロ》で臓器を作成できるようになる日を夢見ている。それができれば、患者から細胞を採取し、その細胞から臓器を成長させたのち、臓器を本人に戻してやればよい。そうなれば、他人から臓器を提供してもらう必要はなくなるだろう。

臓器移植の未来は明るそうだが、移植には根本的な限界もある。脳は、取り換えのきかない臓器だということだ。脳の移植は技術的に難しいと言っているのではない。それは人間のアイデンティティーにかかわる問題だと言っているのである。そのことをはっきりと教えてくれるのが、ソニーとテリーという二人の男の身にじっさいに起こった事件だ。

一九九五年、ソニー・グレアムは、自殺を図ったテリー・コトルという男から提供された心臓を移植してもらった。ところが意外な成り行きで、その九年後に、ソニーはテリーの妻だったシェリルと結婚した。さらにその四年後に、ソニーはテリーと同じく、拳銃で頭をぶち抜いて自殺したのである。[12] タブロイド紙は、「ひとつの心臓を共有した二人の男がともに自殺」といった見出しを掲げて、この事件を大々的に取り上げた。

レポーターやブロガーは憶測や疑問を書きたてた。ソニーに移植された心臓には、シェリルと恋に落ちるように仕向ける記憶が残っていたのだろうか？　心臓がまずテリーを、さらにソニーを自殺に追い込んだのだろうか？　だが、警察の調べでシェリルが五回結婚していたことがわかると、謎めいた気分は薄らいだ。[13] 報じられたところでは、五人の夫は全員、絶望に追い込まれていたという。テリーの心臓をもらった後も、ソニーはやはりソニーだった。彼の人格の同一性が失われたわけではなかったのだ。ソニーがシェリルと恋に落ちたのが移植された心臓のせいだとは考えにくい。むしろソニーがシェリルに惹かれたのは、彼女がそれだけ魅力的だったからと考えるのが妥当だろう（なにしろ彼女は、五人もの男と結婚できたほどなのだから）。

逆に、仮想的な脳移植を考えてみよう。そんな移植手術は今のところは不可能だが、思考実験をしてみるのは面白い。テリーの脳がソニーの体に移植されたとしよう。手術後のソニーは、友人たちの知るソニーではなくなったのだから、「ソニーが、［自殺を図った］テリーの脳をもらった」と言うのはおかしいだろう。もし友人たちがソニーに、「ソニー、あのときのことを覚えているかい？　ほら……」と尋ねれば、ソニーはポカンと彼らを見つめ返すだろう。この場合はむしろ、「テリーがソニーの体をもらった」と言うほうがよさそうだ。あるいは、それは脳移植ではなく、身体移植だと言うべきなのかもしれない。そうなると、自殺した二人目の夫ソニーとシェリルとの出会いも、元の夫テリーと再会しただけのことになりそうだ。

ソニーとテリーの奇妙な物語は、人体冷凍保存術に重要な論点を持ち込む。すなわち、決定的に重要なのは、脳の保存だということだ。アルコーの会員の多くは、彼らを復活させられるほど発展した未来の文明なら、きっと身体も復元させてくれるだろうと信じ、安い料金で頭部だけを冷凍保存するという選択肢を取っている。しかしその未来文明は、そもそも凍らせた脳を復活させることができるのだろうか？

これは、アルコーとの契約を検討している人なら、誰しも考えざるをえない問題だが、アルコーのことなど念頭にないという人にとっても、深い意味を持つ面白い問題だろう。死者を復活させることは、機械論の観点からは、取り組むべき究極の課題だ。はたして身体と脳は、本当に機械なのだろうか？　哲学者がどれほど懸命にこれについて論じようと、科学者がどれだけ証拠を示そうとも、身体も頭もたしかに機械にすぎないのだと、われわれが心の底から納得することはないだろう。機械論の正しさが最終的に証明されるのは、工学者が、われわれの脳および身体と同じくらい複雑で、奇跡的と言うしかない機械を完成させるか、あるいは身体と脳を修理することにより、あたかも車を修理するように死人をよみがえらせたときだろう。

もう少し現実的なところで、このアルコーの問題［脳の復元は可能か？］を、病院で医師が受ける質問の究極バージョンと見なすこともできよう。患者が昏睡状態で横たわっているとき、その患者の友人や家族は、「彼女はふたたび目覚めるのでしょうか？」と医師に尋ねる。昏睡状態の患者の脳と同じく、アルコーで保存されている脳は損傷を受けている。どちらの脳も、生と死の境界があいまいになっているのだ。損傷を受けた脳を復元しようとするとき、根本的な限界とは何だろうか？　この問題にきちんと取り組もうとすれば、やはりコネクトームを考えずにはすまない。

冷凍の脳から完全なコネクトームは得られるか

アルコーでの死体処理には、低温生物学の技術が用いられている。みなさんは、不妊治療をする医師たちが、いつか使用するために、精子、卵、胚を冷凍しているという話を聞いたことがあるだろう。血液バンクでは、めずらしい血液型のものを冷凍して、何年も先の輸血に備えている。細胞の生存率を高めるために、普通はまず、グリセロールなどの凍結保護物質に浸し、その後、温度をゆっくりと――たとえば一分間に一度くらいのペースで――下げていく。しかしこの方法は完璧と言うにはほど遠い。精子はもっとも生存率が高いが、[14] 卵と胚ではそれほどうまくいかない。低温生物学者たちが臓器をまるごと冷凍したいと思うのは、すぐに移植できないからといって臓器を捨ててしまうのはもったいないからだ。

ゆっくり温度を下げるというのは、主に試行錯誤を繰り返す中で発見された方法である。低温生物学者たちはその方法を改良すべく、なぜそれでうまくいくのかを理解しようとしてきた。温度を下げていくときに、細胞内で起こる複雑な現象を解明するのは容易ではない。しかし、ひとつ確かなことがある。細胞内で氷が形成されれば、細胞は死んでしまうということだ。[15] なぜそうなるのかはわからないが、低温生物学者たちは、何としても細胞内の氷結を避けなければならないということは知っている。ゆっくり温度を下げていくのは、細胞の外側の水は凍っても、内部の水は凍らないようにするためなのだ。

しかし、なぜ細胞内の水は凍らないのだろうか？　寒い土地に暮らす人なら、冬の雪の季節には、歩道に塩を撒くのを見たことがあるだろう。塩水は純水よりも凍る温度が低いため、氷ができにくくなるからだ（人びとが滑って転びにくくなる）。塩の濃度が高ければ高いほど、氷点は下がる。細胞がゆっくり冷やされていくと、浸透圧として知られる力のために、水は徐々に細胞の外にしみ出ていく。その結果、細胞内に残っている水は塩分濃度が高くなり、凍りにくくなるのだ。しかし、細胞が急激に冷やされると、細胞内部の塩分濃度が十分に高くならないため氷結し、致死的な結果になる。

ゆっくり温度を下げるプロセスも、完全に無害というわけではない。なぜなら細胞の内部は、氷結こそしなくても、塩分濃度が高くなるからだ。塩分濃度が高くなるのは、凍るほど致死的ではないにしろ、やはり細胞を傷つけるし、[16] グリセロールのような添加物を加えても、細胞が完全に守られるわけではない。そのため研究者の中には、ゆっくり温度を下げるという方法を諦めた人たちもいる。その代わりに、液体の水を「ガラス質」というエキゾチックな状態にするような、特殊な条件のもとで細胞を冷やしている。ガラス質は固体だが、結晶ではない。その状態にある水分子は、液体同様組織化されておらず、氷の結晶に見るような秩序だった格子になっていないのだ。

通常の条件下では、ガラス質にするためには急速に温度を下げていく必要があり、細胞ならそれも可能だが、まるごとの臓器にはこの方法は使えない。その代わりに、水に高濃度の凍結保護剤を添加することにより、ゆっくり温度を下げながらガラス質にするという方法がある。不妊の研究をしている人たちは、すでにこの方法を胚や卵母細胞の冷凍保存に応用して、一定の成功を収めている。[17]

二十一世紀医療という企業の研究者グレッグ・フェイは、これまで数十年にわたり臓器保存の研究を続けてきた。フェイは電子顕微鏡を使って、ガラス化した組織を調べている。ガラス化のプロセスでは、細胞膜が被るダメージが比較的少ないため、細胞構造は保護されるようだ。残念ながらガラス化された臓器は厳格な審査をパスすることができず、長年にわたり失敗を繰り返した。解凍して移植しても、生きて機能しなかったのだ。ところが最近、ある注目すべき進展があって、フェイのチームはついに成功した――ガラス化させた腎臓をウサギに移植したところ、数週間にわたり生きて機能したことが示されたのだ。[18] フェイの研究に触発されて、アルコーは現在、会員の死体の保存にガラス化の方法を使っている。

では、これらの死体はどれくらいの期間、ダメージを与えずに冷凍保存できるのだろうか？　みなさんご存知のように、家庭の冷凍庫に保存したものは、無期限に長持ちするわけではない。しかし、それと人体冷凍とは事情が異なる。というのは、液体窒素のマイナス一九六度という温度は、家庭の冷凍庫で冷やせる温度よりもはるかに低いからだ。それは、達成可能な最低温度――いわゆる「絶対零度」であるマイナス二七三度——に近い極低温なのである。低温で物質を長期にわたって保存できるのは、温度が低いと、化学反応の起こるペースが落ちるからだ。化学反応が起こると、分子の原子構造が変わってしまう。液体窒素の極低温では、化学反応はほとんど完全に停止する。死体の分子は変化せず、変化するのは、宇宙線やそれ以外の電離放射線が当たった場合だけだ。そのような衝突はまずめったに起こらないため、物理学者のピーター・メイザー[19]は、液体窒素に浸された細胞は数千年ほどもつだろうと述べている。アルコーの会員にとっても時計は時を刻むだろうが、少なくともその時間が尽きるまでは、数千年ほどあるということだ。

しかし、冷凍のプロセスで組織が被る損傷よりも、いっそう基本的な問題がある。アルコーの会員はすべて、ガラス化される何時間も前から、ことによると数日も前から、すでに死んでいるということだ。死というのは、その定義からして、取り返しのつかない出来事であるはずだ。そうだとすれば、死から復活できるとは思えない。

われわれの死の定義の中でも、とりわけ重要な要素は、それが「取り返しのつかないプロセス」だということだろう。そしてそれが死の定義を難しくしている。あるプロセスが取り返しのつかないものであるかどうかは、時代によって変わる——それは、その時代のテクノロジーに依存することなのだ。今は取り返しがつかなくとも、未来には取り返しがつくようになることもあるだろう。人類の歴史のほとんどにおいて、呼吸が止まり、心臓が止まったら、その人は死んだものとされた。しかし今では、そのような変化はときに取り返しがつくようになっている。今日では、呼吸や心臓の鼓動を再開させたり、欠陥のある心臓を健康な心臓と取り換えることさえある。

逆に、脳にある程度大きな損傷があれば、たとえ心拍と呼吸は続いていても、今日では法的に死亡したものと見なされる。この死の定義の見直しに拍車をかけたのが、一九六〇年代に導入された人工呼吸器だった。人工呼吸器を使えば、事故に遭って二度と意識を取り戻すことのない人にも、心臓の鼓動を続けさせることができる。いずれは、心臓が停止するか、または家族が人工呼吸器を取りはずすよう医師に頼むことになる。検屍をすると、人工呼吸器をつけていた人たちの内臓は、肉眼で見ても顕微鏡で見ても、まったく正常に見える。しかし脳は変色しており、柔らかくなるか、または部分的に液状になっており、取り出そうとすると崩れることも多い。「人工呼吸器脳」[20]と呼ばれることもあるこうした状態から判断して、病理学者たちは、脳は、身体のそれ以外の部分が死ぬよりもだいぶ前から死んでいたと結論した。

一九七〇年代になると、アメリカとイギリスでは、死の定義に適用される新しい法律が制定されはじめた[21]。従来の、呼吸器／循環器の状態にもとづく判定基準では死を適切に定義することができないため、アメリカでは別の判定基準がつけ加えられた。脳幹を含む脳全体が死んだときを、人の死としたのである。それに対してイギリスでは、脳幹の死だけで、十分に人の死と見なしてよいことになった。アメリカの定義は、「全脳死」と言われるのに対し、イギリスの定義は「脳幹死」と言われる。

脳幹は、呼吸と意識の両方にとって重要な役割を果たしている。脳幹のニューロンは、呼吸器をコントロールする信号を生み出している。そのニューロンが活動しなくなると、呼吸は止まり、患者は人工呼吸器なしには生きられなくなる。脳幹死は、呼吸器／循環器の死が人間の死だとする従来の定義と密接に関係しているが、それは脳幹が呼吸にひと役演じているからなのだ。脳幹のもうひとつの、そしておそらくはいっそう重要な役割は、脳のそれ以外の部分を目覚めさせておくことである。われわれの意識レベルは、時間とともに変動する。そうした変動の中でもっとも劇的なのが、睡眠と覚醒のサイクルだ。脳幹にあるいくつかのニューロン集団は、まとめて網様体賦活系と呼ばれ、脳の全域に広く軸索を送り出している。これらのニューロンは、海馬と大脳皮質を、「目覚めさせておく」化学物質——「神経修飾物質」と呼ばれる特殊な神経伝達物質——を分泌する。これらの物質がなければ、たとえそれ以外の脳が無傷でも、患者は意識を持つことができない。

この状況を整理すると、次のように言うことができるだろう。「脳幹が死ねば、脳が死ぬ。そして脳が死ねば、その人が死ぬ[22]」。これがイギリスで採用されている脳幹死の根拠であり、それが妥当だと言えるのは、脳幹は脳のどの部分よりも長く機能するためだ。脳に損傷があると、大脳に浮腫が生じる——つまり異常に液体が溜まる。すると脳内の圧力が高まり、血液が流れにくくなる。その結果細胞が死に、浮腫が悪化し、ますます血液が流れにくくなる。この悪循環が続き、いずれは脳幹が圧力で押しつぶされる[23]。そんなわけで、脳幹がもはや機能していなければ、脳のそれ以外の部分はすでに破壊されている可能性が高いのである。

普通はこうして脳が死んでいく。しかしときに——稀にではあるが——脳幹が全体として破壊されていても、それ以外の部分が完全に残っている場合がある。その患者は人工呼吸器なしには息をすることができず、二度と意識が戻ることはないだろう。しかし、その人の記憶や個性、そして知性は大脳に保存されているとすれば、その患者はまだ生きていると論じることもできるだろう。記憶、個性、知性は、呼吸、循環、脳幹の機能などと比べて、人間のアイデンティティーの要素としてより基本的であるように思われるからだ。

今のところ、これは理論上の区別にすぎない。なぜなら、脳幹が完全に破壊されながら意識を取り戻した人は、これまでひとりもいないからである。しかし脳幹のニューロンを再生させられるようになった未来の医療を想像してみよう。そうなれば、患者は意識を取り戻し、生き返るかもしれない。脳幹の機能が失われることが人の死を意味するという考えは、今では取り返しがつくようになった呼吸器／循環期の機能不全を人の死と見なすのと同様、いずれは時代遅れにならないとも限らない。

そんな進展は、未来永劫ありえないと思う人もいるかもしれないが、ここでの目的は未来を予測することではない。むしろこうした思考実験をしてみることで、より基本的な死の定義とはどういったものかを考えてみることが重要なのだ。理想を言えば、死の定義は、この先医療がどれだけ進展しても通用するようなものであるべきだろう。本書の中でわたしはこれまで、「あなたは、あなたのコネクトームである」という仮説の検証方法について論じてきた。もしもこの仮説が正しいとすれば、死の定義として、基本的なものを容易に得ることができる。すなわち、死とはコネクトームが破壊されることである、というのがそれだ。もちろんわれわれはまだ、人の記憶、個性、知性が、コネクトームの中に存在するかどうかを知らない。それを検証することが、これから先長年にわたり、神経科学者たちの頭を占めることになるだろう。

短期的には、われわれにできるのは推測をめぐらすことだけだ。人の記憶に含まれる情報の大半が、コネクトームに含まれている可能性もある。しかし、たとえそうだったとしても、記憶に含まれる情報のすべてが、コネクトームに含まれているわけではないだろう。概略をまとめた報告書はどんなものでもそうであるように、コネクトームも細かい情報を省略する。省かれた情報の中には、その人物のアイデンティティーに関係するものもあるだろう。[24]《コネクトーム死》は、その人の記憶の喪失を意味する、というのがわたしの予想である。しかし、その逆は必ずしも真ではない。たとえコネクトームが申し分なく保持されていたとしても、人の記憶に含まれる情報の中には失われてしまうものもあるだろう（この記憶の《完全性》という難しい問題には、次の章で取り組むつもりだ）。

コネクトーム死の定義は、脳の構造に力点が置かれているという意味において、脳の機能に注目する従来の死の定義とのあいだには隔たりがある。法的には、脳全体または脳幹の機能が不可逆的に失われたときが、その人物の死である。しかしこれまで見てきたように、不可逆的という言葉にはあいまいなところがある。ヘビに噛まれたり、ある種の薬物を摂取した人は、脳幹死に近い状態になることがあるが、この場合の機能喪失は可逆的なものだ。しばらく人工呼吸器をつけるだけで、患者はすっかり元通りになる。[25]そのため専門家にとってさえ、どの時点で機能喪失が恒久的なものになるのかを判断するのは必ずしも簡単ではない。

他方、コネクトーム死の定義は、機能が真に不可逆的に失われたことを意味する、構造の変化にもとづく判断基準を採用している（その機能喪失が、記憶の喪失を意味するものと仮定して）。しかし残念ながら、死を定義するこの方法は、病院の現場では役に立たない。今のところ、生きている患者について測定できるのは、脳幹が媒介する反射から知りうる脳機能と、脳波、そしてｆＭＲＩだけだからだ。生きている脳のニューロン・コネクトームを得る方法など見当もつかない。

コネクトーム死という考え方の実用的な応用としてわたしに考えつくのは、たったひとつだけである。それが本当に実用的といえるのかどうかはともかく、魅力的な応用ではあるだろう。コネクトミクスを使って、人体冷凍保存術を批判的に吟味するというのがそれだ。アルコーの会員たちの脳が、「循環器／呼吸器の死」と、それに続くガラス化の過程で受けるダメージについては、これまでそれなりに丁寧に説明してきた。そんなダメージを受けた脳が、アルコーが主張するように、完全に復元できる可能性はどれくらいあるのだろう？　それを明らかにするために、わたしが提案したいのは、ガラス化された脳のコネクトームを得ることだ。そうして得られたコネクトームの中の情報が、すでに消えていることが明らかになれば、そのアルコー会員に対し、コネクトーム死を宣言することになるだろう。未来の進んだ文明ならば、そうなった人を復活させることもできるかもしれないが、それは肉体的な復活であって、心が復活するわけではない。しかしその一方で、コネクトームの情報が完全な状態で保持されていることが明らかになれば、記憶を復元し、人格のアイデンティティーを元通りによみがえらせる可能性を排除することはできない。

ガラス化された脳を用いる実験は、人間の脳で行うべきではないだろう。しかしアルコーは、ペットを愛する会員の求めに応じて、犬や猫の脳もガラス化している。そういう会員の中には、ペットの脳を科学に捧げてもいいと考える人がいるかもしれない。

この科学的検証がじっさいに行われるまでは、われわれには結果を推測するほかない。脳が酸素欠乏に非常に弱いことはよく知られている。ほんの数秒ほど酸素が脳に届かないだけで、われわれは意識を失う。その状態が数分ほど続けば、脳は恒久的なダメージを被る。脳卒中では、血流が妨げられるため、致命的なダメージを被ることにもなる。一見すると、これはアルコーの会員にとって悪いニュースのように思われる。アルコーの施設に会員の死体が届くまでに、脳は最低でも数時間にわたって酸欠状態に置かれるため、生きた細胞はもはや残っていないかもしれないからだ（もちろん、細胞の生死を定義するのは、全身の生と死を定義するのと同じくらい難しい可能性もあるが）。いずれにせよ、生死のいかんによらず、脳の細胞はひどくダメージを受けている。電子顕微鏡による研究から、呼吸器／循環器の死から数時間ほど経過した脳組織が受けるダメージには、いくつかのタイプがあることがわかっている。[26] さまざまな変化が起こるが、とくにミトコンドリアがダメージを受けるようだ。また、細胞核の内部にあるDNAは、異常に凝縮する。

しかしこうした細胞の異常は、コネクトーム死とは関係がない。重要なのは、シナプスと「ワイヤ」が壊れているかどうかだ。シナプスのほうは比較的問題なさそうに見える。電子顕微鏡の画像を見る限り、シナプスはほぼ無傷のまま保たれており、死んだ脳の中でも安定しているようだ。[27] むしろ判断が難しいのは、軸索と樹状突起のほうである。発表されている二次元画像を見ると、断面はおおむね無傷のようだが、ダメージのある箇所もある。重大な問題は、そのダメージが脳の「ワイヤ」を切断しているかどうかだ。それを明らかにするには、三次元画像の中で、樹状突起を追跡してみればよい。もしも切断されている箇所がごく少数なら、ある程度まで追跡できるだろう。切断されている箇所が、他のニューロンから離れているなら、かつてはまず間違いなくつながっていたと思われる末端同士をつなげばよい。しかし、いくつものワイヤが近い場所で途切れていれば、どの末端同士がつながっていたかわからなくなる。これはまさしくコネクトーム死だろう――すなわち、どれほど進展したテクノロジーでも回復できない、接続性にかかわる情報が失われたのだ。

現時点では、人体冷凍保存術は、科学的根拠よりは信仰にもとづいており、科学というよりは宗教に近い。会員たちは、テクノロジーは際限なく進歩するという信仰だけにもとづいて、いずれは未来の文明が、自分たちを復活させてくれるはずだと信じているのだ。わたしが提案する検証方法は、エッティンガーの賭けに、多少の科学的要素をつけ加えるひとつの方法である。もしもガラス化した死体に無傷のコネクトームが含まれているとしても、復活は可能だと証明したことにはならない。だが、もしもコネクトーム死がすでに起こっていれば、復活はほぼ確実に不可能だろう。

アルコーの会員の多くは、そんな検証の結果などあまり知りたくはないだろう。結果を知るよりも、迫り来る死への慰めを得るために、現実に目をつぶって復活を信じるほうがよいと考えるかもしれない。科学的な検証を行うことで、その信念を打ち砕く情報が得られそうなら、そんな検証はしないほうがましだと思うのではないだろうか。しかし、信仰よりは事実を知りたいと考える人もいるかもしれない。そういう人たちは、コネクトームが元通りに保持されているかどうかを検証するよう、アルコーに要求するだろう。

その結果、液体窒素の中に保存されているアルコーの会員は、すでにコネクトーム死の状態であることが判明するかもしれない。そうだとしても、アルコーの終焉にはなるまい。コネクトミクスを利用すれば、脳を下処理してガラス化させる方法を改良することはつねに可能だろうからだ。会員をじっさいに復活させることはできないにせよ、コネクトミクスを使えば、アルコーで用いられている手続きの質を評価することはできるだろう。コネクトーム死という概念の実際的応用としてわたしに考えつくのは唯一これだけだ。現在アルコーで用いられている手法ではコネクトーム死を防ぐことはできないとしても、いつかはそれを可能にする方法がみつからないとも限らないだろう。

プラスティネーションで脳を保存した場合は……

人体冷凍保存術だけが、身体や脳を未来のために保存する方法ではない。エリック・ドレクスラー[28]は、一九八六年に発表したナノテクノロジーのマニフェスト、『創造する機械』の中で、脳を化学的に保存する方法を提案した。またチャールズ・オルソン[29]は、一九八八年の『死の治療法として、ひとつの可能性』という地味なタイトルの論文の中で、ドレクスラーとは独立に、同じ方法を提案している。

ドレクスラーとオルソンが提案したのは、まったく新しい方法ではなく、昔からあるプラスティネーションという方法を、新しいやり方で用いることだった。プラスチックの中に保存された人体を見せるという、人気のある巡回展覧会を、みなさんも見たことがあるかもしれない。それと同じ手法は以前から、電子顕微鏡で組織を観察するために使われていた。その目的は、ただ組織を肉眼で見える通りに保存することではない。研究者たちは、個々のシナプスの構造にいたるまで、細胞のすべてを保存しようとしているのだ。そのためにはまず、ホルムアルデヒドのような特殊な化学物質を、血管に入れて体内を循環させ、細胞にまで送り届ける。このような物質は、細胞を構成する分子をつないで動かないように固定する性質があるため、固定剤と呼ばれている。[30]いったん構造を強化されてしまえば、細胞はもはや崩れることはない。そうしておいて、脳内の水分をアルコールで置き換える。そのアルコールをさらに、オーブンで加熱すると固くなるエポキシ樹脂に置き換える。こうして最終的には、脳の組織を含むプラスチックの塊ができる（図53左）。[31]この塊は、コネクトームを見る際に行われるのと同様、ダイヤモンドナイフで薄くスライスできる程度の硬さを持っている。

プラスティネーションの第一段階であるアルデヒドによる固定は、死体を保存するという目的で、葬儀業者が利用している。そのプロセスはエンバーミングと呼ばれ、葬式で弔問客に故人を見てもらえるよう、あらかじめ死体をきれいに整えるのが目的だ。稀なケースとして、葬儀が終わってからも死体を公開しておくことがある。たとえば、ロシアの革命家ウラジーミル・レーニンは、一九二四年に死んだのち、エンバーミングを施され、その遺体は今もモスクワのレーニン廟で見ることができる。[32] エンバーミングを施された死体がどれだけ長期の保存に耐えるかについては、確かなことはわかっていない。また、見た目は無傷でも、ミクロな構造は変化している可能性もある。完璧なプラスティネーションが達成されれば、生物学的な構造を無期限に保存することができるだろう。結果として得られる状態は、化石化した琥珀の中に閉じ込められた昆虫に似ている（図53右）。昆虫

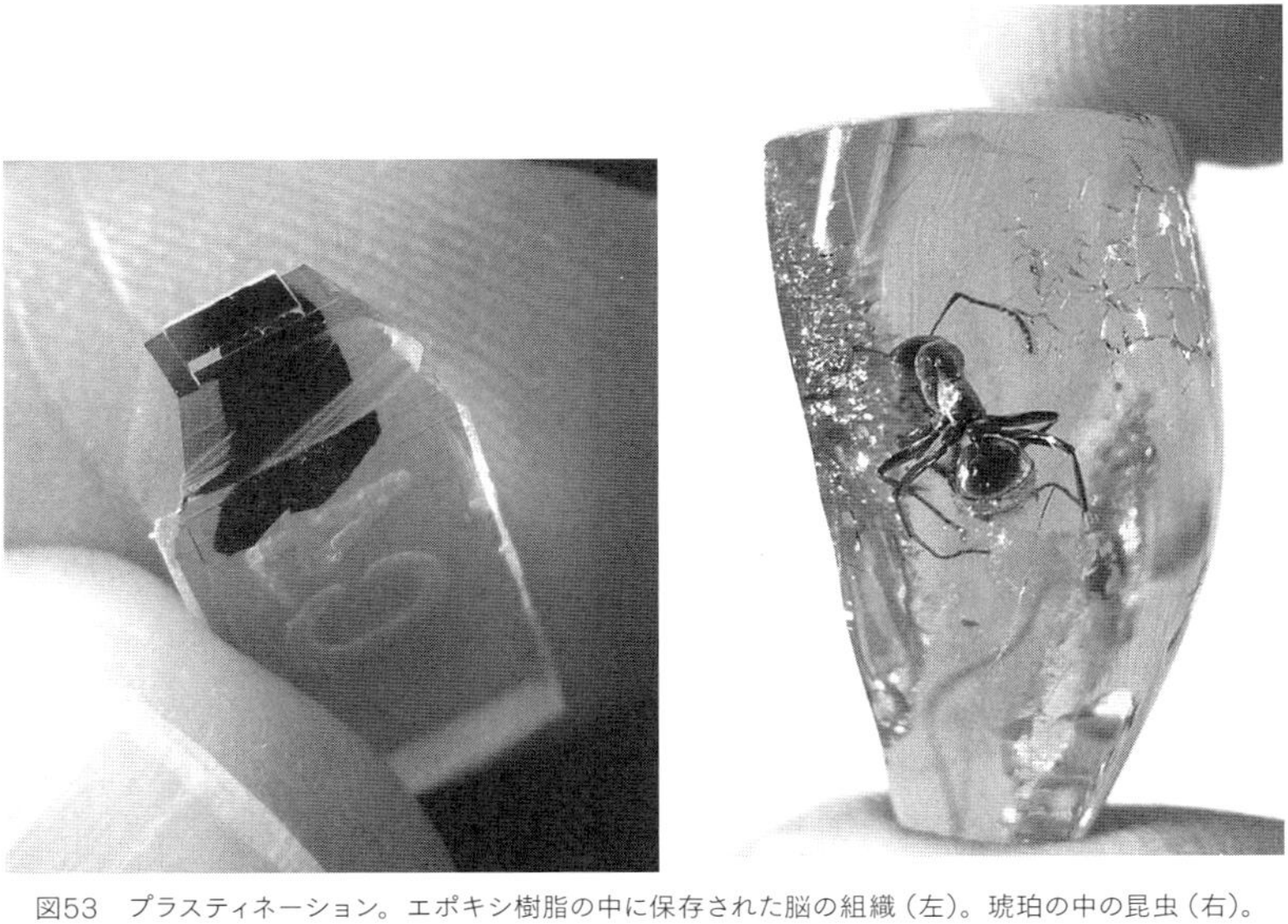

図53　プラスティネーション。エポキシ樹脂の中に保存された脳の組織（左）。琥珀の中の昆虫（右）。

では、死後数百万年も経っているものもある。

プラスティネーションは、液体窒素をたえず供給し続けなくてもよいため、人体冷凍保存術よりも安全性が高そうだ。もしもアルコーが破産したり、何らかの事故で倉庫が壊れたりすれば、死体や脳はひどいダメージを被ることになるだろう。それに対してプラスティネーションを施した脳は、これといったメンテナンスを必要としない。チャールズ・オルソンは、「脳の化学的保存にかかる費用は、一般的な葬儀の費用よりも少なくなるだろう」と予測した。しかしこの方法にも大きな欠点がある。今のところ脳のプラスティネーションは、非常に小さな断片にしか行えないのだ。さまざまな技術的理由により、コネクトームを傷つけることなく、人間の脳をまるごと保存することに成功した者はまだ誰もいない。

ケン・ヘイワースは最近、この状況を打破してやろうと考えた。ヘイワースは、脳を薄い切片にしてプラスチックテープにくっつけ、イメージングと解析ができるようにする機械、ATUMを発明した人物である。神経科学者の中には、知的好奇心だけでなく野心も手伝って精力的に研究する人が多い。脳について何か発見して論文を書きたいとか、昇進したいと思っている人もいれば、ノーベル賞を勝ち取ろうと大志を抱く人もいる。しかしヘイワースの考えを知れば、そんな野心はみみっちく思えるだろう。なにしろ彼の目標は、永遠に生きることなのだから。ウッディ・アレンが言うように、「わたしは永遠の命を、自分の成し遂げた仕事によって手に入れたいのではない。わたしは死なないことによって、永遠の命を手に入れたいのだ」というわけだ。

ヘイワースと彼の同僚たちは、「脳保存賞」というものを創設した。これはコネクトームをまったく傷つけずに大きな脳を保存することに成功したチームに対し、一〇万ドルを与えようというものだ。マウスの脳の保存に成功したチームには、その賞金の四分の一が与えられる。マウスの脳の保存は、体積にして一〇〇〇倍ほど大きい人間の脳の保存へと続く道のりの、ひとつのステップと見なされているのである。

ヘイワースは、自分自身の脳をプラスティネーションする計画を立てている。彼はその計画を、自然に死が訪れるよりだいぶ早めに、彼の脳が完全に健康なうちに実行したいと考えている。未来のために脳を保存するならそれがベストだろうが、いかなる妥当な定義に照らしても、それをすることはヘイワースを殺すことになる。彼は、その計画を手伝ってくれる人物を探すのに苦労するだろう。なぜならその協力者の行為は、自殺幇助と見なされるはずだからだ。ヘイワースは、彼の脳にプラスティネーションを施すことは、自殺ではなく救済なのだと論じる。それは彼が永遠の命を得る唯一のチャンスだと言うのだ。

しかし、プラスティネーションした脳を、どうやって再生させるのだろうか？　冷凍保存された精子は、温度を上げれば生き返る。アルコーの倉庫で死体を解凍するようすは想像できるが、アルデヒドとエポキシ樹脂を使った固定のプロセスを逆転させるのは、単なる解凍よりもはるかに難しそうだ。しかし、もしも未来の文明が死人を復活させられるほど進展しているなら、プラスティネーションのプロセスを反転させることもできないとは限らない。エリック・ドレクスラーは、「ナノボット」――分子ほどのサイズの小さいロボット――の大軍を使えば、体と脳のプラスティネーションを解除できるばかりか、どんな損傷も修復できるだろうと考えている。しかし、その提案がなされてから二五年という時間が経ったが、ナノテクノロジーはドレクスラーの夢を実現させる方向に多少とも近づいているようには見えない。

ヘイワースはいくつかの計画を慎重に検討している。仮にプラスティネーションを施された脳を復活させることはできなくても、もっといい方法があるかもしれない。彼は、ＡＴＵＭの未来版、つまり大きな脳——彼の脳——を扱えるぐらいにスケールアップされたＡＴＵＭを考えている。彼の脳を非常に薄くスライスし、イメージングし、さらに解析して、コネクトームを得る。そうして得られたコネクトームの情報を使って、ヘイワースをコンピュータ・シミュレーションにするというのだ。そのシミュレーションは、本物の彼と同じように考え、同じ感覚を持つだろう。その計画は人体冷凍保存術よりもいっそう荒唐無稽に見える。そんなことが本当に可能なのだろうか？

第15章

シミュレーションとして生きる？

天国はコンピュータの中にあるか

天国に関する情報が、これほど乏しいのはどういうわけだろう。とはいえ、その門を思い浮かべることはできる。天国の門は真珠でできていて、雲の上に建っているのだ。聖ペテロが門番として立ち、罪人が来たら絞り上げてやろうと待ち構えているという。では、門の内側はどうなっているのだろう？　そこでは誰もが白い服を着ている（なかなか微妙な光景だ）。持ち物は竪琴ぐらいで、天使がそこらじゅうにいるらしい。しかし、こんな断片的な情報しかないのでは、イメージはすぐに尽きてしまう。わたしはようやく最近になって、諸々の宗教は、なぜ天国なり極楽なりを、あえてあいまいにするのかがわかった気がした。人は自分なりの天国を思い描きたいのであって、具体的なイメージを押しつけられたくはないのだろう。世界中の文化や宗教は、時の流れとともに、天国の姿をゆっくりと変化させてきた。二千年紀の末には、これまでとは抜本的に異なる天国が出現した。それを標語的に言えば、次のようになるだろう。

天国は、非常に強力なコンピュータだ。

コンピュータ・オタクたちの中には、ラップトップをいじるうちに恍惚の表情を浮かべる者もいるが、そういう話をしているのではない。そんなフェティシズムを、霊的啓示と取り違えないようにしよう。しかし、そういう人たちはなぜ、起きている時間のかなりの部分をオンラインで過ごすのだろうか？　人間という存在を超越したがっているのだとか、生身の体とリアルな世界に対して感じる居心地の悪さから逃避しようとしているのだ、などと論評するのは穿《うが》ちすぎだろうか？　一〇代の若者は、オンラインでいるときには、にきび面とひょろりとした未熟な身体を忘れることができる。偽名を使い、年齢を偽り、飼い犬の写真をプロフィールに載せてもかまわない。インターネットの市民――ネチズン――には、リアルな自分ではなく、なりたい自分になる自由があるのだ。

コンピュータにつながれた身体、明るい画面を注視するトロンとした目、カタカタとキーボードを打ち続ける指……。なるほどそういう姿からは、生身の人間としての存在感が多少薄らいでいるように見える。だが、それぐらいはほんの序の口だ。その程度では、わたしの言う新たな天国ではない。コンピュータ・オタクの中には、その先を望む人たちがいる。彼らは、生身の肉体を完全に捨て去り、自分の心をコンピュータに移行させたい、つまりコンピュータ・シミュレーションとして生きたいと思っているのだ。このアイディアはＳＦの世界では以前からあり、「マインド・アップローディング」[1]、縮めて「アップローディング」と呼ばれている。

アップローディングは、今はまだ実現していないが、コンピュータがもっと強力になるのを待ちさえすればよいだけのことかもしれない。コンピュータ・ゲームは、息を呑むほど鮮やかに外界をシミュレートして、コンピュータの能力の高さを見せつける。ゲームの中で描かれる情景は、年を追って隅々までリアルになり、キャラクターはまるで生きているかのように画面の中を動き回る。これほどのことができるなら、心をシミュレートすることだってできるのではないだろうか？

アップローディングを天国にたとえるのは、けっして大げさではない。そもそも「アップ」は、ズバリ上方を指す言葉だ。そしてたいていの人は、天国は上方にあると思っている。シミュレーションとして生きることを熱望する人たちの中には、「マインド・ダウンローディング」という言い方を好む向きもあるが、あくまでも少数派だ。それも無理はないだろう。「ダウン」では、まるで地獄に落ちていくようではないか。

伝統的な天国について考えるのと同じく、アップローディングを信じることは、死の恐怖に向き合う助けになる。いったんアップロードされてしまえば、人はもう死なずにすむ。しかもそれは、単なるはじまりにすぎない。バーチャルな世界では、シミュレーションのプログラムしだいで、容貌を美しくしたり、身体を強くしたりもできるだろう。フィットネスクラブで汗水垂らして体を鍛える必要もない。しかもそんな外見の悩みだけでなく、きっと頭を良くすることもできるだろう。単なるアップロードではなく、アップグレードしようではないか！　というわけだ。

アップローディングしたからといって、物質世界から真に解放されるわけではないという指摘もある。シミュレーションを走らせているコンピュータが故障したり、壊れたりする可能性もあるからだ。しかしキリスト教の教えるところでも、天国に昇った不死の魂は、身体を失うわけではない（魂が身体を持たずにさまようのは、死から最後の審判までの期間だけだ)。身体はあるのだが、ありがたいことにその身体は腐ることもなく、改良された、もしくは完全なバージョンになっているのである。

それと同様に、生身の身体の中で生きるより、コンピュータの中で生きるほうがずっと快適だろう。たとえアルコーの会員が、幸運にも身体的に復活し、未来の医療のおかげで永遠の若さを手に入れたとしても、たまたま起こった事故のせいで、脳が修復不可能なほど破壊されてしまうかもしれないという心配は残る。一方、アップローディングならそんな心配は無用だ。たとえ欠陥ハードウェアや、未来のOSの迷惑なバグのせいでデータが消滅したとしても、バックアップコピーから再建すればよい。

もちろん、こういう議論は問題の本質がわかっていない、と批判する人もいるだろう。天国に行くというのは、単に身体性を捨て去ることではない。それは神と合一することなのだ、と。しかし、アップローディングされた人たちも、行った先でキリスト教の神と出会うことはないにせよ、何らかの新しい霊的次元に入ることが期待されている。彼らは、空の上にある壮大なコンピュータの内部で、互いのコードを融合させ、「ハイブマインド」と呼ばれる集合意識を形成する。それにより、自己と他者との区別――仏教の教えによれば、悪と苦しみの根源――が、ついに取り払われる。そして、人類のありとあらゆる記憶を手に入れ、人としての欠点さえも免れた、人間を超越した新たな存在になるのだ。この世ならぬ知恵を持つその存在を、神と見なすこともできよう。人はこの他者との融合の中に、永遠に失われることのない霊的なつながりを見出す。アップローディングは、フラワーチルドレンが大人になってBMWを運転し、減税に票を投じるまでの短い期間にブームになった「愛の夏」や「水瓶座《アクエリアス》の時代」を[どちらもいわゆるニューエイジ運動のスローガン]、大きく超えるものとなるだろう。

アップローディングのご利益についてはこのくらいで十分だろう。なるほど天国に行けるというのは結構な話だ。しかし、そこに行くためにはどうすればよいのだろう？　これは少々難しい問題である。本章でこれから見ていくように、そのための方法としてこれまで提案された中で、多少とも現実味がありそうなものはひとつしかない――あなたの脳内にあるニューロンのネットワークを伝わる電気信号を、コンピュータでシミュレートすることだ。今世紀が終わる頃までには、それができるほど強力なコンピュータができているかもしれない。そのシミュレーションのモデル・ニューロンを正しく配線するには、あなたのコネクトームを知る必要がある。今のところ、それを知るためには、あなたの脳を破壊するしかない。そう言われると不安になるかもしれないが、キリスト教の天国に行くのも似たようなものだ――天国に行くためには、ほぼ確実に、まず死ななければならないのだから。[2]　また、脳を破壊する［死んだ脳からコネクトームを得る］タイプのアップローディングには、ひとつ嬉しいおまけがついてくる――この方法では、後に残された古いあなた自身をどう処理するかという、難しい問題が生じないということだ。

ここでは話の都合上、こうした諸々の問題には目をつぶり、あなたのコネクトームが首尾よく得られたものと仮定しよう。それができれば、アップローディングもできるのだろうか？　脳全体をシミュレートすることは、今はまだSFの領分だが、脳の一部分をシミュレートするだけなら、少なくとも一九五〇年代以降は、科学の領分に入っている。本書の第2部で説明した、知覚、思考、記憶についてのモデルは、数式で定式化されており、コンピュータを用いてシミュレーションされている。しかしその目標は、アップローディングのそれよりも控えめだ。それらのシミュレーションが目指しているのは、神経科学の実験で測定されたニューロンのスパイクをはじめ、脳機能のほんの一部を再現することである。

本書の第4部では、コネクトームを「切り分け」、「解読し」、「比較する」というプロセスについて、わたしのヴィジョンを描き出した。これらはどれも大量のデータ解析を必要とするため、コンピュータに頼らざるをえないが、ニューロンのスパイクをシミュレーションする必要はない。わたし自身、これまで多少のシミュレーションはやってきたので、シミュレーションがいらないというのは、長所だと思っている。データ解析では、間違った道に迷い込む恐れは少ない。われわれはデータから出発して、最小限の仮説を設け、できるだけ多くの情報を引き出そうとする。それとは対照的に、シミュレーションにおいては、そもそもの出発点が、何か面白い現象をコンピュータで再現してみたいという願望であり、それをするために必要なデータをどこかから見つけてこようとする。願望は、現実の世界に根ざしていない限り、危険なものとなりうる。過去においては、実験や観察から得られたデータに基礎を持たない、いくつもの仮説をモデルに持ち込まざるをえなかった。しかし、今や現実の脳を測定する、コネクトミクスやその他の方法が洗練されてきている。そうしてより良いデータが得られれば、脳のモデルもまた、より現実の脳に近づけることができるだろう。やり方を間違えずに使うことができれば、シミュレーションが神経科学の有力な方法になるであろうことは否定しようがない。

前に説明したように、いつの日かわれわれは、ニューロンの絡まりをほどいてシナプス連鎖を見出し、コネクトームから記憶を読み取るようになるかもしれない。それができれば、何らかの逐次記憶を想起しているときに、ニューロンがスパイクする順番を推測できるだろう。それとは別のアプローチとして、そのコネクトームを利用して、あるニューロン・ネットワークのスパイクをシミュレートするコンピュータ・プログラムを作り、そのプログラムをじっさいに走らせてみて、記憶が想起されるとき、それらのニューロンがどういう順番でスパイクするかを見ることもできるだろう。いずれはこのアプローチを脳全体にスケールアップすることを夢見るのは、ごく自然な成り行きだろう。アップローディングは、「あなたは、あなたのコネクトームである」という仮説を検証する究極の方法なのだ。

脳をシミュレートするにはどんな方法が良いのかについて、研究者たちは熱心に議論を重ねている。本章でこれから見ていくアップローディングの議論は、それとよく似た概念的な難しさを、いっそう鮮明に示すことになるだろう――そのように説明できればよいのだが。まず初めに、モデル作りをする者なら誰もが答えなければならない、次の問題を考えてみよう。モデルの成否は、何をもって判断されるべきだろうか？

人間の脳のシミュレーションにおける「成功」とは

アルコーが約束する死からの復活や永遠の若さはイメージしやすい。しかし、アップローディングとなると話は別だ。コンピュータの内部で、ひとつのシミュレーションとして生きるというのは、どんな感じなのだろう？　退屈だったり孤独だったりするのだろうか？

この問題は、「水槽の中の脳[3]」という、SFや大学の哲学の講義ではおなじみのシナリオを使って詳しく検討されてきた。マッド・サイエンティストがあなたを捕まえて頭から脳を取り出し、いろいろな化学物質を混ぜて作った溶液で満たした水槽に入れ、生きたまま機能させることに成功したとしよう。脳の神経活動は、それまで通りに起こっては消えていくだろう。しかし、脳が身体を失った今、外界とのつながりは断たれているはずだ。その孤立性たるや、ベッドに横になって目をつぶっているのとはわけが違う。あなたは感覚器と筋肉から完全に切り離されて、これ以上はないほど深い暗闇に包まれ、極度に孤独な状態に閉じ込められることになる。

それは暗澹たる情景だが、アップローディングの場合は心配無用だ。脳をシミュレーションできるほど発達した未来の文明なら、脳への入力や、脳からの出力を制御するくらいはお手のものだろう。入出力のほうが、脳そのもののシミュレーションよりずっと簡単なはずだ。なぜなら、脳と外界との接続は、脳の内部の接続よりも格段に少ないからである。眼と脳とをつなぐ視神経は、一〇〇万本の軸索によって、眼からの入力情報を脳へと運んでいる。一〇〇万という数は大きいと思うかもしれないが、脳の内部を走る軸索はそれよりもはるかに多い（脳には一〇〇〇億のニューロンがあり、そのほとんどが軸索を伸ばしている）。出力について言えば、脳が体の動きを制御できるのは、運動野から出る信号を、錐体路が脊髄へと伝えているからだ。視神経と同様、錐体路には一〇〇万本の軸索が含まれている。[4] したがって未来の進んだ文明にとっては、シミュレーションした脳に、カメラなどの感覚器や人工の身体を接続するくらいは朝飯前だろう。そうした「周辺機器」のレベルが高ければ、アップローディングされた人は、バラの花の匂いを嗅ぐことも、その他ありとあらゆる現実世界の楽しみを味わうこともできるだろう。

さらに言えば、シミュレーションの対象を脳だけに限定する必要もない。いっそ世界のほうもシミュレートしてはどうだろう？　そうすれば、アップローディングされた脳は、バーチャルなバラの花の匂いを嗅ぎ、シミュレートされたほかの脳たちと付き合うこともできるだろう。昨今、コンピュータ・ゲームにつぎ込まれる時間と金から判断するに、バーチャルな世界のほうが、リアルな世界よりも好きだと思う人は多そうだ。それどころか、ひょっとするとわれわれの住むこの物理的世界そのものがバーチャルなのかもしれない。その場合、それを確かめる方法はあるのだろうか？　物理学者や哲学者——そして映画監督という現代の賢者たち——の中には、この宇宙は、巨大なコンピュータの内部で走らされているシミュレーション・プログラムかもしれないと論じる人たちがいる。[5] そんな話は馬鹿げているとして、頭から相手にしないというのもひとつの手だが、合理的な論証をする限り、その可能性を排除することはできないのである。

シミュレーションされた世界でも、リアルな世界とまったく同じ感覚が得られるとしたら、シミュレーションとして生きることは、現実に生きるのと同程度には楽しいだろう（現実の生活が楽しくないという人のためには、次のように言っておこう。「シミュレーションとして生きることは、現実の世界で生きるより悪くはないだろう」）。オーディオ・マニアは、生の演奏を忠実に再現する電気的システムで、「原音に対して高度に忠実な再生《ハイフィデリティ》」をしようとする。アップローディングする人たちは、それよりもはるかに大きな意味を持つリアリティの追究に心血を注ぐだろう。彼らに望みうるのは正確な複製ではなく、非常に精度の高い近似である。問題は、どれくらいの精度が達成されれば、十分だと言えるのかということだ。

コンピュータ科学における問題の大半は、定義するのは簡単だ。二つの数を掛け算したいとして、その成功が何を意味するかは明らかである。しかし、人工知能（AI）を作ることが目標なら、それが何をすることなのかを明確に述べるのはそれほど簡単ではない。数学者アラン・チューリング[6]は一九五〇年に、ひとつの判定基準を操作的に「具体的な手続きとして」定義した。チューリングが考えたのは、審査員が人間と機械に対して質問をし、どんな答えが返ってくるかによって、どちらがどちらかを判定するというものだった。人間と機械を見分けるぐらいは簡単だろうと思うかもしれないが、ここにはちょっとした仕掛けがある。この審査の質疑応答は、キーボードで文章を打ち込み、文字になったものを読み取るという、インターネットの「チャット」のスタイルで行われるということだ。審査員は、自分が質問をしている相手が人間なのか機械なのかを識別するために、相手の外見や声の調子といった特徴を利用することができない――チューリングは、外見や声といった特徴は、知能とは関係がないものと考えたのだ。何人もの審査員がこの「チューリング・テスト」の任務にあたり、審問委員会として正しいコンセンサスに到達できなければ、その機械をＡＩの成功例と認めてよかろう。[7]

　チューリングがこの方法を提案したのは、一般的なＡＩの成否を判定するためだった。しかしこれに少し変更を加えれば、人間のシミュレーションの成否を判定するのにも使うことができる。審査委員になれるのは、その人物をもっともよく知る友人や家族だけに限ることにしよう。もしもその人たちが、本人とシミュレーションとを識別できなければ、アップローディングは成功したといえるだろう。

　一般的なチューリング・テストと同じく、この場合のチューリング・テストでも、外見と音声に関する情報を除外すべきなのだろうか？　声の響きや微笑みなどは、誰かを好きになるときには重要なポイントだから、それらを除外するなんてありえないと思うかもしれない。しかし、インターネットのチャットや電子メールを通して、一度も会ったことのない人たちが恋に落ちることもある。呼吸を楽にするために行われる気管切開の手術を受けた人は、術後には声が出にくくなるが、それでも手術前と同じ人物であることを疑う者はいない。最後にもうひとつ、検証方法から身体性を除外する根拠を挙げておこう。アップローディングを目指す人たちは、自らの身体から逃れたいと思っているということだ。彼らが残しておきたいのは、心だけなのである。

ところで、友人や家族は、シミュレーションと本人とが少しでも違っていれば、それに気づけるものなのだろうか？　歴史上にあった詐欺事件の例の数々を見る限り、とてもそうは思えない。たとえば十六世紀には、フランスのアルティガという村に、自分は八年前から行方不明になっていたマルタン・ゲールだと主張する男が現れた。男はゲールの妻と暮らしはじめ、二人のあいだには子どもも生まれた。結局、この「新しい」ゲールは詐欺罪で訴えられたのだが、一審では無罪となった。あわやこの男の言い分が通るかというとき、もうひとりの男がドラマチックに登場して、自分こそは本物のゲールだと主張した。すると突如として、家族の者たちは口をそろえて、「新しい」ゲール――裁判の被告である男――は詐欺師だと言い出したのだ。男は有罪になり、自分の罪を告白するとまもなく処刑された。

新しいゲールはうまくなりすましていたので、本物と並べられて初めて、偽物であることが見破られたのだ。この男ならば、外見と音声なしに行われるチューリング・テストをまんまとクリアできたかもしれない。[8] なにしろ本物のゲールは、自分の結婚生活の記憶にもあいまいな点があったのだから。

こうした詐欺事件の例からわかるのは、親しい友人や家族であっても、ある人物が本物かどうかを正確に判断できるとは限らないということだ。しかし、もしも本物と偽物の違いが、誰も気づかないほど些細なことなら、そんな違いは問題にならないのでは？　たとえ気づく程度の違いがあったとしても、そのシミュレーションは完全なる失敗だったと言えるのだろうか。脳の損傷を受けた患者は、その怪我の前後で完全に同じでないが、周囲の人たちは同一人物として受け入れている。もしも友人や家族がアップローディングの「顧客」なら、重要なのは顧客が満足するかどうかだろう。

だが、本当の顧客は、アップローディングを希望する人、すなわちあなただと言えるかもしれない。もちろん、あなたの友人や家族が、デジタル化されたあなたを歓迎してくれることは重要なポイントだ。しかしそれよりいっそう重要なのは、あなたが満足するかどうかだろう。この問題を突き詰めるといろいろ難しい点が出てくるのだが、しかし、この問題を直視せずにすませるわけにはいかない。

あなたがコンピュータにアップローディングされたとしよう。その後、わたしが最初にそのコンピュータの電源を入れると、シミュレーションがはじまる。わたしはまず間違いなく、あなたが深い眠りや昏睡状態から目覚めたかのように、こう尋ねるだろう。「気分はどう？」このときあなたはどう答えるだろうか？

チューリング・テストは、ＡＩ外部の審問官というものを持ち込むことによって、客観性を確保しようと奮闘しているわけだが、主観的な評価をまったく顧みないというのもおかしな話だろう。わたしなら、アップローディングされたあなたにこう尋ねてみたい。「このシミュレーションに満足していますか？」化学反応やブラックホールをモデル化した方程式の場合なら、こんな質問をすることはありえない。しかし脳のシミュレーションなら、むしろこの質問をこそしてみるべきではないだろうか。

しかしそれと同時に、この質問に対するあなたの答えを信じるべきかどうかも明らかではない。もしもあなたの脳のシミュレーションがうまく作動していなければ、あなたは脳に損傷を受けた患者のようになっているとも考えられる。神経学者たちは、そういう患者はしばしば、「何も問題はありません」と言うことを知っている。健忘症の患者では、記憶が飛んだときの出来事に関して、ほかの人たちが自分をだましていると言い張ることがある。脳卒中の患者は、体が麻痺していることを認めようとせず、ある種の作業をこなせないことについて、突飛な説明をひねり出すことがある。要するに、あなたの主観的な意見を、そのまま鵜呑みにするわけにはいかないということだ。

それでもなお、何よりも大切なのはあなたの意見だ、という立場もあっていいはずだ。あなたの友人や家族がシミュレーションに満足するかどうかは、あなたの行動に対する彼らの予想が、そのシミュレーションで実現されるかどうかにかかっている。そういう予想は、長年にわたりあなたの行動を観察する中で作り上げられた、「あなたのモデル」にもとづいている。しかしあなたもまた、自分自身を観察したり内省したりすることによって、「自己モデル」を作り上げている。そして自分自身に関するあなたのモデルは、あなたに関するほかの誰が作ったモデルよりも、はるかに多くのデータにもとづいているのだ。

「今日はなんだか自分ではないような感じがする」と思ったことはないだろうか。そのときあなたは、ちょっとしたことで癇癪を起こしたり、自分らしくないと思う振る舞いをしたりしたのだろう。しかし普通は、あなたは自分が予想するような振る舞いをしている。そういう自己モデルも、それ以外のあらゆる記憶とともにアップローディングされる。自己モデルから導かれる予測と、じっさいのあなたの振る舞いとを逐次比較すれば、あなたのシミュレーションがどれくらい忠実かをチェックできるだろう。シミュレーションが正確であればあるほど、予測との不一致は少なくなる。[9]

さて、アップローディングが客観的にも主観的にも成功だと判定されたとしよう。友人も家族も満足していると言う。あなたも（シミュレーションとしてのあなたが）満足だと言う。ならば、そのアップローディングは成功だったと言えるだろうか？　ここに最後の落とし穴がある。われわれは、あなたの感覚には直接アクセスできないということだ。たとえあなたが気分は良好だと言ったとしても、そもそもあなたに気分というものがあるのかどうかを、どうやって知ればよいのだろうか？　あなたはただ適切な言葉を口にし、それらしいしぐさをしているだけかもしれない。もしもアップローディングの過程で、あなたがゾンビ［いわゆる哲学的ゾンビ。内面的経験をもたない存在］になっていたとしたら？

哲学者の中には、意識をコンピュータでシミュレートすることは根本的に不可能だと考える人もいる。水のシミュレーションは、たとえどれほど正確であっても、濡れてはいないと彼らは言う。それと同じく、あなたのシミュレーションが、友人や家族にとっては正確に思われ、シミュレーションとして成功していると認められたとしても、そのシミュレーションからは、われわれが意識と呼ぶところの主観的な経験が抜け落ちているというのである。たいした問題ではないように思えるかもしれないが、そんなシミュレーションが永遠の命へと続く道とは思えないのも確かだ。

シミュレーションはゾンビだ、という説を論破するすべはない。なぜなら、主観的な気持ちを測定する客観的方法は存在しないからだ。じっさい、相手がゾンビではないかと疑ってみることはきわめて有力な観点で、シミュレーションだけでなく現実の脳にも当てはめることができる。ひょっとすると、あなたの飼い犬はゾンビなのかもしれない。犬は空腹を訴えるような行動を取るかもしれないが、じつは空腹だという感覚を持たないのかも……（フランスの哲学者ルネ・デカルトは、動物は心を持たないので、ゾンビだと論じた）。わたしにとってみれば、あなたもゾンビかもしれない。他人の気持ちは誰も直接的には経験できないので、あなたがゾンビではないことを証明するすべはない。それでもたいていの人は――とりわけペットを愛する人たちは――動物は痛みを感じることができると考えている。そしてほとんどすべての人は、他人も痛みを感じるものと想定しているのである。

こういう哲学的論争を解決する方法をわたしは知らない。それはあなたとわたしの直観を戦わせるだけのことだ。わたしの意見を言わせてもらえば、十分に正確な脳のシミュレーションは、意識を持つことになるだろう。真に難しいのは哲学的問題ではなく、実際的問題だ。それほど高いレベルの精度ははたして達成可能なのだろうか？

脳シミュレーションが突き当たる困難の正体

ヘンリー・マークラムは、世界一金のかかる脳のシミュレーションを作り上げたことで有名になったが、神経科学者のあいだではシナプスに関する先駆的な実験でその名を知られている。マークラムは、シナプス可塑性［シナプスの伝達効率や形状などの変化］を引き起こす際に、二つのニューロンがスパイクを起こす時間間隔を変化させるという方法を用い、ヘッブ則の逐次バージョンを初めて系統的に調べた人物である。[10]わたしが初めてマークラムの講演を聞いたのは、ある学会でのことだった。その学会ではもうひとり、人の気を逸らさない魅力を持ち、いつもタバコを吸っている女性研究者、アレックス・トムソンも出席していた。トムソンもまた傑出した神経科学者であり、シナプスについて情熱的な講演をした。彼女はシナプスと恋に落ち、みんなにもシナプスを好きになってほしいと思っているようだった。そんなトムソンとは対照的に、マークラムはシナプス教の高位聖職者といった雰囲気を身にまとい、シナプスをめぐる奥深い謎を畏れ敬いなさいと、人びとに呼びかけた。

マークラムは、二〇〇九年に行ったある講演で、これから一〇年間のうちに人間の脳のコンピュータ・

シミュレーションを完成させようと約束し、その言葉はあっというまに世界中に広がった。あなたがその講演の動画をウェブ上で見れば、マークラムの彫りの深い整った顔立ちからは、ちょっと攻撃的な印象を受けるという、わたしの意見に同意してくれるだろう。しかし、このときの彼の話しぶりは穏やかで、人を誘い込むような魅力があり、先見の明のある人物に特有の、静かな確信に満ちていた。ところがその同じ年が暮れる頃までには、彼はもはやそんな穏やかな話し方をしなくなっていた。ライバルであるＩＢＭの研究者ダーマンドラ・モダは、二〇〇七年にマウスの脳のシミュレーションを成し遂げたと宣言し、さらにこの二〇〇九年には、猫の脳のシミュレーションを成し遂げたと宣言したのである。[11] これに対してマークラムは、ＩＢＭの技術主任に怒りの手紙を送った。

親愛なるバーニー

前回、モダがマウスの脳のシミュレーションについて馬鹿なことを言ったとき、あなたは奴を吊しあげてくれると言いましたよね。ジャーナリストたちは、ＩＢＭの言っていることはデタラメだと見抜けるものと思っていました。猫の脳ぐらいの大きさのものをシミュレーションできるまでには、まだ何年もかかるということくらい理解できるだろうと。ところが連中は、モダの信じられないような発言に完全にだまされています。

わたしはこの発表に度肝を抜かれました。……

わたしは大衆をだますこの発言の真実を明らかにすることが、自分の役目だと思っています。

競争は大いにけっこう。しかし、こんな事態は分野全体にとって恥ずべきことで、きわめて有害です。きっとモダは、次は人間の脳をシミュレートしたと言い出すのでしょう――わたしは心から、誰かこの男を、科学上、倫理上の観点から、徹底的に調べてくれないかと思っています。

それではごきげんよう。

ヘンリー

マークラムは義憤を隠さなかった。彼はこの手紙のコピーを何人ものメディア関係者に送りつけた。そのひとりは自分のブログに、「猫の脳をめぐるいがみ合い」[12]という見出しで記事を書いた。

この手紙をきっかけに、マークラムとＩＢＭの関係はさらに悪化した。両者の協力関係が始まったのは、二〇〇五年に、ＩＢＭがマークラムの所属するスイス連邦工科大学ローザンヌ校と共同研究の申し合わせに調印したときのことだった。この共同研究の目標は、当時世界最速のＩＢＭのスーパーコンピュータ、ブルージーンＬ（青い遺伝子Ｌ）を使って脳をシミュレーションすることにより、このスーパーコンピュータを大々的に売り出すことにあった。マークラムはこのプロジェクトを、ＩＢＭ社のニックネーム「ビッグブルー」にちなんで、「ブルーブレイン（青い脳）」プロジェクトと呼んだ。そんな両者の関係がぎくしゃくしはじめたのは、モダがＩＢＭのアルマデン研究所で、それと競合するようなシミュレーションに乗り出したためだった。

マークラムが競争相手の言っていることはデタラメだとして非難したのは、自らの研究を擁護しようとしてのことだった。ところがマークラムはそうすることで、脳をシミュレーションすることそれ自体に疑問を投げかけることになった。膨大な数の数式をシミュレーションして、それが脳のようだと主張することなら誰にでもできる（当節、そのぐらいの作業は、スーパーコンピュータの力を借りずともできる）。しかし、その主張の正しさをどうすれば証明できるのだろう？　マークラムだって、デタラメをやっているかもしれないではないか？

マークラムの華麗なスーパーコンピュータに目を奪われて、彼の研究には致命的となりうる欠陥が潜んでいることを見逃してはならない。その欠陥とは、何をもってシミュレーションの成否を判定するのかという、判定基準がきちんと定義されていないことだ。将来的には、ブルーブレインは、先ほど説明した特殊なチューリング・テストにかけられ、判定を下されることになるのかもしれない。だが、そのテストが使えるのは、シミュレーションが実物にきわめて近い場合だけなのだ。マウスの脳のシミュレーションだとか、猫の脳のシミュレーションだとか言われているものは、まだそういうレベルには達していない。あなたが「ネズミのマルタン・ゲール」にだまされるという事態は、近い将来には起こらないだろう。チューリング・テストは、研究が目標に到着したかどうかを教えてくれる。しかしその日が来るまでは、そもそも研究が正しい方向に向かっているかどうかを知るための方法が必要なのだ。

これらの研究者たちは、本当に前進しているのだろうか？　マークラムの手紙は長すぎるため、ここに全文を引用することはできないが、彼の辛辣な言葉の背後にある科学的内容をざっと紹介しておこう。ブルーブレインは、電気信号と化学信号の取り扱いに関して高度なニューロン・モデルを使っている。マークラムのニューロン・モデルは、モダがシミュレーションで使っているニューロン・モデルよりも現実のニューロンに忠実だ。そしてそのモダが使っているニューロン・モデルは、本書の前のほうで説明した加重投票モデルよりは、現実のニューロンに忠実である。

加重投票モデルが、多数のニューロンに対する良い近似になっていることは、多くの経験的証拠に裏づけられている。しかし、このモデルが完全ではないことや、ある種のニューロンに関しては、ひどく的はずれな結果を出すことも明らかになっている。実際のニューロンは多くの点で複雑で、単純なモデルでは捉えられないというマークラムの考えは正しい。ひとつのニューロンは、それ自体としてひとつの世界である。どの細胞とも同じように、ニューロンは多くの分子を含む複雑なシステムであり、分子という部品で組み立てられた機械なのだ。そして分子のひとつひとつもまた、原子でできたミクロな機械なのである。

前に述べたように、《イオンチャネル》は、ニューロン内部での電気信号の生成に関与する、重要な分子の一種である。軸索、樹状突起、シナプスは、それぞれ異なる種類の——少なくとも異なる数の——イオンチャネルを含んでいる。ニューロンのさまざまな部分——軸索、樹状突起、シナプス——が、それぞれ異なる電気的性質を持つのはそのためだ。原理的なことを言えば、ひとつひとつのニューロンはすべて、他のニューロンとは異なる振る舞いをするが、それはイオンチャネルの配置がひとつひとつ異なるからなのだ。こうした事情は、すべてのニューロンは本質的に同じだとする加重投票モデルとはかけ離れている。

ニューロンの多様性は、脳をシミュレートしようとする立場からは悪いニュースだろう。もしもニューロンに無限の多様性があるなら、それらをモデル化しようとしても成功する見込みはない。いずれかのニューロンの性質を測定したところで、それ以外のニューロンについては何もわからないだろう。

しかし、無限の多様性という泥沼を抜け出す希望がひとつある。ニューロンをタイプに分類してみることだ。カハールは、位置と形にもとづいてニューロンをタイプに分類した。ニューロンの位置は、動物の生息域のようなもので、ニューロンの形は、動物の外見のようなものだとイメージしてみよう。神経科学者たちが新皮質のダブルブーケ細胞のことを話しているのを聞くと、まるで動物学者が北極のホッキョクグマのことを話しているようだと思う。動物学者はまた、ホッキョクグマはどの個体も、アザラシを狩ると指摘してくれるだろう。ちなみにヒグマは一般にアザラシを食べない。同様に、同じタイプに属するニューロンは、一般には、電気的にまったく同じ振る舞いをする。[13] その理由はおそらく、イオンチャネルが同じように分布しているためだろう。

もしも同じタイプに属するニューロンが、みな同じ振る舞いをするなら、ニューロンの多様性には限りがあるということだ。だとすればわれわれは、ニューロン・タイプの一覧表、すなわち脳の「部品リスト」を作り、その後、各タイプについてモデルを作ることになる。それぞれのモデルは、正常な脳すべてにおいて、そのタイプに属するすべてのニューロンをうまく表しているものと仮定する。それはちょうど、どんな電子機器でも、抵抗はすべて同じ振る舞いをすると仮定するのに似ている。そうして全ニューロン・タイプがモデル化されたら、いよいよ脳のシミュレーションに取り掛かる。[14]

マークラムの研究室はこれまでに、試験管内《インビトロ》で実験を行うことにより、新皮質の多くのニューロン・タイプについて電気的性質を特徴づけた。そのデータにもとづき、彼らは各ニューロン・タイプを、相互作用する数百の電気的「コンパートメント」の集合体としてモデル化した。それは、ひとつのニューロンが持つ何百万[15]というイオンチャネルをシミュレーションすることに対する、ひとつの近似である。ブルーブレインで用いられているマルチコンパートメントのニューロン・モデルを、[16] これだけリアルなものにしたのはマークラムの貢績である。

しかしブルーブレインには、ひとつきわめて重大な欠陥がある。大脳皮質のコネクトームがまだ得られていないため、モデル・ニューロンをどう接続すればよいかがわからないのだ。マークラムは、ニューロンの接続はランダムに起こるという、ピーターの法則[17]として知られる理論的原理に従っている。ピーターの法則によれば、脳という「絡み合ったスパゲッティ」の中では、軸索と樹状突起がたまたま出会ったところが接点になる。その接点で、ある確率でシナプスが生じる。それはちょうど、個々の接点でシナプスが生じるか生じないかを、偏りのあるコインを放り投げて決めるようなものだ。

ピーターの法則は、シナプスはランダムに生じるという、前に紹介した神経ダーウィニズムの考えと関係がある。しかし両者はまったく同じではない。神経ダーウィニズムのメカニズムには、ニューロンの活動に応じた、シナプスの除去というプロセスが組み込まれているからだ。そのプロセスのおかげで、結果的には、生き残るシナプスはランダムではなくなる。ピーターの法則に従わない現象はすでに見つかっており、わたしの予想では、今後ますます増えていくだろう。この法則がこれまでどうにか生き延びてこられたのは、コネクトームの知識がなかったからなのかもしれない。

コンピュータ科学者がしばしば言うように、「ガーベッジイン・ガーベッジアウト（ごみを入れれば、ごみしか出てこない）」である。もしもブルーブレインの神経接続のモデルが良くなければ、そのシミュレーションは現実をうまくとらえることはできないだろう。しかし、あまり批判的になるのはよそう。マークラムは将来的には、コネクトームから得られた情報をブルーブレインに組み込めるようになるだろう。では、それができれば、彼のシミュレーションは正真正銘リアルなものになるのだろうか？

この質問に答えるために、ここでもう一度、C・エレガンスという線虫を考えてみよう。われわれの脳の新皮質とは異なり、この線虫のコネクトームはすでに得られている。ところが、みなさんは驚かれるかもしれないが、この線虫の神経系のうち、シミュレーションされているのはごく一部分だけなのである。それらのシミュレーションに使われているモデルは、この線虫の簡単ないくつかの振る舞いを理解するためには役立っているが、研究の進捗は遅々としている。どのモデルも、神経系全体をシミュレートするにはほど遠い状態なのだ。

残念ながら、C・エレガンスのニューロンについては良いモデルがない。前に述べたように、この線虫のニューロンの大半はスパイクさえしないので〔100ページ〕、加重投票モデルは使えない。線虫のニューロンをモデル化するためには、ニューロンを測定する必要があるが、C・エレガンスではそれが、マウスどころか人間のニューロンよりも難しいのだ。[18] またC・エレガンスのシナプスに関する情報もない。線虫のコネクトームからは、シナプスが興奮性か抑制性かすらもわからなかったのだ。

そんなわけで、ブルーブレインにはコネクトームの情報がなく、C・エレガンスにはニューロン・タイプのモデルがない。これら二つの要素がそろわなければ、脳なり神経系なりをシミュレートすることはできない。したがって、前に掲げたスローガンは、次のように修正すべきだろう。「あなたは、あなたのコネクトーム＋ニューロン・タイプのモデルである」（コネクトームは得られていて、そこから、個々のニューロンのタイプが導かれると仮定しよう）。しかし〔人間の場合〕、ニューロン・タイプの種類はニューロンよりはるかに少ないという点では、ほとんどの科学者の意見が一致しているので、ニューロン・タイプのモデルに含まれる情報量は、コネクトームに含まれる情報量よりもはるかに少ないだろう。この意味において、「あなたは、あなたのコネクトームである」という標語は、やはり現実に対する非常によい近似になっているだろう。

さらに、これもまた前に仮定したように、同じニューロン・タイプに属するニューロンはすべて、正常なすべての脳において同じ振る舞いをする。それはちょうど、すべてのホッキョクグマは、正常な環境下ではアザラシを狩ると仮定するようなものだ。何人もの人をアップローディングするなら、どの人物に対するシミュレーションでも、ニューロン・タイプには同じモデルを使うことになる。ある人に特有だといえる情報は、その人のコネクトームだけなのだ。[19]

C・エレガンスでは、その情報量のバランス［コネクトームに含まれる情報量と、ニューロン・タイプに生まれる情報量の比率］が、人間とは大きく異なることに注意しよう。この線虫は三〇〇のニューロンを持つが、それらはおよそ一〇〇種類のタイプに分類され、タイプの数はニューロンそのものの数と比べてそれほど小さくない。[20] 要するに、すべてのニューロンは（体の反対側にある双子のニューロンとともに）、それ自体としてひとつのタイプなのだ。もしもすべてのニューロンが、それぞれひとつのモデルを必要とするなら、すべてのモデルを合わせた情報量のほうが、コネクトームの情報量を上回るということもありうる。そんなわけで、「あなたは、あなたのコネクトームである」という立場は、われわれ人間に対してはほぼ満足のいく近似になっても、線虫に対しては、ひどくお粗末な近似になるだろう。

これを次のように言うこともできよう。C・エレガンスの神経系は、ひとつとして同じもののないパーツから組み立てられた機械のようなものだ、と。その場合、それぞれのパーツがどんな仕組みになっているかは、その機械そのものの成り立ちと同じくらい重要である。それとは逆の極端なケースは、たった一種類のパーツだけで組み立てられている機械だ（年配の読者なら、たった一種類のブロックしかなかった昔のレゴを覚えているかもしれない）。その場合、その機械がどんな仕事をするかは、その一種類のパーツの組み立て方でほぼ完全に決まることになる。

電子機器には、抵抗、コンデンサ、トランジスタなど、わずかな種類のパーツしかないため、パーツが一種類しかないケースに近い。ラジオの機能が配線図だけでほぼ決まってしまうのはそのためだ。人間の脳はパーツの種類が多いため、人間の脳に含まれるニューロン・タイプのすべてをモデル化するには、何年にも及ぶ努力が必要になるだろう。しかし、パーツの種類は多いとはいえ、パーツの総数よりははるかに少ない。人間の脳では、パーツの組み立てが非常に重要になるのはそのためだ。また、「あなたは、あなたのコネクトームである」というスローガンが、最終的には非常によい近似になりそうだと言えるのも、パーツの種類が比較的少ないおかげなのである。

もうひとつ、脳のシミュレーションに含めるべきコネクトームの重要な側面がある。それは、コネクトームは変化するということだ。もしも変化しなかったなら、アップローディングされたあなたは、新しい記憶を貯蔵することも、新しい技能を身につけることもできないだろう。マークラムとモダは、シナプスの可塑性に関するヘッブ則の数学的モデルを使って、シナプスの再荷重をコネクトームのモデルに取り入れた。しかし再荷重［Reweighting］だけでなく、再接続［Reconnection］、再配線［Rewiring］、再生［Regeneration］をモデルに取り入れることが重要だ。一般に、これら「四つのR」について、これまでに得られているモデルは、ニューロンの中の電気信号に関するモデルよりもずっと未熟な段階にある。それらのモデルも改良できるだろうが、そのためには長い年月を要するだろう。

以上に述べたようなことは、どれも念頭に置くべき重要な注意事項ではある。しかし、ニューロン・タイプ・モデルと、コネクトームの変化のモデルは、コネクトームから出発して脳をシミュレーションするという、全体としての枠組みとはうまく嚙み合っている。脳はこの枠組みで説明できてしまうのだろうか？　それともこの枠組みにはあてはまらない、何か根本的な要素があるのだろうか？　ひとつ問題となるのは、ニューロン同士の相互作用は、必ずしもシナプスのある場所で起こるとは限らないということだ。たとえば、神経伝達物質がシナプスからさまよい出し、遠く離れたニューロンに感知されることもある。したがって、シナプスで接続していないニューロン同士が相互作用することもあれば、互いに接触さえしていないニューロン同士が相互作用をすることもある。こうした相互作用は、シナプス以外の場所で起こるため、コネクトームではカバーできない。シナプス以外の場所での相互作用を、簡単にモデル化することもできるかもしれない。だが、神経伝達物質が、ニューロン間の狭くて込み入った空間に拡散していくようすを捉えるモデルは、複雑なものになる可能性もある。[21]

もしもシナプス以外の場所で起こる相互作用が、脳の機能にとって重要なら、「あなたは、あなたのコネクトームである」という仮説を捨てなければならないだろう。それよりも弱い「あなたは、あなたの脳である」という仮説は、それでもまだ擁護できるかもしれないが、この仮説をアップローディングの基礎に据えるのは格段に難しくなるはずだ。われわれはコネクトームという観念を捨て去り、原子の階層にまで降りていかなければならなくなるかもしれない。脳の中のひとつひとつの原子について、物理法則にもとづいてコンピュータ・シミュレーションを構築するのだ。もしもそれができれば、現実の脳に対し、コネクトームにもとづくものよりずっと忠実なシミュレーションが得られるだろう。

問題は、原子は非常にたくさんあるため、膨大な数の方程式が必要になるということだ。そのシミュレーションをするためにどれだけの計算力が必要になるかは、考えるのも馬鹿馬鹿しいほどだし、あなたの遠い子孫が、宇宙的な時間が流れた未来にもなお存在しているとでも考えない限り、その可能性はまったくの問題外である。現状では、分子と呼ばれる小さな原子集団をシミュレートすることさえ難しい。ひとつの脳の中のすべての原子をシミュレートするのは、想像を絶するほど困難だ。[22] しかもこの場合に、シミュレーションの障壁となっているのは、計算力の限界だけではない。そもそもシミュレーションをはじめるために必要な情報を得ることさえ難しいのだ。その情報を得るためには、脳の中の全原子について、その位置と速度を測定しなければならないが、その情報量たるや、コネクトームに含まれる情報量を上回るほどだ。[23] その情報をどうやって集めるのかも、どうすれば妥当な時間内でそれができるのかも明らかではない。

そんなわけで、もしもあなたがアップローディングの支持者なら、あなたにとって唯一の希望は、コネクトームを利用する戦略を取ることだ。今後長い時間をかけて、第4部で説明したようなアプローチを使い、「あなたは、あなたのコネクトームである」という命題の成否を――最低でも、この命題はリアルなあなたのよい近似になっているかどうかを――調べていくことになるだろう。そのための科学研究では、より短期的ないくつかの目標に狙いを定めることになるだろうが、その過程でアップローディングの実現可能性についても多少の感触が得られるだろう。

トランスヒューマニズムと生命の意味

われわれ人間は長きにわたって、生命は単なる物質ではないと信じてきた――あるいは、そう信じたいと思っていた。「わたしは単なる肉の塊ではない。わたしには魂がある」と。アップローディングは、肉体から逃避することを夢見るという点において、抜きがたいその願望——われわれが単なる物質などであってほしくないという思い——の最新版にすぎない。

科学は過去数百年にわたり、魂は存在するというこの信念を揺さぶり続けてきた。はじめに科学は、「あなたは原子の集まりである」とわれわれに告げた。この唯物論の観点に立つなら、宇宙は壮大なビリヤード台であり、原子は物理法則に従って運動し、互いにぶつかり合うビリヤードの玉のようなものだ。あなたを構成する原子も例外ではなく、宇宙に存在するほかのすべての原子とまったく同じ法則に従っている。その後生物学者と神経科学者が、「あなたはひとつの機械である」と言い出した。この機械論の観点に立てば、あなたは細胞やＤＮＡといった特殊な分子を部品として組み立てられた機械である。あなたの身体も脳も、基本的には人間の作った人工的な機械と何ら変わるところはなく、単にはるかに複雑なだけだ。

しかしコンピュータが登場したことで、われわれはこうした唯物論と機械論の教えを見直さざるをえなくなっている。「あなたはひとまとまりの情報である」というのが、アップローディングを支持する人たちの信念なのだ。あなたは機械でもなければ物質でもない。機械も物質も、あなたの本質と情報を貯蔵する手段にすぎないというのである。日頃コンピュータを使う経験を重ねる中で、われわれは情報と、それが実体化したものとしての物質とを区別するようになっている。たとえば、わたしがあなたのラップトップ・コンピュータを取り上げ、激しい怒りの衝動に駆り立てられるまま、それを床に投げつけてバラバラに破壊したとしよう。あなたはその残骸の中から、ハードディスクを救い出す。あなたはいつまでも嘆き悲しむ必要はない。なぜなら、そうして救出した情報を別のラップトップに移せば、まるで何もなかったかのように暮らしていけるからだ。

アップローディングの支持者たちは、人間とラップトップとのあいだに根本的な差異があるとは考えない。あなたのアイデンティティーに関係する情報は、何か別の物質形態に移行できるはずだと考えているのだ。アップローディングの支持者たちは唯物論者を批判して、「あなたはあなたの原子なのではなく、原子配列のパターンなのだ」と言うだろう。また、機械論者に対しては、「あなたはあなたのニューロンなのではなく、ニューロンの接続パターンなのだ」と言うだろう。パターンを実体化するためには物質が必要だが、パターンそのものは、情報という抽象的な世界に属しているのであって、物質という具体的な世界に属しているわけではないというのである。

それどころか彼らは、あなたの新しいラップトップは、古いラップトップの《生まれ変わり》だと言うかもしれない。あなたのラップトップの《魂》は、ハードディスクの情報を移行したときに、新しいラップトップに乗り移ったのだと。こうしてわれわれは、《情報は新たなる魂である》という思想に導かれる。話はぐるりとひとめぐりして、自己は非物質的なもの——物質よりもつかみどころのない何か——に基礎づけられている、という思想に立ち返ったわけだ。

しかし、情報と魂とのあいだのこのアナロジーは、完全に成り立つわけではない。魂は永遠に滅びないとされるのが普通であるのに対し、情報は失われることがあるからだ。ナノテクノロジーの専門家であるラルフ・マークル[24]は、《情報理論的死》を、「脳の中に貯蔵されている、個人のアイデンティティーに関係する情報が破壊されること」と定義した。それがどういうことかを理解するために、もう一度ラップトップの例に戻ろう。壊れたコンピュータの中から、ハードディスクを救い出すことはできたが、トラブルが生じたときに、モーターが壊れてしまったとしよう。この場合、あなたの力量では、ハードディスクからラップトップに情報を移すことはできない。しかし、コンピュータに強い誰かがモーターを修理してくれれば、あなたは情報を移行できるかもしれない。一方、もしもわたしが本気で情報を抹消したいと思うなら、あなたのコンピュータを叩き壊すのではなく、コンピュータの上に強力な磁石を置くだろう。そうすれば、磁気的なパターンとして貯蔵されていたハードディスクの情報は抹消される。この先テクノロジーがどれほど進展しようとも、あなたのハードディスクの情報を取り戻すことはできない。それは根本的な意味において、不可能なのだ。

マークルが与えた死の定義は、現場で使い物になるかどうかというより、哲学的な意味において重要である。この定義を使って情報理論的死を判定するためには、個人のアイデンティティーを構成する要素として、記憶や個性などの情報が、脳の中にどのように貯蔵されているかを正確に知らなければならない。もしもそれらの情報がコネクトームに含まれているのなら、情報理論的死はコネクトーム死にほかならない。

永遠の命を手に入れるための努力はすべて、情報を保持するための試みだとみなすことができる。たいていの人は、自分が死ぬまでに子どもを持ちたいと思う。自分のＤＮＡに貯蔵されている情報のいくばくかは、子どもたちのＤＮＡの中で生き延びるだろう。そのほかにもいくらかの情報が、子どもたちの記憶の中で生き続けることだろう。後世の人びとに記憶されるであろう歌や書物を残すことで、永遠の命を手に入れようとする人もいる。それもまた、自分に関する情報を、他人の心の中に埋め込もうとする試みだといえよう。

人体冷凍保存術とアップローディングは、脳の中の情報を保持しようとする。これらを「トランスヒューマニズム」と呼ばれる、ヒトという種を進化向上させようとする幅広い運動の一環と見ることもできよう。トランスヒューマニズムの支持者たちは、もはやダーウィン進化論の遅々とした変化を待つ必要はないと言う。テクノロジーを使って、身体と脳を変化させるなり、生身の身体も脳も捨て去ってコンピュータの中に生きるなりすればよいではないか、と。

トランスヒューマニズムは、「ナードのラプチャー」［ラプチャーとはキリスト教系新興宗教の概念で、来るべき大艱難の時代に、信じる者だけが救われるとする］として笑いものにされてきた。現代の世界には火急の課題が山積しているというのに、未来における永遠の生命のことなど夢想するのはどうかしていると批判する人たちもいる。しかしトランスヒューマニズムは、人間の理性の力を高く評価する啓蒙主義思想の延長線上にあり、論理的には啓蒙主義から必然的に導かれる思想なのである。ヨーロッパの思想家たちは、数学と自然科学の成功に励まされ、伝統や神の啓示によるのではなく、合理的な思考から引き出せるいくつかの原理にもとづいて、諸々の法則や哲学を打ち立てようとした。哲学者ライプニッツは、あらゆる見解の相違は、合理的論証の誤りから生じているとさえ考え、記号論理を使って議論を定式化すれば、そうした行き違いを解消できると主張した。

しかし二十世紀になって、合理的論証の限界が痛ましくもあらわになった。論理学者クルト・ゲーデルは、真ではあるが証明不可能な命題が存在するがゆえに、数学は不完全であることを証明した。量子力学という新しい分野を切り開いた物理学者たちは、ある種の出来事は、真にランダムに起こっているのであり、たとえ無限の情報と計算力があっても、確定した結果を予測することはできないことを知った。数学や自然科学の分野でさえ、合理的論証の力に限界があるというのなら、それ以外の分野に何を期待できようか？　じっさい哲学者の多くは、道徳性は合理的には導けないと考えるに至っている。それを導こうとすることを、哲学者たちは「自然主義的誤謬」と呼んでいる。

トランスヒューマニズムの支持者たちも、合理的論証によってどんな疑問にも答えられると考えているわけではない。それでも彼らは、理性の卓越性を信じている。なぜなら理性には、より高度なテクノロジーをつぎつぎと生み出していく力があるからだ。トランスヒューマニズムは、啓蒙主義がはらんでいた、ひとつの大きな問題を解消してくれる。その問題の背景には、多くの人たちから「自分は何らかの目的があって、この世界に存在している」という、自分の存在には意味があるという感覚を奪う、科学的世界観がある。もしも物理的な実在が、単にそこらを飛び回る原子の集まりにすぎなかったり、自己再生しようと互いに争う遺伝子の集まりにすぎなかったりするなら、生命には何の意味もないのでは？　理論物理学者スティーヴン・ワインバーグは、ビッグバン宇宙をテーマとする著書『宇宙のはじめの三分間』（邦訳は『宇宙創成はじめの三分間』）の中で、「宇宙が理解可能であるように見えてくるにつれ、宇宙はますます無意味に見えてくる」と書いた。パスカルは『パンセ』の中で、これをいっそう詩的に表現した。

周囲に広がる恐ろしい宇宙空間を眺めて、わたしは自分がその広大な空間の一隅にくくりつけられていることを知る。しかしわたしはなぜ、そこではなく、ここにくくりつけられているのだろう。なぜ、わたしの生に与えられたこの短い時間は、それに先立つ永遠と、この後に続く永遠のいずれの時でもなく、今この時なのだろう。わたしはその理由を知らない。見えるものと言えば、あらゆる方向に広がる無限だけだ。その無限が、一瞬の後には飛び去り、二度とふたたび帰ることのない、ひとつの原子、ひとつの夢としてのわたしの周囲に広がっている。わたしが知るのはただ、自分はやがて死ななければならないということだけだ。しかし、避けることのできないこの死のことを、わたしはほかの何よりも知らずにいる。

「生命の意味」には、普遍的な面と、個人的な面とがある。「われわれは何か理由があってここに存在するのだろうか？」と問うこともできるし、「わたしは何か理由があってここに存在するのだろうか？」と問うこともできる。トランスヒューマニズムは、これら二つの疑問に対して次のように答える。第一の普遍的な問いに対しては、人間の条件を超越することは、人類の背負った宿命なのであって、それはただ単に未来に起こるであろうことではなく、起こるべきことであり、それを起こすことがわれわれが存在する理由なのである、と。そして第二の個人的な問いに対しては、アルコーと契約するなり、アップローディングを夢見るなり、それ以外のテクノロジーを利用して自分を改良するなりすることが、人生の目的であってよいと答える。普遍的な面と個人的な面のどちらの回答においても、トランスヒューマニズムは、科学によって奪われた意味を、生命に与えようとするのである。

聖書には、神は自らの姿に似せて人間を創ったと書いてある。ドイツの哲学者ルートヴィヒ・フォイエルバッハは、人は自らの姿に似せて神を創ったと述べた。トランスヒューマニズムの支持者たちは、人類は自らを神にするであろう、と言うのだ。

エピローグ

コネクトーム研究がすべてのはじまりとなる

さて、そろそろ現実に戻るとしよう。われわれはみな、ひとつの命と、その命を生きるための脳を得た。人生を送る中で出合う重要な目標はすべて、煎じ詰めれば、脳を変化させることに帰着する。ありがたいことにわれわれは、脳を変化させる自然のメカニズムを持っているが、そのメカニズムの限界に苛立ちを覚えてもいる。はたして神経科学は、人びとの好奇心を満足させ、自然の驚異《センス・オブ・ワンダー》に感動する心を楽しませるだけでなく、われわれ自身を変化させるような新たな洞察と技法を与えてくれるのだろうか？

わたしは本書の中で、われわれの時代が生んだもっとも重要な概念のひとつは、コネクショニズムだと論じた。それは、心の機能にとって、接続性が重要だとする立場である。コネクショニズムによれば、われわれの脳を変えるということは、コネクトームを変えることにほかならない。コネクショニズムのルーツは十九世紀にまでさかのぼるが、その主張を実験や観察にもとづく方法で評価するのは難しかった。しかしついに、出現しつつあるコネクトミクスのテクノロジーのおかげで、この説を検証できるだけの条件が整いつつある。人の心の働きが人それぞれなのは、本当にコネクトームが違うからなのだろうか？　もしもこの問いに答えることができれば、脳の配線のどこをどう変えるのが望ましいのかを突き止めることもできるだろう。

次に踏み出すべきステップは、望ましい変化を起こす、「四つのR」――再荷重、再接続、再配線、再生――を促進するような、分子レベルの介入を工夫することだ。またその介入を補うような、訓練プログラムを併用することになるだろう。

そんな進展を実現させるために必要な、テクノロジーの開発を続けていかなければならない。科学の歴史上、しかるべき道具が手に入るまで、どれほど優秀な研究者にも乗り越えることのできなかった概念的な壁の例には枚挙に暇がない。洞窟に住む人びとが、ねじまわしなくして機械式時計の仕組みを理解できるとは思えない。それと同じく神経科学者も、脳を理解するために必要な洗練された道具なくして、脳を理解できると考えるのは非現実的だろう。テクノロジーは、脳を理解するという大きな課題に挑戦できるレベルに近づきはしたが、これからまだまだ何倍もパワーアップする必要がある。

そのテクノロジーを進展させるためには、研究環境を整備しなければならない。ひとつの可能性は、われわれのイマジネーションを刺激して研究に駆り立てる、野心的な「国家プロジェクト」に取り組むことだろう。たとえば、電子顕微鏡を使って、マウスの脳全体のニューロン・コネクトームを得ることを目指してもよいだろうし、光学顕微鏡を使って、ヒトの脳の部位コネクトームを得ることを目標にしてもよいだろう。それら二つのプロジェクトは、難易度という点ではほぼ同程度だ。というのも、集めるべきデータの量も、それを解析するというアプローチも、ほぼ同じだからである。わたしの予想では、これら二つのプロジェクトはどちらも、たっぷり一〇年間の集中的な努力を必要とするだろう。そしてどちらのコネクトームも、ちょうど生物学者にとってゲノムが必要不可欠であるのと同じく、神経科学者にとって計り知れない価値を持つことになるだろう。

これら二つのプロジェクトは途方もなく困難なものになるだろうが、それと並行して近道を探してもよいだろう。これらのプロジェクトのために開発されたテクノロジーを使えば、比較的小さなコネクトームなら、すみやかに、かつ安価に得られるだろう。大きなプロジェクトと比べれば、脳の一立方ミリメートルくらいの部分について、ニューロン・コネクトームを得ることや、マウスの脳の部位コネクトームを得ることは、一〇〇〇倍も簡単だろう。小さなコネクトームがたくさん得られれば、個体ごとの差異と変化を知るために大いに役立つことだろう。

精神障害のより良い治療法を探すべきときに、なぜ未来のテクノロジーに投資しなければならないのだろう？　われわれはその両方に同時に取り組むべきだ、というのがわたしの考えである。なるほど現在の治療法は、これから数年ほどでかなり改善されるだろう。しかし、病気を完全に治せる方法を見出すためには、これから先まだ何十年もかかりそうだ。長期戦になる以上、長い目で見て実りを得るためには、今、それに見合うだけの投資をする価値はある。

コネクトームをすみやかに、そして安価に得られるようなテクノロジーが本当に実現するのだろうか、と疑問に思う人もいるだろう。しかし、ヒトゲノム計画のときも、じっさいに計画がスタートするまでは、人間のゲノムの塩基配列を完全に決定することなど到底できそうにないと思われていたのだった。コネクトミクスは困難なプロジェクトのように思えるかもしれないが、神経科学のいっそう大きなプロジェクトに比べればたいしたことはないとも言える。目標ははっきりしているのだから、何ができれば成功なのかを判定するのは容易だし、進捗の程度を定量的に評価することもできる。それとは対照的に、神経科学のより大きな目標——すなわち、脳がいかにして機能しているのかを明らかにすること——は、まだぼんやりとしか設定されていない。それが何を意味するのかについてさえ、専門家のあいだですら意見の一致を見ていないほどなのだ。目標がはっきりと定義されていれば、時間と、金と、労力さえつぎ込めば、進捗を期待できる。だからこそわたしは、いかに大それた課題のように見えても、コネクトミクスというプロジェクトが掲げる目標は達成可能だと考えるのである。後は、その課題に向かって立ち上がるだけだ。

コネクトームが脳の中の流れに命じる

水しぶきを上げながら少年は笑った。水から上がると、少年はこう尋ねた。「師よ、なぜ川は流れるのですか?」老師は、入門したての少年をしばし見つめ、こう答えた。「大地が水に、流れるよう命じるからだよ」。寺院に戻る途中、二人は危なげな橋を渡った。少年は老師の手にしがみついた。はるか下の流れに目をやりながら、少年はこう尋ねた。「師よ、なぜ谷はこんなに深いのですか?」二人が橋を渡りきったとき、老師は答えた。「水が大地に、深くなるよう命じるからだよ」

われわれの脳の中の流れも、それと同じなのではないだろうか。コネクトームを流れる神経活動は、われわれの現在の経験を駆動し、やがて過去の記憶となる印象を残して流れ去っていく。コネクトミクスは人類の歴史上、ひとつの転回点を画するものである。アフリカのサバンナで、サルのような先祖から進化する中で、われわれ人間をほかの動物と違うものにしたのは、大きな脳だった。その脳を使って、われわれは自らに驚異的な能力を与えてくれるテクノロジーを開発してきた。いずれテクノロジーはもっとずっと強力になり、われわれはそれを、自分たち自身を知るために、そして自分たちをより良いものに変えるために、使うことになるだろう。

謝辞

本書の種を蒔いたのは、デーヴィッド・ファン・エッセンだった。というのもわたしは彼に招かれて、二〇〇七年の神経科学学会で講演をしたからだ。数千人の聴衆を前に講演をしたわたしは、話を締めくくるにあたって、コネクトームを見出すという大きな課題のアウトラインを示した。講演が終わって会場がざわつきはじめるとすぐに、ボブ・プライアーが、このテーマで本を書かないかと声をかけてくれた。わたしはプライアーの提案を前向きに受け止めたが、ただしその本は、一般読者に向けて書こうと思った。読者には何の予備知識も期待できないから、わたしは第一原理から説き起こさなければならないだろうし、それまで当然のこととして受け入れていたことも、一から問い直す作業をしなければならないだろう。そこでわたしは本書を書くための基本方針として、次の秘策を掲げた。「物が入るように、あなたのコップを空にしなさい」〔ブルース・リーの言葉〕

二〇〇九年に原稿が書き上がると、キャサリン・カーリンが、ジム・レヴァインに連絡してみてはどうかと言ってくれた。そしてダン・アリエリーがジムを紹介してくれた。ジムが代理人になろうと熱心に言ってくれたことは、わたしにとって大きな励みとなった。ジムはこの企画のために、優秀な編集者であるアマンダ・クックをリクルートしてきた。クックはわたしに、「この部分はどうして重要なの?」とたびたび問いかけた。こうしてクックは、ただ単にわたしの原稿を編集して、文章をより良いものにしただけでなく、わたしのものの考え方を形作ることになったのだ。彼女の導きのもと、本書は、当初は考えもしなかったほど大きな変化を遂げた。わたしはそのことを、本当に幸運だったと思っている。

科学者としての人生には、すばらしいおまけがついてくる――頭が良くて面白い仲間たちと知り合いになる機会に恵まれることだ。神経科学者たちとの魅力的な議論が、本書の内容を豊かなものにしてくれた。そもそもわたしがコネクトームの道に踏み入ることになったのは、デーヴィッド・タンクが思慮深い意見をくれたおかげだった。ウインフリート・デンクは、本書の原稿の二つのバージョンを批判的に読んでくれた。わたしが原稿を書き続けることができたのは、デンクの励ましのおかげである。ジェフ・リクトマンは、シナプス除去と神経ダーウィニズムについて、忍耐強くわたしの理解を助けてくれた。ケン・ヘイワースは、彼の作った切断装置について説明してくれただけでなく、トランスヒューマニズムを支持する理由についても熱く語ってくれた。ダニエル・バーガーは本書をより良いものにするために、数多くの提案をしてくれた。

C・エレガンスについてはスコット・エモンズとデーヴィッド・ホール、ハエの脳についてはアクセル・ボースト、カリフォルニア・レッドウッドについてはケヴィン・オハラ、連想記憶モデルについてはミーシャ・ツォディクスとハイム・ソンポリンスキー、再接続と再配線についてはエリック・ヌードセンとスティーヴン・スミス、再生についてはカルロス・ロイスとメフメト・ファーティフ・ヤニク、経済的配線についてはミーチャ（ドミトリー）・シュクロフスキーとアレクセイ・クラコフ、連続電顕法についてはクリステン・ハリス、半導体エレクトロニクスについてはグヨン・ウェイ、ニューロン・タイプについてはディック・マスランド、ジョシュ・セインズ、皮質の解剖学についてはキャシー・ロックランドとアルムート・シュッツ、脳の発生についてはハーヴェイ・カーテンとジェリー・シュナイダー、鳥のさえずりについてはマイケル・フィー、脳の障害についてはリフイ・ツァイとパヴェル・オステン、生物学についてはヴァムシ・ムーサ、神経学についてはニコ・シフ、哲学と心理学についてはマイケル・ハウザーとアーンド・ロスの各氏にご教示いただいた。

マイク・スーとジョン・ション、ジャネット・チョイとジュリア・クールは、本書の初期の企画書作成に協力してくれた。チョイとクールは原稿の最終バージョンについても意見を聞かせてくれた。スコット・ヘフトラーは、楽しいたとえ話をいくつか提案してくれた。一般向けの本を書いたことがある経験者として、スー・コーキン、マイク(マイケル)・ガザニガ、アラン・ホブソン、リサ・ランダルは、ものを書くということについてアドバイスをくれた。カーチャ・ライスは、行き届いた編集とみごとな論理で本書に磨きをかけてくれた。

何度か一般聴衆に向かって話をしたことは、わたしにとってはある種の時代精神に接する機会となった。ウーテ・メータ・バウアーはＭＩＴのビジュアルアート・プログラムで話をするよう招いてくれ、スーザン・ホックフィールドは世界経済フォーラムで話をさせてくれた。また、サラ・カディックのおかげで、わたしは二〇一〇年にはＴＥＤに登壇し、コネクトームのことを世界に広める機会を持つことができた。

最後に、コネクトミクスに関するわたしの研究は、ギャツビー慈善財団、ハワード・ヒューズ医学研究所、ヒューマン・フロンティア・サイエンス・プロジェクトの助成を受けている。ここに記して感謝する。

訳者あとがき

心をつかさどっているのは心臓であると、かつては広く信じられていた。心臓はドクドクと拍動する特別な臓器であるうえに、気持ちが高ぶれば鼓動が速まりもするから、そう考えるのはごく自然なことだったろう。エジプトでミイラを作る際にも、心臓は大切に取り出され、別個にミイラ化されたのに対し、脳は、耳や眼窩、あるいは頭蓋にあけた小さな穴から掻き出され、捨てられていたようだ。人びとは古来、心の働きに多大な関心を寄せてきたが、脳がいったい何のためにあるのかはわからないままだった。

脳の研究と言えるようなものがはじまったのは、長い歴史をもつ人類の知の営みの中では、ごく最近のことでしかない。ようやく十八世紀になって、人の性格や能力を脳に結びつける「骨相学」の考えが生まれた。十九世紀になると、細胞に色をつける染色技術が発明されたおかげで、脳もまた多くの細胞からできていることが明らかになった。それは脳研究にとって画期的な前進だったが、それからまたしばらく、遅々として理解の進まない時期が続いた。

しかしここ数十年ほどのあいだに、主としてイメージングの技術が飛躍的に進展したおかげで、脳こそは、心身のほとんどすべての機能の基礎だということに疑問の余地はなくなっている。基本的な体の動き（心臓の鼓動さえも！）をはじめ、新たに何かができるようになること（「学習」すること）、思索すること、感じること、記憶すること……。要するに、あなたをあなたに、わたしをわたしにしていることの根幹が、一〇〇〇億個という膨大な数の神経細胞——ニューロン——の活動に支えられていることがわかってきたのだ。

しかし、いかに多くのニューロンがあるとはいえ、個々の細胞の活動から、どうすればこれほどまでに複雑多様な心の機能が生じるのだろうか？　この問いに対する答えとして、現在もっとも有望視されているのが、「ニューロンたちが互いに接続（connect）することによって」というものである。この立場に立つなら、あなたをあなたに、わたしをわたしにしているのは、莫大な数のニューロンの接続だということになる。その接続の総体が、本書のタイトルでもある「コネクトーム」だ。そして、コネクトームと脳のさまざまな機能との関係を調べようとするのが、神経科学の新領域、コネクトミクスである。

本書はそのコネクトミクスを、広く一般の読者に紹介するものである。二十一世紀は、「脳の世紀」と言われることもある。宇宙でもっとも複雑な構造物とさえ言われ、その複雑さゆえに探究を阻んでいた脳だが、今後その幾重にも重なった神秘のベールがつぎつぎとめくり上げられていくだろう。脳は現在、どこまで理解されているのか、そしてわれわれは今後、どちらに向かおうとしているのか？　本書にはそんな脳研究の大きな眺望が、コネクトミクスの観点から魅力的に語られている。

本書の著者、セバスチャン・スン（Hyunjun Sebastian Seung; 승현준：承現峻）は、コネクトミクスの旗手と目される気鋭の研究者である。スンは、物質構造の数理物理学的研究でハーバード大学の博士号を取得したのち、バイオインフォマティクスとニューロサイエンスを軸とする分野縦断的な研究に乗り出した。その彼がとくに力を注ぎ、重要性を訴えているのがコネクトミクスだ。現在スンは、プリンストン大学計算

機科学部とニューロサイエンス研究所の教授であると同時に、生物医学分野における第一級の研究者を重点的に支援することで知られるハワード・ヒューズ医学研究所の研究者《インベスティゲーター》でもある。

今日、コネクトームの重要性に意義をさしはさむ者はいないだろう。脳機能研究は、生物学分野における最大にして最後のフロンティアだとも言われる。コネクトームを得ることは、そのフロンティア開拓の要《かなめ》だ。コネクトームが得られれば——すなわち、ニューロン接続の全地図が得られれば——運動、学習、記憶といった、心身の機能がどんな仕組みで働いているのかを明らかにするための基礎となるデータが初めて得られることになる。それに加えて、社会的、経済的にも大きな問題となっているいくつかの病気は、ニューロン接続の異常——すなわちコネクトームの異常——と関係がありそうだ。じっさいスンは本書の中で、コネクトームの知識なしに統合失調症やアルツハイマー病の研究することは、顕微鏡なしに感染症に立ち向かうようなものだと述べている。かつて感染症の原因がわからなかったときは予防も治療もおぼつかなかったように、コネクトームを知らずには、脳の機能にまつわる病気への対処はおぼつかないだろう。

問題は、ヒトのコネクトームを得るのは非常に難しいということだ。一〇〇〇億個のニューロンがつながり合うシナプスの数は、一六〇兆にのぼるとみられる。脳をシナプス・レベルの解像度で網羅的に画像にすれば、その情報量は数百ペタバイトに及びそうだ。数百ペタバイトと言われてもピンとこないが、Google のデータセンターのストレージ総量に相当するという。しかも、画像情報を得さえすれば、コネクトームが得られるというわけではない。画像データをもとに、すべてのニューロンの接続地図を作ることができてはじめて、われわれはヒトのコネクトームを得たといえるのである。

ひょっとするとみなさんは、アメリカでは二〇〇九年に「ヒト・コネクトーム計画」という大規模プロジェクトがはじまり、二〇一五年夏に終結したという話を聞いたことがあるかもしれない。終結したというからには、すでにヒト・コネクトームは――すなわちヒトのニューロンの全接続地図は――得られたのだろうか？　とんでもない！　なにしろ人類は、そのために必要な技術をまだ手に入れていないのだから。

本書に述べられているように、じつはここは非常に誤解を招きやすいところだ。スンは、コネクトームを三つの階層に分けて説明する。一番基礎的な階層は、ニューロン・レベルの接続をすべて明らかにすることで得られるコネクトームで、「シナプスの全接続地図」と呼ぶべきは、この「ニューロン・コネクトーム」である。それより大まかな地図として、ニューロンをタイプごとにまとめて（それも容易ではないのだが）、それらのつながり方を地図にした「ニューロン・タイプ・コネクトーム」を考えることができる。そして、それよりもさらに大まかなのが、脳の部位ごとの接続地図、すなわち「部位コネクトーム」である。これはシナプスレベルの接続ではなく、軸索レベルの接続を明らかにするものだ。アメリカのヒト・コネクトーム計画は、この三番目の部位コネクトームを得ることを目標としていたのである。この計画で得られたデータは、すでに科学者コミュニティーに提供され、刺激的な研究成果が出はじめている（たとえば、学齢、身体の強健さ、記憶力といった変数の値が高い人たちと、喫煙、攻撃性、アルコール中毒の家族歴といった変数の値が高い人たちとで、部位コネクトームのつながり方に明確な違いが認められた。前者の人たちのほうが、接続性が強いようにみえるという）。

もちろん、本当に知りたいのは、もっとも基礎的なレベルのニューロン・コネクトームだ。ニューロン・コネクトームの重要性を考えるために役立つのが、本書にたびたび登場するジェニファー・アニストン・ニューロンである。二〇〇五年に、女優ジェニファー・アニストンの画像に反応するニューロンが発見されて大いにメディアをにぎわせた。なにしろそれ以前は、われわれが対象を認識する際のしくみは、まったくわかっていなかった。そんなとき、たった一個のニューロンがジェニファー・アニストンには反応し、アニストン以外には反応しないことがわかったのだから、それはたしかに衝撃的な発見だった。

しかし、ジェニファー・アニストン・ニューロンが発見されても、それが何を意味しているのかがわかったわけではない。たとえて言えば、ジェニファー・アニストン・ニューロンの発見は、異星人からのメッセージを受信したようなものだ。それは確かにすごいことだが、そのメッセージには何が書かれているのだろう？　それを知るためには、メッセージを解読しなければならない。それができない限り、脳のしくみはわからないままなのだ。

たとえば、ジェニファー・アニストンの顔を見たり、名前を聞いたりすることと、彼女にまつわる記憶や概念が想起されることとの関係がわからない。ジェニファー・アニストンと言われて、真っ先にニューロンを思い浮かべる人もいれば（本書を読了したあなたは、そんな人のひとりになったことだろう）、ブラッド・ピットとの離婚騒動を思わずにはいられない人もいれば、世界的な人気を博したアメリカのテレビドラマ『フレンズ』を懐かしく思い出す人もいるだろう。このような記憶や概念のネットワークは、あなたをあなたに、わたしをわたしにしている重要な要素だ。

では、脳はいかにして、このきわめて個人的な概念のつながりや記憶を保存しているのだろう？　さらに、ブラッド・ピットと言われたとき、かつてはジェニファー・アニストンの顔が浮かんだのに、今ではアンジェリーナ・ジョリーの顔が鮮明に浮かぶという人もいるだろう。新たな記憶を作ること、そして概念のつながりに修正を加えることは、人が人として生きるための根幹にかかわる部分である。脳はいったいどのようにして、刻一刻、われわれの記憶と経験を書き換えているのだろうか？

コネクトミクスはこの問いに対して、「コネクトームを形成することによって、そしてそれを変化させることによって」と答える。スンはコネクトームの形成と変化を、「河床と水の流れ」のメタファーをもって語る。個々のニューロンの活動は、ゆく川の流れのようにたえず移り変わる。その水の流れに対して、流れるべき道を教えているのが、河床としてのコネクトームだ。しかしその一方で、水の流れはゆっくりと大地を侵食し、河床すなわちコネクトームを形成する。ニューロンの活動は水、コネクトームは河床のようなものだというのである。

ニューロンの活動によりコネクトームが変化する、その具体的なメカニズムが、スンの言う「四つのR」、すなわち「再荷重（Reweighting）」「再接続（Reconnection）」「再配線（Rewiring）」「再生（Regeneration）」である。再荷重は、すでに存在する接続の強さが変わること。再接続は、新たに接続が作られるか、または古い接続が除去されること（作られるだけでなく除去も含まれることに注意）。再配線は、ニューロンの枝が伸びたり収縮したりすること。そして再生は、新しいニューロンそのものが作られたり、（ここもまた注意を要するが）除去されたりすることである。

コネクトームが変化することの意味は甚大だ。脳の中で起こっているこの変化が、あなたを他の誰でもないあなたにしていると考えられるからである。たとえあなたに一卵性双生児のきょうだいがいたとしても、あなたのコネクトームはあなただけのものなのだ。

コネクトームの観点に立つ脳研究の重要性を思えば、各国がこの分野の研究に、急速に力を入れはじめたのも驚くには当たらないだろう。本書の原書がアメリカで刊行されたのは2012年なので、ここではその後の動きをざっと見ておくことにしよう。

まずアメリカでは、2013年にオバマ大統領が、ブレイン（BRAIN：Brain Research through Advancing Innovative Neurotechnologies）・イニシアティブを発表した。これは、かつてのアポロ計画やヒト・ゲノム計画に匹敵するような、脳科学分野の大型科学プロジェクトである。その主な目標が、コネクトームを得ること、そして人間の行動をニューロンの活動に結びつけることだ。このプロジェクトでは、とくに技術開発が重視されており、アメリカには本書の著者スンをはじめ、今後も引き続きテクノロジーの開発にしっかりと焦点を合わせていくべきだと主張する研究者が多いようにみえる。技術的な突破口が切り開かれれば、予想もしなかったような地平が広がることが期待されるからだ。スンは本書の中で、コネクトームが得られるかどうかは、画像処理をどこまで自動化をできるかにかかってくるだろうと予想している（第九章）。運営面でも、科学的な面でも、アメリカのブレイン・イニシアティブは比較的順調な道を進んでいるように見える。

それに対して、欧州連合（EU）の大規模プロジェクト、「ヒト・ブレイン計画」は、混迷の中にあると言わなければならない。この計画は、本書にも取り上げられているブルー・ブレイン・プロジェクト（第15章）の後継として、アメリカの計画に先行するかたちで二〇一三年一〇月に始まったもので、コンピュータでヒトの脳全体をシミュレートすることにより、ヒトの脳を理解し、ニューロンの異常にかかわる病気を治療し、新しい情報テクノロジーを構築するという、壮大な目標を掲げていた。

ところが、スイス連邦工科大学ローザンヌ校のヘンリー・マークラム（第15章に登場）ら一部の人たちが決定権を握り、神経科学分野の研究者を締め出して、コンピュータ・シュミレーションだけを目がけて暴走してしまったのだ。二〇一四年七月には、一五〇名ほどの科学者の署名した抗議文書が欧州委員会に提出され、調査に当たった外部委員会は、その抗議の内容を大筋で認め、改善を求めた。運営面での問題に加え、科学面では、シュミレーションを導くべき「コネクトーム」がないということが重大な問題である。コネクトームなしに、いったい何をシミュレートしようというのだろう？　ヒト・ブレイン計画に今や〝脳〟はなく、単なる高価なデータベース管理技術プロジェクトになってしまったという厳しい批判もある。はたしてEUのヒト・ブレイン計画は、建て直しを図ることができるのだろうか？

日本でも、近年、脳に関する大型プロジェクトの必要性を訴える声が高まり、二〇一四年には「革新的技術による脳機能ネットワークの全容解明プロジェクト」が発足した。このプロジェクトは、マーモセットのコネクトームの解明を通して、ヒトにおける神経活動の理解につなげることを目標としている。

ヒトのコネクトームを得るのは確かに難しい。それに比べれば、ヒト・ゲノム計画などは朝飯前だった、とはよく聞くセリフである。それでも、有望な新技術がすでにつぎつぎと開発されつつある。この先まだ克服すべき障害はあるにせよ、コネクトームを得ることの重要性は明らかであり、その目標はすでにしっかりと視野に入っているのである。

ニューロサイエンスの先駆者ラモン・イ・カハールは、脳を、「多くの研究者が迷い込んだ出口のないジャングル」にたとえた。今、そのジャングルにはじめて強い光が差し込みつつある。セバスチャン・スンは、熟練の案内人として、目のくらむようなニューロサイエンスの到達点にわれわれをいざない、この分野の来し方を振り返り、はるかな山頂を大胆に展望させてくれる。奥行きある教養と、幅広い視座を持つ彼の手引きで、多くの人にこの眺めを楽しんでいただけるならうれしく思う。

最後に、余談を少々。本書に何度か登場するセバスチャン・スンの父親はいったい何者なのだろうと気になった読者もいるだろう。スンの父親は、著名な哲学者で文芸評論家のT・K・スン（Thomas Kaehao Seung; 승계호：承継号）である。T・K・スンは二〇一五年五月に、四九年間教鞭をとってきたテキサス大学オースティン校を退任し、息子セバスチャンの住むプリンストンに移り住んだようである。もしかすると今頃は、父と息子で、脳研究の進展が、哲学や文化全般に及ぼす影響について論じ合っているかもしれない。

翻訳にあたっては、息子の青木航（京都大学農学部　応用生命科学　生体高分子化学研究室助教）に、ひとかたならぬ世話になった。おかげで、内容をしっかり汲み取り、読みやすい日本語にするという、自分なりの理想に近づけたのではないかと思う。また、長期にわたった翻訳作業に、ご理解とご支援をいただいた草思社の編集長・久保田創氏に心よりお礼を申し上げる。

二〇一五年九月

青木薫

原　注

プロローグ

1　『パンセ』
2　『パンセ』
3　この写真は微分干渉観察法(DIC)で撮影されたもので、線虫についての情報を集めたすばらしいサイト(wormatlas.org)で見ることができる。スケールバーは0.1mm。二つの楕円形のものは線虫の胚である。
4　線虫のニューロンとシナプスの大部分は神経環と呼ばれる構造内に見られる(じっさいには、これがあてはまるのは雌雄同体の線虫の場合である。はるかに希少な雄の場合、神経環はあまり目立たない)。神経環は線虫の「のど」を取り巻いており、線虫に「脳」と言えるものがあるとすれば、これがもっとも近い。ヒトの脳はヒトの神経系を構成するニューロンの圧倒的多数を含む。残りは脊髄にあるか、体の他の部分に散らばっている。
5　C・エレガンスの神経系の全体図を初めて発表したのはWhite et al. 1986である。彼らの地図は決定版だと広くみなされているが、じっさいには完全ではない。Varshney et al. 2011は、他の情報源からのデータでこれを更新したが、線虫の接続の10パーセントはまだ欠けていると推定した。図3は彼らの仕事をまとめたもので、これもwormatlas.orgで見ることができる。
6　ヒトゲノムは、the NCBI Map Viewer (www.ncbi.nlm.nih.gov/projects/mapview)で見ることができる。そこからヒトゲノムのページへ行くと(われわれの正式な種の名前であるホモ・サピエンスという項目を探そう)全染色体が示されている。染色体上の任意の場所をクリックすれば、遺伝子の位置を示す詳細な地図を見ることができ、さらにクリックすれば実際のDNA配列が表示される。図4には11番染色体の最初の部分を示した。特定の遺伝子の配列を見るには、その遺伝子がコードするタンパク質の名前を検索すればよい。
7　線虫のコネクトームは、ヒト・コネクトームに比べ、互いによく似ているが、まったく同じというわけではない。このテーマについては第12章で紙幅を割いてさらに掘り下げる。
8　あなたのゲノムが一生を通じて不変だと言ってしまうのは、話を簡単化しすぎている。あなたの細胞のひとつひとつには、あなたのゲノムのコピーが存在する(例外はある。たとえば赤血球は成熟するとDNAを失う)。コピーはどれもほとんどが同じだが、わずかな違いはある。一部は細胞が分裂するときにコピーをしそこなったせいで起こり、それが原因でガンになることもある。違いの中には免疫システムの中の、ある細胞にみられる違いのように、機能的に重要なものもある。DNAには、塩基配列は変わらないような変化も起こる。これはエピジェネティクスとして知られる、より一般的な現象の一部である。
9　この比較はシナプスの数を1000兆とした場合である。この数字はニューロンひとつにつき1万のシナプスがあると推定し、脳内の1000億のニューロンにそれを乗じることで得られた。この推定値はおそらく多すぎるし、数値そのものはあまり真剣に受け取る必要はない。もっと信頼できる計数が、新皮質と呼ばれる脳の構造に対して行われ、シナプスの数として160兆という数字が得られた(Tang et al. 2001)。
10　Beard 2008
11　この点の理解を助けてくれた、ケン・ヘイワースに感謝する。
12　近年の研究によれば平均数は860億である(Azevedo et al. 2009)。

第1章

1　ツルゲーネフなどの著名なロシア人の脳についてはVein and Maat-Schieman 2008を参照。
2　Keith 1927。キースと彼の名声にとって残念なことに、彼は科学上の発見よりも、ピルトダウン人を支持したことで知られている。この頭蓋骨の断片は類人猿から人類への進化の道すじの「ミッシングリンク」であるとされたが、結局は偽物であることが明らかになった。ピルトダウン人

は科学史においてもっとも有名な捏造事件のひとつとなった。

3 キースは結局、彼が難問と考えたことに対し、これと同様の答えを与えた。すなわち、「アナトール・フランスの生涯の詳細な研究によれば、わかっている限り、彼はいろいろな意味で原始的な人間だった」。キースはその論考の最後で、脳の大きさと知性とには実際に関係があるという持論を繰り返した。「最終的には、脳の質量と、脳が支える機能の程度とのあいだには、密接な対応関係があることが発見されるだろうとわたしは予想している」。

4 Galton 1889

5 McDaniel 2005

6 2つの変数の相関係数をrとした場合、ひとつの変数がわかったときに、もう一方の変数を予測する際の誤差は$\sqrt{1-r^2}$のように[rが−1または1に近づくにつれ] 小さくなる。

7 McDaniel 2005

8 ゴールトンはこの件について、自分の回想録、「種の改良、もしくは優性学」の最終章に詳しく述べている(Galton 1908)。カール・ピアソンは、師ゴールトンを聖人扱いした全3巻の伝記を著し、その中で次のように述べた。「ゴールトンは自分のモットーに従い、散歩にでかけても、会議や講義に参加しても、たいていいつも何かを数えていた。あくびや身じろぎの回数のこともあれば、髪や目、肌の色のこともあった」(Pearson 1924, p.340)。Galton.orgはこの人物に敬意を表して作られたサイトだ。

9 Pearson 1906。ピアソンは、頭の大きさと成績は統計的に相関するというゴールトンの研究結果を確認する一方で、特定の個人にとっては、頭の大きさは成績を予測する材料としてはあまり良くないことに気づいてもいた。手書き文字のうまささえ、頭の大きさよりも、成績を予測するには良い変数だった。

10 Swanson 2000では脳をさらに細かく、大脳皮質、大脳基底核、視床、視床下部、脳蓋、被蓋、小脳、橋、髄に区分されている。スワンソンは、脳をより大まかに区分するために提案された多くの分類法はすべて、これら9種の基本的器官を異なる方法で分類し直したものにすぎないと主張する。たとえば、図7の3つの部分に分けた図では、大脳は皮質に大脳基底核を加えたものと定義され、脳幹は残りの部分から小脳を省いたものと定義されている。本一冊分にもなる彼の解説はSwanson 2012で読むことができる。なお、視床と視床下部を脳幹に含めない専門家もいるため、脳幹の定義はあいまいである。

11 入門書では普通言及されないが、小脳を損傷した場合にも、感情や認知には多少の影響がある(Strick, Dum, and Fiez 2009; Schmahmann 2010)。

12 容積は大脳が最大だが、ニューロンの大部分は小脳にあり、その数は700億(Azevedo et al. 2009)、あるいは1000億(Andersen, Korbo, and Pakkenberg 1992)と推定されている。そのほとんどすべてがいわゆる顆粒細胞である。これらは非常に小さいため、小脳は脳の容積のうちわずか10パーセントにすぎない(Rilling and Insel 1998)。大脳の主要な部分を占める新皮質には、200億のニューロンがあるとみられる(Pakkenberg and Gundersen 1997)。

13 後頭葉の境界はこれらとは別の目印によって規定されているが、多少恣意的なところがある。4つの葉の名前は、それぞれを覆っている頭蓋骨の4つの骨に由来する。5つ目の葉として辺縁葉を定義する専門家もいる。これは大脳縦裂に沿って大脳を半分に切ったときに露出する、2つの脳半球の切り口に見える。シルヴィウス裂の中には島と呼ばれる皮質の一部があり、もうひとつの葉と考える者がいるくらいの大きさがある。

14 Micale 1985

15 Harris 2003

16 この損傷は左大脳半球の下前頭回の中央に位置する。タンと呼ばれた患者ルボルニュの物語はFinger 2005とSchiller 1963, 1992に語られている。

17 研究者たちは、左右の脳半球にわずかな構造上の非対称も発見したが、それが機能の側性化[大脳の機能が左右の半球に分かれて局在していること] に関係があるかどうかを知るのは困難だった(Keller et al. 2009)。

18 Rasmussen and Milner 1977。少数派である左利きや両手利きの人の場合、言語に関し

ては右脳半球が優位であるか、両方の脳半球が関与している。
19　Abraham 2002; Paterniti 2000
20　Witelson, Kigar, and Harvey 1999
21　Burrell 2004
22　Gall 1835
23　Jung and Haier 2007
24　Maguire et al. 2000
25　Hutchinson et al. 2003; Gaser and Schlaug 2003。「皮質が肥厚している」と言ったのは少々口が滑った。というのも、計測にはボクセル単位形態計測という方法が使われているが、この方法では肥厚と他の構造変化とを区別できないからだ。肥厚は可能な解釈のひとつでしかない。
26　Mechelli et al. 2004
27　Kessler et al. 2005
28　Frith 2008
29　より軽度の自閉症もあり、その場合はすべての症状が現れるわけではない。たとえばアスペルガー症候群は社会的障害と反復行動を特徴とするが、話すことに問題はない。自閉症スペクトラムとは、軽度から重度までの自閉症全体を包含するために導入された言葉である。Fombonne 2009では、重い自閉症の発生率を1000人中2人とし、自閉症スペクトラムの発生率をその何倍も多く推定している。
30　Frith 1993
31　ウィーンの小児科医ハンス・アスペルガーはこの数年前に自閉症も定義したとされている。
32　Kanner 1943
33　Redcay and Courchesne 2005。興味深いことに、「大きければ大きいほど良い(The bigger is better)」という格言への反証を提供するのが自閉症なのである。骨相学者たちは自閉症のなかでもいわゆる「サヴァン」症候群の存在を指摘してこの意見に反論するかもしれない。サヴァン症候群の人たちは映画「レインマン」の架空の人物のように、目を見張る記憶力や数値計算などの知的能力を発揮する(Treffert 2009)。このような高度な知的能力は、自閉症者の脳の肥大によって説明できるかもしれない。だがほとんどの自閉症の子どもはサヴァンではないし、サヴァンであっても障害はある。脳の大きさの研究に対する骨相学的アプローチは単純化しすぎだと結論づけるのが、より公正だろう。
34　Carper et al. 2002
35　BGW 2002
36　第2世代、すなわち「非定型」抗精神病薬は、陰性症状に効果があるとして販売されたが、この主張は現在では疑問視されている。この論争についてさらに知りたければMurphy et al. 2006とLeucht et al. 2009を参照のこと。第1世代、すなわち「定型」抗精神病薬に共通の副作用である運動障害は、非定型では起こりにくい。
37　Steen et al. 2006; Vita et al. 2006。この違いは、初めて精神科治療を受ける患者にも存在するので、抗精神病薬の長期的効果ではないようだ。
38　Steen et al. 2006
39　Plum 1972

第 2 章

1　Voigt and Pakkenberg 1983
2　じつはシュプルツハイムは、当時としてはきわめて先進的で、成長以外の変化が脳に起こるかもしれないことを認めていた。「だがこの諸器官[脳の諸領域]の成長は、適切な運動訓練から派生する唯一の、あるいはもっとも重要な利点というわけではない。……使用量に比例して増大するのは、器官の大きさではなく、線維の働きがより効率的になるからだろう」(Spurzheim 1833, pp. 131-132)。
3　動物の知性に対するヘッブ－ウィリアムズ試験は、24の問題からなり、それぞれが単純な迷路で餌を見つけるというものだ。ドナルド・ヘッブは環境が豊かになることの影響に関するこの種の研究のパイオニアである。これはHebb 1949に短く記されているが、この論文はそのことよりも、神経細胞集合とシナプス可塑性に関するヘッブ理論の提示によって有名である(後述の第4章、第5章を参照)。
4　Rosenzweig 1996。この統計的有意性の検定は同腹の子たちの比較にもとづいて行われ

た。皮質の大きさの変化は脳の大きさの全体的変化によるものではなかった。じっさい、脳の非皮質領域はわずかに小さくなっていた。この変化は、体の大きさの増大によるものでもなかった。刺激の多い環境で暮らしたラットは、活動が増えたために、少し体重が減少していたのだ。

5　Draganski et al. 2004; Boyke et al. 2008

6　Draganski et al. 2006

7　ブロードマンの地図は大脳皮質の主要な部分である新皮質に関するものである。紛らわしいことに、「皮質」という言葉は、新皮質の省略形として用いられることが多い。ブロードマンは皮質を43の領域に分割したが(Brodmann 1909)、図11にはそのすべては描かれていない。ここに示すのは、大脳をある方向から見た図である。よく見れば、地図中の最大の番号が43ではなく52であることに気づくだろう。これはブロードマンが12~16と48 ～ 51を飛ばしたからだ。ヒトの皮質とはまったく違って見えた、動物の皮質領域のために取っておくためだった。ブロードマンはこれらの領域を描くのに顕微鏡を使ったが、それについては第10章で述べる。しかしながら、これらの領域は皮質のヒダと大ざっぱには一致しているため、顕微鏡がなくともほぼ同様に特定することができる。

8　Cramer 2008

9　Cramer 2008

10　Mathern 2010。たとえばMRIで、発作の原因が、明らかに脳の片側の異常であることが示された場合、この処置は理にかなっている。

11　Vining et al. 1997。患者たちの感動的な証言については、http://hemifoundation.intuitwebsites.comを参照のこと。

12　Basser 1962は小児期の最初期について、Boatman et al. 1999は小児期後期について述べている。この現象はすでに19世紀、ブローカによって指摘されていた。

13　Nicolelis 2007

14　Bagwell 2005。中世に入るころまでには、医術は教会が担うようになった。ローマ教皇による1215年の勅令で、聖職者が外科手術を行うことは禁じられた。血液や体液に触れることは穢れと見なされたためだ。手術は理髪師が行うようになったが、大学で訓練を受けた医者よりは、治療者としてましだったかもしれない。

15　Finger and Hustwit 2003

16　パレからミッチェルに至る幻肢の歴史は、Finger and Hustwit 2003に概観されている。

17　Reilly and Sirigu 2008

18　Finger and Hustwit 2003は、この説明をデカルトのものとしている。

19　Ramachandran and Blakeslee 1999

20　Penfield and Boldrey 1937

21　Ramachandran, Stewart, Rogers-Ramachandran 1992。この調査に関する興味深く楽しい話がRamachandran and Blakeslee 1999にある。 Buonomano and Merzenich 1998で論じられているように、ヒトに関するラマチャンドランの発見は、すでに動物で同様の現象を見つけていたマイク・マージニックなどの神経科学者たちにとっては、とくに意外ではなかっただろう。

22　この説明は不完全に感じられるかもしれない。というのも、わたしは機能についてのみ語り、入力と経路については言及を避けたからだ。これらについては本文で後述する。要するに、切断によって感覚経路から前腕領域の入力が失われる。地図の書き換えによって、それら失われた入力が、顔と上腕からの感覚入力に置き換えられるのである。

23　顔の位置と幻想の手の指のあいだには一対一対応もあった(頬と親指、顎と小指など)。

24　より正確には、fMRIはBOLD(血中酸素濃度依存性)信号を測定する。BOLD信号は日本の科学者小川誠二によって発見され、肺から全身に酸素を運ぶ血中ヘモグロビン分子のうち、酸素と結合しているものと、酸素と結合していないものとの比として定義される。ある脳の領域が活動するとBOLD信号に2つの正反対の影響が出る。第一に、その領域がより多くのエネルギーを燃焼し、ヘモグロビンの酸素が奪われる。第二に、血流が増加し、その領域に酸素と結合した大量のヘモグロビンを運ぶ(脳の活動によって血流が増加すると信じる者は多い。なぜなら脳は各領域のエネルギー需要を満たすために血流を精密に調整しているからだ)。これら2つの

影響のどちらもが支配的になりうる。脳の活動は、BOLD信号を大きくもすれば小さくもするので、fMRIの解釈は難しい。なお、BOLD信号はエネルギーの消費を反映しているので、脳を理解するためにfMRIを使うのは、一番熱くなる場所を測定して車のエンジンを理解しようとするようなものだと、皮肉を言う者もいる。

25　こうした画像は、どんな作業に対しても脳のごく一部しか使われないかのような誤解を招きそうだ。しかしそれぞれの画像は、じつは2つの類似した知的作業に対応する、2つの画像を引き算した結果として得られる。「光っている」領域は、一方の作業で、他方の作業よりも多く使われたということだ。だが他のすべての領域がなまけていたと結論づけるべきではない。多くは活動していたが、活動のレベルは両方の作業で同程度だったのである。

26　Lotze et al. 2001も、切断手術を受けた人の4野で同様の地図の書き換えが起こることを実証し、幻肢の想像上の動きが引き起こす脳の活動を測定した。研究者たちはfMRIを用い、脳卒中患者の4野における地図の書き換えも実証した。手を表す領域は、脳のどの部位が損傷したかに応じて、4野内で上下した。さらなる研究から、脳卒中はより広い範囲で地図の書き換えを引き起こし、脳の同じ半球側、あるいはもう片方の半球側の、隔たった領域に影響を及ぼすことが判明した(Cramer 2008)。

27　Elbert et al. 1995は、fMRIではなく磁気源画像を使った。彼らは3野内の左手を表す場所が平均として変化することを発見した。彼らはそれを面積の変化と解釈した。だがその部分の大きさを直接測定すると、統計的に有意な変化は示されなかった。その変化が音楽的訓練によるものであることを、彼らは証明できなかった。選択バイアスの可能性があったからである。しかし、変化の大きさと音楽的訓練を始めた年齢とには相関関係があった。MRIを用いた関連研究についてはAmunts et al. 1997を参照のこと。

28　Elbert and Rockstroh 2004

29　有名な例がピアニストのレオン・フライシャーである。彼は35年間右手が使えなかったが、腕の筋肉にボトックス注射をする治療を受けた後、近年両手が使えるようになった。

30　Sterr et al. 1998は、手を表す領域が大きくなることを示しただけでなく、指の配列が順番通りに表わされていないことも示し、それが、点字を読むこととバイオリンを弾くこととを区別するかもしれないと論じた。

31　Glahn et al. 2005

32　近年の2つの論文Kaiser et al. 2010とBosl et al. 2011は自閉症者の脳の活動の特性を明らかにした。

33　科学研究では、等尺性測定が用いられる。すなわち、関節の角度が固定された状態で力を測定する。力は関節の角度に依存するので、測定はより制御されたものとなる。筋肉の大きさは断面積(CSA)で決まるが、それはおおよそ繊維数に比例し、したがって強さに比例すると期待される。

34　この相関関係を研究するのは馬鹿げていると思うかもしれない。常識で考えれば相関は強いに決まっているからだ。しかしじっさいには、このことを実験で立証するのは驚くほど難しい。Maughan, Watson, and Weir 1983は相関係数は低いとし、「強さは筋肉断面積の有益な予測指標ではない」という反対意見を示した。Bamman et al. 2000やFukunaga et al. 2001などの近年の研究は、どちらも強い相関関係を支持しているようだが、それは測定方法が進歩したおかげかもしれない。それでも、多くの興味深い疑問が、いまだ答えられないままになっている。たとえば筋肉の大きさと強さの関係は、重量挙げ選手やボディビルダー、すなわち一流のアスリートと、一般人とで異なるのだろうか?

35　Lashley and Clark 1946

36　Lashley 1929

37　Huttenlocher 1990はブロードマン17野には1億を超えるニューロンが含まれると推定している。

第3章

1　脳の中では孤立したニューロンはないが、図13のように、単独のニューロンをペトリ皿の中で人工的に培養することはできる。しかしこのニ

ューロンも本当に孤立しているわけではなく、じっさいには枝が画像のずっと外まで伸び、ペトリ皿の中の他のニューロンと接続している。この画像は走査電子顕微鏡法によって得られた。

2　脳だけに限定しなければ、神経突起にはもっと長く伸びるものがある。脳から脊髄まで伸びるものや、脊髄と手足の指を結ぶものもあるのだ。キリンやクジラも神経突起を持つことを忘れないでおこう。

3　axは軸索(axon)、spはとげのように樹状突起から突き出る樹状突起棘(spine)を示す。

4　図14の画像では見えないが、2つのニューロンの膜間の間隙をさまざまな分子がつないでおり、2つのニューロンを直接接触させている。しかしさらに倍率を高めると、「接触」の概念そのものが崩れはじめる。われわれが物質と呼ぶものは、主として構成粒子間の何もない空間から成っているのだ。

5　Eccles et al. 1954は、ひとつのニューロンはひとつの神経伝達物質を分泌するという原理を唱え、それをシナプス伝達の研究で1936年のノーベル賞を受賞した、サー・ヘンリー・デールの発案によるものとした。その後Eccles 1976ではデールの原理を修正し、複数の神経伝達物質を認めた。エックルス自身もシナプスの研究で1963年のノーベル賞を他の研究者と共に受賞した。さらに近年、ニューロンは神経伝達物質の種類を切り替えて使うことができるという、新たな例外が発見されている。

6　18世紀のフランス人哲学者・生理学者のピエール・カバニスは「肝臓が胆汁を分泌するように、脳は思考を分泌する」と書いた。

7　ほとんどの生物学的状況において、化学的シグナル伝達は分子結合の特異性に依存する(鍵と鍵穴のメカニズム)。それはシナプス間の混線を防ぐには不十分である。多くのシナプスがまったく同じ神経伝達物質を使うからだ。

8　混線がまったくないと言っているのではない。神経伝達物質の漏出が起こることは知られており、それが脳の機能にとって重要な場合もあるようだ。

9　Russell 1978

10　Kolodzey 1981

11　絶縁体を貫通する電場のために、まだわずかな混線は起こりうる。

12　脳の容積は100万立方ミリメートル以上あり、その大部分が皮質である。Braitenberg and Schüz 1998によれば、皮質1立方ミリメートルには長さにして数キロメートル相当の神経突起が含まれている。

13　この説明は非常に一般的なタイプのニューロン、皮質の錐体ニューロンには当てはまる。しかし異なる外観を持つ別のタイプのニューロンも多数ある。あるタイプのニューロン、とくに無脊椎動物の神経系では、樹状突起と軸索の区別すらつかない。この種のニューロンでは、神経突起それぞれがシナプスの送受両方を行う。

14　しかし軸索から細胞体へのシナプス、樹状突起から樹状突起へのシナプス、軸索から軸索へのシナプスなど、そのほかにも考えられるかぎりの多種多様なシナプスがある。

15　この図は、迷路を探検するラットの海馬にあるニューロンで記録された電圧信号の一部を示している。この実験はEpsztein, Brecht, and Lee 2011に記述されている。

16　電信の後、アナログ通信、すなわち音声信号をパルスに符号化せずに伝達する電話が発明された。しかし現在の電話システムはふたたびデジタル式になり、モールス信号に似たものを利用している。符号化と復号は人間のオペレーターではなく電子回路によって迅速に自動的に行われるため、ユーザーの目には触れない。いったいなぜ高度な電話システムは、原始的な電信で用いられた通信方式に戻ろうとするのだろうか。理由のひとつは、現在のシステム設計思想が、可能な限り最高の速度で情報を伝達するというものであることだ。そのためにはノイズによって課される限界ぎりぎりで作動する必要があり、デジタル式に戻すのが最善の方法なのである。

17　「通過する」というのは、シナプスの大多数は軸索に沿った場所にできるため、スパイクがそこを通過して伝搬するからである。しかし軸索の末端に位置するシナプスもあり、スパイクはそこで終了する。

18　受容体が化学信号を電気信号に変換するしくみについては、第6章で説明する。

19　これはLaw of Dynamic Polarizationとして知られている。神経科学者たちは、軸索に電気的刺激を人為的に与えることがあり、その場合スパイクは通常とは逆向きに、軸索から細胞体に向かって伝わり、この法則は破られる。このような「逆行性」伝搬は正常な場合とは逆向きであり、軸索に沿った信号伝達は、本来は双方向であることを証明している。
20　神経系はグリア細胞として知られる非ニューロン細胞も含む。これには多くの種類があり、脳を活発に機能させ続けるために必須である。わたしはここで、グリア細胞は、心という舞台の主役であるニューロンを支える裏方だ、という従来の考えを採用する。ニューロンとグリア細胞はどちらも同じぐらい多数ある(Azevedo et al. 2009)。グリア細胞についてはFields 2009に充実した説明がある。
21　これらは、ニューロン間の普通のシナプスと対比させるため、神経筋接合部と呼ばれる。
22　Sherrington 1924
23　Bradley 1920
24　少数の強力なシナプスがあり、脳の機能にとってはそういうシナプスが重要なのだという、反主流的な意見をもつ人たちもいる。
25　たとえシナプスが弱くても、ひとつのニューロンが他のニューロンをスパイクさせることはできる。そのためには両者が数多くのシナプスによって接続していればよい。しかし、そういう状況は、じっさいには稀であるようだ。
26　じつは、シナプスは確率的に行動する。スパイクごとに、一部のシナプスがランダムに神経伝達物質を分泌しそこなうのだ。
27　ヘビを見た場合、目は足に情報を伝え、唾液腺には情報を伝えない。ステーキの場合はその逆になる。通信網において、このような選択は「経路決定(ルーティング)」によって行われる。メッセージには宛先があるが、それはメッセージの内容とは別のものである。このことは手紙を出す場合を考えればよくわかる。宛先は封筒の外側に書き、メッセージの内容は中の紙に書く。同様に、電話をかけるには相手の番号を打ち込んで電話の宛先を入力するが、メッセージの内容はその後の通話に含まれる。ネットワークのノードは、宛先を調べ、宛先で特定される目的地により近い別のノードへメッセージを中継することで、入力されるメッセージの経路(ルート)を決定する。メッセージはこのようにして決まるネットワークの経路を進んでいく。郵便局では職員がこれを行い、電話網ではスイッチという装置がこれを行う。たとえ一本の経路がスパイクを中継できるとしても、神経系がどのようにしてスパイクを正しい経路に送り、特定の目的地へ到着させるのかは明らかではない。軸索はいかなるルーティングも行わず、無差別にすべてのシナプスへスパイクを送るだけなのだ。ルーティングはニューロンのどこかで行われているのかもしれないが、この考えには根本的な問題がある。スパイクはパルスにすぎないので、それがどのようにメッセージの中身と宛先の両方を運ぶことができるのかが不明なのだ。それゆえ通信網は、脳の比喩としてとくにふさわしいわけではない。以上のことを述べたうえで言うのだが、このタイプの論証により、メッセージがスパイクの連続からなること、ニューロンの構成要素がルーティング装置として機能できること、もっと高度な組織化レベルから見た場合、脳が通信網に似ていることを、完全に否定することはできない。実際、ルーティングが脳の機能を理解するのに役立つと強く主張する理論家は今もいる(Olshausen, Anderson, and Van Essen 1993)。
28　Häusser et al. 2000とStuart et al. 2007で説明されているように、樹状突起はスパイクしないという従来の概念に研究者が挑戦した。脳の薄片中の生きているニューロンに関する実験で、樹状突起内でもスパイクが起こることが明らかになっている。もしこの現象が生体内の脳でも起これば、ニューロンの各樹状突起がシナプスの票を取りまとめ、その後細胞体が樹状突起の票を取りまとめる、ということが考えられる。これは、各州の人々が総選挙で投票し、その後選挙人団が州ごとに投票を行うアメリカの大統領選挙に似ている。この二段階選挙では、一般投票(選挙人を選ぶ投票)で勝たずに当選することが原理的には可能である。
29　ここでは話を単純化した。シナプスの「強さ」という概念は、ひとつの数字に集約できない

くらい複雑だ。

30　エンジニアはこれをニューロンの「線形閾値モデル」と呼ぶが、それは投票の合計、つまり彼らが「線形」操作と呼ぶものと、閾値化、すなわち非線形の操作とを対比させるためである。このモデルのさらに別の名前を「単純パーセプトロン」という。

31　この程度の時間スケールでも、化学シナプスのほうが電気シナプスよりも制約がない。

32　シナプス抑制が重要であることを示す、さらに直接的な証拠が運動の研究から得られている。筋肉は一般にペアになっており、それぞれが反対の働きをする。上腕の両側にある二頭筋と三頭筋がその一例である。二頭筋は肘を曲げ、三頭筋は肘を伸ばす。神経系は二頭筋と三頭筋に絶えずスパイクを送っている。筋肉が完全に緊張を緩めて休むことがないのはこのためである。筋肉にはある程度の「筋緊張」があるのだ。肘を曲げるとき、神経系は二頭筋に多くのスパイクを送り、これを収縮させる。同時に三頭筋にはそれより少ないスパイクを送り、これを緩める。スパイクが減る理由のひとつは、三頭筋を制御するニューロンがシナプスから抑制を受けるからである。

33　より正確に定義するなら、興奮性か抑制性かは、シナプスのいわゆる逆転電位が、ニューロンがスパイクする閾値電圧よりも上か下かで決まる。

34　電気シナプス、あるいはギャップ結合は分子の一群からなり、各分子群が、ひとつのニューロンの内部を別のニューロンの内部とつなぐ小さなトンネルになっている。

35　電気シナプスはそれ以外にもさまざまな点において化学シナプスよりも制約がある。シナプス電流の持続時間は固定されていて短い。一般的に電流は双方向に流れるが、どちらか一方に流れやすい場合もある。双方向のほうが一方向より優れていると思う人は、電気シナプスは化学シナプスよりも強力なのではないかと考えるかもしれない。しかしニューロン間の双方向通信は、一方向にひとつずつ、つまり2つの化学シナプスによって行うことができるのに対し、電気シナプスは一方向通信を確実に行うことができない。したがって、電気シナプスが双方向通信をしてしまうことは、実際には制約なのである。電気シナプスは、ニューロンの集団が同時にスパイクを生成する必要がある場合に重要な役割を果たすことが知られている。こうした同時性を達成するためには、迅速な双方向通信が理にかなっている。電気シナプスは電気効果だけを発揮するが、化学シナプスは受ける側のニューロン内で付加的な分子的信号を誘発できる。化学伝達におけるこの付加的なステップは信号の伝達を抑制することもあるが、信号の増幅や、他のプロセスによる調節を可能にもする。

36　抑制が経路に及ぼすもっと単純な効果は言うまでもない。抑制性シナプスと興奮性シナプスが混在する1本の経路は、それらのシナプスがどれほど強いものであっても、スパイクを中継できないということだ。

37　1943年、理論神経科学者のウォーレン・マカロックとウォルター・ピッツはニューロンの投票モデルを初めて提示した。マカロック－ピッツのモデルは「シナプスひとつが1票」の原則を遵守するものだったが、それが適用されたのは興奮性シナプスだけだった。抑制性シナプスは多くの興奮性シナプスに対して、完全な拒否権を持つことができた。マカロック－ピッツのモデルが加重投票モデルの特殊ケースであることを示すためには、抑制性シナプスに非常に大きな荷重を与えるだけでよい。

38　これはデールの法則から得られる。任意の神経伝達物質は、どのようなニューロンに対しても、それが興奮性であれ抑制性であれ、つねに同じ電気的効果を及ぼす（電流の向きは信号を受ける側のシナプス間隙にある分子装置に依存する）。

39　また、シナプスの強さに関しても、ひとつのニューロンが相手に応じて強いシナプスを形成したり、弱いシナプスを形成したりすることができる。

40　その分かれ目となるのは、皮質において80対20である。

41　選択的にスパイクすることの重要性を理解するもうひとつの方法として、次のように考えてみよう。それを裏付ける根拠をもうひとつ挙げて

おこう。自然は、手間ひまかけて、混線を防ごうとしている。なぜ自然はそんなことをするのだろう？　混線を防いだところで、信号は収束と発散のプロセスにより、各ニューロンの中で混じり合ってしまうのではないだろうか？　答えを言えば、自然がわざわざそんな骨折りをするのは、混線を防ぐことによりニューロンがスパイクしにくくなり、それがスパイクの選択性を保持することにつながるからなのだ。

42　日常生活にコンピュータが浸透しているので、本当はそれがどれほど奇妙なものなのか、わからなくなってしまっている。デジタル・コンピュータはその万能性においてどんな機械とも異なる。無限に用途の広いスイス・アーミーナイフのように、正しいソフトウェアさえ組み込めば、コンピュータはどんな演算も行うことができる（これはチャーチ＝チューリングのテーゼをわかりやすく述べたものである。チャーチ＝チューリングのテーゼは、万能チューリング機械として知られる抽象的コンピューティング・モデルのために考案されたものである。万能チューリング機械は、容量無限大のハードディスクをもつ現代のデジタル・コンピュータのようなものである）。コンピュータは道具箱とはまったく違う。道具箱の中にあるハンマー、スクリュードライバー、のこぎり、レンチ、ドリルなどはすべて、それぞれ特定の役割を果たす。脳の各領域は特定の機能のために特化されているので、万能コンピュータよりは道具箱に似ている。のこぎりやハンマーの構造が大工仕事におけるそれぞれの役割に深く関係しているように、脳の各領域の構造はその役割と深く関係している可能性が高い。

43　加重投票モデルは現実のニューロンの近似にすぎず、ニューロンはもっと複雑かもしれない。Bullock et al. 2005は似ていない点について簡単に説明し、Yuste 2010は、樹状突起の特性に関する、本1冊分もの総合報告である。

第４章

1　Quiroga et al. 2005

2　フリードの実験が衝撃的だったのは、ヒトに対して行われたものだったからだ。しかしその結果は、彼に先行した研究者たちの業績を知っていれば、それほど驚くべきものではない。同様の実験を、サルなどの動物に対して行った研究者たちがいたのである。たとえばDesimone et al. 1984は、顔に対して選択的に反応するニューロンを報告している。

3　じっさいには、多くはないものの、いくつかのスパイクが発生した。フリードと彼の同僚たちは、同じ被験者の中に、別のニューロン群も発見している。それらのニューロンは、アニストンとピットが一緒にいる写真に対して選択的に（言うなればノスタルジックに？）活性化するが、アニストンひとりでは活性化しなかった。

4　有名な論文でホラス・バーロウはこれを、知覚の「おばあさん細胞」説と呼び、祖母がいるときのみ活性化するニューロンが自分にはあるとジョークを言った（Barlow 1972）。だがGross 2002は、「おばあさん細胞」説を提案したのはジェローム・レトヴィンだとしている。

5　この「数名」モデルはじっさい「ひとりだけ」モデルよりもデータと合う。わたしは先に、ひとりのセレブに反応するニューロンが存在するという事実を強調したが、そういうニューロンはじつは少数派だった。実験では、はるかに多くのニューロンが、ひとりのセレブにも反応せず、2人のセレブに反応するニューロンはひとりの場合よりさらに少なかった。この事実が「数名」モデルと矛盾しないことを理解するために、セレブを無作為にサンプリングするのは、目隠しをしてダーツを投げるようなものだと考えてみよう。ニューロンを活性化させるセレブを見つけるのは、ダーツを盤に命中させるようなものだ。どちらも確率は低い。一番確率が高いのは、1本のダーツも命中しないことだ。運が良ければ、1本くらいは当たるだろう。2本以上が当たることはまずない。しかしこの実験では、正真正銘たったひとりのセレブにだけ反応するニューロンの存在を排除することはできない。そのようなニューロンをつきとめるためには、被験者に膨大な数の写真を見せる必要があるだろう。

6　ここでは、活動パターンを、活性化されているかいないかの、2つにひとつだと簡単に定義した。この定義を改良して、活性化されたニューロ

ンがスパイクを発生させる率を含むようにする[活性化されてもスパイクしない場合がある]ことができる。そうすれば活動パターンはさらに多くの情報を含むことになるだろう。

7　哲学の素養がある人は、ライプニッツは知覚ではなく、知覚に伴う主観的感覚、クオリアに言及していたのだと言って、わたしの主張を認めないかもしれない。言い換えれば、彼が本当に言及していたのは意識であり、スパイクを測定したところで意識についてたいしたことはわからない、というのがその立場だ。

8　fMRIも、心を読むために使えるだろうか？　最近何人かの研究者が、fMRIで人が嘘をついているかどうかを検出できると論じた(Langleben et al. 2002; Kozel et al. 2005)。刑事訴追や面接試験で使われる標準的な「嘘発見器」はポリグラフである。これは血圧、脈拍、呼吸、皮膚伝導度を測定するが、それらは、普通、嘘をついたときに感じる、表には出ない感情的ストレスを明らかにする。しかしポリグラフの正確さについては幅広い懐疑論があり、fMRIは脳の活動を測定して精神状態を直接評価するためには、より正確である可能性がある。研究室での実験では、嘘をついている被験者と真実を話す被験者とを区別するために脳スキャナーを使って、よい結果が得られたと主張する研究者もいる。この研究を根拠に、fMRIによる嘘の検知を商品化する新しい会社が2つ設立された。fMRIがポリグラフより優れていると判明するかどうかはまだわからないが、いずれにせよここでの議論とは関係がない。ここで重要なのは、fMRIの研究者たちは、心を読むといっても、非常に大ざっぱなことしか期待していないということだ。ジェニファー・アニストンを彼女として認識するような、きわめて特異的な心の性質を、fMRIを使って読みとれるようになるなどとは、誰も夢にも思っていないだろう。

9　近年、この言葉を謙遜よりは皮肉と考える修正主義の歴史家もいる。というのはこの言葉は競争相手である科学者ロバート・フックへの手紙に書かれたものだからだ。フックは「せむし」であった。のちにニュートンとフックは光学における論争で敵対した。

10　このルールに、欠けているものがあることに気づいた人もいるかもしれない。それは抑制性ニューロンだ。ほとんどの皮質ニューロンは興奮性だとはいえ、抑制性ニューロンを無視するべきではない。抑制性ニューロンにも機能があるのは間違いないからだ。「ジェニファー・アニストン・ニューロン」が、ブラッド・ピットとジェニファーが一緒にいる写真ではスパイクしなかったことを思い出そう。ブラッドを検知するニューロンからの抑制性シナプスを考慮すれば、この反応を説明することができる。もし抑制性シナプスが十分に強ければ、この票がジェニファーの構成要素を検知するニューロンたちからの票を上回り、ブラッドがいればジェニファー・ニューロンは反応しないということだ。より一般に、類似の刺激を細かく区別するうえで、抑制性シナプスが役立つことが理論立てられている。興奮性シナプスが、あるタイプの鼻に反応してスパイクを発生し、似た形の鼻に対しては抑制性シナプスがスパイクを発生させない、といったこともありうる。

11　じっさいには、部分－全体のルールはネットワークの一層おきの配線のみに用いられた。残り半分は別のルールで配線された。「ニューロンは、同じ刺激の少しだけ異なるバージョンを検知するニューロンから興奮性シナプスを受け取る」というルールがそれだ。このニューロンはスパイク発生の閾値が低いため、種々の刺激のいずれにも反応する。このルールが必要なのは、知覚に関する別の重要な性質を実現させるためである。すなわち、さまざまな刺激の違いに対して、それが「重要ではない」相違であるならば、同じ反応をする(知覚する)ということである。

12　シナプスの単層のみの場合を指してパーセプトロン、もっと一般的な場合を指して多層パーセプトロンと言う人もいる。しかしローゼンブラットはもともと多層ネットワークをこの言葉で呼ぶつもりだった。ここでは彼の使い方に従う。

13　パーセプトロンは脳の既知の接続性とは相容れない特徴を持つ。このモデルの経路は、階層のボトムからトップへ進むものだけなのだ。実際の脳には、それとは逆向きにトップからボトムへと進む接続もある。知覚におけるこうしたトップダウン経路の役割とはなんだろう？　そしてこう

した経路がどのように組織されるのか？ McClelland and Rumelhart 1981の「相互活性化」モデルでは、文字検出ニューロンは、その文字の画を検出するニューロンからボトムアップ接続を受け取る（このような部分－全体接続については本文で論じた）。しかしこれでは、次の単純な現象を説明できない。C□Tという語の真ん中の文字がA、O、あるいはUである可能性が高く、EやIではないと、どうしてわかるのだろう？ 相互活性化モデルでは、文字検知ニューロンは、その文字を含む語を検知するニューロンからトップダウン接続も受け取る。上記の例では、Aの検出器はCATを検出するニューロンから接続を受け取ると考えられる。もっと一般的に言えば、「全体を検出するひとつのニューロンが、部分を検出するニューロンへ興奮性シナプスを送る」というルールを思い浮かべればいい。このルールによって、ボトムアップ接続とトップダウン接続の両方から受け取る証拠の重みを測ることで、ニューロンは刺激を検出できる。

14　階層的表現が横並びの表現よりも効率的なのは、いくつもの全体がひとつの部分を共有できるからである。

15　コネクショニズムという言葉は、加重投票ニューロンのモデル・ネットワークを用いて人間の心を説明しようとする、認知科学における1980年代の運動を意味することが多い。心の哲学者たちは、心をデジタル・コンピュータとして理解する「記号的」アプローチよりも、コネクショニズムのほうが優れていると論じた。この激しい論争も歴史の中へ消えていきつつあるので、わたしが定義したより広い意味で、この言葉を使う方がいい。わたしの言うコネクショニズムは、そのルーツを19世紀にまでさかのぼり、今もなお進化している知的伝統である。

16　MTL（側頭葉内側部）を、先に仮定した階層のトップとみなす者もいる（図19参照）。ボトムには、知覚にのみ専念する皮質の領域がある。思考はこの領域のニューロンを活性化させないか、少なくともあまり活性化させない。知覚と思考の境界線ははっきりしたものではないようだ。むしろ思考におけるニューロンの関与は段階的で、階層を上がっていくにつれ、関与がしだいに深まっていくように見える。

17　抑制性ニューロンを使う方法は、ニューロンの閾値を上げる方法よりも、活動性がむやみに伝搬するのを制御しやすくし、記憶を想起しやすくさせると考える理論家もいる。

18　抑制性ニューロンは、活動の拡がりを遅らせることによって記憶容量を増やす。この抑制機能を働かせるためには、抑制性ニューロンの接続は組織化されている必要がない。それぞれがランダムに選んだ興奮性ニューロンからのシナプスを受け取ると、その興奮性ニューロンたちの「群集（mob）」が活動しているときはいつでも活性化されていることになる。ランダムに選んだ別の興奮性ニューロンへシナプスを送り返せば、群集に抑制効果を及ぼす。技術者なら、抑制性ニューロンは興奮性ニューロンに「負のフィードバック」を与えると言うだろう。家庭用のサーモスタットは、負のフィードバックの例としては古典的なものだ。暖められた部屋の空気がある温度を超えると、サーモスタットは熱源を切る。温度が下がれば、サーモスタットは熱源を入れる。どちらの場合もサーモスタットは温度変化の向きとは逆に働くが、それと同様に抑制性ニューロンも興奮性ニューロンの活動性とは逆向きに働く。この観点からすると抑制性ニューロンは脳の機能を支える役割をし、その接続は特異的である必要がない。

19　これは先に示したパーセプトロンに似ているが、横向きになっている。シナプス連鎖はパーセプトロンの特殊ケースと考えられるが、知覚のモデルに使われる標準的なパーセプトロンとはかなり違う。パーセプトロンのひとつの層にあるニューロンは通常異なる刺激を検出するため、ニューロンそれぞれが、その前の層にあるニューロンの小さなグループに別々に配線される（同じニューロンに配線された場合、シナプスの強度が異なる）。シナプス連鎖のひとつの層にあるニューロンはすべていっしょに活性化されるので、前の層との接続が異なっている必要はない。シナプス連鎖は、多くの研究者によって数学モデルとして定式化されてきた（たとえばAmari 1972やAbeles 1982を参照）。アメリカの理論物理学者ジョン・ホップフィールドは1980年代に関連す

るいくつかのモデルを開発した。

20　ドナルド・ヘッブが神経細胞集合を提案し名づけた(Hebb 1949)。1950年代には神経細胞集合を備えたモデル・ネットワークの初期のコンピュータ・シミュレーションが行われた。イギリスの理論家デヴィッド・マーと日本の理論家甘利俊一は、1960年代と1970年代に、このようなモデルを鉛筆と紙で研究した著名な研究者である(たとえばMarr 1971やAmari 1972を参照)。しかしコネクショニズムが本当に活況を呈するようになったのは、ジョン・ホップフィールドによる影響力の大きな論文が出た後、1980年代のことである(Hopfield 1982; Hopfield and Tank 1986)。スピングラス理論として知られる物理の一分野における高度な数学的手法を用いて、理論物理学者たちは、神経細胞集合間の重なりの効果を統計的に処理することによって記憶容量を計算することに熱中した(Amit 1989; Mezard, Parisi, and Virasoro 1987; Amit et al. 1985)。1990年代にブームが収まるまでに、研究者たちはこのモデルの興味深い特性を数多く発見した。またこの頃、PDP研究グループという認知科学者の集団が、興味深いコネクショニズム・モデルを多数含んだ、影響力の大きな2巻のマニフェストを出版した(Rumelhart and McClelland 1986)。

21　ラシュレーは1909年の著作を引用し、「連合鎖モデル(Associative Chain Model)」はイギリスの心理学者エドワード・ティチェナーによるものとした。実際にはどちらの著者も、神経の接続ではなく、心理学的な連想の連鎖について言及していた。おかしなことに、ラシュレーは神経科学者であるにもかかわらず、自分の論述でシナプスという語を使わなかった。それでもシナプス連鎖という考えは、彼の著作に暗に示されている。

22　2本の鎖が1本に収束する点もなければならないだろう。でなければすぐにニューロンを使い果たしてしまう。

23　同じような批判として、コンピュータ科学者の中には、思考と思考との関係は、単純な連想よりも豊かであると主張する者もいる。「魚と水という観念は関連している」と言うのは、両者の関係を十分に評価するものではない。魚が水中に「生息する」と言うほうが、より高度に記述的である。コンピュータ科学者はこのような関係を「意味ネットワーク」と表現するが、これは矢印が関係の種類で分類されていることを除いて、コネクトームと似ている。

24　こうしたコネクショニズム・モデルは、具体的なアイディアを示すために用いられる変数を補うものとして、潜在的ないし隠れた変数を導入することによって、より大きな計算力を達成する。

第5章

1　ブロックの大きさはさまざまだ。この数値は平均値の見積もりである(Petrie 1883)。ほとんどのブロックは石灰岩であり、一部は花崗岩だった。

2　Petrie 1883

3　ヘロドトスは遠く離れた採石場からピラミッドまでブロックを運ぶために、10万人の奴隷が20年間労働したと書いている。近年のエジプト学者の多くがこれに異を唱え、主な採石場は近く、労働人口はずっと少なく、労働者は奴隷ではなかったと主張している。

4　プラトン『テアイテトス』

5　Draaisma 2000

6　可塑性[plasticity]という語は材料科学に由来する。可塑性のある[plastic]物質は変形させられると、その新しい形状を保持する。弾性のある[elastic]物質は元の形状へ戻る。蠟には可塑性があるので、圧痕を保持することができ、ゆえに過去の情報を記憶することができる。専門用語としては、可塑性[plastic]とは変形に対する物質の反応を指す形容詞である。「プラスチック」はより一般に名詞として用いられ、工業製品で広く利用されている合成高分子材料を指す。プラスチックには、より高い温度で変形するという、製造業でよく使われる特徴があり、その点では一般的用法と技術的用法は関係がある。ただしプラスチックはふつう、室温では弾性を示す。ほかにも、同じように変形可能な金属やその他の物質もある。

7　再荷重と再接続の違いがもっともはっきり

するのは、この章で一般的に考えられているように、ニューロンAからニューロンBへのシナプスがたかだか1個の場合である。AからBへのシナプスが多数あれば、両者の違いはあいまいだ。その場合シナプスの生成と除去は、ニューロンを接続したまま残し、AからBへのシナプスの数だけを変えるようなものとなりうる。すると、Bがスパイクを起こすために必要なAの票の重みが変わるため、再接続ではなく再荷重となる。

8　「ほとんどの神経科学者」という根拠は伝聞で、厳密に証明するのは難しい。一例を挙げるなら、オーストラリアの神経科学者サー・ジョン・エックルスがいる。エックルスは、学習は「すでに存在するシナプスをより大きく、よりよく成長させるだけであって、新しい接続を作ることはない」と書いている(Eccles 1965)。Rosenzweig 1996は神経科学者の視点から歴史的評価を行っているが、これは歴史学の専門家によって吟味されるべき問題である。

9　この図はYang, Pan, and Gan 2009で説明されている実験のデータにもとづいている。

10　スパインの大きさも変化することが観察されている。それはシナプスの強さが変化していることを示唆する。

11　Greenough, Black, and Wallace 1987

12　シナプスの数だけでなく、その大きさに注目した研究者もいる。シナプスの大きさがその強さと関連しているという証拠がある。シナプスの大きさに注目する研究者たちは、ラットの皮質において、刺激の多い環境がシナプスの平均サイズを増大させることを見出した。しかしシナプスの増大を、学習と等しいと捉えるべきではない。それはちょうど、シナプスの数の増大を学習と等しいと捉えるべきではないのと同じことである。シナプスの平均サイズが減少していることを示した別の実験もある。どちらの変化が優位に立つかは、どのニューロンの層が関係しているか、皮質のどの部分が関係しているかによる。

13　Hebb 1949。逐次的活性化の法則は19世紀後半、スコットランドの哲学者アレクサンダー・ベインも提示した(Wilkes and Wade 1997)が、彼の説は定着しなかった。ベインは運悪く生まれるのが早すぎたのだろう。当時は脳についてほとんど何もわかっていなかった。彼は神経繊維や神経路に関する知識があり、神経路間には接続があると推測したが、ニューロンやシナプスの存在はまだ立証されていなかった。

14　抑制性ニューロンのシナプス可塑性についてはまだあまりわかっていないため、ここでは論じない。従来の考えでは、興奮性ニューロン間の接続のほうが、より特異性が高く、学習によって形成されやすい。抑制性ニューロンに関係する接続は、相対的に無差別的であり、学習の影響は小さい可能性もある。

15　この方法は「単一ユニット」記録法として知られ、イギリスの科学者エドガー・エイドリアンが先鞭をつけた。エイドリアンは1932年にノーベル賞を獲得し、ついには「Lord」の称号まで手に入れた。

16　筋肉へのシナプスは1930年代、1940年代にすでに研究されていた。1950年代にはサー・ジョン・エックルスなどの研究者が細胞内記録法を改良し、脊髄中のシナプスに適用した。エックルスはこの仕事で1963年にノーベル賞を共同受賞した。

17　本文で述べたのは、特定のニューロン対を調べるために、2つの細胞内電極を用いる方法のこと。これはシナプスを調べるためのもっとも精密な方法であり、比較的最近使われるようになった。エックルスはひとつのシナプス後ニューロンの活動を記録するためにひとつの細胞内電極を使い、細胞外ワイヤを通して電流を流すことにより、多数のシナプス前ニューロンに刺激を与えた。

18　ニューロンAからニューロンBへのシナプスがたまたま複数ある場合、パルスの大きさはすべてのシナプスの強さの合計になる。

19　Bi and Poo 1998; Markram et al. 1997。逐次刺激と同時刺激のどちらが、可塑性を誘導するのにより効率的かは、関与するニューロンの種類によって決まる。厳密に言えば、この実験では、ひとつのシナプスにおける変化は明らかにならなかった。計測したニューロン対間に多数のシナプスがあり、実験で明らかになったのは合計した強さの変化だった。一般的に、このような実験は再荷重と再接続の区別をつけるのが難しい。

もし2つのニューロンの相互作用が強まれば、それは単にシナプスが強化された結果ではなく、両者間のシナプス数が増えた結果かもしれない。紙幅が足りないためここでは論じないが、シナプスが同時的あるいは逐次的スパイク発生を検出するメカニズムも、興味深い問題である。これはNMDA受容体と呼ばれる特別な分子によって起こるようだ。

20　ジェニファーとブラッドの関係を忘れたとは単純には言えない。二人がもう夫婦ではないにもかかわらず、かつて夫婦であったことはまだ記憶されているからだ。この情報を表すために、結婚ニューロンと離婚ニューロンがあるとしよう。最初、神経細胞集合はブラッド、ジェニファー、結婚の各ニューロンを含んでいる。その後、神経細胞集合は、ブラッド、ジェニファー、離婚の各ニューロンを含むようになる。この答えはまだ完全ではない。よりよい答えを得るには、コネクショニズムは統語法を表現できないというラシュレーの批判を乗り越えなければならない。それはこの本の守備範囲外である。

21　たとえばStent 1973は、もしAが繰り返し不活性になっているあいだ、Bがずっと活性であれば、AからBへ送られるシナプスは弱まると主張した。多くの理論家も似た説を唱えた。ヘッブ則の逐次バージョンを裏返せば、「もし2つのニューロンが繰り返し逐次的に活性化されると、2つめからひとつめへの[逆順の]結合は弱まる」となる。Markram et al. 1997とBi and Poo 1998は、経験的証拠を発見した。このルールは、ヘッブ則と組み合わせて、「スパイクタイミング依存的可塑性(STDP)」として知られている。

22　Miller 1996

23　Purves 1990

24　ここで神経細胞集合を、ニューロン同士はすべて強いシナプスで接続されているものとして、再定義する必要がある。何者かがたくさんの穴をランダムにあけた白紙に(穴を避けずに)文字を書く様子を思い浮かべれば、ロックのたとえを修正できる。紙の失われた部分は、まばらに接続したネットワークにおける失われたシナプスに似ている。もしあなたの文字が穴よりずっと大きければ、情報はまだ読むことができる。しかしもしあなたの書く文字が小さすぎれば、情報は失われる。

25　Yates 1966

26　このヘッブ則のバリエーションは、神経科学を学ぶ大学生のあいだで人気のある、次の金言に表されている。「共に発火するニューロンが、共に結びあう」。

27　Edelman 1987; Changeux 1985。反対意見がPurves, White, and Riddle 1996に提示され、それに対してSporns et al. 1997が応じた。

28　シナプス生成の「オンデマンド」説は、ジョン＝バティスト・ラマルクの進化論に似ている。ラマルクは、動物は獲得した特性を子に伝えることができ、変異はランダムに起こるのではなく適応するために起こると主張した。たとえば彼は、肉体訓練によって筋肉を大きくした人は大きな筋肉を子に伝えることができると考えていた。ラマルクの考えは疑問が持たれていたが、近年になってエピジェネティクスの研究により部分的に復活している。

29　Lichtman and Colman 2000は研究成果の総合報告となっている。Purves and Lichtman 1985で、基本的な考えの概略を読むことができる。

30　Gilbert et al. 2000

31　PHCAは、神経外科医が脳の動脈瘤を除去する際に用いられることがある。動脈瘤を切り取る際の出血を防ぐため、血液循環は停止され、低温にすることで、その間の酸素不足によって起こるはずの脳の損傷を防ぐ。このような低温では、心臓は正しく鼓動しない。そこで心臓は、塩化カリウム(毒物注射による処刑で使われる薬のひとつ)を注入することにより、完全に停止させられる。

32　じっさいには話はもう少し複雑だ。なぜならそのほかに、マイクロプロセッサにも情報が保存されるからだ。RAMとハードディスクはオフボードの情報貯蔵システムであるにすぎない。

33　シナプスはその強さを、もう少し速く、一時的に変化させることもあると言っておくべきだろう。これは短期可塑性として知られるもので、これが、短期記憶の基礎なのかもしれない。

第 6 章

1　Bouchard et al. 1990

2　厳密なことを言えば、別々に育てられた一卵性双生児の集団の中から、ランダムに選ばれた二人を比較するべきところだ。

3　有名なケースでは、双子の研究のパイオニアであるサー・シリル・バートがその死後に、データをねつ造したことで非難された。そのためこの分野全体に疑いが投げかけられたが、より確かなデータによってようやく疑念は払拭された。

4　Turkheimer 2000。第2法則は「同じ家庭で育ったことによる影響は遺伝子の影響より小さい」、第3法則は「人間の複雑な行動特性にみられる多様性の多くは、遺伝子や家庭の影響では説明がつかない」である。

5　Steffenburg et al. 1989; Bailey et al. 1995。正確な数値は、自閉症が厳格に定義されているか、あるいは自閉症スペクトラム障害のように、より包括的に定義されているかに依存するために幅がある。またサンプルの数がきわめて少ないため、この数字には統計的なあいまいさがある。

6　Hallmayer et al. 2011は、Steffenburg et al. 1989やBailey et al. 1995の研究に比べて、二卵性双生児の一致率を上方修正した。新しい推定値によれば、自閉症に対する遺伝子の影響は重大ではあるが、それまで考えられていたほど大きくはない。

7　Cardno and Gottesman 2000

8　食物からタンパク質を摂取しているのだから、細胞がタンパク質を作る必要はないと思うかもしれない。しかしじつは、消化器系がタンパク質をアミノ酸に分解し、細胞がそれをさまざまなタンパク質へ再構成しているのである。

9　いくつか例外がある。たとえば免疫系における一部の細胞、DNA複製時のエラーによる変異、そしていわゆる「モザイク生物」である。

10　ドアとトンネルは、レセプターそのものではなく、近くの分子内にあることがある。レセプターがそのドアを開くためにはまた別の信号を送る。脇にあるボタンを押すと電動ドアが開くのとよく似ている。このようなレセプターはイオンチャネルではなく、「代謝調節型」と言われる。ここで述べるレセプターの種類はイオンチャネルであり、「イオンチャネル型」と言われる。

11　Kullmann 2010

12　Miles and Beer 1996; Leroi 2006

13　脳が平均よりも標準偏差をσとして2σまたは3σより小さいことが、小頭症の臨床的定義である（Mochida and Walsh 2001）。

14　Mochida and Walsh 2001

15　Leroi 2006; Mochida and Walsh 2001

16　Mochida and Walsh 2004

17　Guerrini and Parrini 2010

18　Kolodkin and Tessier-Lavigne 2011

19　推定値はTomasch 1954とAboitiz et al. 1992による。

20　Paul et al. 2007。「分離脳」患者は脳梁が癲癇手術で分断された人たちで、やはり比較的小さな障害がある。

21　50万の推定値はHuttenlocher 1990, Figure 1による。これはHuttenlocher and Dabholkar 1997のデータをまとめたものである。

22　Huttenlocher and Dabholkar 1997。Rakic 1986では、サルの皮質において同様の観察が行われている。

23　前にチャネロパシーの話をした。それは個々のニューロンとシナプスの電気信号伝達の機能不全を引き起こす、イオンチャネルの欠陥である。神経活動はヘッブの可塑性のようなメカニズムによってコネクトームを変化させるため、チャネロパシーがあれば、接続に異常が起こると予想される。この例からわかるように、コネクトパシーは、別のタイプの神経病理学的特徴（この場合はチャネロパシー）と関連しているのかもしれない。

24　Redcay and Courchesne 2005は、数多くの研究結果を合わせたメタアナリシスである。

25　Lewis and Levitt 2002; Rapoport et al. 2005

26　Courchesne and Pierce 2005; Geschwind and Levitt 2007

27　Friston 1998。Kubicki et al. 2005に

よれば、カール・ウェルニッケとドイツ人精神科医エミール・クレペリンが20世紀初めに精神病のコネクトパシー説を提案したという。

28 Huttenlocher and Dabholkar 1997

29 統合失調症のコネクトパシー説は、この病気の薬について観察されている効果と合致するだろうか？ 精神病の症状は、ドーパミンを分泌するシナプスの働きを妨げる薬によって軽減される。そしてグルタミン酸を分泌するシナプスの働きを妨げる薬によって、正常な人にその症状を起こさせる（たとえばケタミンや、フェンシクリジンつまりPCPは、救急救命室の医師が証言するように、遊びで使っていた者を一時的に統合失調症患者に変える）。従来の説によれば、統合失調症の脳は、ニューロンの接続性は正常だが、シナプスが正しく機能しない。シナプスの機能不全は、抗精神病薬によって改善され、精神病の状態を引き起こす薬品によって誘発される。しかし、それとは別に、抗精神病薬は統合失調症患者のシナプス機能に変化を引き起こし、その変化が統合失調症のコネクトパシーを補償する、という見方もありうる。精神病の状態を引き起こす薬品は、正常な人においてコネクトパシーの影響を再現する。そうなるのは、シナプス機能の変化も接続性の変化も、似たような影響を及ぼす可能性があるためだ。たとえば、シナプスを大幅に弱めることは、シナプスを完全に除去することと区別がつきにくい場合がある。さらに気づきにくい問題もありうる。シナプス機能の異常と接続性の異常とを別々の問題と考えるのは間違っているのかもしれない。シナプスが弱まることによってシナプス除去が起こり、シナプスの弱まりはニューロン活動に依存すると考えてみよう。もしシナプス機能の異常が活動パターンを変化させれば、結局は脳の接続性を異常に発達させることになる。接続性の初期異常はすべて、異常な活動パターンを引き起こし、それがさらに異常な接続を発達させる可能性があるのだ。コネクトパシーは統合失調症を伴うだろうが、どちらが原因でどちらが結果なのかを見分けることは難しい。

30 じっさい、新骨相学者たちが精神遅滞を確実に予測できるのは、小頭症のように、脳が極度に小さい特別な場合である。

31 治療法がなく、いつ症状が出はじめるかも検査からは予測できないので、ハンチントン病の家系の人たちはほとんどが検査を受けない。

32 十分な時間があれば、ゲノミクス研究者は、いずれは自閉症に関連するさまざまな遺伝的欠陥をすべて明らかにするかもしれない。そして、膨大な一連の遺伝子検査によって、自閉症の正確な予測が可能にならないともかぎらない。しかし、たとえすべての関連する変異がわかっても、遺伝子同士の複雑な相互作用のせいで、自閉症の正確な予測は難しいかもしれない。

33 Ehninger et al. 2011; Guy et al. 2011

第 7 章

1 成功率は、「長期」をどう定義するかによって変わる。さらに最近の研究書によれば、セリグマンはダイエットをする人の5 ～ 20パーセントが、3年以内に元の（あるいはそれ以上の）体重に戻ると述べている（Seligman 2011）。

2 Bruer 1999

3 Draganski et al. 2004; Boyke et al. 2008

4 Meyer and Smith 2006; Ruthazer, Li, and Cline 2006

5 再接続という意味も含めて再配線という言葉を使うのが一般的だが、両者を区別するほうが有益だとわたしは思う。

6 等能性の原理を提唱したカール・ラシュレーは、皮質局在説に精力的に反対した。彼はあの手この手で皮質領域が存在するという主張を否定しようとした。そのひとつが、局在の機能的意味を否定する、ないしは疑問を投げかけることだった。「神経系における機能局在説の基礎が、脳領域内で同様の機能を持つ細胞をグルーピングすることにあるのは明らかだ。……そうすることでメリットを受ける細胞活動はあるのだろうか？ 細胞が神経系中に均一に分散していたら実行できないような機能があるだろうか？ 局在、あるいは解剖学的分化に、どんな機能的意味があるのか？ ……大脳機能局在説に関する知識を増やしても、局在説の根拠は何もな

いことが強調されるだけだ」。ラシュレーの疑問にはこの章で答えよう。

7　Schüz et al. 2006

8　この脳領域は、視床と呼ばれる重要な構造に属する。一般に、すべての感覚器官から新皮質への直接経路のほとんどが視床を通るので、視床は「新皮質への入り口」と呼ばれることもある。視床は脳幹の一番上に位置し、大脳に囲まれている。視床を脳幹の一部に含める専門家もいれば、間脳の一部と見なす人たちもいる。

9　聴覚情報の主要な経路は、耳から脳幹、下丘、脳幹の内側膝状核(MGN)、一次聴覚野へと伸びる(ブロードマンの脳地図41、42野)。視覚情報の主要な経路は、網膜から上丘(SC)へ伸びる。Schneider 1973とKalil and Schneider 1975では、SCと、下丘からMGNへ伸びる軸索に損傷を与えた。これにより網膜軸索はSCに向かって伸びるのではなく、MGNの方へ経路を変え、そこに作られていた「真空」を埋めた。事実上、この研究者たちは目を、名目的には聴覚系であるところに結びつけたのである。

10　視覚情報はSCへ運ばれるだけでなく、網膜から脳幹の外側膝状核(LGN)へと向かう別の経路を通って、一次視覚野へも運ばれる(ブロードマンの脳地図17野)。MGNとLGNは脳幹の似た部分で、それぞれ聴覚と視覚をもたらす。Sur, Garraghty, and Roe 1988は、LGNに損傷を与えることによって、視覚野の機能を奪った。Frost et al. 2000によるシュナイダーのハムスターでも、同様の結果が得られた。

11　Sadato et al. 1996; Cohen et al. 1997

12　この「経済的配線」の原理は、なぜほとんどの神経接続が近接したニューロン同士の接続なのか、なぜほとんどの領域接続が近くにある領域同士の接続なのかを説明する。この原理は、「コネクトームは最小限のワイヤの長さ(軸索と樹状突起)で実現される」という仮説として定式化することができる。理論家はこれを用いて、なぜ近くにあるニューロンが類似の機能を持つことが多いのか、なぜこの法則が皮質地図における断絶によって破られるのかを説明している(Chklovskii and Koulakov 2004)。配線の経済性は、電気技師にとっても重要な設計原理である。求められる接続を達成するのに必要なワイヤの長さが最小限になるように、シリコンスラブの表面にトランジスタを配置することは、彼らの課題のひとつである。

13　これは、ニューロンがまばらに接続されるのは、すべて接続してしまうと空間などのリソースの無駄遣いになるからだという、記憶に関する前述の議論と同じ考え方である。わたしの仮説では、まばらな接続は新しい連想を保存する可能性に制約を課し、再接続がこの可能性を新たに蘇らせる。

14　臨界期が適用されるのは第一言語の獲得のみである。第二言語は、思春期以前に学ぶほうがより簡単ではあるが、大人になっても不可能ではない。

15　Jones 1995

16　Rymer 1994

17　Antonini and Stryker 1993, 1996。彼らは、先の注で説明した脳の領域、LGNからV1へ伸びる軸索について研究した。

18　彼らの結果は視覚発達の臨界期を完全に説明するものではない。両眼を遮蔽すると、視覚系に異常が起こるが、両眼に対応するLGN軸索は正常なままか、正常よりも大きくなるのである。おそらくは別のなんらかの接続が影響を及ぼしているのだろうが、アントニーニとストライカーはそれについては解明できなかった。

19　Greenough, Black, and Wallace 1987

20　Stratton 1897a, 1897b

21　Bock and Kommerell 1986

22　Knudsen and Knudsen 1990

23　Schneider 1979

24　たとえば、もし脳の損傷がきわめて早い時期——生後数日——に起これば、その影響は後により深刻なものとなりうる(Kolb and Gibb 2007)。より控え目にこれを再定式化すると、損傷が早期であるほど、脳の再組織化は大きくなる、となる。その再組織化で機能回復がうまくいく場合もあれば、いかない場合もあるだろう。

25　Yamahachi et al. 2009

26　スーザン・バリーが斜視を矯正する手術を受けたのは2歳のときだった。手術がもっと遅くに行われた場合、大人になって特別な立体視

トレーニングを受けても同じくらい効果があるかどうかは明らかでない。
27　Vetencourt et al. 2008; He et al. 2006; Sale et al. 2007
28　Linkenhoker and Knudsen 2002
29　Carmichael 2006
30　ヌードセンの実験では、再配線は下丘の地図と比較して見ることができた。一般に類似の地図を持っている、皮質の感覚野と運動野でも同様の実験が可能だった。他の多くの領域はそれほど単純な地図に従って組織化されていないため、再配線を検知するのはより困難である。
31　Rakic 1985は、この定説を確固としたものにした。
32　Gould et al. 1999
33　Blakeslee 2000
34　Taub 2004
35　この証拠のほとんどはサルから得られたものだが、Bhardwaj et al. 2006は、さらに人間の脳も調べた。
36　Kornack and Rakic 1999, 2001。ラットの成体脳におけるこの領域に新しいニューロンが生じることは、すでに1960年代にジョセフ・アルトマンが明らかにしていた。しかし彼の先駆的発見は、同僚たちからほとんど無視された。
37　Kempermann 2002
38　Lledo, Alonso, and Grubb 2006
39　Flatt 2005
40　Cowan et al. 1984
41　Buss, Sun, and Oppenheim 2006
42　神経科学者が「再生」という言葉を使うときは、切断された軸索の再生を指すのがふつうだが、わたしはこれを再配線と呼ぶ。わたしの「再生」の用法は、生物学では標準的なもので、細胞の生成および除去を指す。
43　Gross 2000は、このような報告の歴史を考察し、それらが無視された理由を推測している。
44　Kornack and Rakic 2001は、グールドが、非神経細胞をニューロンと誤って識別したことを非難した。脳細胞にはニューロンではないものが何種類もある。
45　これに関連して、ローゼンツヴァイクの実験が明らかにしたのは喪失の影響であって、豊かになった影響ではないと批判する人たちもいる。おもちゃや仲間がいるしゃれたケージを豊かな環境とみなすべきではないというのだ。なぜならそれは、通常の実験室のケージの貧弱さを軽減しているだけだからである。実験室のケージはラットの自然な生息環境に比べ、非常に貧弱な環境なのだ。
46　Carmichael 2006

第 8 章

1　ワトソンとクリックは結晶学者のロザリンド・フランクリンのデータに頼った。彼女は早くに亡くなり、ノーベル賞を共同受賞することはできなかった。
2　レーウェンフックはロンドン王立協会の会長への手紙で、精子の観察結果を伝えた。精子を主題とすることが気まずかった彼は、このサンプルは夫婦生活の自然な産物であると強調し、もし侮辱的だと感じた場合にはこの手紙を発表しないでほしいと会長に依頼した(Ruestow 1983)。
3　実際には、微小動物とは手紙の最後の段落にしか書かれておらず、後付けの考えのようである(Leeuwenhoek 1674)。
4　Dobell 1960には、レーウェンフックの生活と仕事が記されており、彼の手紙が数多く収められている。
5　Ford 1985には、単レンズ顕微鏡の歴史が記述されており、レーウェンフックが最高のレンズを作ったのは、融けたガラスを小球体に固める方法だったと論じられている。Ruestow 1996には、レーウェンフックが自分の書いたもので主張しているように、ガラスを研磨するという、より標準的な方法でも、いくつかレンズを製作したと記されている。
6　図26は、アカゲザルの成体の皮質(上側頭溝)から伸びるゴルジ染色したニューロンである。これは画像の下方の白質から、上方の皮質の第3層まで伸びており、その距離は、およそ1.5ミリメートルである。
7　観察力の鋭い人なら、図27のパスタが、じ

つは中心に穴の開いた、スパゲッティより太いブカティーニであることに気づくかもしれない(歯ごたえがすばらしく、ぜひ食べてみてほしい)。もしブカティーニ1本1本が別々の色で染められていたら、少々ぼやけた画像でも、そのすべての経路を追跡できるかもしれない。研究者は、マウスのニューロンがランダムな色の蛍光を発するよう、遺伝子操作をして同じことを実現した。これはジェフ・リクトマンがしゃれをきかせて「ブレインボウ(Brainbow)」と名づけた方法である(Livet 2007; Lichtman 2008)。だが識別可能な色の数は限られている。そのため密集し絡み合った膨大な数の神経突起を追跡するには、ブレインボウでは不十分かもしれない。近年発明され、回折限界を克服した光学顕微鏡法で撮影した画像のように、もっと鮮明な画像とブレインボウを組み合わせることで、状況が改善される可能性はある(Hell 2007)。別の方法として、アンソニー・ザドルは個々のニューロンがランダムなRNAまたはDNA配列を含むように遺伝子操作をするという方法を提案した。可能な配列の数が識別可能な色の数よりはるかに多いため、ニューロンごとに異なる配列を含むようにすることができる。接続したニューロン対すべてについて塩基配列を見出して、コネクトームを得るためには、他の分子レベルの技術やゲノミクスの技術が使われるだろう。こうした研究方向が、コネクトームを発見する一般的な方法である電子顕微鏡法に代わるものをもたらすかどうかは、まだわからない。これらの方向性にひとこと触れたのは、コネクトミクスが、胸躍る革新の時期にあることを明らかにするためである。

8　二クロム酸カリウムと硝酸銀の溶液に浸けると、ごく一部のニューロン内にクロム酸銀が沈殿するのだが、その理由はわかっていない。

9　Guillery 2005。カハールの見解は「ニューロン説」と呼ばれ、ゴルジの見解は「網状説」と呼ばれた。

10　「経済学は、反対のことを述べる2人の人間がノーベル賞を共同受賞できる唯一の分野だ」というジョークをご存知だろうか?　この冗談は、経済学者のグンナー・ミュルダールとフリードリヒ・ハイエクがノーベル賞を共同受賞した1974年からあるようだが、彼らは同じ場で栄誉を与えられることにショックを受けた。というのも、2人の考えはまるで正反対だったからだ。ハイエクは晩餐会のスピーチで、経済学賞は少々危ういとほのめかし、ミュルダールは賞の廃止を訴える論文まで書いたほどだ(Myrdal 1977)。彼は、経済学は「ソフトな」科学であり、アルフレッド・ノーベルによって1895年に設立された「ハードな」科学の「本当の」ノーベル賞に、1968年に設立されたノーベル経済学賞はそぐわないと主張した。Lindbeck 1985によれば、これを唱えたのがミュルダールだというのは皮肉である。なぜなら経済学賞の設立を求めて最初に熱心に運動したのが彼だったからだ。ゴルジとカハールに贈られた1906年のノーベル賞のことを考えると、神経科学も「ソフトな」科学とみなすべきなのだろうか?　おそらく神経科学は、経済学と物理学のあいだのどこかに位置するのだろう。ゴルジとカハールが反対の見解を持っていたのは本当だが、わたしが知る限り、誰もノーベル生理医学賞の廃止を訴えたりはしなかった。結局2人とも正しかったことが判明したのだから、ノーベル委員会は正しいことをしたのである。

11　オスミウム、ウラン、鉛といった、電子をよく反射する大きくて重い原子を利用するもの。

12　この透過電子顕微鏡像はラットの海馬のものである。synapse-web.orgではこの画像のほかにも興味深いニューロンやシナプスの画像をたくさん見ることができる。

13　近年、物理学者は、蛍光顕微鏡を用いて回折限界を克服できることに気づいた。ゴルジには使えなかった方法である(Hell 2007)。

14　ぼやけているほうの画像はヴィンフリート・デンクによるもので、彼は波長を500ナノメートルと仮定し、開口数(NA) 1.4の顕微鏡対物レンズの点像分布関数をシミュレートした。

15　ノコギリとナイフを合わせた、鋸歯状の歯をもつナイフは、分類者を悩ませる中間物で、ここでは無視する。

16　より正確には、2ナノメートルというのは、いくつかのダイヤモンドナイフ製造業者が自社のウェブサイトで主張する、刃先の曲率半径である。文献として報告されているものでは、4ナノメ

ートルが最小値だ(Matzelle et al. 2003)。

17　Porter and Blum 1953。Bechtel 2006は生物学における電子顕微鏡法の歴史について詳しい。

18　Denk and Horstmann 2004

19　昔の研究者は透過電子顕微鏡法(TEM)を使った。これは組織の切片の中に電子を通過させる方法である(写真のネガを光にかざして見るのと似ている)。走査電子顕微鏡は、撮像する対象物の表面で電子を跳ね返らせる。

20　この数字は重要だ。なぜならこれにより垂直方向に積み重ねられた三次元画像の解像度が決まるからである。電子顕微鏡法は、水平の2方向の解像度が非常に高い(ナノメートル以下)。垂直方向の解像度はそれよりもずっと低い。

21　ヘイワースの最初の設計(図30)はATUMではなくATLUMと呼ばれた。Lは回転工作機械の一種、lathe (旋盤) を表す。脳組織を含むプラスチック・ブロックは軸上に載せ、軸が回転するたびにブロックが押されてダイヤモンドナイフを通過し、薄い切片が削り出される仕組みだった。ヘイワースは最初、回転運動で切片の薄さをもっと正確に制御できるだろうと考えていた。その後彼は、総菜屋のスライサーで前後に動く肉のような、従来型のウルトラミクロトームの直線運動に戻った。

22　Knott et al. 2008には、集束イオンビーム(FIB) ミリング法が説明されている。Bock et al. 2011には、画像の視野を広げ、データ取得速度を上げるための、透過電子顕微鏡の改良についての説明がある。

第 9 章

1　分子の車はキネシンというモータータンパク質で、道路となる微小管上を動いていく。

2　CMS Collaboration, 2008

3　ブレナーが2007年に、わたしが担当するコネクトミクス講座のために初回の講義をしてくれたとき、彼は「コネクトミクス」という言葉を好まなかった。その代わりに、彼はこの分野を「ニューロノミー」と名づけることを提言し、占星術(アストロロジー)に対して天文学(アストロノミー)があるように、神経学(ニューロロジー)に対して「ニューロノミー」なのだと皮肉を言った。

4　White et al. 1986

5　ここでもイタリアの食材にたとえているが、本当はタイの食材のほうがいい。生春巻きは麺を包むのが一般的だから。

6　理想的には、切片の厚さは電子顕微鏡が撮影した二次元画像の空間分解能と同じであってほしい。そうすれば三次元画像は全方向において同じ空間分解能をもつはずだ。だがそれほど薄く切ることは不可能なので、三次元における解像度は必然的に下がる。

7　彼らは線虫の電子顕微鏡写真原板の上にアセテートシートを置き、その上にサインペンで書いた。さらにやっかいなことに、初めは離れていても分岐点で結合する2本の神経突起もあった。この2本の神経突起が同じニューロンの一部だと気づくと、彼らは元に戻り、1本の神経突起の文字をすべてもう1本と同じものに書き換えた。

8　もっと正確に言えば、282個の、咽頭以外の部分に散在するニューロンについて記されていた。さらに20個の咽頭ニューロンがあったが、これはほとんど独立した神経系を形成していた(Albertson and Thomson 1976)。誤りを訂正し、矛盾点は解決し、欠落している部分を埋めたのが、Chen, Hall, and Chklovskii 2006だった。この改訂版がwormatlas.orgで公開された。

9　Chalfie et al. 1985

10　Fiala 2005

11　太いのが樹状突起の短い一部で、スパインが突き出ている。細いほうは軸索の一部である。

12　Helmstaedter, Briggman, and Denk 2008

13　コンピュータの学習を支援するためには、第一に、目標とするタスクを処理するアルゴリズムを考え出す。ただしそこに多くの調節可能なパラメータを入れておく。パラメータの値をどう設定するかによって、アルゴリズムは異なる方法でタスクを処理する。第二に、例とするデータベースに関して、コンピュータと人間に別々に処理させて、その結果の違いを定量的に計測する方法

を工夫する。それは、コンピュータ・プログラムに含まれる調節可能なパラメータの関数となる。これは学習のための費用関数、あるいは学習用の目的関数として知られている。調節可能なパラメータに関して、この関数の値を最小にしたい。そのためには、パラメータの最適な設定を探すプログラムを書くという、第三の、そして最後の手順を踏む。このプロセスはイタレーションで行われることが多い。このプログラムは費用関数を下げるパラメータのわずかな変化を見つけ出す。これを繰り返して最低値を見つけ出す。

14　Jain, Seung, and Turaga 2010

15　Kelly 1994

16　エンゲルバートによると、この言葉を造ったのは、サイバネティクスの草分けであるウィリアム・ロス・アシュビーである。

17　本文では言わなかったが、人間もまた、コンピュータよりは少ないものの、やはり神経突起の追跡でミスをする。Helmstaedter, Briggman, and Denk 2011には、精度を高めようとする多くの人間の努力を統合する方策が示されている。「群衆の知恵」の一例である。

18　Shendure et al. 2004

第１０章

1　「踏み入ることのできない茂みに、数多くの探検家が迷い込んだジャングル」とする脳のメタファーを創ったのは、カハールかもしれない(Ramón y Cajal 1989)。

2　Utter and Basso 2008

3　本書でわたしは皮質だけをひいきするという罪を犯している。話を簡単にするために、わたしは皮質領域内の精神機能だけを述べてきたが、それではあまりに単純すぎる。他のあらゆる脳の領域にそれぞれひいき筋がいて、たとえその領域が皮質より小さくても、そこが重要なのだと主張するだけの理屈をもっている。大脳基底核の熱烈なひいき筋は、皮質や視床との接続を示す地図を作製したが、それはこれらの領域がどのように協力し合って精神機能を果たすかを理解するためだった(Middleton and Strick 2000)。

4　Masland 2001。この図に示すのは、哺乳類一般の網膜に当てはまるニューロンの分類である。大きなニューロン・タイプのいくつかは省かれている。分類の2つのレベルを表すのに、わたしは群(クラス)とタイプという言葉を使ったが、この用法は決して神経科学における標準ではない。植物や動物を分類するために、生物学者は正式な用語である種、属、科、目などを使う。ニューロンにもこのような分類体系が必要だ。

5　一般的な規約では、皮質のほとんどが6つの層からなり、新皮質、あるいは等皮質と呼ばれる。「新」は、6層の皮質が進化的に一番新しいという説を反映している。この説を信じない人たちは「等」の方を好む。こちらの呼称は6層の皮質すべてが似た外観を持つことを強調している。皮質には6層よりも少ない(または多い)層を持つ部分もあり、不等皮質として知られている。有名な例が海馬である。

6　細胞体が層になっていることを細胞構築(cytoarchitectures)という。cyto-は細胞を意味する。

7　Zilles and Amunts 2010。彼らの方法はミエリンという物質を染色する。大半の軸索はこのミエリンという脂質に包まれている。彼らが解明したのは、ブロードマンが用いた「細胞体の分布」ではなく、ミエリンの分布パターンだった。

8　スミスは神経解剖学と考古学の両方の分野に踏み込んだ面白い人物だった。彼はエジプトのミイラの脳を調査し、X線写真を撮った。

9　ベイリーとフォン・ボーニンは「二重盲検法」を用いて皮質領域が細胞構築学によって確実に区別できるかどうかを調べ、結果はおおむね否定的だった(Bailey and von Bonin 1951)。

10　Stevens 1998

11　Nelson, Sugino, and Hempel 2006

12　少し補足しておきたい。皮質にあるこの溝を「関節」とみなすことは妥当なのかもしれない。溝の両側にあるニューロンは、同じ脳回内のニューロン同士の場合よりも長い軸索によって接続している。経済的配線原理(ニューロンは無駄なく配線するはずだという考え)から、溝の両側はなるべく少ないワイヤで接続されているはずなので、溝に沿って切断するのは、関節で切り分け

るのと似ている。これは、MRI研究者がやっていることを正当化する。彼らは溝に対して皮質領域の位置を決めるが、それはブロードマンが頼りにしていた層を、彼らは見ることができないからである。

13　ソクラテスのメタファーを維持したければ、三次元空間ではなく、ニューロンの特性を変数とする多変数空間の切断によって生じる分類を考えればよい。

14　White et al. 1986

15　Ibid.

16　Nelson, Sugino, and Hempel 2006に説明されているように、特定遺伝子の発現といった分子レベルの基準によってニューロンのタイプを定義することも重要だ。Kim et al. 2008には、網膜に見られるみごとな例が挙げられている。分子レベルの定義は、ニューロンのタイプを確認したり、発達の過程でいろいろなニューロン・タイプに分化する仕組みを理解するために役立つ。前述のように、同じタイプのニューロンは似た機能をもつはずで、そのことはスパイク発生の測定によって明らかになった。そこで、分子、接続性、活性にもとづいてニューロンのタイプに3つの定義ができそうだ。それらの定義が互いに一致するのが理想である。3つの定義はニューロンという言葉の3つの意味に対応する。ゴルジはノーベル賞受賞記念講義で、これについて詳しく説明した。ニューロンは発生学的、解剖学的、機能的単位と考えられていると彼は指摘した。しかし、それに続いて彼は、ニューロンの存在に疑問を投げかけた。

17　17野の第4層に届く軸索は外側膝状核（LGN）内のニューロンから伸び、LGNは網膜から伸びる軸索を受け取る。LGNは視覚に関わる視床の下位区分である。一般則として、感覚経路は視床軸索を介して新皮質に伸び、第4層で終わる。本文では領域間の接続に注目しているが、層構造の違いには、同じ領域内部のニューロン同士の影響もある。というのは、接続法則は層構造にもとづいているからだ。たとえば、第4層の興奮性ニューロンは第2層、第3層の錐体ニューロンとシナプスを形成し、第2層、第3層の錐体ニューロンは第5層の錐体ニューロンとシナプスを形成する。したがって、層の厚さと密度が変われば、おそらく接続性も変わるだろう。

18　さらに、層構造よりも接続性に関する情報の方が、ずっと多い可能性がある。ブロードマンと同時代の人たちが皮質地図について意見が一致しなかったのは、層構造における相違が非常に小さかったからだった。そもそも皮質の層は、前述のように、それほど違いがない。層内の違いはさらにわかりにくい。接続性における相違のほうが目立つだろう。

19　これまでのところでコネクトームには3つの定義が与えられた。これに混乱している人もいるかもしれない。Lederberg and McCray 2001によれば、ゲノムという言葉にも複数の意味がある。1920年にこの言葉が最初に作られたとき、この言葉はひとつの生物の染色体全体を指していた（あなたのDNAは染色体という23対の分子に分割される。これは何冊もの百科事典のようなものだ）。その後、遺伝子全体を指すようになり、現在はDNAの塩基配列全体を意味するようになっている。同様に、わたしはコネクトームについても、そのもっとも一般的な意味は、時間とともに、神経系をもっとも高い分解能で切り分けたものへと変わっていくだろうと思っている。

20　Eling 1994

21　Catani and ffytche 2005; Mesulam 1998; Geschwind, 1965a, 1965b

22　Sporns, Tononi, and Kotter 2005。同じ頃、パトリック・ハーグマンも、他とは独立に、博士論文の中で同じ言葉を作り出した。

23　Mohr 1976

24　Lieberman 2002; Poeppel and Hickok 2004; Rilling 2008

25　Bernal and Altman 2010

26　Friederici 2009

27　Hickok and Poeppel 2007

28　Fukuchi-Shimogori and Grove 2001

第１１章

1　Chadwick 1960には彼らの共同研究について詳しい記述がある。Kahn 1967も簡単にそのことを述べるとともに、歴史上の他の暗号解

読の例を挙げている。

2　Robinson 2002

3　これとよく似たシナリオが、アンソニー・ドーアの短編小説「メモリー・ウォール」に使われている。

4　Corkin 2002

5　専門用語では、H.M.の状態を重度の前向性健忘症と言う。「前向性」とは、記憶喪失が手術後の出来事にのみ起こることを意味する。手術前の出来事の記憶は大部分残っているが、昔のことよりも手術の直前の出来事の方が記憶状態は悪い。したがって彼は手術直前の時間により程度の異なる軽度の逆行性健忘症でもある。

6　Gelbard-Sagiv et al. 2008

7　この考えはデーヴィッド・マーによる。彼はCA3における神経細胞集合を最初に理論化した。海馬の他の部分のニューロンは、近くのニューロンよりも、他の脳領域のニューロンとシナプスを形成する。

8　さらに、記憶と神経細胞集合が本当にCA3だけに含まれているのかどうかもはっきりしない。一部の理論家が考えているように、新しい記憶ははじめに海馬に保存され、その後新皮質に移されるのだとすれば、新しい記憶はCA3に限定的に含まれているといえるかもしれない。それとは別に、神経細胞集合ははじめから海馬と新皮質の両方にまたがって存在しているのかもしれない。はじめは海馬にあるニューロンが多く関与しているが、記憶が強固になるにつれて、新皮質にあるニューロンが多く関与するようになるのかもしれない。

9　これら2つの例はそれぞれ、「エピソード」記憶、「意味」記憶と呼ばれる。H.M.の意味記憶は、エピソード記憶ほど損なわれていなかった。

10　宣言的記憶は、「宣言」によって記憶が想起されることを意味する用語であるため、言語に依存するように思えるかもしれない。しかしEichenbaum 2000は、動物も記憶の能力を持つため、この言葉は動物にまで拡大するべきだと主張した。この能力は人間の宣言的記憶に含まれる能力に対応し、類似の脳領域に依存している。また、オウムなどの動物は、発声などのコミュニケーション・スキルによって記憶を「宣言」することができるかもしれない。

11　鳥と哺乳類は産卵するかどうかで区別されると思っている人もいるかもしれないが、カモノハシのような一部の哺乳類も産卵する。

12　鳥の声すべてがさえずりとみなされるわけではない。もっと単純な声は「地鳴き」と言われる。

13　West and King 1990

14　Doupe and Kuhl 1999

15　もし若いゼブラフィンチが雄の成鳥のさえずりを聞かずにいれば、成長してさえずりはしても、それは異常なさえずりになる。しかしFehér et al. 2009は、そんなふうに隔離した鳥を数代続けて飼育した場合、各世代は前の世代から学び、さえずりは結局正常なものへ近づいていくことを明らかにした。このことから、経験による選好性以外に、さえずりの能力に対する生来の選好性もあることが示唆される。

16　鳴管を通る空気の流量を調節する、呼吸に関与する筋肉も関わっている。

17　RAとnXIIが信号を中継あるいは増幅するにすぎないと言っては明らかに簡略化のしすぎである。もっと正確な説明は科学文献を調べてほしい。また直線的な経路がよいモデルなのか、疑問を持つ人もいるかもしれない。鳥は自分のさえずりを聞くので、鳴管から脳に戻るステップもあるのかもしれない。そうであれば経路は円形ループになるはずだ。この説によれば、さえずりの各音は、鳥が次の音を生み出すための刺激になる。このようなループは、19世紀にアメリカ人心理学者ウィリアム・ジェームズのような人たちによって、連続生成モデルとして提案された。ただゼブラフィンチの成鳥は耳が聞こえなくてもさえずることができるので、鳥のさえずりのモデルとしてはあまり良くないようだ。

18　Jarvis et al. 2005

19　Karten 1997

20　Hahnloser, Kozhevnikov, and Fee 2002

21　じっさいには、シナプス連鎖は、HVCには少々単純すぎるモデルである。さえずりのモチーフの繰り返しを説明するには、連鎖の最後のニューロンが、最初のニューロンにシナプスを形

成し、線形ではなく円形の構造を作らなければならない。そして数回繰り返した後、それを終わらせるためには、なんらかの仕組みがさらに必要になるだろう。

22　フィーと共同研究者たちは、さえずりのどの瞬間においても、RAに投射しているHVCニューロン200個が、スパイクしていると推測し(Fee, Kozhevnikov, and Hahnloser 2004)、HVCは各リンク[完全に同時にスパイクするニューロンの束]ごとに200のニューロンからなるシナプス連鎖を含むという仮説を立てた。

23　理想的には、HVCコネクトームがもとからからまっていない状態で手に入れれば、何もする必要がない。もしHVCニューロンが空間的に決められたある順番で、たとえば前から後ろへスパイクを発生するように配置されていたらそうなるだろう。しかしじっさいには、ニューロンはスパイクするタイミングとは関係なく配置されているようだ(Fee, Kozhevnikov, and Hahnloser 2004)。

24　じっさいには、もし連鎖が完全であれば、まだ手でそれを行うことができる。しかしもし一部に「不適切な」接続があれば、たとえばシナプスは逆向きになっているようなら、連鎖を見つけることはより難しくなり、コンピュータが必要になる(Seung 2009)。ニューロンの絡まりをほどくことは、コンピュータ学者が「グラフ配置」と呼ぶ問題の一例である。

25　これらの染料は、ブラックライト[目に見えない紫外線を発光するライト]を当てると暗闇で蛍光を発するステッカーのように、光を当てると蛍光を発する。蛍光の強度はカルシウムの濃度によって変化し、カルシウム濃度はスパイクによって調節される。

26　じっさいには、結果にあいまいさが残ることもあるだろう。時系列があったとしても、われわれの解読アルゴリズムは、それを発見するには貧弱すぎる。解読アルゴリズムが十分強力で、どんな時系列でも、あれば必ず見つけられると胸を張れるためには、コンピュータ科学者はまだまだ頑張らなければならない。

27　たとえ時系列を乱す「不適切な」接続がいくつかあることが判明しても、まだ、そのコネクトームはシナプス連鎖に近いものであると言うことはできる。しかし不適切な接続があまりにも多く存在すれば、シナプス連鎖は悪いモデルであり、時系列が生じる理由を説明できないと言わざるをえない。

28　Jun and Jin 2007; Fiete et al. 2010

29　これはJun and Jin 2007で示唆された。

30　Briggman, Helmstaedter, and Denk 2011

31　Bock et al. 2011

32　鳥のさえずりの記憶の基礎の解明についてはどうだろう？　もし鳥のコネクトーム全体が見出されたら、各HVCニューロンから声帯筋への経路を調べることができる。これらの経路は、HVCにおける抽象的シーケンスを、音声を作り出すために必要な特定の運動指令へ変換すると考えられている(この変換も、練習によって学習するようだ)。これらの経路における接続を分析すれば、個々のHVCニューロンによってシグナルとして送り出される動き[筋肉の動き]を解読できるかもしれない。この方法を使えるようになるためには、運動制御に関わるニューロンの接続法則を明らかにしなければならない。その法則は知覚ニューロンの部分－全体則に相当する。一般に記憶の基礎を解明するためには、脳の中心から感覚・運動末端までの経路すべてにわたって追跡する必要がある。

33　接続法則は、グラフのノードにおける潜在変数を使って、グラフ生成の確率モデルとして数学的に形式化することができる(Seung 2009)。

34　Mooney and Prather 2005

第12章

1　Davis 2005

2　さらに一卵性双生児は、人間、動物、あるいは無生物など、あらゆるものは唯一無二だという、より広範な原則に抵触する。この原則は、雪の結晶には2つとして同じものが存在しないという美しい主張の基礎であり、あらゆるものに魂が宿るという原始社会の精霊信仰の背後にも、この原則があったかもしれない。工場での大量生産により、ほとんど区別のつかないものが存

在することに、われわれは無関心になった。区別がつかないほど同じものは、産業革命前の世界ではめったになかった。太古の祖先にとって、双子は今よりずっと不思議に思えたことだろう。とはいえ、個々の原子の配置に至るまで本当に同じものを作ってみせようと約束するナノテク技術者が扱う対象にとっては、同一性は重要な問題かもしれないが、コネクトミクスにはあまり関係がない(たとえばDrexler 1986を参照)。

3　Machin 2009には、一卵性双生児の遺伝的相違とエピジェネティックな相違の両方が論じられている。

4　前述のように、研究者たちはじっさいには、いくつもの線虫の画像を使ってコネクトームを得た。公表されたC・エレガンスのコネクトームはモザイクであって、個々の線虫の神経系をひとつにまとめた表現ではない。つまり個々の線虫の完全なコネクトームはひとつもなく、ましてや、2つなどとんでもないことなのだ。

5　Hall and Russell 1991

6　一般的に実験動物がこのような同系交配なのは、遺伝的にほぼ同一にするためであり、それによって実験の再現性を高めるためとされる。同系交配は欠陥のある遺伝子を2つ有する可能性を高めることが知られており、「劣性」の遺伝性疾患は「2ストライクでアウト」の法則に従う。数多くの犬種が遺伝性疾患を持ち、ヨーロッパの王室が血友病に悩まされている理由はこれである。同系交配は実験動物を「扱いやすく」するかもしれないが、そういう動物に関する研究は、野生種には適用できないだろう。

7　ゲノミクスにおけるもっとも基本的な情報処理上の問題は、2種類のDNA配列間のマッチングやアライメントを見つけることである。これは、ダイナミック・プログラミングの高速近似によって解決される。これは一次元またはツリー構造の問題を解くために、1940年代と1950年代に初めて開発された方法である。2つのコネクトームに関する類似のマッチング問題を解くことは重要な研究課題であり、ゲノムのアライメントの場合よりずっと難しい。2つのコネクトームが同一かどうかを決定する問題はグラフ同型問題といい、そのための多項式時間アルゴリズムは知られていない。あるコネクトームが別のコネクトームの一部かどうかの決定は、部分グラフ同型問題といい、NP完全である。

8　グレーと白は生体脳組織の自然な色ではない。生体脳組織はピンクがかった色で、グレーと白はむしろ保存された脳組織の色である。

9　Kostovic and Rakic 1980に記されているように、カハールはすでに、この法則に例外があることに気づいていた。これを「間質性ニューロン」という。

10　この状況をイメージしようとすると、ちょっと混乱させられる。というのは、細胞体の形が矢じりに似ていて、軸索に沿った情報の流れの反対方向を指しているように見えるからだ。

11　この大雑把な推定値では、大脳白質にある軸索の密度は、脳梁のそれと同じくらいと仮定されている。すなわち、1平方ミリメートルあたりに38万の軸索があると考えられている(Aboitiz et al. 1992)。この推定値には白質の全容積として、400立方センチメートルという値も用いられている(Rilling and Insel 1999)。

12　ミエリン中の脂質は軸索から電流が漏れるのを防ぐ絶縁体として機能する。これは電気信号の伝搬速度を上げる効果がある。有髄軸索内をフルスピードで伝搬する電気信号は、無髄軸索内を伝搬する場合より10倍以上速い。ミエリンの鞘は非神経細胞、つまりグリア細胞の産物である。シュワン細胞は末梢神経系の軸索をミエリン化し、オリゴデンドロサイトは中枢神経系の軸索をミエリン化する。

13　もし軸索がある領域内で分岐しなければ、その軸索はシナプスを形成せずにその領域を通過するだろう。

14　歴史的に、動物の脳の白質はトレーサー注入法によって研究されてきた。脳にある物質が導入されると、その場のニューロンによって吸収され、軸索に沿って脳の他の領域へ運ばれる。そうしたトレーサー物質の目的地を視覚化することによって、注入場所に接続した領域を明らかにすることができる。Felleman and Van Essen 1991にはこうして蓄積された実験データが示され、この図のようなサルの脳の部位コネクトームが示されている(図51)。パーサ・ミトラ

が率いるブレイン・アーキテクチャー・プロジェクトでは、齧歯類の脳における長距離接続の完全な地図を作製するという目的でトレーサー注入を体系的に応用している。しかしトレーサーは生きている脳に注入しなければならない。それはトレーサーの輸送が、生きているニューロンの能動的過程に依存するからである。したがってトレーサー注入は侵襲的技術であり、動物の脳にしか行えない。人間の死後脳では、この方法はまったく機能しない(一部の疎水性色素は能動輸送に依存しないが、非常に速度が遅いので、死後脳のトレーサーとして使うことは難しい)。わたしが提案する、連続光学顕微鏡法なら、トレーサーを注入する必要がない。軸索の一部だけを染めるのではなく、白質のすべての有髄軸索を染めて撮影する。この方法なら人間の死後脳に適用できる可能性がある。さらに、空間分解能が高いので、dMRIおよび肉眼による詳細な分析で障害となる不明確さを防ぐことができる。わたしの提案は、多数の脳のデータを統合するのではなく、ひとつの脳から完全な地図を得る「密な再構成法(dense reconstruction)」の一例である。

15　この方法では脳内の水分子の拡散速度の方向依存性を測定する。軸索の軸に沿った拡散は、垂直方向の拡散よりも速い。

16　Friederici 2009

17　これまでは顕微鏡を使って異なる個体のコネクトームを比較することに注目してきた。この場合、さまざまな時刻のコネクトームのスナップ写真が得られる。このスナップ写真を比較すると、介入によって脳がどのように変わるかを知ることができる(環境を豊かにするローゼンツヴァイクの実験と、V1の単眼遮蔽に関するアントニーニとストライカーの実験が、別の動物間または動物の集団間の比較に依存したことを思い出してほしい)。しかし、ひとつの個体のさまざまな時刻におけるコネクトームも比較したいところだ。残念ながら今のところ、そのための良い方法がない。ひとつのコネクトームの進化を追跡することのできるMRIのような非侵襲的方法もあるが、この方法には顕微鏡法のようなニューロン・レベルの分解能はない。しかしコネクトームの変化を目立たせることによって顕微鏡法のスナップ写真を改善する方法はある。現在あるのは、最近強化されたシナプスを視覚化するための染色法や、新しく作られたニューロンを視覚化する染色法だ。作られたばかりのシナプスを標識化する方法や、シナプスが除去されたばかりの場所を標識化する方法を考え出すことも重要である。こうした画像があれば、シナプス生成と除去の総量を数値化する以外のこともできるようになるだろう。生成されたシナプスや除去されたシナプスをネットワークという文脈情報も含めて見ることになるからである。シナプスの総数のような大雑把な測定値とは異なり、シナプスの生成や除去が接続性の組織化のされ方をどのように変えるかを正確に知ることができるだろう。わずかなコネクトームの変化も知り、それが学習と因果関係があるかどうかを理解することもできるようになるだろう。

18　前に述べたように、二光子顕微鏡を使えば生きている脳のニューロンを観察することができるが、そのためには頭骨を切り開くか、削って薄くするかしなければならない。また、光ファイバーを深く挿入するという、かなり侵襲的な方法を使わないかぎり、二光子顕微鏡の方法が有効なのは脳の表面に近いニューロンだけになる。そしてこの方法では、まばらに標識づけられた神経突起しか視覚化できない。

19　死後の脳をうまく保存することができないかもしれない。脳卒中による損傷のように、問題の精神疾患とは無関係な異常があるかもしれない。そして、もし死亡者が精神障害の治療を受けていたなら、脳が薬によって変化している可能性もある。

20　Nestler and Hyman 2010による。精神障害の中には、ゲノムの一部の欠失を伴うことがあり、研究者は動物のゲノムでもこの欠失を作り出すことができる。

21　一説によれば、HIVが発生したのはSIVが突然変異を起こし、サルから人間へ感染したためだという。

22　Oddo et al. 2003

23　Lander 2011

24　どんな測定道具が使えるかといったことが、仮説構築の動機となる場合もある。たとえば、

知性は頭の大きさと関係があるという仮説をゴールトンが立てたのは、これがすばらしい仮説だからではなく、頭の大きさなら測定できるからというのが主な理由だった。

第13章

1　ドイツ語のDer Freichützを字句通りに訳せば「The Freeshooter」となるが、普通は「The Marksman」と訳される。

2　Bosch and Rosich 2008

3　Strebhardt and Ullrich 2008。エールリッヒは受容体分子のアイディアも得た。

4　精神外科の現在と、ポルトガル人医師エガス・モニスが1949年にノーベル賞を得た「ロボトミー」の歴史については、Mashour, Walker, and Martuza 2005に記されている。ロボトミーは、精神病の症状を緩和したが、患者の精神的機能は損なわれた。そして副作用の方が病気よりもひどいことが明らかになる。精神外科の乱用だとして、モニスの受賞はノーベル委員会の恥だと多くの人が考えている。しかし抗精神薬が存在せず、精神科病院に監禁することが唯一の選択肢だった時代の精神外科は、正当化されると主張する歴史家もいる。この手術の悪名は、アメリカ人医師ウォルター・フリーマンによるところが大きい。彼はこの手術に手を加え、「経眼窩ロボトミー」と呼んだ。彼の恐ろしい手術方法は、「アイスピック・ロボトミー」という異名がついていた。アイスピックに似た鋭い道具を、木槌を使って眼窩から脳へ達するように突き通す。そして先端を前後させて前頭葉の組織を破壊するのだ。フリーマンのこの工夫によって、手術は短時間で容易にできるようになり、外科医以外の医師や、医師ですらない者もこれを行えるようになった。

5　Schildkraut 1965

6　Hajszan, MacLusky, and Leranth 2005は、樹状突起スパインの密度の上昇、つまりシナプス生成の兆候を発見した。Wang et al. 2008は新しくできたニューロンの樹状突起が大きく成長することを実証した。海馬におけるニューロン新生と、鬱状態におけるその役割に関する包括的文献が、Sahay and Hen 2008に紹介されている。

7　それ以外の脳疾患の治療法には、神経活動の操作を伴うものがある。電気ショック療法（ECT）では、頭皮電極を介して与えられたショックが癲癇発作を誘発する。ECTは特効薬というには程遠く、発作は非選択的に脳に広がる。にもかかわらず、なんらかの不明な理由によってECTは鬱やその他の精神障害の症状を緩和する。脳の中に外科的に電極を埋め込むことで、もう少しターゲットを絞って電気的刺激を与えることができる。たとえばパーキンソン病の症状は、大脳基底核の一部を刺激することによって緩和される。光遺伝学にもとづいて、さらに的確な治療法を開発している研究者もいる。光感受性をもつよう遺伝子を操作された単一のニューロン・タイプの活動に光学的刺激を与える方法がそれだ。神経伝達物質のレベルを変えるように、神経活動を操作することは、コネクトームの変化を促進することとはまるで違うように思えるかもしれないが、そうではない。たとえばECTにより発作が起こると、ヘッブの可塑性によってコネクトームが変わることがある。その変化が治療効果（そして記憶喪失のような副作用）を引き起こしている可能性は十分に高い。

8　薬と「トークセラピー」を組み合わせると、それぞれ別個に行うよりも効果的である可能性は、直観的にはいかにもありそうだ。鬱の治療に対するこの考えを裏づける証拠が、Keller et al. 2000に示されている。

9　Lipton 1999

10　Yamada, Mizuno, and Mochizuki 2005; Mochizuki 2009

11　ニューロンが、数多くの疾患において「逆行性に死ぬ」ことは、何名かの研究者が報告している。つまり、変成はまずシナプスや軸索の先端に現れ、それから軸索に沿って細胞体の方向へ逆に移っていく。軸索の崩壊は、ニューロンのプログラム細胞死の自殺メカニズムが開始される引き金になっているのかもしれない。Coleman 2005; Conforti, Adalbert, and Coleman et al. 2007を参照のこと。

12　Selkoe 2002

13　Baum and Walker 1995

14　Lledo, Alonso, and Grubb 2006
15　Illingworth 1974
16　Carmichael 2006
17　Zhang, Zhang, and Chopp 2005
18　Mendez et al. 2008
19　Olanow et al. 2003
20　これを患者由来の人工多能性幹細胞(iPSC)と言う。
21　Soldner et al. 2009
22　Zhang, Zhang, and Chopp 2005; Buss 2006; Lledo 2006
23　Brundin 2000
24　Murphy and Corbett 2009
25　Carmichael 2006
26　Carmichael 2006。シナプスを強化することで、それまで機能していなかった経路を働かせることにより、脳卒中から回復させるためにも、再荷重は重要かもしれない。それまで機能していなかった経路を働かせるようにする変化がもうひとつあるのだが、それもおそらくは再荷重に含まれるべきだろう。それは、スパイク発生の閾値の変化である(加重投票制において閾値は、ニューロンが活動電位を発するためのシナプス前の「アドバイザー」から要求される「イエス」と「ノー」の票の差を特定する)。閾値を下げれば、ニューロンは興奮しやすくなるため、それまで働いていなかった経路を働かせることになり、スパイクしやすくなる。これは脳卒中からの回復ではとくに重要だ。なぜならニューロンの死は、生き残ったニューロンのアドバイザーの数を減らすからである。生き残ったニューロンは受け取る「イエス」票が減るため、閾値が下がらなければスパイクしないのだ。
27　Nehlig 2010
28　Newhouse, Potter, and Singh 2004
29　Kola and Landis 2004
30　Morgan et al. 2011。この推定値は不確実である。なぜならこのような金融情報は私的所有物だからだ。また製薬会社は、製品に対して強欲に不当な高値をつけているという批判に対抗しようと、経費を大げさに言おうとする。
31　抗精神病薬の予期せぬ発見の歴史については、Shen 1999を参照。第1世代の「定型」薬は、クロルプロマジンの分子構造を変化させることで生成された。第2世代の「非定型」薬は多様な分子構造を持つ。
32　Lopez-Munoz and Alamo 2009による。イプロニアジドは最初のモノアミン酸化酵素阻害薬であり、イミプラミンは多くの三環系抗鬱薬の発見の嚆矢となった。
33　1950年代以降、大きな成功を収めたのは、セレンディピティーではなく、合理的推論によって発見されたフルオキセチンだけだった。初期の抗鬱薬の研究から科学者は、鬱病が神経伝達物質のセロトニンを分泌する脳のシステムに関係があるという説を唱えた。1970年代前半、イーライリリー社がセロトニン系に作用するが、イミプラミンのような三環系抗鬱薬の持つ副作用のない分子を探した。その結果発見されたのがフルオキセチンであり、1987年にアメリカ政府に承認された。Lopez-Munoz and Alamo 2009を参照のこと。
34　人工と天然を分ける線をあいまいにしているのが、「生物製剤」だ。ワクチンはその古典的な一例だが、新しい例は生体内で生じるものと、完全に同じ、またほぼ同じ構造をもつタンパク質医薬である。これらは自然とは異なる方法で合成または導入されるという意味で、まだ人工的だとみることもできよう。生物製剤は「低分子医薬」とは区別される。低分子医薬は原子数がずっと少なく、古典的なタイプの薬である。
35　Kola and Landis 2004
36　Markou et al. 2008
37　Legrand et al. 2009
38　Nestler and Hyman 2010

第14章

1　確率論の成立については、パスカルがもうひとりの著名な数学者、ピエール・ド・フェルマーとやりとりした一連の書簡に記録されている。Devlin 2010。
2　この2時間に及ぶ出来事は1654年11月23日の夜に起こり、パスカルの「火の夜」として知られている。われわれがそれを知っているのは、パスカルがその出来事について書きとめた文書

をコートに縫いつけておき、彼の死後、家政婦がそれを発見したからである。O'Connell 1997を参照のこと。
3　アルコー延命財団のウェブサイトによれば、2011年7月31日現在、955人のメンバーと106人の冷凍保存された「患者」がいる。
4　わたしの友人の中には、不死は望まないという人たちもいる。この意見は哲学者、とくにチャールズ・ハーツホーンによって論じられてきた。彼が不死を望まなかったことは、わたしには面白く思われる。わたしはテキサス大学の父のオフィスで彼に何度か会ったことがあるが、彼こそ不死身ではないかと思えた。彼は80代半ばなっても自転車に乗り、103歳まで生きた。だがわたしは、哲学的問題としては自殺のほうがより興味深いというカミュの意見に同意する。不死が現実的な選択肢とは思えないからだ。
5　Peck 1998
6　Howland 1996
7　テッド・ウィリアムズの話はJohnson and Baldyga 2009に語られている。
8　この奇跡については数多くの本がある。Bertone and De Carli 2008は、枢機卿が執筆し、教皇が承認したものである。羊飼いの子どもたちの目の前に現れた聖母マリアは3つの秘密を明らかにした。バチカンはそのすべてを世界へ公開したと主張しているが、3つ目の秘密の一部である、いわゆる「ファティマ最後の秘密」を隠していたとして非難されている。
9　Pew Forum on Religion 2010
10　Markoff 2007
11　Clarke 1973には3つの法則が示されている。第1の法則と第2の法則は以下の通り。(1)著名だが年配の科学者が何かを可能だと言うとき、彼はほぼ確実に正しい。何かが不可能だと言うとき、彼はたいてい間違っている。(2)可能性の限界を発見する唯一の方法は、限界を少しだけ超えて不可能の領域に入ることである。
12　Dudley 2008
13　Wigmore 2008
14　Woods et al. 2004
15　Mazur, Rall, and Rigopoulos 1981
16　わかりやすいよう塩分という言葉を使うが、実際には塩のイオン以外の溶質も重要である。
17　Woods et al. 2004
18　Fahy et al. 2009
19　Mazur 1988
20　Towbin 1973
21　Laureys 2005; President's Council on Bioethics 2008
22　Laureys 2005
23　President's Council on Bioethics 2008
24　逆に、コネクトーム内の情報の一部は、脳が発達段階で配線した際にできたランダムな「雑音」にすぎず、個人の人格とは無関係かもしれない。
25　Agarwal, Singh, and Gupta 2006
26　Rees 1976; Kalimo et al. 1977
27　しかしシナプスの多くは、神経伝達物質を含む小胞を使い果たしている。シナプスの強度はその大きさに関係があり、大きさのひとつの尺度が小胞の数だということを思い出そう。ゆえにシナプスの強度に関する情報、つまりコネクトームの一部とみなすことのできる情報は、取り戻すのが難しいかもしれない。
28　Drexler 1986
29　Olson 1988
30　ホルムアルデヒドとグルタルアルデヒドはいくつものタンパク質を架橋するのに用いられる。さらに毒性の強い固定液、四酸化オスミウムは、脂質を互いに結びつけ、脂質からなる細胞膜を染色するという、2つの機能を持つ。
31　この組織はエポン、つまりエポキシ樹脂に埋め込まれており、オスミウム染色によって黒く見える。
32　現代のエンバーミング法が発達しはじめたのは、17世紀、18世紀のことである。もっとも有名なのが、変わり者のロンドンの歯科医マーティン・ファン・ブッシェルが、1775年、亡くなった妻にエンバーミングを施し、自宅の事務室の窓に飾ったことである。Dobson 1953を参照。

第15章

1　1955年の作品『虚影の街(The Tunnel

under the World)』で、フレデリック・ポールはこう書いた。「各マシンは、コンピュータのようなものに制御され、そのコンピュータが絡み合って渦巻く電子の流れの中に、人間の現実の記憶や心を再生する。……それは単にヒトの習慣的行動パターンを、脳細胞から真空管細胞へ移し替えるだけのことだ」(Pohl 1956)。アップローディングがSFに最初に登場したのはMartin 1971かもしれない。「神経生物学、生体工学、その関連分野が発達すれば……われわれの大脳のニューロンが行っているダイナミックなパターン生成を大幅に超えるような第n世代のコンピュータに、低温生物学的に保存された脳から、記憶情報を『読み出』せるだけの技術がもたらされるだろう」。

2　復活後のイエスは、ふたたび死ぬことなく天に昇ったと言われている。Shoemaker 2002には、キリスト教徒が何百年ものあいだ、聖母マリアも死ぬことなく天に昇ったかどうかという問題を、どう論じてきたかが書かれている。神によって天へ運ばれることを「被昇天」といい、イエスが己の力で行った「キリストの昇天」とは区別される。1950年に、教皇ピウス十二世はMunificentissimus Deus［もっとも慈悲深き神］を公布し、「地上での生涯を終えた」聖母マリアは「肉体と霊魂が天に迎えられた」と宣言した。この教義は被昇天の重要性を認めるものだったが、表現があいまいであったために論争に決着をつけることにはならなかった。キリスト教徒は旧約聖書の人物であるエリヤとエノクが死ぬことなく天に迎えられたかどうかについても、長く論争を続けている。

3　Dennett 1978に含まれる「Where Am I?」という問題は格好の例だ。摘出したモルモットの脳を生きて機能しているまま維持しようとした実際の試みについては、Llinas, Yarom, and Sugimori 1981を参照のこと。

4　Lassek and Rasmussen 1940。数に関する別の見方として、外界とのつながりによって神経系のニューロンを分類してみよう。感覚ニューロンは外界からの刺激を神経信号に変換する。たとえば、網膜の光受容体は光に刺激されると電気信号を発する。運動ニューロンは筋肉とシナプスを形成し、神経信号を運動へ変換する。それ以外のニューロンは、感覚ニューロンと運動ニューロンとのあいだにあるため、介在ニューロンと呼ばれる。C・エレガンスの神経系では、感覚ニューロン、運動ニューロン、介在ニューロンとも、それぞれ同じくらいの数がある。しかしヒトの神経系では、感覚ニューロンと運動ニューロンの数は、ないに等しいくらい少ない。ニューロンとは介在ニューロンのことだと言ってもまずさしつかえないほどだ。外界と「話す」ニューロンは、われわれの脳にはほんのわずかしか存在しない。ほとんどは、お互い同士で話をしているのである。

5　Bostrom 2003; Lloyd 2006

6　Turing 1950

7　チューリング・テストのオリジナルな設定は少し違う。チューリングの論文は非常に読みやすいので、興味のある読者は読んでみてほしい。

8　ナタリー・ゼーモン・デーヴィスは、新しいゲールが偽物であることを、ゲールの妻はよくわかっていたが、恋におちて彼と共謀したのだと主張している(Davis 1983, 1988)。しかしゲールの姉妹や友人たちの一部が本当にだまされたことに疑問を持つ歴史家はいない。

9　ここでもまた、自己モデルはそれほど正確ではないことが多い。研究者たちが示しているように、ほとんどの人は自分の能力を過大評価している。この効果は、ユーモア作家のギャリソン・キーラによる架空の町にちなんでレイク・ウォビゴン効果と呼ばれる。この町では「あらゆる女性は強く、あらゆる男性は男前で、あらゆる子どもは平均以上である」。

10　マークラムは皮質シナプスの強度がスパイクごとに変動することも示した。彼は同じ説を唱える仲間と共同で、短期シナプス可塑性として知られるこの現象を説明する数学的モデルを発表した。

11　Ananthanarayanan et al. 2009

12　Adee 2009にも、この手紙の全文が掲載されている。

13　たとえば、神経科学者が電流を新皮質の抑制性ニューロンに注入すると、長期間安定してスパイクを生成することができる(Connors and Gutnick 1990)。しかし錐体ニューロンを刺激すると、最初のいくつかのスパイク後は、まるで「疲れた」ように鈍くなる。

14　シナプスをタイプに分類する必要もあるだろう。本文でわたしは、ニューロンのタイプはすでに、シナプスのタイプに関する全情報を含むという立場を取った。デールの原理によれば、ニューロンは、他のニューロンと形成するシナプスすべてで同じ神経伝達物質（あるいは同じ一組の神経伝達物質）を分泌する。錐体ニューロンから他のニューロンに向かって形成されるシナプスすべてがグルタミン酸を分泌する理由がこれだ。グルタミン酸受容体分子にはたくさんの種類がある。あるシナプスで生じる特定の種類は、受けるニューロンの種類が持つ特性かもしれない。つまり、シナプスのタイプは、それが接続するニューロンのタイプによって決まるのかもしれない。もしそうではないことが判明すれば、コネクトームはニューロンのタイプに加え、シナプスのタイプについての情報も別に含まなければならない。

15　この推定値はマイケル・ハウザーとアルンド・ロスの提供による。マルチコンパートメント・モデルは、多数のイオンチャネルによる集団的挙動にもとづいている。このモデルは、世論調査員が、ある候補者を支持する投票者の割合を追跡するやりかたに少し似ている。各コンパートメントは神経細胞膜の一部を表す。これにイオンチャネルの複数の集団が含まれ、ひとつの集団は同じ種類のイオンチャネルを表す。したがって、もしニューロンが100のコンパートメントに分割され、イオンチャネルが10種類あれば、このモデルにはイオンチャネルの状態を特定するための1000の変数が含まれる。かなり多いと思うかもしれないが、ニューロン内のイオンチャネルの総数よりも、まだずっと少ない。

16　ニューロンの異なる部位が、独立して機能する場合、マルチコンパートメント・モデルは不可欠である。たとえば、網膜の星形アマクリン細胞の樹状突起は、物体の動きの方向性を検出して異なる信号を他のニューロンへ送る（Euler, Detwiler, and Denk 2002）。

17　これを一般的な形で最初に提示したのはBraitenberg and Schüz 1998だが、この法則の特定ケースを公式化したアラン・ピーターに敬意を表してこのように名づけられた。

18　Lockery and Goodman 2009

19　より現実的には、それぞれのニューロン・タイプの性質は、正常な人のあいだでもわずかに異なると考えられる。こうした違いはゲノムから予測できるかもしれない。もしそうなら、「あなたはあなたのコネクトームとニューロン・タイプのモデルとゲノムである」と言わなければならない。しかしゲノムが含む情報はコネクトームよりずっと少ないので、「あなたはあなたのコネクトームである」のほうがよい近似ではあるだろう。

20　White et al. 1986

21　電子回路はときおりシミュレーションとは異なる振る舞いをする。シミュレーションでは、部品が配線でつながっている場合にのみ相互作用することができる。しかし実際の回路は配線のない部分が介在する相互作用を含む。たとえば1本の配線が電場を作り出せるし、近くにある配線はその影響を受けるかもしれない。「浮遊容量」として知られる現象だが、これは脳におけるシナプス外相互作用に似ている。このようなモデルからの逸脱は、同定することも解決することも非常に難しい。

22　このような状況を考えるという、気が遠くなるほど難しい課題に取り組む気があるなら、Tipler 1994を参照するとよい。この宇宙においてそれが可能だということが証明されている。

23　脳の機能に量子物理学が重要かどうかという問題を、わたしは避けている。Tegmark 2000はこの問題について考察している。

24　Merkle 1992。コネクトミクスに関する初期の文献の中には、人体冷凍保存術やアップローディングの支持者によって書かれたものがあるが、コネクトームという言葉が作り出されるのはその後のことである。1989年の技術レポート“The Large Scale Analysis of Neural Structures”で、ラルフ・マークルは最近の連続電子顕微鏡法についてレビューしている。彼はC・エレガンスのコネクトームの地図が作成されたことを知って、それを人間の脳で行うことを考えていた。

参考文献

Abeles, M. 1982. *Local cortical circuits: An electrophysiological study.* Berlin: Springer.

Aboitiz, F., A. B. Scheibel, R. S. Fisher, and E. Zaidel. 1992. Fiber composition of the human corpus callosum. *Brain Research,* 598 (1–2): 143–153.

Abraham, Carolyn. 2002. *Possessing genius: The bizarre odyssey of Einstein's brain.* New York: St. Martin's Press.

Adee, S. 2009. Cat fight brews over cat brain. IEEE Spectrum Tech Talk Blog. Nov. 23.

Agarwal, R., N. Singh, and D. Gupta. 2006. Is the patient brain-dead? *Emergency Medicine Journal,* 23 (1): e05.

Albertson, D. G., and J. N. Thomson. 1976. The pharynx of *Caenorhabditis elegans. Philosophical Transactions of the Royal Society of London, Series B, Biological Sciences,* 275 (938): 299–325.

Amari, S. I. 1972. Learning patterns and pattern sequences by self-organizing nets of threshold elements. *IEEE Transactions on Computers,* 100 (21): 1197–1206.

Amit, D. J. 1989. *Modeling brain function.* Cambridge, Eng.: Cambridge University Press.

Amit, D. J., H. Gutfreund, and H. Sompolinsky. 1985. Spin-glass models of neural networks. *Physical Review A,* 32 (2): 1007.

Amunts, K., G. Schlaug, L. Jäncke, H. Steinmetz, A. Schleicher, A. Dabringhaus, and K. Zilles. 1997. Motor cortex and hand motor skills: Structural compliance in the human brain. *Human Brain Mapping,* 5 (3): 206–215.

Ananthanarayanan, R., S. K. Esser, H. D. Simon, and D. S. Modha. 2009. The cat is out of the bag: Cortical simulations with 10^9 neurons, 10^{13} synapses. In *Proceedings of the Conference on High Performance Computing Networking, Storage, and Analysis,* p. 63. ACM.

Andersen, B. B., L. Korbo, and B. Pakkenberg. 1992. A quantitative study of the human cerebellum with unbiased stereological techniques. *Journal of Comparative Neurology,* 326 (4): 549.

Antonini, A., and M. P. Stryker. 1993. Development of individual geniculocortical arbors in cat striate cortex and effects of binocular impulse blockade. *Journal of Neuroscience,* 13 (8): 3549.

———. 1996. Plasticity of geniculocortical afferents following brief or prolonged monocular occlusion in the cat. *Journal of Comparative Neurology,* 369 (1): 64–82.

Azevedo, F. A., L. R. Carvalho, L. T. Grinberg, J. M. Farfel, R. E. Ferretti, R. E. Leite, F. W. Jacob, R. Lent, and S. Herculano-Houzel. 2009. Equal numbers of neuronal and nonneuronal cells make the human brain an isometrically scaled-up primate brain. *Journal of Comparative Neurology,* 513 (5): 532–541.

Bagwell, C. E. 2005. "Respectful image": Revenge of the barber surgeon. *Annals of Surgery,* 241 (6): 872.

Bailey, A., A. Le Couteur, I. Gottesman, P. Bolton, E. Simonoff, E. Yuzda, and M. Rutter. 1995. Autism as a strongly genetic disorder: Evidence from a British twin study. *Psychological Medicine,* 25 (1): 63–77.

Bailey, P., and G. von Bonin. 1951. *The isocortex of man.* Urbana, Ill.: University of Illinois Press.

Bamman, M. M., B. R. Newcomer, D. E. Larson-Meyer, R. L. Weinsier, and G. R. Hunter. 2000. Evaluation of the strength-size relationship in vivo using various muscle size indices. *Medicine and Science in Sports and Exercise,* 32 (7): 1307.

Barlow, H. B. 1972. Single units and sensation:

A neuron doctrine for perceptual psychology. *Perception,* 1 (4): 371–394.

Basser, L. S. 1962, Hemiplegia of early onset and the faculty of speech with special reference to the effects of hemispherectomy. *Brain,* 85: 427–460.

Baum, K. M., and E. F. Walker. 1995. Childhood behavioral precursors of adult symptom dimensions in schizophrenia. *Schizophrenia Research,* 16 (2): 111–120.

Bear, M. F., B. W. Connors, and M. Paradiso. 2007. *Neuroscience: Exploring the brain,* 3rd ed. Baltimore: Lippincott, Williams, and Wilkins.（邦訳はM•F•ベアー、B•W•コノーズ、M•A•パラディーソ『神経科学―脳の探求　カラー版』加藤宏司、後藤薫、藤井聡、山崎良彦監訳、西村書店）

Beard, M. 2008. *The fires of Vesuvius: Pompeii lost and found.* Cambridge, Mass.: Harvard University Press.

Bechtel, W. 2006. *Discovering cell mechanisms: The creation of modern cell biology.* Cambridge, Eng.: Cambridge University Press.

Benes, F. M., M. Turtle, Y. Khan, and P. Farol. 1994. Myelination of a key relay zone in the hippocampal formation occurs in the human brain during childhood, adolescence, and adulthood. *Archives of General Psychiatry,* 51 (6): 477–484.

Bernal, B., and N. Altman. 2010. The connectivity of the superior longitudinal fasciculus: A tractography DTI study. *Magnetic Resonance Imaging,* 28 (2): 217–225.

Bertone, T., and G. De Carli. 2008. *The last secret of Fatima.* New York: Doubleday.

BGW. 2002. Graduate student in peril: A first person account of schizophrenia. *Schizophrenia Bulletin,* 28 (4): 745–755.

Bhardwaj, R. D., M. A. Curtis, K. L. Spalding, B. A. Buchholz, D. Fink, T. Björk-Eriksson, C. Nordborg, F. H. Gage, H. Druid, P. S. Eriksson, et al. 2006. Neocortical neurogenesis in humans is restricted to development. *Proceedings of the National Academy of Sciences,* 103 (33): 12564.

Bi, G., and M. Poo. 1998. Synaptic modifications in cultured hippocampal neurons: Dependence on spike timing, synaptic strength, and postsynaptic cell type. *Journal of Neuroscience,* 18 (24): 10464.

Blakeslee, Sandra. 2000. A decade of discovery yields a shock about the brain. *New York Times,* Jan. 4.

Boatman, D., J. Freeman, E. Vining, M. Pulsifer, D. Miglioretti, R. Minahan, B. Carson, J. Brandt, and G. McKhann. 1999. Language recovery after left hemispherectomy in children with late-onset seizures. *Annals of Neurology,* 46 (4): 579–586.

Bock, D. D., W. C. A. Lee, A. M. Kerlin, M. L. Andermann, G. Hood, A. W. Wetzel, S. Yurgenson, E. R. Soucy, H. S. Kim, and R. C. Reid. 2011. Network anatomy and in vivo physiology of visual cortical neurons. *Nature,* 471 (7337): 177–182.

Bock, O., and G. Kommerell. 1986. Visual localization after strabismus surgery is compatible with the "outflow" theory. *Vision Research,* 26 (11): 1825.

Bosch, F., and L. Rosich. 2008. The contributions of Paul Ehrlich to pharmacology: A tribute on the occasion of the centenary of his Nobel prize. *Pharmacology,* 82 (3): 171–179.

Bosl, W., A. Tierney, H. Tager-Flusberg, and C. Nelson. 2011. EEG complexity as a biomarker for autism spectrum disorder risk. *BMC Medicine,* 9: 18.

Bostrom, N. 2003. Are you living in a computer simulation? *Philosophical Quarterly,* 53 (211): 243–255.

Bouchard, T. J., Jr., D. T. Lykken, M. McGue, N. L. Segal, and A. Tellegen. 1990. Sources of

human psychological differences: The Minnesota Study of Twins Reared Apart. *Science,* 250: 223–228.

Boyke, J., J. Driemeyer, C. Gaser, C. Buchel, and A. May. 2008. Training-induced brain structure changes in the elderly. *Journal of Neuroscience,* 28 (28): 7031.

Bradley, G. D. 1920. *The story of the Pony Express,* 4th ed. Chicago: McClurg.

Braitenberg, V., and A. Schüz. 1998. *Cortex: Statistics and geometry of neuronal connectivity.* Berlin: Springer.

Briggman, K. L., M. Helmstaedter, and W. Denk. 2011. Wiring specificity in the direction-selectivity circuit of the retina. *Nature,* 471 (7337): 183–188.

Brodmann, K. 1909. *Vergleichende Lokalisationslehre der Großhirnrinde in ihren Prinzipien dargestellt auf Grund des Zellenbaues.* Leipzig: Barth. English trans. available as Garey, L. J. 2006. *Brodmann's localisation in the cerebral cortex: The principles of comparative localisation in the cerebral cortex based on cytoarchitectonics.* New York: Springer.

Bruer, J. T. 1999. *The myth of the first three years: A new understanding of early brain development and lifelong learning.* New York: Free Press.

Brundin, P., J. Karlsson, M. Emgård, G. S. Kaminski Schierle, O. Hansson, Å Petersén, and R. F. Castilho. 2000. Improving the survival of grafted dopaminergic neurons: A review over current approaches. *Cell Transplantation,* 9 (2): 179–196.

Bullock, T. H., M. V. L. Bennett, D. Johnston, R. Josephson, E. Marder, and R. D. Fields. 2005. The neuron doctrine, redux. *Science,* 310 (5749): 791.

Buonomano, D. V., and M. M. Merzenich. 1998. Cortical plasticity: From synapses to maps. *Annual Review of Neuroscience,* 21 (1): 149–186.

Burrell, Brian. 2004. *Postcards from the brain museum: The improbable search for meaning in the matter of famous minds.* New York: Broadway Books.

Buss, R. R., W. Sun, and R. W. Oppenheim. 2006. Adaptive roles of programmed cell death during nervous system development. *Annual Review of Neuroscience,* 29: 1.

Cardno, A. G., and I. I. Gottesman. 2000. Twin studies of schizophrenia: From bow-and-arrow concordances to star wars Mx and functional genomics. *American Journal of Medical Genetics, C, Seminars in Medical Genetics,* 97 (1): 12–17.

Carmichael, S. T. 2006. Cellular and molecular mechanisms of neural repair after stroke: Making waves. *Annals of Neurology,* 59 (5): 735–742.

Carper, R. A., P. Moses, Z. D. Tigue, and E. Courchesne. 2002. Cerebral lobes in autism: Early hyperplasia and abnormal age effects. *Neuroimage,* 16 (4): 1038– 1051.

Catani, M., and D. H. ffytche. 2005. The rises and falls of disconnection syndromes. *Brain,* 128: 2224–2239.

Chadwick, J. 1960. *The decipherment of Linear B.* Cambridge, Eng.: Cambridge University Press.（邦訳はJ・チャドウィック『線文字Bの解読』大城功訳、みすず書房）

Chalfie, M., J. E. Sulston, J. G. White, E. Southgate, J. N. Thomson, and S. Brenner. 1985. The neural circuit for touch sensitivity in *Caenorhabditis elegans. Journal of Neuroscience,* 5 (4): 956.

Changeux, Jean-Pierre. 1985. *Neuronal man: The biology of mind.* New York: Pantheon.

Chen, B. L., D. H. Hall, and D. B. Chklovskii. 2006. Wiring optimization can relate neuronal structure and function. *Proceedings of the National Academy of Sciences,* 103 (12): 4723.

Chklovskii, D. B., and A. A. Koulakov. 2004. Maps in the brain: What can we learn from

them? *Annual Review of Neuroscience,* 27: 369–392.

Clarke, Arthur C. 1973. *Profiles of the future: An inquiry into the limits of the possible,* rev. ed. New York: Harper & Row.（邦訳はアーサー・C・クラーク『未来のプロフィル』福島正実訳、早川書房）

CMS Collaboration. 2008. The CMS experiment at the CERN LHC. *Journal of Instrumentation,* 3: S08004.

Cohen, L. G., P. Celnik, A. Pascual-Leone, B. Corwell, L. Faiz, J. Dambrosia, M. Honda, N. Sadato, C. Gerloff, M. D. Catalá, et al. 1997. Functional relevance of cross-modal plasticity in blind humans. *Nature,* 389 (6647): 180–183.

Coleman, M. 2005. Axon degeneration mechanisms: Commonality amid diversity. *Nature Reviews Neuroscience,* 6 (11): 889–898.

Conel, J. L. 1939–1967. *Postnatal development of the human cerebral cortex.* 8 vols. Cambridge, Mass.: Harvard University Press.

Conforti, L., R. Adalbert, and M. P. Coleman. 2007. Neuronal death: Where does the end begin? *Trends in Neurosciences,* 30 (4): 159–166.

Connors, B. W., and M. J. Gutnick. 1990. Intrinsic firing patterns of diverse neocortical neurons. *Trends in Neurosciences,* 13 (3): 99–104.

Corkin, S. 2002. What's new with the amnesic patient HM? *Nature Reviews Neuroscience,* 3 (2): 153–160.

Courchesne, E., and K. Pierce. 2005. Why the frontal cortex in autism might be talking only to itself: Local over-connectivity but long-distance disconnection. *Current Opinion in Neurobiology,* 15 (2): 225–230.

Courchesne, E., K. Pierce, C. M. Schumann, E. Redcay, J. A. Buckwalter, D. P. Kennedy, and J. Morgan. 2007. Mapping early brain development in autism. *Neuron,* 56 (2): 399–413.

Cowan, W. M., J. W. Fawcett, D. D. O'Leary, and B. B. Stanfield. 1984. Regressive events in neurogenesis. *Science,* 225 (4668): 1258.

Cramer, S. C. 2008. Repairing the human brain after stroke: I. Mechanisms of spontaneous recovery. *Annals of Neurology,* 63 (3): 272–287.

Davis, Kenneth C. 2005. *Don't know much about mythology: Everything you need to know about the greatest stories in human history but never learned.* New York: HarperCollins.

Davis, N. Z. 1983. *The Return of Martin Guerre.* Cambridge, Mass.: Harvard University Press.

———. 1988. On the lame. *American Historical Review,* 93 (3): 572–603.

DeFelipe, J. 2010. *Cajal's butterflies of the soul: Science and art.* New York: Oxford University Press.

DeFelipe, J., and E. G. Jones. 1988. *Cajal on the cerebral cortex.* New York: Oxford University Press.

Denk, W., and H. Horstmann. 2004. Serial block-face scanning electron microscopy to reconstruct three-dimensional tissue nanostructure. *PLoS Biology,* 2 (11): e329.

Dennett, Daniel Clement. 1978. *Brainstorms: Philosophical essays on mind and psychology.* Montgomery, Vt.: Bradford Books.

Desimone, R., T. D. Albright, C. G. Gross, and C. Bruce. 1984. Stimulus-selective properties of inferior temporal neurons in the macaque. *Journal of Neuroscience,* 4 (8): 2051.

Devlin, K. 2010. *The unfinished game: Pascal, Fermat, and the seventeenth-century letter that made the world modern.* New York: Basic Books.（邦訳はキース・デブリン『世界

を変えた手紙—パスカル、フェルマーと〈確率〉の誕生』原啓介訳、岩波書店）
Dobell, C. C. 1960. *Antony van Leeuwenhoek and his "little animals."* New York: Dover.（邦訳はクリフォード・ドーベル『レーベッンフックの手紙』天児和暢訳、九州大学出版会）
Dobson, J. 1953. Some eighteenth century experiments in embalming. *Journal of the History of Medicine and Allied Sciences,* 8 (Oct.): 431.
Doupe, A. J., and P. K. Kuhl. 1999. Birdsong and human speech: Common themes and mechanisms. *Annual Review of Neuroscience,* 22 (1): 567–631.
Draaisma, D. 2000. *Metaphors of memory: A history of ideas about the mind.* Cambridge, Eng.: Cambridge University Press.（邦訳はDouwe Draaisma『記憶の比喩—心の概念に関する歴史』岡田圭二訳、ブレーン出版）
Draganski, B., C. Gaser, V. Busch, G. Schuierer, U. Bogdahn, and A. May. 2004. Neuroplasticity: Changes in grey matter induced by training. *Nature,* 427 (6972): 311–312.
Draganski, B., C. Gaser, G. Kempermann, H. G. Kuhn, J. Winkler, C. Buchel, and A. May. 2006. Temporal and spatial dynamics of brain structure changes during extensive learning. *Journal of Neuroscience,* 26 (23): 6314.
Drexler, K. E. 1986. *Engines of creation: The coming era of nanotechnology.* New York: Anchor.（邦訳はK・エリック・ドレクスラー『創造する機械—ナノテクロノジー』相澤益男訳、パーソナルメディア）
Dronkers, N. F., O. Plaisant, M. T. Iba-Zizen, and E. A. Cabanis. 2007. Paul Broca's historic cases: High resolution MR imaging of the brains of Leborgne and Lelong. *Brain,* 130 (5): 1432.
Dudley, R. 2008. Suicide claims two men who shared one heart. islandpacket.com. Apr. 5.
Eccles, J. C. 1965. Possible ways in which synaptic mechanisms participate in learning, remembering and forgetting. *Anatomy of Memory,* 1: 12–87.
———. 1976. From electrical to chemical transmission in the central nervous system. *Notes and Records of the Royal Society of London,* 30 (2): 219.
Eccles, J. C., P. Fatt, and K. Koketsu. 1954. Cholinergic and inhibitory synapses in a pathway from motor-axon collaterals to motoneurones. *Journal of Physiology,* 126 (3): 524.
Edelman, Gerald M. 1987. *Neural Darwinism: The theory of neuronal group selection.* New York: Basic Books.
Eichenbaum, H. 2000. A cortical-hippocampal system for declarative memory. *Nature Reviews Neuroscience,* 1 (1): 41–50.
Elbert, T., and B. Rockstroh. 2004. Reorganization of human cerebral cortex: The range of changes following use and injury. *Neuroscientist,* 10 (2): 129.
Elbert, T., C. Pantev, C. Wienbruch, B. Rockstroh, and E. Taub. 1995. Increased cortical representation of the fingers of the left hand in string players. *Science,* 270 (5234): 305.
Eling, P., ed. 1994. *Reader in the history of aphasia: From Franz Gall to Norman Geschwind.* Amsterdam: John Benjamins.
Epsztein, J., M. Brecht, and A. K. Lee. 2011. Intracellular determinants of hippocampal CA1 place and silent cell activity in a novel environment. *Neuron,* 70 (1): 109–120.
Euler, T., P. B. Detwiler, and W. Denk. 2002. Directionally selective calcium signals in dendrites of starburst amacrine cells. *Nature,* 418 (6900): 845–852.
Fahy, G. M., B. Wowk, R. Pagotan, A. Chang, J. Phan, B. Thomson, and L. Phan. 2009. Physical and biological aspects of renal vitrification. *Organogenesis,* 5 (3): 167.
Fee, M. S., A. A. Kozhevnikov, and R. H.

Hahnloser. 2004. Neural mechanisms of vocal sequence generation in the songbird. *Annals of the New York Academy of Sciences,* 1016: 153.

Fehér, O., H. Wang, S. Saar, P. P. Mitra, and O. Tchernichovski. 2009. De novo establishment of wild-type song culture in the zebra finch. *Nature,* 459 (7246): 564–568.

Felleman, D. J., and D. C. Van Essen. 1991. Distributed hierarchical processing in the primate cerebral cortex. *Cerebral Cortex,* 1 (1): 1.

Fiala, J. C. 2005. Reconstruct: A free editor for serial section microscopy. *Journal of Microscopy,* 218 (1): 52–61.

Fields, R. D. 2009. *The other brain.* New York: Simon & Schuster.

Fiete, I. R., W. Senn, C. Z. H. Wang, and R. H. R. Hahnloser. 2010. Spike-timedependent plasticity and heterosynaptic competition organize networks to produce long scale-free sequences of neural activity. *Neuron,* 65 (4): 563–576.

Finger, S. 2005. *Minds behind the brain: A history of the pioneers and their discoveries.* New York: Oxford University Press.

Finger, S., and M. P. Hustwit. 2003. Five early accounts of phantom limb in context: Pare, Descartes, Lemos, Bell, and Mitchell. *Neurosurgery,* 52 (3): 675.

Flatt, A. E. 2005. Webbed fingers. *Proceedings (Baylor University Medical Center),* 18 (1): 26.

Flechsig, P. 1901. Developmental (myelogenetic) localisation of the cerebral cortex in the human subject. *Lancet,* 158 (4077): 1027–1030.

Fombonne, E. 2009. Epidemiology of pervasive developmental disorders. *Pediatric Research,* 65 (6): 591–598.

Ford, B. J. 1985. *Single lens: The story of the simple microscope.* New York: Harper & Row.（邦訳はブライアン・J・フォード『シングル・レンズ―単式顕微鏡の歴史』伊藤智夫訳、法政大学出版局）

Friederici, A. D. 2009. Pathways to language: Fiber tracts in the human brain. *Trends in Cognitive Sciences,* 13 (4): 175–181.

Friston, K. J. 1998. The disconnection hypothesis. *Schizophrenia Research,* 30 (2): 115–125.

Frith, U. 1993. Autism. *Scientific American,* 268 (6): 108–114.

———. 2008. *Autism: A very short introduction.* New York: Oxford University Press.（邦訳はウタ・フリス『ウタ・フリスの自閉症入門―その世界を理解するために』神尾陽子監訳／華園力訳、中央法規）

Frost, D. O., D. Boire, G. Gingras, and M. Ptito. 2000. Surgically created neural pathways mediate visual pattern discrimination. *Proceedings of the National Academy of Sciences,* 97 (20): 11068.

Fukuchi-Shimogori, T., and E. A. Grove. 2001. Neocortex patterning by the secreted signaling molecule FGF8. *Science,* 294 (5544): 1071.

Fukunaga, T., M. Miyatani, M. Tachi, M. Kouzaki, Y. Kawakami, and H. Kanehisa. 2001. Muscle volume is a major determinant of joint torque in humans. *Acta Physiologica Scandinavica,* 172 (4): 249–255.

Gall, F. J. 1835. *On the functions of the brain and of each of its parts: With observations* on the possibility of determining the instincts, propensities, and talents, *or the moral and intellectual dispositions of men and animals, by the configuration of the brain and head.* Trans. W. Lewis. Boston: Marsh, Capen & Lyon.

Galton, F. 1889. On head growth in students at the University of Cambridge. *Journal of Anthropological Institute of Great Britain and Ireland,* 18: 155–156.

———. 1908. *Memories of my life.* London:

Methuen.
Gaser, C., and G. Schlaug. 2003. Brain structures differ between musicians and non-musicians. *Journal of Neuroscience,* 23 (27): 9240.
Gelbard-Sagiv, H., R. Mukamel, M. Harel, R. Malach, and I. Fried. 2008. Internally generated reactivation of single neurons in human hippocampus during free recall. *Science,* 322 (5898): 96.
Geschwind, D. H., and P. Levitt. 2007. Autism spectrum disorders: Developmental disconnection syndromes. *Current Opinion in Neurobiology,* 17 (1): 103–111.
Geschwind, N. 1965a. Disconnexion syndromes in animals and man, i. *Brain,* 88 (2): 237–294.
———. 1965b. Disconnexion syndromes in animals and man, ii. *Brain,* 88 (3): 585–644.
Gilbert, M., R. Busund, A. Skagseth, P. Å. Nilsen, and J. P. Solbø. 2000. Resuscitation from accidental hypothermia of 137° C with circulatory arrest. *Lancet,* 355 (9201): 375–376.
Glahn, D. C., J. D. Ragland, A. Abramoff, J. Barrett, A. R. Laird, C. E. Bearden, and D. I. Velligan. 2005. Beyond hypofrontality: A quantitative meta-analysis of functional neuroimaging studies of working memory in schizophrenia. *Human Brain Mapping,* 25 (1): 60–69.
Gould, E., A. J. Reeves, M. S. A. Graziano, and C. G. Gross. 1999. Neurogenesis in the neocortex of adult primates. *Science,* 286 (5439): 548–552.
Greenough, W. T., J. E. Black, and C. S. Wallace. 1987. Experience and brain development. *Child Development,* 58 (3): 539–559.
Gross, C. G. 2000. Neurogenesis in the adult brain: Death of a dogma. *Nature Reviews Neuroscience,* 1 (1): 67–73.
———. 2002. Genealogy of the "grandmother cell." *Neuroscientist,* 8 (5): 512.
Guerrini, R., and E. Parrini. 2010. Neuronal migration disorders. *Neurobiology of Disease,* 38 (2): 154–166.
Guillery, R. W. 2005. Observations of synaptic structures: Origins of the neuron doctrine and its current status. *Philosophical Transactions B,* 360 (1458): 1281.
Hahnloser, R. H. R., A. A. Kozhevnikov, and M. S. Fee. 2002. An ultra-sparse code underlies the generation of neural sequences in a songbird. *Nature,* 419 (6902): 65–70.
Hajszan, T., N. J. MacLusky, and C. Leranth. 2005. Short-term treatment with the antidepressant fluoxetine triggers pyramidal dendritic spine synapse formation in rat hippocampus. *European Journal of Neuroscience,* 21 (5): 1299–1303.
Hall, D. H., and Z. F. Altun. 2008. *C. elegans* atlas. Cold Spring Harbor, N.Y.: Cold Spring Harbor Laboratory Press.
Hall, D. H., and R. L. Russell. 1991. The posterior nervous system of the nematode *Caenorhabditis elegans:* Serial reconstruction of identified neurons and complete pattern of synaptic interactions. *Journal of Neuroscience,* 11 (1): 1.
Hallmayer, J., S. Cleveland, A. Torres, J. Phillips, B. Cohen, T. Torigoe, J. Miller, A. Fedele, J. Collins, K. Smith, et al. 2011. Genetic heritability and shared environmental factors among twin pairs with autism. *Archives of General Psychiatry.* doi: 10.1001/archgenpsychiatry.2011.76
Harris, J. C. 2003. Pinel orders the chains removed from the insane at Bicêtre. *Archives of General Psychiatry,* 60 (5): 442.
Häusser, M., N. Spruston, and G. J. Stuart. 2000. Diversity and dynamics of dendritic signaling. *Science,* 290 (5492): 739.
He, H. Y., W. Hodos, and E. M. Quinlan. 2006. Visual deprivation reactivates rapid ocular

dominance plasticity in adult visual cortex. *Journal of Neuroscience,* 26 (11): 2951–2955.

Hebb, D. O. 1949. *The organization of behavior: A neuropsychological theory.* New York: Wiley.（邦訳はD･O･ヘッブ『行動の機構―脳メカニズムから心理学へ上･下』鹿取廣人ほか訳、岩波書店）

Hell, S. W. 2007. Far-field optical nanoscopy. *Science,* 316 (5828): 1153–1158.

Helmstaedter, M., K. L. Briggman, and W. Denk. 2008. 3D structural imaging of the brain with photons and electrons. *Current Opinion in Neurobiology,* 18 (6): 633–641.

———. High-accuracy neurite reconstruction for high-throughput neuroanatomy. *Nature Neuroscience,* 14 (8): 1081–1088.

Hickok, G., and D. Poeppel. 2007. The cortical organization of speech processing. *Nature Reviews Neuroscience,* 8 (5): 393–402.

Hopfield, J. J. 1982. Neural networks and physical systems with emergent collective computational abilities. *Proceedings of the National Academy of Sciences,* 79 (8): 2554.

Hopfield, J. J., and D. W. Tank. 1986. Computing with neural circuits: A model. *Science,* 233 (4764): 625.

Howland, D. 1996. *Borders of Chinese civilization: Geography and history at empire's end.* Durham, N.C.: Duke University Press.

Hutchinson, S., L. H. L. Lee, N. Gaab, and G. Schlaug. 2003. Cerebellar volume of musicians. *Cerebral Cortex,* 13 (9): 943.

Huttenlocher, P. R. 1990. Morphometric study of human cerebral cortex development. *Neuropsychologia,* 28 (6): 517.

Huttenlocher, P. R., and A. S. Dabholkar. 1997. Regional differences in synaptogenesis in human cerebral cortex. *Journal of Comparative Neurology,* 387 (2): 167–178.

Huttenlocher, P. R., C. de Courten, L. J. Garey, and H. Van der Loos. 1982. Synaptogenesis in human visual cortex-evidence for synapse elimination during normal development. *Neuroscience Letters,* 33 (3): 247–252.

Illingworth, C. M. 1974. Trapped fingers and amputated finger tips in children. *Journal of Pediatric Surgery,* 9 (6): 853–858.

Jain, V., H. S. Seung, and S. C. Turaga. 2010. Machines that learn to segment images: A crucial technology for connectomics. *Current Opinion in Neurobiology,* 20 (5): 653–666.

Jarvis, E. D., O. Güntürkün, L. Bruce, A. Csillag, H. Karten, W. Kuenzel, L. Medina, G. Paxinos, D. J. Perkel, T. Shimizu, et al. 2005. Avian brains and a new understanding of vertebrate brain evolution. *Nature Reviews Neuroscience,* 6 (2): 151–159.

Johansen-Berg, H., and M. F. S. Rushworth. 2009. Using diffusion imaging to study human connectional anatomy. *Annual Review of Neuroscience,* 32: 75–94.

Johnson, L., and S. Baldyga. 2009. *Frozen: My journey into the world of cryonics, deception, and death.* New York: Vanguard.（邦訳はラリー･ジョンソン、スコット･バルディガ『人体冷凍―不死販売財団の恐怖』渡会圭子訳、講談社）

Jones, P. E. 1995. Contradictions and unanswered questions in the Genie case: A fresh look at the linguistic evidence. *Language and Communication,* 15 (3): 261–280.

Jun, J. K., and D. Z. Jin. 2007. Development of neural circuitry for precise temporal sequences through spontaneous activity, axon remodeling, and synaptic plasticity. *PLoS One,* 2 (8): e273.

Jung, R. E., and R. J. Haier. 2007. The parieto-frontal integration theory (P-FIT) of intelligence: Converging neuroimaging

evidence. *Behavioral and Brain Sciences,* 30 (2): 135–154.

Kahn, D. 1967. *The codebreakers: The story of secret writing.* New York: Macmillan.

Kaiser, M. D., C. M. Hudac, S. Shultz, S. M. Lee, C. Cheung, A. M. Berken, B. Deen, N. B. Pitskel, D. R. Sugrue, A. C. Voos, et al. 2010. Neural signatures of autism. *Proceedings of the National Academy of Sciences,* 107 (49): 21223–21228.

Kalil, R. E., and G. E. Schneider. 1975. Abnormal synaptic connections of the optic tract in the thalamus after midbrain lesions in newborn hamsters. *Brain Research,* 100 (3): 690.

Kalimo, H., J. H. Garcia, Y. Kamijyo, J. Tanaka, and B. F. Trump. 1977. The ultra-structure of "brain death." II. Electron microscopy of feline cortex after complete ischemia. *Virchows Archiv B Cell Pathology,* 25 (1): 207–220.

Kanner, L. 1943. Autistic disturbances of affective contact. *Nervous Child,* 2 (2): 217–230.

Karten, H. J. 1997. Evolutionary developmental biology meets the brain: The origins of mammalian cortex. *Proceedings of the National Academy of Sciences,* 94 (7): 2800–2804.

Keith, A. 1927. The brain of Anatole France. *British Medical Journal,* 2 (3491): 1048.

Keller, M. B., J. P. McCullough, D. N. Klein, B. Arnow, D. L. Dunner, A. J. Gelenberg, J. C. Markowitz, C. B. Nemeroff, J. M. Russell, M. E. Thase, et al. 2000. A comparison of nefazodone, the cognitive behavioral-analysis system of psychotherapy, and their combination for the treatment of chronic depression. *New England Journal of Medicine,* 342 (20): 1462–1470.

Keller, S. S., T. Crow, A. Foundas, K. Amunts, and N. Roberts. 2009. Broca's area: Nomenclature, anatomy, typology, and asymmetry. *Brain and Language,* 109 (1): 29–48.

Kelly, Kevin. 1994. *Out of control: The rise of neo-biological civilization.* Reading, Mass.: Addison-Wesley.（邦訳はケヴィン・ケリー『「複雑系」を超えて─システムを永久進化させる9つの法則』服部桂監修、福岡洋一ほか訳、アスキー）

Kempermann, G. 2002. Why new neurons? Possible functions for adult hippocampal neurogenesis. *Journal of Neuroscience,* 22 (3): 635.

Kessler, R. C., O. Demler, R. G. Frank, M. Olfson, H. A. Pincus, E. E. Walters, P. Wang, K. B. Wells, and A. M. Zaslavsky. 2005. Prevalence and treatment of mental disorders, 1990 to 2003. *New England Journal of Medicine,* 352 (24): 2515.

Kim, I. J., Y. Zhang, M. Yamagata, M. Meister, and J. R. Sanes. 2008. Molecular identification of a retinal cell type that responds to upward motion. *Nature,* 452 (7186): 478–482.

Knott, G., H. Marchman, D. Wall, and B. Lich. 2008. Serial section scanning electron microscopy of adult brain tissue using focused ion beam milling. *Journal of Neuroscience,* 28 (12): 2959.

Knudsen, E. I., and P. F. Knudsen. 1990. Sensitive and critical periods for visual calibration of sound localization by barn owls. *Journal of Neuroscience,* 10 (1): 222.

Kola, I., and J. Landis. 2004. Can the pharmaceutical industry reduce attrition rates? *Nature Reviews Drug Discovery,* 3 (8): 711–716.

Kolb, B., and R. Gibb. 2007. Brain plasticity and recovery from early cortical injury. *Developmental Psychobiology,* 49 (2): 107–118.

Kolodkin, A. L., and M. Tessier-Lavigne. 2011. Mechanisms and molecules of neuronal wiring: A primer. *Cold Spring Harbor*

Perspectives in Biology, 3: a001727.
Kolodzey, J. 1981. Cray-1 computer technology. *IEEE Transactions on Components, Hybrids, and Manufacturing Technology,* 4 (2): 181–186.
Kornack, D. R., and P. Rakic. 1999. Continuation of neurogenesis in the hippocampus of the adult macaque monkey. *Proceedings of the National Academy of Sciences,* 96 (10): 5768.
———. 2001. Cell proliferation without neurogenesis in adult primate neocortex. *Science,* 294 (5549): 2127.
Kostovic, I., and P. Rakic. 1980. Cytology and time of origin of interstitial neurons in the white matter in infant and adult human and monkey telencephalon. *Journal of Neurocytology,* 9 (2): 219.
Kozel, F. A., K. A. Johnson, Q. Mu, E. L. Grenesko, S. J. Laken, and M. S. George. 2005. Detecting deception using functional magnetic resonance imaging. *Biological Psychiatry,* 58 (8): 605–613.
Kubicki, M., H. Park, C. F. Westin, P. G. Nestor, R. V. Mulkern, S. E. Maier, M. Niznikiewicz, E. E. Connor, J. J. Levitt, M. Frumin, et al. 2005. DTI and MTR abnormalities in schizophrenia: Analysis of white matter integrity. *Neuroimage,* 26 (4): 1109–1118.
Kullmann, D. M. 2010. Neurological channelopathies. *Annual Review of Neuroscience,* 33: 151–172.
Lander, E. S. 2011. Initial impact of the sequencing of the human genome. *Nature,* 470 (7333): 187–197.
Langleben, D. D., L. Schroeder, J. A. Maldjian, R. C. Gur, S. McDonald, J. D. Rag-land, C. P. O'Brien, and A. R. Childress. 2002. Brain activity during simulated deception: An event-related functional magnetic resonance study. *Neuroimage,* 15 (3): 727–732.
Lashley, K. S. 1929. *Brain mechanisms and intelligence: A quantitative study of injuries to the brain.* Chicago: University of Chicago Press.（邦訳はK・S・ラシュレイ『脳の機序と知能—脳傷害の量的研究』安田一郎訳、青土社）
Lashley, K. S., and G. Clark. 1946. The cytoarchitecture of the cerebral cortex of *Ateles:* A critical examination of architectonic studies. *Journal of Comparative Neurology,* 85 (2): 223–305.
Lassek, A. M., and G. L. Rasmussen. 1940. A comparative fiber and numerical analysis of the pyramidal tract. *Journal of Comparative Neurology,* 72 (2): 417–428.
Laureys, S. 2005. Death, unconsciousness, and the brain. *Nature Reviews Neuroscience,* 6 (11): 899–909.
Lederberg, J., and A. T. McCray. 2001. 'Ome sweet 'omics: A genealogical treasury of words. *Scientist,* 15 (7): 8.
Leeuwenhoek, A. van. 1674. More Observations from Mr. Leewenhook, in a Letter of Sept. 7. 1674. Sent to the publisher. *Philosophical Transactions,* 9 (108): 178–182.
Legrand, N., A. Ploss, R. Balling, P. D. Becker, C. Borsotti, N. Brezillon, and J. Debarry. 2009. Humanized mice for modeling human infectious disease: Challenges, progress, and outlook. *Cell Host and Microbe,* 6 (1): 5–9.
Leroi, A. 2006. What makes us human? *Telegraph,* Aug. 1.
Leucht, S., C. Corves, D. Arbter, R. R. Engel, C. Li, and J. M. Davis. 2009. Second-generation versus first-generation antipsychotic drugs for schizophrenia: A meta-analysis. *Lancet,* 373 (9657): 31–41.
Lewis, D. A., and P. Levitt. 2002. Schizophrenia as a disorder of neurodevelopment. *Annual Review of Neuroscience,* 25: 409.
Lichtman, J. W., and H. Colman. 2000. Synapse elimination review and indelible

memory. *Neuron,* 25: 269–278.
Lichtman, J. W., J. R. Sanes, and J. Livet. A technicolour approach to the connectome. *Nature Reviews Neuroscience,* 9 (6): 417–422.
Lieberman, P. 2002. On the nature and evolution of the neural bases of human language. *American Journal of Physical Anthropology,* 119 (S35): 36–62.
Lindbeck, A. 1995. The prize in economic science in memory of Alfred Nobel. *Journal of Economic Literature,* 23 (1): 37–56.
Linkenhoker, B. A., and E. I. Knudsen. 2002. Incremental training increases the plasticity of the auditory space map in adult barn owls. *Nature,* 419 (6904): 293–296.
Lipton, P. 1999. Ischemic cell death in brain neurons. *Physiological Reviews,* 79 (4): 1431–1568.
Livet, J., T. A. Weissman, H. Kang, J. Lu, R. A. Bennis, J. R. Sanes, and J. W. Lichtman. 2007. Transgenic strategies for combinatorial expression of fluorescent proteins in the nervous system. *Nature,* 450 (7166): 56–62.
Lledo, P. M., M. Alonso, and M. S. Grubb. 2006. Adult neurogenesis and functional plasticity in neuronal circuits. *Nature Reviews Neuroscience,* 7 (3): 179–193.
Llinas, R., Y. Yarom, and M. Sugimori. 1981. Isolated mammalian brain in vitro: New technique for analysis of electrical activity of neuronal circuit function. *Federation Proceedings,* 40: 2240.
Lloyd, Seth. 2006. *Programming the universe: A quantum computer scientist takes on the cosmos.* New York: Knopf.（邦訳はセス・ロイド『宇宙をプログラムする宇宙―いかにして「計算する宇宙」は複雑な世界を創ったか?』水谷淳訳、早川書房）
Lockery, S. R., and M. B. Goodman. 2009. The quest for action potentials in *C. elegans* neurons hits a plateau. *Nature Neuroscience,* 12 (4): 377–378.
Lopez-Munoz, F., and C. Alamo. 2009. Monoaminergic neurotransmission: The history of the discovery of antidepressants from 1950s until today. *Current Pharmaceutical Design,* 15 (14): 1563–1586.
Lotze, M., H. Flor, W. Grodd, W. Larbig, and N. Birbaumer. 2001. Phantom movements and pain: An fMRI study in upper limb amputees. *Brain,* 124 (11): 2268.
Machin, Geoffrey. 2009. Non-identical monozygotic twins, intermediate twin types, zygosity testing, and the non-random nature of monozygotic twinning: A review. *American Journal of Medical Genetics, C, Seminars in Medical Genetics,* 151C (2): 110–127.
Maguire, E. A., D. G. Gadian, I. S. Johnsrude, C. D. Good, J. Ashburner, R. S. J. Frackowiak, and C. D. Frith. 2000. Navigation-related structural change in the hippocampi of taxi drivers. *Proceedings of the National Academy of Sciences,* 97 (8): 4398.
Markoff, J. 2007. Already, Apple sells refurbished iPhones. *New York Times,* Aug. 22.
Markou, A., C. Chiamulera, M. A. Geyer, M. Tricklebank, and T. Steckler. 2008. Removing obstacles in neuroscience drug discovery: The future path for animal models. *Neuropsychopharmacology,* 34 (1): 74–89.
Markram, H., J. Lubke, M. Frotscher, and B. Sakmann. 1997. Regulation of synaptic efficacy by coincidence of postsynaptic APs and EPSPs. *Science,* 275 (5297): 213.
Marr, D. 1971. Simple memory: A theory for archicortex. *Philosophical Transactions of the Royal Society of London. Series B, Biological Sciences,* 262 (841): 23–81.
Martin, G. M. 1971. Brief proposal on immortality: An interim solution.

Perspectives in Biology and Medicine, 14 (2): 339.
Mashour, G. A., E. E. Walker, and R. L. Martuza. 2005. Psychosurgery: Past, present, and future. *Brain Research Reviews,* 48 (3): 409–419.
Masland, R. H. 2001. Neuronal diversity in the retina. *Current Opinion in Neurobiology,* 11 (4): 431–436.
Mathern, G. W. 2010. Cerebral hemispherectomy. *Neurology,* 75 (18): 1578.
Matzelle, T. R., H. Gnaegi, A. Ricker, and R. Reichelt. 2003. Characterization of the cutting edge of glass and diamond knives for ultramicrotomy by scanning force microscopy using cantilevers with a defined tip geometry: Part 2. *Journal of Microscopy,* 209 (2): 113–117.
Maughan, R. J., J. S. Watson, and J. Weir. 1983. Strength and cross-sectional area of human skeletal muscle. *Journal of Physiology,* 338 (1): 37.
Mazur, P. 1988. Stopping biological time. *Annals of the New York Academy of Sciences,* 541 (1): 514–531.
Mazur, P., W. F. Rall, and N. Rigopoulos. 1981. Relative contributions of the fraction of unfrozen water and of salt concentration to the survival of slowly frozen human erythrocytes. *Biophysical Journal,* 36 (3): 653–675.
McClelland, J. L., and D. E. Rumelhart. 1981. An interactive activation model of context effects in letter perception: I. An account of basic findings. *Psychological Review,* 88 (5): 375.
McDaniel, M. A. 2005. Big-brained people are smarter: A meta-analysis of the relationship between in vivo brain volume and intelligence. *Intelligence,* 33 (4): 337–346.
Mechelli, A., J. T. Crinion, U. Noppeney, J. O'Doherty, J. Ashburner, R. S. Frackowiak, and C. J. Price. 2004. Neurolinguistics: Structural plasticity in the bilingual brain. *Nature,* 431 (7010): 757.
Mendez, I., A. Viñuela, A. Astradsson, K. Mukhida, P. Hallett, H. Robertson, T. Tierney, R. Holness, A. Dagher, J. Q. Trojanowski, et al. 2008. Dopamine neurons implanted into people with Parkinson's disease survive without pathology for 14 years. *Nature Medicine,* 14 (5): 507–509.
Merkle, R. C. 1992. The technical feasibility of cryonics. *Medical Hypotheses,* 39 (1): 6–16.
Mesulam, M. M. 1998. From sensation to cognition. *Brain,* 121 (6): 1013.
Meyer, M. P., and S. J. Smith. 2006. Evidence from in vivo imaging that synaptogenesis guides the growth and branching of axonal arbors by two distinct mechanisms. *Journal of Neuroscience,* 26 (13): 3604.
Mezard, M., G. Parisi, and M. A. Virasoro. 1987. *Spin glass theory and beyond.* Singapore: World Scientific.
Micale, M. S. 1985. The Salpêtrière in the age of Charcot: An institutional perspective on medical history in the late nineteenth century. *Journal of Contemporary History,* 20 (4): 703–731.
Middleton, F. A., and P. L. Strick. 2000. Basal ganglia output and cognition: Evidence from anatomical, behavioral, and clinical studies. *Brain and Cognition,* 42 (2): 183–200.
Miles, M., and D. Beer. 1996. Pakistan's microcephalic chuas of Shah Daulah: Cursed, clamped, or cherished. *History of Psychiatry,* 7 (28, pt. 4): 571.
Miller, K. D. 1996. Synaptic economics: Competition and cooperation in correlation-based synaptic plasticity. *Neuron,* 17: 371–374.
Minsky, M. 2006. *The emotion machine.* New York: Simon & Schuster.（邦訳はMarvin Minsky『ミンスキー博士の脳の探検—常識・

感情・自己とは』竹林洋一訳、共立出版）
Mochida, G. H., and C. A. Walsh. 2001. Molecular genetics of human microcephaly. *Current Opinion in Neurology,* 14 (2): 151.
———. 2004. Genetic basis of developmental malformations of the cerebral cortex. *Archives of Neurology,* 61 (5): 637.
Mochizuki, H. 2009. Parkin gene therapy. *Parkinsonism and Related Disorders,* 15: S43-S45.
Mohr, J. P. 1976. Broca's area and Broca's aphasia. In Haiganoosh Whitaker and Harry A. Whitaker, eds., *Studies in neurolinguistics,* vol. 1, *Perspectives in neurolinguistics and psycholinguistics,* pp. 201–235. New York: Academic Press.
Mooney, R., and J. F. Prather. 2005. The HVC microcircuit: The synaptic basis for interactions between song motor and vocal plasticity pathways. *Journal of Neuroscience,* 25 (8): 1952–1964.
Morgan, S., P. Grootendorst, J. Lexchin, C. Cunningham, and D. Greyson. 2011. The cost of drug development: A systematic review. *Health Policy,* 100 (1): 4–17.
Murphy, B. P., Y. C. Chung, T. W. Park, and P. D. McGorry. 2006. Pharmacological treatment of primary negative symptoms in schizophrenia: A systematic review. *Schizophrenia Research,* 88 (1–3): 5–25.
Murphy, T. H., and D. Corbett. 2009. Plasticity during stroke recovery: From synapse to behavior. *Nature Reviews Neuroscience,* 10 (12): 861–872.
Myrdal, G. 1997. The Nobel Prize in economic science. *Challenge,* 20 (1): 50–52.
Nehlig, A. 2010. Is caffeine a cognitive enhancer? *Journal of Alzheimer's Disease,* 20 (Supp): S85–S94.
Nelson, S. B., K. Sugino, and C. M. Hempel. 2006. The problem of neuronal cell types: A physiological genomics approach. *Trends in Neurosciences,* 29 (6): 339–345.
Nestler, E. J., and S. E. Hyman. 2010. Animal models of neuropsychiatric disorders. *Nature Neuroscience,* 13 (10): 1161–1169.
Newhouse, P. A., A. Potter, and A. Singh. 2004. Effects of nicotinic stimulation on cognitive performance. *Current Opinion in Pharmacology,* 4 (1): 36–46.
Nicolelis, M. 2007. Living with Ghostly Limbs. *Scientific American Mind,* 18 (6): 52–59.
O'Connell, M. R. 1997. *Blaise Pascal: Reasons of the heart.* Grand Rapids, Mich.: Wm. B. Eerdmans.
Oddo, S., A. Caccamo, J. D. Shepherd, M. P. Murphy, T. E. Golde, R. Kayed, R. Metherate, M. P. Mattson, Y. Akbari, and F. M. LaFerla. 2003. Triple-transgenic model of Alzheimer's disease with plaques and tangles: Intracellular Aβ and synaptic dysfunction. *Neuron,* 39 (3): 409–421.
Olanow, C. W., C. G. Goetz, J. H. Kordower, A. J. Stoessl, V. Sossi, M. F. Brin, K. M. Shannon, G. M. Nauert, D. P. Perl, J. Godbold, et al. 2003. A double-blind controlled trial of bilateral fetal nigral transplantation in Parkinson's disease. *Annals of Neurology,* 54 (3): 403–414.
Olshausen, B. A., C. H. Anderson, and D. C. Van Essen. 1993. A neurobiological model of visual attention and invariant pattern recognition based on dynamic routing of information. *Journal of Neuroscience,* 13 (11): 4700–4719.
Olson, C. B. 1988. A possible cure for death. *Medical Hypotheses,* 26 (1): 77–84.
Pakkenberg, B., and H. J. Gundersen. 1997. Neocortical neuron number in humans: Effect of sex and age. *Journal of Comparative Neurology,* 384 (2): 312.
Passingham, R. E., K. E. Stephan, and R. Kötter. 2002. The anatomical basis of functional localization in the cortex. *Nature Reviews Neuroscience,* 3 (8): 606– 616.
Paterniti, Michael. 2000. *Driving Mr. Albert: A*

trip across America with Einstein's brain. New York: Dial.
Paul, L. K., W. S. Brown, R. Adolphs, J. M. Tyszka, L. J. Richards, P. Mukherjee, and E. H. Sherr. 2007. Agenesis of the corpus callosum: Genetic, developmental and functional aspects of connectivity. *Nature Reviews Neuroscience,* 8 (4): 287–299.
Pearson, K. 1906. On the relationship of intelligence to size and shape of head, and to other physical and mental characters. *Biometrika,* 5 (1–2): 105.
———. 1924. *The life, letters and labours of Francis Galton.* Vol. 2, *Researches of middle life.* London: Cambridge University Press.
Peck, D. T. 1998. Anatomy of an historical fantasy: The Ponce de León fountain of youth legend. *Revista de Historia de América,* 123: 63–87.
Penfield, W., and E. Boldrey. 1937. Somatic motor and sensory representation in the cerebral cortex of man as studied by electrical stimulation. *Brain,* 60 (4): 389.
Penfield, W., and T. Rasmussen. 1952. *The cerebral cortex of man.* New York: Macmillan.（邦訳はペンフィールド、ラスミュッセン『脳の機能と行動』岩本隆茂ほか訳、福村出版）
Petrie, W. M. F. 1883. *The pyramids and temples of Gizeh.* London: Field & Tuer.
Pew Forum on Religion. 2010. Religion among the millennials. Technical report, Pew Research Center, Feb.
Plum, F. 1972. Prospects for research on schizophrenia, 3. Neurophysiology. Neuropathological findings. *Neurosciences Research Program Bulletin,* 10 (4): 384.
Poeppel, D., and G. Hickok. 2004. Towards a new functional anatomy of language. *Cognition,* 92 (1–2): 1–12.
Pohl, Frederik. 1956. *Alternating currents.* New York: Ballantine.
Porter, K. R., and J. Blum. 1953. A study in microtomy for electron microscopy. *Anatomical Record,* 117 (4): 685–709.
President's Council on Bioethics. 2008. Controversies in the determination of death. Washington, D.C.
Purves, D. 1990. *Body and brain: A trophic theory of neural connections.* Cambridge, Mass.: Harvard University Press.（邦訳はデイル・パーベス『体が神経を支配する─トロフィック説と脳の可塑性』松本明訳、羊土社）
Purves, D., L. E. White, and D. R. Riddle. 1996. Is neural development Darwinian? *Trends in Neurosciences,* 19 (11): 460–464.
Purves, Dale, and Jeff W. Lichtman. 1985. *Principles of neural development.* Sunderland, Mass.: Sinauer Associates.
Quiroga, R. Q., L. Reddy, G. Kreiman, C. Koch, and I. Fried. 2005. Invariant visual representation by single neurons in the human brain. *Nature,* 435 (7045): 1102–1107.
Rakic, P. 1985. Limits of neurogenesis in primates. *Science,* 227 (4690): 1054.
Rakic, P., J. P. Bourgeois, M. F. Eckenhoff, N. Zecevic, and P. S. Goldman-Rakic. 1986. Concurrent overproduction of synapses in diverse regions of the primate cerebral cortex. *Science,* 232 (4747): 232–235.
Ramachandran, V. S., and S. Blakeslee. 1999. *Phantoms in the brain: Probing the mysteries of the human mind.* New York: Harper Perennial.（邦訳はV・S・ラマチャンドラン、サンドラ・ブレイクスリー『脳のなかの幽霊』山下篤子訳、角川書店）
Ramachandran, V. S., M. Stewart, and D. C. Rogers-Ramachandran. 1992. Perceptual correlates of massive cortical reorganization. *Neuroreport,* 3 (7): 583.
Ramón y Cajal, Santiago. 1921. Textura de la corteza visual del gato. *Archivos de Neurobiología,* 2: 338–362. Trans. in DeFelipe and Jones 1988.
———. 1989. *Recollections of my life.*

Cambridge, Mass.: MIT Press.
Rapoport, J. L., A. M. Addington, S. Frangou, and MRC Psych. 2005. The neurodevelopmental model of schizophrenia: Update 2005. *Molecular Psychiatry,* 10 (5): 434–449.
Rasmussen, T., and B. Milner. 1977. The role of early left-brain injury in determining lateralization of cerebral speech functions. *Annals of the New York Academy of Sciences,* 299: 355–369.
Redcay, E., and E. Courchesne. 2005. When is the brain enlarged in autism? A metaanalysis of all brain size reports. *Biological Psychiatry,* 58 (1): 1–9.
Rees, S. 1976. A quantitative electron microscopic study of the ageing human cerebral cortex. *Acta Neuropathologica,* 36 (4): 347–362.
Reilly, K. T., and A. Sirigu. 2008. The motor cortex and its role in phantom limb phenomena. *Neuroscientist,* 14 (2): 195.
Rilling, J. K. 2008. Neuroscientific approaches and applications within anthropology. *American Journal of Physical Anthropology,* 137 (S47): 2–32.
Rilling, J. K., and T. R. Insel. 1998. Evolution of the cerebellum in primates: Differences in relative volume among monkeys, apes and humans. *Brain, Behavior, and Evolution,* 52 (6): 308.
———. 1999. The primate neocortex in comparative perspective using magnetic resonance imaging. *Journal of Human Evolution,* 37 (2): 191–223.
Robinson, A. 2002. *Lost languages: The enigma of the world's undeciphered scripts.* New York: McGraw-Hill.
Rosenzweig, M. R. 1996. Aspects of the search for neural mechanisms of memory. *Annual Review of Psychology,* 47 (1): 1–32.
Ruestow, E. G. 1983. Images and ideas: Leeuwenhoek's perception of the spermatozoa. *Journal of the History of Biology,* 16 (2): 185–224.
———. 1996. *The microscope in the Dutch Republic: The shaping of discovery.* New York: Cambridge University Press.
Rumelhart, David E., and James L. McClelland. 1986. *Parallel distributed processing: Explorations in the microstructure of cognition.* Cambridge, Mass.: MIT Press.（邦訳はD•E•ラメルハート ほか『PDPモデル—認知科学とニューロン回路網の探索』甘利俊一監訳、産業図書）
Russell, R. M. 1978. The CRAY-1 computer system. *Communications of the ACM,* 21 (1): 63–72.
Ruthazer, E.S., J. Li, and H. T. Cline. 2006. Stabilization of axon branch dynamics by synaptic maturation. *Journal of Neuroscience,* 26 (13): 3594.
Rymer, R. 1994. *Genie: A scientific tragedy.* New York: HarperPerennial.
Sadato, N., A. Pascual-Leone, J. Grafman, V. Ibanez, M. P. Deiber, G. Dold, and M. Hallett. 1996. Activation of the primary visual cortex by Braille reading in blind subjects. *Nature,* 380 (6574): 526–528.
Sahay, A., and R. Hen. 2007. Adult hippocampal neurogenesis in depression. *Nature Neuroscience,* 10 (9): 1110–1115.
Sale, A., J. F. M. Vetencourt, P. Medini, M. C. Cenni, L. Baroncelli, R. De Pasquale, and L. Maffei. 2007. Environmental enrichment in adulthood promotes amblyopia recovery through a reduction of intracortical inhibition. *Nature Neuroscience,* 10 (6): 679–681.
Schildkraut, J. J. 1965. The catecholamine hypothesis of affective disorders: A review of supporting evidence. *American Journal of Psychiatry,* 122 (5): 509–522.
Schiller, F. 1963. Leborgne — in memoriam. *Medical History,* 7 (1): 79.
———. 1992. *Paul Broca: Founder of French*

anthropology, explorer of the brain. New York: Oxford University Press.

Schmahmann, J. D. 2010. The role of the cerebellum in cognition and emotion: Personal reflections since 1982 on the dysmetria of thought hypothesis, and its historical evolution from theory to therapy. *Neuropsychology Review,* 20 (3): 236–260.

Schneider, G. E. 1973. Early lesions of superior colliculus: Factors affecting the formation of abnormal retinal projections. *Brain, Behavior and Evolution,* 8 (1): 73.

———. 1979. Is it really better to have your brain lesion early? A revision of the "Kennard principle." *Neuropsychologia,* 17 (6): 557.

Schüz, A., D. Chaimow, D. Liewald, and M. Dortenman. 2006. Quantitative aspects of corticocortical connections: A tracer study in the mouse. *Cerebral Cortex,* 16 (10): 1474.

Selfridge, O. G. Pattern recognition and modern computers. 1955. In *Proceedings of the March 1–3, 1955, Western Joint Computer Conference,* pp. 91–93. ACM.

Seligman, M. 2011. *Flourish: A visionary new understanding of happiness and wellbeing.* New York: Free Press.

Selkoe, D. J. 2002. Alzheimer's disease is a synaptic failure. *Science,* 298 (5594): 789.

Seung, H. S. 2009. Reading the book of memory: Sparse sampling versus dense mapping of connectomes. *Neuron,* 62 (1): 17–29.

Shen, W. W. 1999. A history of antipsychotic drug development. *Comprehensive Psychiatry,* 40 (6): 407–414.

Shendure, J., R. D. Mitra, C. Varma, and G. M. Church. 2004. Advanced sequencing technologies: Methods and goals. *Nature Reviews Genetics,* 5 (5): 335–344.

Sherrington, C. S. 1924. Problems of muscular receptivity. *Nature,* 113 (2851): 894–894.

Shoemaker, Stephen J. 2002. *Ancient traditions of the Virgin Mary's dormition and assumption.* Oxford: Oxford University Press.

Sizer, Nelson. 1888. *Forty years in phrenology.* New York: Fowler & Wells.

Soldner, F., D. Hockemeyer, C. Beard, Q. Gao, G. W. Bell, E. G. Cook, G. Hargus, A. Blak, O. Cooper, M. Mitalipova, et al. 2009. Parkinson's disease patient-derived induced pluripotent stem cells free of viral reprogramming factors. *Cell,* 136 (5): 964–977.

Song, S., P. J. Sjostrom, M. Reigl, S. Nelson, and D. B. Chklovskii. 2005. Highly nonrandom features of synaptic connectivity in local cortical circuits. *PLoS Biol,* 3 (3): e68.

Sporns, O., J. P. Changeux, D. Purves, L. White, and D. Riddle. 1997. Variation and selection in neural function: Authors' reply. *Trends in Neurosciences,* 20 (7): 291–293.

Sporns, O., G. Tononi, and R. Kotter. 2005. The human connectome: A structural description of the human brain. *PLoS Comput Biol,* 1 (4): e42.

Spurzheim, J. G. 1833. *A view of the elementary principles of education: Founded on the study of the nature of man.* Boston: Marsh, Capen & Lyon.

Steen, R. G., C. Mull, R. Mcclure, R. M. Hamer, and J. A. Lieberman. 2006. Brain volume in first-episode schizophrenia: Systematic review and meta-analysis of magnetic resonance imaging studies. *British Journal of Psychiatry,* 188 (6): 510.

Steffenburg, S., C. Gillberg, L. Hellgren, L. Andersson, I. C. Gillberg, G. Jakobsson, and M. Bohman. 1989. A twin study of autism in Denmark, Finland, Iceland, Norway, and Sweden. *Journal of Child Psychology and Psychiatry,* 30 (3): 405–416.

Stent, G. S. 1973. A physiological mechanism

for Hebb's postulate of learning. *Proceedings of the National Academy of Sciences,* 70 (4): 997.

Sterr, A., M. M. Müller, T. Elbert, B. Rockstroh, C. Pantev, and E. Taub. 1998. Perceptual correlates of changes in cortical representation of fingers in blind multifinger Braille readers. *Journal of Neuroscience,* 18 (11): 4417.

Stevens, C. F. 1998. Neuronal diversity: Too many cell types for comfort? *Current Biology,* 8 (20): R708-R710.

Stratton, G. M. 1897a. Vision without inversion of the retinal image: Part 1. *Psychological Review,* 4 (4): 341–360.

———. 1897b. Vision without inversion of the retinal image: Part 2. *Psychological Review,* 4 (5): 463–481.

Strebhardt, K., and A. Ullrich. 2008. Paul Ehrlich's magic bullet concept: 100 years of progress. *Nature Reviews Cancer,* 8 (6): 473–480.

Strick, P. L., R. P. Dum, and J. A. Fiez. 2009. Cerebellum and nonmotor function. *Annual Review of Neuroscience,* 32: 413–434.

Stuart, Greg, Nelson Spruston, and Michael Häusser. 2007. *Dendrites.* Oxford: Oxford University Press.

Sur, M., P. E. Garraghty, and A. W. Roe. 1988. Experimentally induced visual projections into auditory thalamus and cortex. *Science,* 242 (4884): 1437.

Swanson, L. W. 2000. What is the brain? *Trends in Neurosciences,* 23 (11): 519–527.

———. 2012. *Brain architecture: Understanding the basic plan,* 2nd ed. New York: Oxford University Press.（邦訳はラリー・スワンソン『ブレイン・アーキテクチャ―進化・回路・行動からの理解』石川裕二訳、東京大学出版会[ただし、改訂前の版の翻訳]）

Tang, Y., J. R. Nyengaard, D. M. G. De Groot, and H. J. G. Gundersen. 2001. Total regional and global number of synapses in the human brain neocortex. *Synapse,* 41 (3): 258–273.

Taub, R. 2004. Liver regeneration: From myth to mechanism. *Nature Reviews Molecular Cell Biology,* 5 (10): 836–847.

Tegmark, M. 2000. Why the brain is probably not a quantum computer. *Information Sciences,* 128 (3–4): 155–179.

Tipler, Frank J. 1994. *The physics of immortality: Modern cosmology, God, and the resurrection of the dead.* New York: Doubleday.

Tomasch, J. 1954. Size, distribution, and number of fibres in the human corpus callosum. *Anatomical Record,* 119 (1): 119–135.

Towbin, A. 1973. The respirator brain death syndrome. *Human Pathology,* 4 (4): 583–594.

Treffert, D. A. 2009. The savant syndrome, an extraordinary condition: A synopsis, past, present, future. *Philosophical Transactions of the Royal Society B: Biological Sciences,* 364 (1522): 1351.

Turing, A. M. 1950. Computer machinery and intelligence. *Mind,* 59 (236): 433–460.

Turkheimer, E. 2000. Three laws of behavior genetics and what they mean. *Current Directions in Psychological Science,* 9 (5): 160.

Utter, A. A., and M. A. Basso. 2008. The basal ganglia: An overview of circuits and function. *Neuroscience and Biobehavioral Reviews,* 32 (3): 333–342.

Varshney, L. R., B. L. Chen, E. Paniagua, D. H. Hall, and D. B. Chklovskii. 2011. Structural properties of the *Caenorhabditis elegans* neuronal network. *PLoS Computational Biology,* 7 (2): e1001066.

Vein, A. A., and M. L. C. Maat-Schieman. 2008. Famous Russian brains: Historical attempts to understand intelligence. *Brain,* 131 (2): 583.

Vetencourt, J. F. M., A. Sale, A. Viegi, L. Baroncelli, R. De Pasquale, O. F. O'Leary, E. Castrén, and L. Maffei. 2008. The antidepressant fluoxetine restores plasticity in the adult visual cortex. *Science,* 320 (5874): 385–388.

Vining, E. P. J., J. M. Freeman, D. J. Pillas, S. Uematsu, B. S. Carson, J. Brandt, D. Boatman, M. B. Pulsifer, and A. Zuckerberg. 1997. Why would you remove half a brain? The outcome of 58 children after hemispherectomy. *Pediatrics,* 100 (2): 163.

Vita, A., L. De Peri, C. Silenzi, and M. Dieci. 2006. Brain morphology in first-episode schizophrenia: A meta-analysis of quantitative magnetic resonance imaging studies. *Schizophrenia Research,* 82 (1): 75–88.

Voigt, J., and H. Pakkenberg. 1983. Brain weight of Danish children: A forensic material. *Acta Anatomica,* 116 (4): 290.

Wang, J. W., D. J. David, J. E. Monckton, F. Battaglia, and R. Hen. 2008. Chronic fluoxetine stimulates maturation and synaptic plasticity of adult-born hippocampal granule cells. *Journal of Neuroscience,* 28 (6): 1374–1384.

West, M. J., and A. P. King. 1990. Mozart's starling. *American Scientist,* 78 (2): 106–114.

White, J. G., E. Southgate, J. N. Thomson, and S. Brenner. 1986. The structure of the nervous system of the nematode *Caenorhabditis elegans. Philosophical Transactions of the Royal Society of London. B, Biological Sciences,* 314 (1165): 1.

Wigmore, B. 2008. How tyrant wife 'drove two of her five husbands to suicide' — after one was transplanted with heart of the other. *Daily Mail,* Sept. 1.

Wilkes, A. L., and N. J. Wade. 1997. Bain on neural networks. *Brain and Cognition,* 33 (3): 295–305.

Witelson, S. F., D. L. Kigar, and T. Harvey. 1999. The exceptional brain of Albert Einstein. *Lancet,* 353 (9170): 2149–2153.

Woods, E. J., J. D. Benson, Y. Agca, and J. K. Critser. 2004. Fundamental cryobiology of reproductive cells and tissues. *Cryobiology,* 48 (2): 146–156.

Yamada, M., Y. Mizuno, and H. Mochizuki. 2005. Parkin gene therapy for α-synucleinopathy: A rat model of Parkinson's disease. *Human Gene Therapy,* 16 (2): 262–270.

Yamahachi, H., S. A. Marik, J.N.J. McManus, W. Denk, and C. D. Gilbert. 2009. Rapid axonal sprouting and pruning accompany functional reorganization in primary visual cortex. *Neuron,* 64 (5): 719–729.

Yang, G., F. Pan, and W. B. Gan. 2009. Stably maintained dendritic spines are associated with lifelong memories. *Nature,* 462 (7275): 920–924.

Yates, F. 1966. *The art of memory.* Chicago: University of Chicago Press.（邦訳はフランセス・A・イエイツ『記憶術』玉泉八州男監訳、水声社）

Yuste, Rafael. 2010. *Dendritic spines.* Cambridge, Mass.: MIT Press.

Zhang, R. L., Z. G. Zhang, and M. Chopp. 2005. Neurogenesis in the adult ischemic brain: Generation, migration, survival, and restorative therapy. *Neuroscientist,* 11 (5): 408.

Ziegler, D. A., O. Piquet, D. H. Salat, K. Prince, E. Connally, and S. Corkin. 2010. Cognition in healthy aging is related to regional white matter integrity, but not cortical thickness. *Neurobiology of Aging,* 31 (11): 1912–1926.

Zilles, Karl, and Katrin Amunts. 2010. Centenary of Brodmann's map — conception and fate. *Nature Reviews Neuroscience,* 11 (2): 139–145.

本書は、Sebastian Seung. 2012. *Connectome: How the Brain's Wiring Makes Us Who We Are.* (Houghton Mifflin Harcourt, Boston) の全訳である。

著者略歴

セバスチャン・スン *Sebastian Seung*

プリンストン大学計算機科学部およびニューロサイエンス研究所教授。ハワードヒューズ医学研究所の研究者を兼任。ハーバード大学で物質構造の数理物理学的研究により博士号を取得したのち、バイオインフォマティクスと神経科学を軸とする分野縦断的研究を行ってきた。

訳者略歴

青木 薫 あおき・かおる

翻訳家。理学博士。ポピュラーサイエンスの訳書多数。2007年度日本数学会出版賞受賞。生物学ジャンルの訳書に『二重螺旋　完全版』（ジェームズ・D・ワトソン著、新潮社）など、著書に『宇宙はなぜこのような宇宙なのか』（講談社現代新書）がある。

コネクトーム

脳の配線はどのように「わたし」をつくり出すのか

2015年11月24日　第1刷発行

著者　セバスチャン・スン
訳者　青木 薫
装幀者　内川たくや
発行者　藤田 博
発行所　株式会社草思社
〒160-0022　東京都新宿区新宿5-3-15
電話　営業 03(4580)7676　編集 03(4580)7680
振替　00170-9-23552

本文組版　株式会社キャップス
本文印刷　株式会社三陽社
付物印刷　中央製版印刷株式会社
製本所　加藤製本株式会社

ISBN978-4-7942-2165-0 Printed in Japan　検印省略

草思社刊

雲のカタログ
空がわかる全種分類図鑑

村井昭夫ほか著

世界気象機関による100近い雲の分類をすべて網羅、写真で名称がわかる初の図鑑。虹や彩雲、ハロなど空の光学現象の写真も満載！　観察に役立つワザも伝授。

本体　1,900円

雲のかたち立体的観察図鑑

村井昭夫著

いろんな角度から雲を見て雲のかたちを科学しよう！　初めての雲の3D写真など、雲を上・横・斜めから撮った美しい写真約150点掲載。雲の本当の姿を知る本。

本体　1,900円

世界一空が美しい大陸 南極の図鑑

武田康男著

清浄な空と手つかずの大地で起きる、夢のように美しい自然現象。南極でしか見ることのできない現象を、170点以上の美しい写真で、科学的解説とともに紹介する。

本体　1,600円

楽しい気象観察図鑑

武田康男著

天気の不思議を探しに行こう！　自然の美しい現象の背後にどんな科学があるか、どうすれば見られるかを200点近い美しい写真で解説する。子供と一緒に楽しむ本。

本体　1,900円

＊定価は本体価格に消費税を加えた金額です。